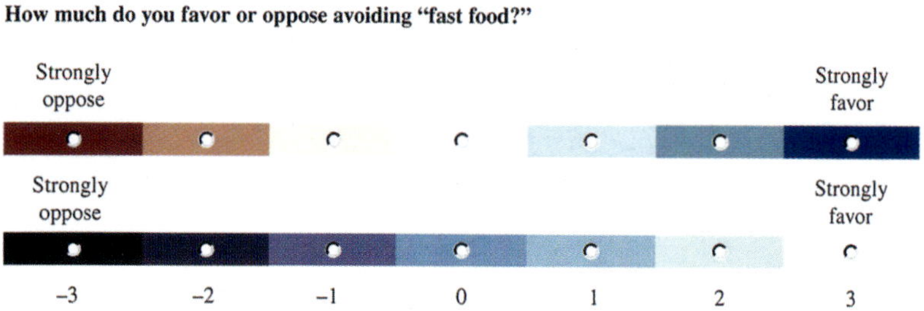

How much do you favor or oppose avoiding "fast food?"

口絵 1　回答尺度の２つの入力形式．上段の尺度は，回答選択肢が色調と明度（明るさ）のいずれも異なる．一方，下段の尺度は，明度（明るさ）だけを変えてある．Tourangeau, Couper, Conrad（2007）を一部改変．［図 5.4 参照］

口絵 2　Couper, Tourangeau, Kenyon（2004b）が用いた２つの画像．左側は，買い物先の区分について，利用頻度の低い典型である衣料品店での買い物を示している．右側は利用頻度の高い典型である食料品店での買い物を示している．回答者の一部は，この２つの写真のいずれか一方を受け取った．他の回答者は両方の画像を受け取ったか，あるいはいずれの画像も受け取らなかった．Couper, Tourangeau, Kenyon（2004b）の許可を得て転載．［図 5.7 参照］

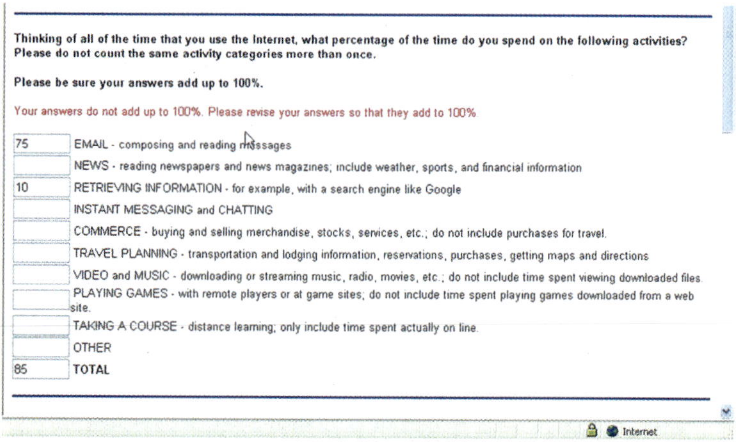

口絵 4　集計機能とサーバー側からのフィードバックのある一定和の質問例．Conrad, Couper, Tourangeau, Galešic, Yan（2009）では，質問項目として，３種類のフィードバック条件のいずれかの表示を用いた．［図 6.3 参照］

(a) 前半の6つの回答選択肢から回答を選択した回答者の凝視の様子

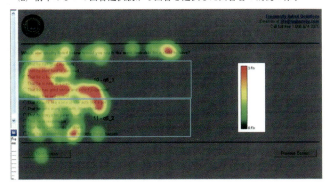

(b) 後半の6つの回答選択肢から回答を選択した回答者の凝視の様子

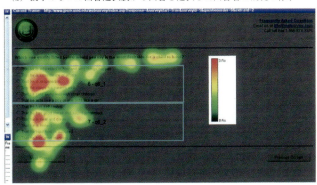

口絵3 図の「ホット・スポット」は，前半の6つの回答選択肢から回答を選択した回答者（上の図）と，後半の6つの回答選択肢から回答を選択した回答者（下の図）の凝視の様子を示している．［図5.11参照］

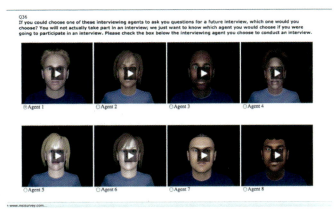

口絵5 バーチャル調査員の選択．回答者に対して，それぞれのバーチャル調査員をクリックし，調査内容の紹介を見聞きするように求めた．Conrad, Schober, Nielsen（2011）より許可を得て転載．［図6.6参照］

ウェブ調査の科学

The Science of Web Surveys

調査計画から分析まで

大隅　昇 訳
鳰真紀子
井田潤治
小野裕亮

Roger Tourangeau
Frederick G. Conrad
Mick P. Couper

朝倉書店

訳 者

大隅　昇　統計数理研究所 名誉教授
鳰　真紀子　フリーランス翻訳者
井田潤治　一般社団法人 輿論科学協会
小野裕亮　SAS Institute Japan 株式会社

The Science of Web Surveys, First Edition
by Roger Tourangeau, Frederick Conrad, and Mick Couper

ⓒRoger Tourangeau, Frederick Conrad, and Mick Couper, 2013

The Science of Web Surveys, First Edition was originally published in English in 2013. This translation is published by arrangement with Oxford University Press.

原書 The Science of Web Surveys, First Edition は 2013 年に英語で出版された。この訳書は Oxford University Press の許諾の下出版されている。

日本語版によせて

"*The Science of Web Surveys*"の日本語翻訳版『ウェブ調査の科学』への小序を執筆する機会を得たことは，大変に光栄である．また，この日本語版が出版されることを，共著者共々心からうれしく思う．日本でも，インターネット調査やウェブ調査に関する重要な研究が行われているが，言語の違いから，往々にして日本以外の研究者との交流はあまりないようである．本書の筆者らは，この日本語翻訳版が，言語に起因する隔たりを埋め，日本の研究者たちがウェブ調査の方法論的研究を進め，それらの研究成果を他の国々と幅広く共有する励みになることを願っている．

本書（英語版）が2013年に出版されてから，すでに6年以上の歳月が経過し，ウェブ調査研究には数々の変化があった．また，変化はなくいままでと同じままのことも多々ある．

変化した点に注目すると，まず，われわれが本書を執筆していた当時は，スマートフォンの急速な増加を予測してはいなかった．その後，スマートフォンがウェブ調査の回答記入完了やデータの質におよぼす影響に関する研究が数多く行われている．たとえば，Couper, Antoun, Mavletova (2017) による，スマートフォンを用いた最近の調査研究の総合報告がある．現在，多くの研究がスマートフォン向けの調査設計に重点的に取り組んでいる．ウェブ調査が直面する難題，たとえば，カバレッジ誤差，無回答誤差，測定誤差の問題を含む難題の多くは，スマートフォンが広く利用されるようになっても解決していない．これらの諸問題に関してわれわれが本書で論じていることの多くは，スマートフォンにも同じようにあるいはそれ以上に当てはまる．しかし，モバイル端末の特徴を最大限に活用することにより，ウェブ調査の設計における優れた部分をスマートフォンの調査設計にどのように拡大できるかについての新しい研究が行われている．幸いなことに，調査の設計に注意を払えば，スマートフォン利用者から提供される回答の質は，PCやタブレット端末を使用して提供された回答に劣ってはいない．その一方で，スマートフォン利用者の間では，依然として，中断率が高く，回答完了時間は長く，回答率は低いままである（Couper, Antoun, Mavletova, 2017 を参照）．

スマートフォンの増加に伴って，モバイル端末を使用して多様な追加データを取得することにも関心が高まっている．それらの研究は，スマートフォンに内蔵されている機能（例：加速度センサー，GPS位置確認，カメラ，音声録音）を活用し，調査における測定を向上・拡張する方法に注目している．こうした問題に関連した研

究論文が，まさにいま，登場しつつある（例：Keusch et al., 2018; Revilla, Couper, Ochoa, 2018; Wenz, Jäckle, Couper, 2018 などを参照）．今後何年かで，こうした分野では数多くの進展がみられるだろうと期待している．

　筆者らが本書で取り上げなかったもう1つの発展分野は，ウェブ調査の評価にパラデータを利用することに関連している．パラデータへの関心はさらに広範囲にわたり高まっているが（Kreuter, 2013 を参照），ウェブ調査において「クライアント側パラデータ」を収集する汎用的なツールが最近になり開発されたこと（Schlosser の ECSP: Embedded Client Side Paradata など．たとえば，Höhne, Schlosser, Krebs, 2017 を参照）が，この分野の発展に拍車を掛けている．Couper（2017a）において，私はパラデータの利用に関する総合報告を行っている．なお，とくに近年の欧州における「一般データ保護規則」（GDPR: General Data Protection Regulation）の導入に伴って，インフォームド・コンセントの問題についての懸念が高まっている．しかし，パラデータの収集は，回答者と調査票との間のやりとりに限定されており，倫理審査委員会でも許容範囲であると一般にはみなされている．いずれにしても，上述のように回答者の回答行動を追跡する受動的なデータを収集するには，通常は参加者の明確な同意が必要である．

　これら以外の変化の多くは，本書で論じている研究領域での発展に伴い，本質的な進化を遂げている．そのような発展分野の1つが，ウェブ調査の調査参加者を抽出・募集する手法である．用いる手法に若干の進展はあるものの（Schonlau and Couper, 2017 を参照），根本的な課題は変わらぬままである．また，非確率的抽出の調査が増加していること（たとえば，Elliott and Valliant, 2017; Mercer et al., 2017 を参照）や，従来の調査における費用の上昇と回答率の低下から，非確率的標本にもとづく統計的推測に対しても同様に関心が高まっている．この関心の高まりは，部分的には，ランダム・ディジット・ダイアリング（RDD: random digit dialing）による電話調査法の有効性が，米国および欧州で急速に低下したことに起因するものである．標本抽出枠として人口登録簿[1]が利用できる国々（日本など）にとっては，これはさほど懸念することではないかもしれない．人口登録簿を用いないで一般母集団の標本抽出を行える手法として，米国では「住所にもとづく標本抽出」（ABS: address-based sampling）への関心が高まっている（こうした問題の一部についての総合報告は，Couper, 2017b を参照）．

　従来の確率的抽出にもとづく調査が直面する難題に関連して，われわれはウェブ調査も選択できる混合方式の発展を目の当たりにしている．本書でも混合方式を論じたが，現状，米国における多くの大規模な全国調査は，逐次混合方式[2]を採用している．現在，採用されている逐次混合方式では，多くの場合，人口登録簿や ABS

---

[1] 訳注：たとえば，日本における住民基本台帳や選挙人名簿がほぼこれに相当する．
[2] 訳注：これについては用語集の「混合方式」の項を参照のこと．

を用いて抽出し，郵送にもとづいて募集し，ウェブ調査から開始する．こうした変化とともに，応答型調査設計（RSD: responsive survey design）や適応型調査設計（ASD: adaptive survey design）（Schouten, Peytchev, Wagner, 2017 を参照），および，混合方式調査にもとづく推定の問題（たとえば，Klausch, Schouten, Hox, 2017; Schouten et al., 2013; Vannieuwenhuyze and Loosveldt, 2013を参照）に関心が高まっている．このような進展は，ウェブ調査を単独の調査方式として用いても，また他の調査方式と組み合わせた混合方式として用いたとしても，政府，学術機関，商業界などのさまざまな分野におけるウェブ調査の利用が拡大することを意味している．

われわれ筆者らが2010年代のはじめに本書を執筆していた当時には，予想していなかった発展が他にもあり得ると，私は確信している．こうした新しい発展を知ることを私は楽しみにしている．それでもなお，われわれが本書においてウェブ調査について書いたことのほとんどが現在でも重要であり，本書はウェブ調査を利用する研究者にとって依然として有用な必携本である．ウェブ調査は，調査研究者にとって不可欠な方法として，その重要性がますます増している．

最後に，きめ細かな翻訳作業で日本語翻訳版を実現していただいた素晴らしい翻訳者チーム（大隅昇，鳰真紀子，井田潤治，小野裕亮の各氏）と朝倉書店編集部に深く感謝したい．翻訳の過程で生じた問題点を明確にするため，大隅氏とは数多くのメールのやり取りを行ってきた．翻訳者チームの慎重な作業過程において，英語原書には数々の誤りが見つかり，これらの誤りはこの日本語翻訳版では修正されている．日本語翻訳版は，翻訳者と編集部の努力のおかげで，英語原著を改善した内容になっている．この翻訳書がきっかけとなり，日本の研究者が自らの知識や専門技術を，世界のより多くの研究者たちと共有してくれることを願っている．

2019年6月

ミック P. クーパー（Mick P. Couper）
ミシガン大学 調査研究センター，教授

参考文献

Couper, M. P. (2017a). Birth and diffusion of the concept of paradata. *Advances in Social Research*, 18, 14-26, in Japanese (translated by W. Matsumoto).
［松本　渉訳 (2017)．パラデータ概念の誕生と普及，「社会と調査」，18: 14-26.］
Couper, M. P. (2017b). New developments in survey data collection. In K. S. Cook, & D. S. Massey (Eds.). *Annual Review of Sociology*, 43, 121-145.
Couper, M. P., Antoun, C., & Mavletova, A. (2017). Mobile Web surveys: A total survey error perspective. In P. Biemer, S. Eckman, B. Edwards, E. de Leeuw, F. Kreuter, L. Lyberg, C. Tucker, & B. West (Eds.). *Total Survey Error in Practice* (pp. 133-154). New York: Wiley.
Elliott, M. R., & Valliant, R. (2017). Inference for nonprobability samples. *Statistical Science*,

32(2), 249-264.
Höhne, J. K., Schlosser, S., & Krebs, D. (2017). Investigating cognitive effort and response quality of question formats in Web surveys using paradata. *Field Methods, 29*(4), 365-382.
Keusch, F., Struminskaya, B., Antoun, C., Couper, M. P., & Kreuter, F. (2018). Willingness to participate in passive mobile data collection. *Public Opinion Quarterly*, forthcoming.
Klausch, T., Schouten, B., & Hox, J. J. (2017). Evaluating bias of sequential mixed-mode designs against benchmark surveys. *Sociological Methods and Research, 46*(3), 456-489.
Kreuter, F. (Ed.) (2013). *Improving Surveys with Paradata: Analytic Uses of Process Information*. New York: Wiley.
McClain, C. A., Couper, M. P., Hupp, A., Keusch, F., Peterson, G., Piskorowski, A., & West, B. T. (2018). A Typology of Web survey paradata for assessing total survey error. *Social Science Computer Review*, published online first, DOI: 10.1177/0894439318759670.
Mercer, A., Kreuter, F., Keeter, S., & Stewart, E. A. (2017). Theory and practice in nonprobability surveys: Parallels between causal inference and survey inference. *Public Opinion Quarterly, 81*(S1), 250-271.
Revilla, M., Couper, M. P., & Ochoa, C. (2018). Willingness of online panelists to perform additional tasks. *Methods, Data, Analyses*, published online first, DOI: 10.12758/mda.2018.01.
Schonlau, M., & Couper, M. P. (2017). Options for conducting Web surveys. *Statistical Science, 32*(2), 279-292.
Schouten, B., Peytchev, A., & Wagner, J. (2017). *Adaptive Survey Design*. New York: CRC Press.
Schouten, B., van den Brakel, J., Buelens, B., van der Laan, J., & Klausch, T. (2013). Disentangling mode-specific selection and measurement bias in social surveys. *Social Science Research, 42*(6), 1555-1570.
Vannieuwenhuyze, J. T. A., & Loosveldt, G. (2013). Evaluating relative mode effects in mixed-mode surveys: Three methods to disentangle selection and measurement effects. *Sociological Methods and Research, 42*(1), 82-104.
Wenz, A., Jäckle, A., & Couper, M. P. (2018). Willingness to use mobile technologies for data collection in a probability household panel. *Survey Research Methods*, in press.

訳者まえがき

● はじめに

　2013年5月13日，米国から1つの航空便が届いた．開封すると，"The Science of Web Surveys" と，それに添えられた Couper 氏のメッセージ・カードがあった．これより前に，Couper 氏から新たな本を仲間と執筆中との情報を得てはいたが，思いがけず嬉しい贈り物であった．

　卒読すると，まさに「ウェブ調査とは何か？」への解答が実に明確に書かれた書である．コンピュータ支援のデータ収集方式の1つであるウェブ調査で，何を調べ，何を知り，いかに科学的に推論するか，また，その長所と短所を具体的に知り，誤用とならないための指針が満載されている．日本国内では未だみられない内容の書であり，大いに刺激を受けるとともに，欧米における研究の質と量に圧倒された．

　本書の3名の著者は，いずれも調査方法論研究で多くの成果を挙げてきた著名な研究者である．とくに，ウェブ調査の分野においては，常に先導的な研究を進めてきたことで知られる．このような研究者らが，自分たちの研究成果をはじめ，多数の研究報告を渉猟し，比較・検証することで，"科学としてのウェブ調査" のあるべき姿を包括的に記した書がこの "The Science of Web Surveys" である．そして本書は，全体を通じて科学的な証拠(エビデンス)にもとづく考察を基軸に議論が展開される．

　本書は，一般の学術書とは執筆様式がやや異なる．「まえがき」にあるように，本書は複数の科学研究基金の支援を受けて行われた研究の総合報告の形をとっている．

　特徴の1つは，著者らの研究成果や類似した複数の研究報告を調べ，客観的に調査方式の特性や機能についてさまざまな側面からメタ分析を行い，知見を具体的に示していることである．

　いくつか例を挙げよう．第2章にカバレッジと標本抽出による偏りを補正する加重調整法（事後層化法，レイキング法，GREG法，傾向スコア法）の概略の紹介がある．これに続き，複数の研究報告をメタ分析し，加重調整は有用だが必ずしも正確とは限らないこと，偏りは部分的な解消にとどまることなど，一般的な結論を示している（第2章，表2.4）．

　このほか，混合方式において調査方式の選択権を回答者に与えることが回答率や無回答におよぼす影響の比較（第3章，表3.1），回答の入力形式としてグリッド形式と他の形式を用いた研究の比較（第4章，表4.1），視覚的特性が測定におよぼす影響を調べる例として，画面上の質問項目の配置と回答の関係を効果の大きさで比較し

たもの（第5章，表5.1と図5.6）がある．

さらに，ウェブ調査の特徴である双方向性が測定誤差におよぼす影響について，たとえば，プログレス・インジケータと中断率の関係を調べた研究の比較（第6章，表6.1），ウェブ調査で調査内容の明確な説明が回答におよぼす影響の比較（表6.2）もある．

また，調査方式間の差違を測ること，とくにウェブ調査が従来の自記式と同じ利点を保持しているかについて，微妙な質問への回答を比較した研究のメタ分析（第7章，表7.1）や，異なる調査方式（ウェブ，郵送，IVR）に無作為割り当てをして社会的望ましさの偏りを調べた調査研究の比較（表7.3）もある．

このように，詳しい説明に加えて，多くの知見が表や図として要約されていることは閲読時に便利である．

本書全体に通底するもう1つの重要な要素は，"総調査誤差"（TSE：total survey error）の概念を基軸に，ウェブ調査を，あるいは調査方法論を，さまざまな誤差（カバレッジ誤差，観測誤差（測定誤差），無回答誤差など）の低減が，調査の質の改善につながるという一貫した観点から議論を展開していることである．

「総調査誤差にもとづく枠組み」は，日本国内ではあまり一般的なことではない．しかしこれは，現在の欧米における調査方法論研究の基盤となる考え方であり，本書の内容を理解するうえでもこれを知ることが肝要である（たとえば，本書の1.1節を参照．このほかBiemer et al., 2017；大隅・鳰，2012を参照）．

複数の類似研究の比較や検証を必要とすることから，300編を超える多数の参考文献が挙げられていることも本書の特徴である．ここに登場する刊行物（論文，書籍）や研究成果は，主に1990年代後半から原書刊行直前の2012年末頃までに出版されたものが多い．また，それより前に発表された刊行物についても，本書の内容に関連する文献の一部が引用されている．

本書の結論は，きわめて簡明である．ウェブ調査の実施にあたっては，なるべく複雑な手順は避けること，調査票設計はなるべく簡潔に表示すること，複雑な機能の利用は避けるあるいは最小限の利用にとどめること，こうした利用法が最適な選択であると主張している．この当たり前の結論を導くには，詳細な検証を繰り返し確かな証拠を示すことが肝要であることを本書が教えてくれる．

ところで，ウェブ（WWW: world wide web）誕生からおよそ四半世紀，調査方式の1つとしてウェブ調査が登場してから約20年が経つが，依然として未解決の課題が多々ある．たとえば，低い回答率や参加率をいかに高めるか，代表性の問題（一般母集団やインターネット母集団をどう考えるか），ウェブ調査の利点・欠点をさらにあきらかにすること，確率的パネルと非確率的パネルの特徴を知り適切な構築方法や利用方法を見つけること，他の調査方式との差違や類似をあきらかにし，その違いを埋める可能性を探ること，ウェブ・パネル登録者の回答傾向を知ること（とくにボランティア・パネル，プロの回答者や速度違反者の傾向を知ること），混合方式の適切な利用方法を知ることなどがある．

これらの課題に対する回答が,「わかったこと」「未だ解明されずさらなる研究を必要とすること」として本書に詳しく述べられている．しかし，原書が刊行されてからおよそ5年半が経過し，この間のこの分野での欧米における研究の進展にはめざましいものがある．スマートフォンやタブレット端末などのモバイル機器の諸機能の向上で，従来のPCを介したウェブ調査とは異なる多数の課題を抱えている．同時に，本書にある内容がそのまま適用できること，あるいは同種の課題への有用な手がかりも多数示されている．これらを含む欧米の最近の動向については，Couper氏による「日本語版によせて」に手際よく要約されているので，それを参照されたい．

本書は，まず「まえがき」と「第1章」を，続いて「第8章」を卒読するとよいだろう．「まえがき」には本書が生まれる経緯が，「第1章」には，各章でとりあげる話題の要約が述べられている．さらに各章末の「この章のまとめ」を読むとよい．ここにはその章で述べたことが簡潔にまとめられている．

原書の刊行とほぼ同時期に，あるいはその前後で，オンライン調査やウェブ調査の関連書が何冊か登場している．たとえば，Dillman et al. (2014), Bethlehem and Biffignandi (2011), Biemer et al. (eds.) (2017), Callegaro (2015), Couper (2008), de Leeuw et al. (eds.) (2008), Fielding et al. (eds.) (2016), Lavrakas (ed.) (2008), Toepoel (2016) などがある．欧米のウェブ調査に関する研究がかなり進んで，これまでに蓄積されてきた多くの研究成果がひろく紹介される時期にあるということだろう．

●翻訳版の構成

翻訳版には，まず，原書 *"The Science of Web Surveys"* の全訳文がある．さらに翻訳版の補足情報として，「用語集」「国内文献」「海外文献」「関連する学会および機関の一覧」を，そして補章として「日本におけるインターネットによる世論調査，統計調査の現況」を加えた．

翻訳作業を進めるうえでなるべく原書の著者らの執筆の意図をよく理解し，その内容を忠実に再現したいという心構えで取り組んだ．実際に翻訳作業を進めると，予想されたことではあったが，さまざまな難題に直面した．たとえば，原書の3名の執筆者の記述にみられる語句の揺らぎや書き方の特徴があること，登場する語句の定訳が見つからず，適切な訳語を見つけることに苦慮したこと，そして，原書に曖昧なあるいは誤りと思われる箇所が見つかったこと，などである．

主な専門用語や慣用語句については，すでに用いられてきた訳語の利用頻度に予想外のばらつきがあることもわかった．また，適切な訳語が見つからず，造語としたあるいはカタカナ表記とした例も多々ある．このため，手元に用語対訳表を用意し，訳者間で相互に確認しあって，適切な訳語をさがすよう努めた．さらに，文脈を辿って意味が曖昧であるあるいはわかりにくいと思われた箇所には「訳注」を脚注としてつけた．

翻訳作業の過程で作成した用語対訳表は，本書を読む際の簡易辞書として役に立つと考え，これを「用語集」として独立させた．とくに，いくつもの訳語が用いられて

いるような語句には，それらの訳語とその意味を用語説明としてつけた．

原書には曖昧なあるいは誤りと思われる箇所が見つかり，これに対する内容調整を進めた．疑問のある箇所はその都度内容を整理し，著者の一人である Couper 氏を窓口として，著者らに内容の確認を行った．本書は文中の文献引用が非常に多いため，引用箇所のすべてについて元の論文にもどって確認はできなかったが，気づいた箇所についての訂正を行うことができた．

なお，前述のように，文中での引用文献が多くしかも表記の人名が類似している，あるいは同一著者名の論文引用が多いことがある．このため，人名の区別がつきにくいので，通常の学術書とは異なる人名表記方法を用いた．このほか，いろいろな点で，一般の学術書とはやや異なる表記方法を用いた箇所もある．

● **調査環境の現状と課題**

あらためて指摘するまでもなく，調査環境の劣化が指摘され，調査の質が問われて久しい．これは日本国内だけの問題にとどまらず，欧米においても同様の傾向にある．調査の質を測る指標は多数あるが，その1つとして回答率がある．この回答率でさえ，本書にもあるように，ウェブ調査に限らず，従来型の調査（電話調査，郵送調査，対面面接調査）で，いずれも低い傾向にある．

たとえば，最近の世論調査にも陰りがみえる．2016年の米国大統領選挙で，メディアや調査機関の予想はほとんどが失敗に終わった．この理由を巡って，さまざまな議論があるが，なにより調査環境に大きな変化があったことは否めない．日本国内でも，大手新聞社ほかのマスメディアが頻繁に行う世論調査では，回答率の低下のみならず，類似した調査内容や調査課題であっても，調査結果が，調査主体によって異なることも珍しくはない．こうした傾向は，調査内容にもよるが，世論調査に限らず一般の意識調査でもみられる現象であろう．こうしたさまざまな理由から，ウェブ調査の利用や併用に期待する声もある．

調査対象者が調査実施者の意図したように応答してくれるとは限らない．これは，調査実施者のほぼ管理下にある標本誤差の影響よりも，管理や測定が難しい非標本誤差（観測誤差や非観測誤差，たとえばカバレッジ誤差，無回答誤差，処理誤差）の影響がより大きくなってきたことを意味する．つまり，調査の質を左右する検討課題は，調査対象者の回答行動の把握や測定方法などに移ってきたといえるだろう．

しかし，日本国内におけるインターネット調査やウェブ調査の利用には，欧米のそれとは差違があるようにみえる．ウェブ調査を，調査手段として"利用すること"は，確かに増えている．商用はもとより，学術研究，とくに近年は人文社会科学系での調査研究をはじめ，多くの研究分野での利用頻度が高まっている．一方，調査方法論の観点からウェブ調査の特性を子細に"分析すること"が必須であるが，こうした研究は欧米に比べて活発とはいえない．

上述のように，従来型調査も回答率が低い傾向にある．そうであるならばウェブ調

査でも同じと誤信し，ウェブ調査の特性をよく調べずに，簡便・迅速・廉価を選ぶという短絡的な考え方もなくはない．そして，パネル登録者数が多くその属性分布が国勢調査の情報に近いから代表性がある（一般母集団に近い）という意見もあるようだが，これは正しいのだろうか．一方，根拠もなくウェブ調査は問題があると批判するだけの不毛な議論も依然としてある．

　実は，日本国内のインターネット調査の利用状況や実態については，断片的な情報はあるものの正確にはわかっていない．欧米と比べて，情報源がきわめて少ない（たとえば，本書の第2章にあるような議論が少ない）．インターネット普及率や利用率をとっても，これを正確に知る情報源が見つからない．

　そこで，国内において，官公庁や自治体，研究機関，調査機関，学術研究などで，インターネット調査をどのように利用しているかを，既存の入手可能な統計資料を頼りに比較分析し，これを補章「日本におけるインターネットによる世論調査，統計調査の現況」として要約した．この補章は，共訳者の一人である井田潤治が執筆し，その原稿を他の共訳者間で読み合わせ，内容を整えた．

●結び－ウェブ調査の可能性に期待して－

　「木を見て森を見ず」の喩えがあるが，ウェブ調査を行ううえで細かな技術的要素にこだわるあまり，"いかに適切な調査方式とできるか"を忘れてはならない．インターネット利用やコンピュータ支援を前提とする時代において，技術的に優れた調査システムを構築することは重要である．ここで「優れた」とは，技術面の改善をいうだけではなく，調査対象者をいかに適切に集め，回答者の調査への関心や協力が得られるよう努め，そして質のよい調査結果が得られる環境を整える，という調査の本質も意味している．

　とくに，コンピュータ支援の調査情報収集（CASM，CADAC）の時代には，伝統的な調査方法論の知識だけでは十分な対応はできない．調査方法論の基本的な知識に加えて，情報通信技術，コンピュータ・ソフトウェアやプログラミングなどの技術支援が不可欠である．

　たとえば，従来の調査手法（調査企画・設計，標本抽出，調査質問の作成法など）だけではなく，電子調査票の作成や設計，パラデータの収集と分析，ネットワーク構築や保守・運用などに関連するさまざまな技術要素の知識と経験が求められる．このため，多様な分野の横断的な情報共有，相互支援，協働が必要である．この点でも，本書にみられる欧米研究の進め方には大いに見習うものがある．

　同時に，日本独自に進展してきた調査方法論研究の優れた点を，新たな技法と組み合わせて調査方式の改善にむすびつける必要もある．たとえば，Couper氏の「日本語版によせて」にもあるように，日本では優れた標本抽出枠（住民基本台帳，選挙人名簿）が，制約はあるものの利用できる．米国では，電話調査での長い研究実績のうえで，最近は「住所にもとづく標本抽出」（ABS）を利用した郵送調査などに注目が

集まっている．これと同じように，日本ではより優れた標本抽出枠を有効に活かした確率的パネルを利用することが考えられる．

実は日本国内にも，かつてわずかだが確率的パネルを用いたオンラインの調査システムがあった．たとえば，電話回線を利用したテレジェニック方式があり（広告月報，2001，2005），またインターネット調査でもいくつかの非公募型確率的パネルがあった（大隅ほか，1997，2000；大隅，2010）．しかし，残念なことにいずれもなくなり，いまやボランティア・パネルのみである．

一方，欧米では，本書にも登場する GfK Knowledge Panel, LISS パネル，FFRISP など多数の確率的パネルがあり，研究や商用で成果を上げている（注：このほか，Gallup panel, Pew American Trends panel, NORC's AmeriSpeak Panel など多数ある．最近の事情は，Schonlau and Couper, 2017 を参照）．

ウェブ調査が，期待に応えられる質のよい調査情報を提供できるためには，少なくとも次の要件を満たすことが求められる．

- 現時点では，少なくとも複数のウェブ・パネルを用いて比較すること（ウェブ・パネル間の差違を知る）
- 調査実施環境の標準化を行うこと，調査票，取得方法などをなるべく共通化すること（調査誤差の測定を容易にする）
- 委託調査の場合は，委託側と受託側との間で合意形成を行うこと（何を行ったのか，何を，どこまで開示できるかなどをあきらかにする）
- 優れた標本抽出枠を活用し確率的パネルを作ること（母集団と標本の関係をできるだけあきらかにする）
- 他の調査方式との併用，とくに郵送調査との併用・比較を考えること（調査方式間の差違，調査方式効果を知る）
- インターネット利用者やウェブ・パネル登録者，インターネット非利用者の回答傾向の関係，そして類似や差違を調べること（一般母集団の誰を選び，何を測定しているのかを知る）
- 倫理的な配慮を行うこと，とくにパラデータ取得に関しては，これを徹底すること（個人情報保護やプライバシーの確保，調査への信頼を得る）
- 日本と欧米の比較研究が必要であること（わずかな証拠しかないが，回答者の回答行動には，欧米と日本とではさまざまな点で違いがある）

「日本語版によせて」にもあるように，本書にパラデータという語句や具体的な説明は登場しない．しかし，回答所要時間や回答中断の測定，プログレス・インジケータへの応答などを知るには，パラデータを一部だけでも取得しておかねば分析ができない．その意味で，本書にはパラデータとその分析に関連する多くの情報が記述されている．

これに応えるためには，前述のように，分野の異なる学界とウェブ調査に関与する調査関連企業や機関との連携による研究が必須であろう．この翻訳版の刊行が，こうした研究進展への一石を投じることとなれば訳者らにとってこれにまさる喜びはない．

訳者まえがき xi

　本書の想定する読者は，調査方法論，統計科学，人文社会科学などの分野の研究者はもとより，社会調査一般（世論調査，意識調査，市場調査など）に関わる実務家で，ウェブ調査に関心のある方たちである．本書を通じて，こうした方たちにウェブ調査の適切な使い方を知っていただくことを切に望んでいる．

　原書の著者らと同様に，"日本語訳となった"本書を通じて，ウェブ調査の可能性や今後の調査に果たす役割を知ってほしいと期待してやまない．また，われわれ訳者らの日本語により原書の著者らの精神を少しでも伝えられたなら幸いである．

● 謝　辞

　原書を繰り返し読むうちに，この書を「翻訳してみよう」と思い立ち，当初は一人でこれに取り組んだ．形が見えてきたので，朝倉書店の編集部にご相談しご快諾を得た．原書出版社の翻訳権の取得のあと，あらためて翻訳作業に取り組んだのが2014年の後半である．

　しかし，翻訳作業は困難をきわめたので，何人かの知己に共訳者となることをお願いし，作業を進めた．私一人ではとても達成できたことではなく，共訳者諸氏の言葉に余るご協力あってのことである．

　Couper氏には，私の拙劣な英語による何度もの質問や問合せを忍耐強く受けとめていただき，沢山の的確な説明や助言を得ることができた．彼の助力により，多くの不明点をあきらかにし誤りを正すことができた．この場を借りて心からの感謝を捧げたい．

　さらに，粗雑な原稿の段階で閲読をお願いし，多くの適切なご指摘やご意見を賜った．林文氏（東洋英和女学院大学名誉教授），樋口耕一氏（立命館大学），簑原勝史氏（（株）シー・エス・マーケティング・ジャパン）の皆さまにお礼を申し上げる．校正ゲラの段階では，川浦康至氏（東京経済大学名誉教授），木村邦博氏（東北大学），渡會隆氏（元（株）東京サーベイ・リサーチ顧問）にご校閲をお願いした．訳者らが気づかなかった多くの不具合や誤りのご指摘に加えて，ときには元の引用論文に戻って調べるなどのお手間をおかけした．その結果，よりよい内容に整えられたと自負している．ここで心からお礼申し上げたい．なお，これらすべての貴重なご意見を十分に反映させることができなかったことは，ひとえに訳者らの非力にある．最後に，私にはわかりにくい英文特有の微妙な表現や記述に関する面倒な質問にも，根気よく対応していただいたDigweed氏に厚く感謝したい．

　翻訳の機会を得た後，大変に遅れた翻訳作業を経てなんとか刊行にこぎ着けることができた．翻訳原稿を慎重に読み込むだけでなく原書との丁寧な突き合わせを行い，多くのご指摘やご提案をくださった朝倉書店編集部の皆さまには多大の謝意を表したい．

2019年6月

訳者を代表して　　大隅　昇

まえがき

　本書では，ウェブ調査の長所と限界について考察する．また，本書は，ウェブ調査によるデータ収集に関連する文献について，総合的に概観し論評する書である．筆者らは，こうした文献が掲載される学術誌に多数の論文を寄稿してきたが，本書はこうした筆者らの研究の単なる要約ではない．たとえば，第 7 章では，微妙な話題（sensitive topic）をウェブ調査で調べた報告と，ウェブ以外のデータ収集方式で集めた報告とを比較した調査研究で，筆者らが確認できたすべての研究について，メタ分析を行っている．また，別の章では，筆者らがいままであまり寄与してこなかった，ウェブ調査におけるカバレッジ誤差の話題にかかわる研究を要約している．すでにわかっていることを要約するだけではなく，ウェブ調査の特性を理解するうえで役に立つ理論的な枠組みを提供するように努めた．さらに，第 8 章では，複数の調査方式（モード；mode）[1] を用いる多重調査方式（マルチモード；multimode）つまり混合方式[2] による調査が抱える課題に関する見解を示し，また複数の調査方式で集めたデータを組み合わせて推定を行う際の誤差を考察するための数学的モデルについて丁寧に述べている．

　本書は，いわゆる総調査誤差（TSE: total survey error）の枠組みを前提としている．まず，第 2 章では標本抽出とカバレッジを取り上げ，第 3 章では無回答について扱い，第 4〜7 章では測定の問題を扱い，さらに第 8 章では調査方式を組み合わせて用いる際に見られる課題を扱っている．第 2 章と第 8 章は，全体の章のなかで，もっとも数学的な内容を扱っている．第 2 章は，ウェブ調査，とくに，自己参加型[3] のボランティア（self-selected volunteer）からなる標本にもとづくウェブ調査から得た推定値に生ずる偏り（バイアス；bias）を除去する統計的手順について吟味する．第 8 章では，混合方式で集めたデータにもとづく推定値の統計的な特性について考察す

---

[1] 訳注："mode" や "survey mode" は，本書だけでなく，調査方法論関連書に頻出する語句である．これを「モード」とすることが多いようだが，ここでは「調査方式」の訳をあてている．

[2] 訳注：本書には，"multiple mode"，"multimode"，"multi-mode"，"mixed mode" といった語句が登場する．これらはいずれも複数の調査方式を用いたデータ収集方式を意味し，実質的にはいずれも「混合方式」のことを表している．

[3] 訳注："self-selected"，"self-selection" などは，ウェブ調査ではよく用いる語句である．これに対して「自己報告」「自己選択」「公募・公募型」「募集」「募集法」「応募」「応募法」など，さまざまな訳語があてられるようだが，ここは「自己参加」または「自己参加型」とした．第 1 章にも脚注とした．

る．第 4 章と第 8 章は，ウェブ調査を実施する際の指針として，本書を読む人たちにとっては，きわめて実務向けの内容であると同時に，もっとも興味あることかもしれない．第 4 章では，調査時の入力の小道具（ウィジェット[4]）から表示画面の背景色の問題まで，ウェブ調査に適した基本的な設計指針について言及する．第 8 章では，第 7 章までに取り上げた提言のすべてについて要約する．第 4～6 章は，筆者らのウェブ調査に関する研究に特化して述べる章である．なお，こうした筆者らの研究では，ウェブによるデータ収集に特有の特徴について集中的に扱ってきた．たとえば，その視覚的特性（第 5 章），回答者とのやりとり[5]の能力（第 6 章），自記式の利用（第 7 章）といったことについての研究である．

　ウェブ調査に関する筆者らの研究は，筆者ら 3 人と，協力してくれた仲間であるマーケット・ストラテジー・インターナショナル社（Market Strategies International）の Reg Baker とに与えられた一連の助成があったことで達成された．米国科学財団（NSF: National Science Foundation）と，これとは別の財団である国立ユニス・ケネディ・シュライヴァー小児保健発達研究所[6]（NICHD: Eunice Kennedy Shriver National Institute of Child Health and Human Development）による支援に厚く感謝したい．さらに，米国科学財団は，筆者のうちの 2 人（Tourangeau と Couper）に対する助成の形で初期の基金を提供してくれた（課題番号：SES-9910882）．これに続いて Tourangeau, Couper, Conrad, Baker の 4 名に対して別の助成があった（課題番号：SES-0106222）．さらにその後，NICHHD[7] からこのプロジェクトに対して追加の支援があった．いうまでもなく，これらの基金団体（米国科学財団や米国国立衛生研究所）は，筆者らがここで述べる事柄に対してなんら責任を負うものではない．米国科学財団の「手法・測定・統計プログラム」（Methodology, Measurement, and Statistics Program: MMS Program）の管理者である Cheryl Eavey は，とくに筆者らの研究の熱心な支援者であった．ここで彼女に厚く謝意を表したい．もちろん筆者らがここで述べるいかなることも，彼女がなんら責務を負うものではない．

　Reg Baker による多大な知的貢献（それと本書の初期の草稿に対する示唆に富む意見）だけでなく，彼はわれわれの成果の元となった一連のウェブ調査の管理・遂行を取り仕切ってくれた．彼は，こうした試みにおいて申し分のない共同研究者であり，

---

[4] 訳注：「ウィジェット」（widget）とは，グラフィカル・ユーザー・インターフェース（GUI）を構成する部品要素とその集まりのこと．ウィジェットの語源については，いくつかの説があるようだ．1 つは，"window gadget" を短縮したとする説．また，"which it" から派生したのかもしれないとする説もある．wordnik（https://www.wordnik.com/words/）なども参照．

[5] 訳注："interaction" を，「相互行為」「相互作用」などと訳すことが多いが，ここでは「やりとり」とし，状況に応じて「相互行為」も使い分けた．

[6] 訳注：国立ユニス・ケネディ・シュライヴァー小児保健発達研究所は，人間の出生前・後の成長，母体・子供・家族の健康，生殖生物学と人口問題に関する研究に資金援助を行っている団体．ウェブサイト（https://www.nichd.nih.gov/）を参照．

[7] 訳注：上の NICHD に同じ団体．組織変更があって名称が変わったが，現在も略称として NICHD を用いている．

いろいろな意味で，もっとも重要な協力者でもあった．彼は，ウェブ調査設計の応用面でわれわれを正しい方向に導き，また現実の世界で何が起きてきたかについて，筆者らに情報を提供することに最善を尽くしてくれた．筆者らの側では，ウェブ調査実験を行うために用いたソフトウェアである mrInterview[8] の限界を越えようと最善を尽くしたのだが，このプログラムを完全に使いこなせたとは言えない．Reg と彼の有能なスタッフである Scott Crawford, Gina Hamm, Jim Iatrow, Joanne Mechling, Duston Pope を含めた諸氏に，さまざまな点で感謝したい．彼らが，筆者らの大半の研究の設計を行い，実装化を進め，計画通りに進めてくれた．別の2人，Stanley Presser と Andy Peytchev は，本書の初期の草稿にしっかり目を通し，筆者らにきわめて適切な編集上の助言を提供してくれた．ここで彼らから受けた支援と激励に感謝したい．また，第2章の統計資料を精査してくれた Rick Valliant の熟練した支援に対して厚く感謝したい．Catherine Tourangeau は，第7章の大量の調査方式の比較研究を手伝い，これを頑張ってやり抜いてくれた．さらに本書の索引も作ってくれた．こうした単調な作業をこなした彼女の意欲に感謝し，またそれらをやり遂げた腕前に感謝したい．そしてもちろん，Mirta Galešic, Courtney Kennedy, Becca Medway, Andy Peytchev, Cleo Redline, Hanyu Sun, Ting Yan, Cong Ye, Chan Zhang を含むたくさんの優れた大学院生諸君からのすばらしい助力を得たこともある．彼らの援助なくしては，本書の執筆を成し遂げることはできなかった．

---

[8] 訳注：mrInterview は，IBM 社（SPSS）の提供するウェブ調査を行うための専用ソフトウェア．

目　　次

1. はじめに……………………………………………………………………1
   1.1　総調査誤差にもとづく接近法　3
   1.2　本書のロードマップ　8
   1.3　本書の目的と範囲　12

2. ウェブ調査における標本抽出とカバレッジの諸問題……………15
   2.1　ウェブ調査の種類と確率抽出の利用　15
   2.2　ウェブ調査におけるインターネット普及率の問題　24
   2.3　カバレッジと標本抽出による偏りの統計的補正　31
   2.4　この章のまとめ　43

3. ウェブ調査における無回答………………………………………………45
   3.1　ウェブ調査における無回答と無回答誤差の定義　46
   3.2　ウェブ調査における無回答誤差　48
   3.3　ウェブ調査における回答率と参加率　51
   3.4　ウェブ調査の参加に影響を与える要因　55
   3.5　混合方式の調査における無回答　62
   3.6　ウェブ調査の中断に影響する要因　66
   3.7　ウェブ調査における項目無回答　69
   3.8　この章のまとめ　71

4. ウェブ調査における測定と設計—概論—…………………………73
   4.1　ウェブ調査における測定誤差　74
   4.2　ウェブ調査の測定特性　75
   4.3　ウェブ調査全体に対して適用される一般的な設計　78
   4.4　ウェブ調査のルック・アンド・フィール　80
   4.5　ナビゲーションの作法　87
   4.6　回答入力形式の選択　88
   4.7　グリッド形式（マトリクス形式）を用いた質問　92
   4.8　この章のまとめ　97

5. 視覚媒体としてのウェブ ·· 99
　5.1　ウェブ調査票における視覚的特性の解釈　99
　5.2　画像の効果　113
　5.3　視認性の概念　119
　5.4　この章のまとめ　125

6. 双方向的特性と測定誤差 ·· 127
　6.1　双方向性の特徴　129
　6.2　応答的で機械的な機能　130
　　6.2.1　プログレス・インジケータ　130
　　6.2.2　自動集計　141
　　6.2.3　視覚的アナログ尺度　144
　　6.2.4　双方向的なグリッド　145
　　6.2.5　オンラインによる説明　148
　6.3　人間に近い双方向的特性　153
　6.4　この章のまとめ　163

7. ウェブと他のデータ収集方式における測定誤差 ············· 166
　7.1　調査方式効果を理解するための概念的枠組み　166
　7.2　自記式手法としてのウェブ調査　169
　7.3　ウェブ調査と認知的負担　184
　7.4　この章のまとめ　188

8. 要約と結論 ·· 190
　8.1　ウェブ調査における非観測誤差　191
　8.2　観測誤差　198
　8.3　調査方式効果を表すモデル　204
　8.4　ウェブ調査への提言　211
　8.5　ウェブ調査の将来　215

参考文献　217

日本語版付録　237
　補章：日本におけるインターネットによる世論調査，統計調査の現況　〔井田潤治〕
　　　　238
　用語集　255
　国内文献　307

海外文献　*320*
関連する学会および機関の一覧　*332*

索　　引　*335*

1 はじめに

　科学的調査が始まって以来，リサーチャーたちはデータの収集方法を近代化し，改良を進めてきた．こうした調査方法における革新の歩みは，この30年でむしろ加速している．こうした時期にあって，調査データ収集のためのコンピュータ支援による方法が，ほぼ世界中で採用されるようになった．コンピュータ革命以前は，調査は対面面接調査法[1]（通常は，調査員が回答者の自宅を直接訪ね，質問を読み上げ，回答者の答えを質問紙に記録する），電話調査法（調査員が回答者に電話をかけ，質問を読み上げ，回答者の答えを質問紙に記録する），郵送調査法（リサーチャーが回答者に質問紙を郵送し，回答者はそれに記入して返送する）という3つのデータ収集方法に主に頼っていた．こうした方法のどれもが，次第にコンピュータ技術を取り入れた方法に切り替えられてきた（Groves, Fowler, Couper, Lepkowski, Singer, Tourangeau, 2009[2] の第5章で，これらの進歩について詳細に論じている）．

　デスクトップとラップトップのコンピュータが先進国の全体に普及したことだけではなく，もう1つの技術的発展が調査データの収集方法を変えた．このもう1つの発展段階とは，人びとの情報伝達の方法にかかわることである．米国では，ほとんどすべての人が電話サービスを利用できるようになった1960年代と1970年代に，サーベイ・リサーチャーたちが次第に電話調査を受け入れるようになった（Thornberry and Massey, 1988）．固定電話に代わり携帯電話の利用者の割合が増加するにつれて，携帯電話調査が台頭してきた（例：Brick, Brick, Dipko, Presser, Tucker, Yuan, 2007）．この過程に続く次の段階を想像することはそう難しいことではない．ショート・メッセージ・サービス（SMS: short message service）によるテキスト式調査票や，デスクトップ・コンピュータを用いたビデオ面接のような新しい面接方式は，人びとの刻々と変化するメディア選好に合わせて作られているのである．

　ウェブ調査は，自記式調査票の発達過程における重要な進展を意味している．コンピュータ革命以前は，自記式で調査票に回答してもらう唯一の効率的方法は，回答者が印刷した質問紙に記入することであった．いくつかの自動化された自記式方法が，

---

[1] 訳注：個別面接法，個別面接聴取法など，さまざまな語句があるが，ここは「対面面接調査法」とした．
[2] 訳注：2004年に刊行された本書の第1版の翻訳版が『調査法ハンドブック』（大隅監訳, 2011）として刊行されている．

ワールド・ワイド・ウェブ（WWW）が広く普及する前に登場した．たとえば，「ディスク郵送法[3]」（DBM: disk by mail）や電子メール調査である．しかし，これらは短命に終わったため，広く受け入れられることはなかった（Groves et al., 2009, 5 章）．これ以外の自動化した自答方式（self-administration）が，面接調査と電話調査においては，通常，調査員方式の質問（interviewer-administered question）とあわせて用いられる．たとえば対面面接調査では，調査員が回答者に対し質問文の一部を読み上げ，残りの質問については回答者がコンピュータと直接やりとりするといった（音声あり，音声なしがあるが）調査方式の組み合わせを用いることもある．同様に，多くの電話調査では，混合方式が用いられており，たとえば，調査員は電話で回答者に直接接触したのち，音声自動応答方式（IVR: interactive voice response）に切り替える（Cooley, Miller, Gribble, Turner, 2000）．しかし，ワールド・ワイド・ウェブが日々の生活の一部になったことで，独立した，自記式の，自動化された調査票が，より一般に普及してきた．

　先進国の多くの地域では，人びとは生活の大半をオンライン環境下で過ごしている．たとえば，所得税の申告，仕事への応募，旅行の予約，商品の購入やサービスを受けるなど，さまざまな活動をオンラインで行っている．こうしたオンラインによる活動には，調査に回答することと共通した特徴がある（例：Purcell, 2011 を参照）．そのため，インターネット経由で調査票を効果的に用いることは自然な流れである．誰もがそうだというわけではないが，多くの人びとがこうしたオンライン環境を利用している．そして，日頃自分のなれ親しんだ習慣や慣例に頼ってこうしたオンラインで調査に回答できるのである．さらに，ウェブ調査の各追加調査対象者あたりの限界費用[4]は，他の調査方式を用いたときの調査と比べて，非常に少ない．他の調査方式では，回答を終えた調査対象者は調査員と連絡をとる必要があり，よって，調査員への報酬や，場合によっては交通費も必要となる．ウェブ調査の場合，各調査対象者あたりの限界費用は，質問紙による調査よりも，さらに安くて済む．それは，質問紙による調査の場合は，印刷費や切手代がかかるからである．ウェブ調査を実施する際の主な経費は，調査票のプログラミングである．この費用は，調査対象者数にかかわらず一定であり，この点でコンピュータ支援の面接調査用の調査材料[5]をプログラミングする費用

---

[3] 訳注：郵送されてきたフロッピー・ディスク内にある電子調査票に回答を済ませた人は，その調査票ファイルを保存したフロッピー・ディスクを調査主体に対して再び郵便で返送する．

[4] 訳注：固定費用は不変だが，可変費用は生産量を 1 単位増加させるたびに増加する．このときの可変費用（または総費用）の増加分を「限界費用」（marginal cost）という．たとえば，『スーパー大辞林 3.0』（三省堂）では，「財・サービスを生産するとき，ある生産量からさらに 1 単位多く生産するのに伴う追加的な費用のこと」とある．

[5] 訳注：ここで "instrument" に「調査材料」の訳をあてた．通常は，調査に必要な調査票，依頼状，提示カード，調査対象者一覧など，調査を実施するうえで必要となる材料のことをいう．こうした物理的な材料だけではなく，質問文の言い回し，調査票の様式，設計にかかわる諸要素など調査票に関する内容あるいは調査票自体を示す意味でも用いる．とくに，第 4 章ではこの語句が頻出するが，そこではほとんど「調査票」の意味で用いている．

と似ている．かりに調査で，勧誘を行い，また，参加者への謝礼（たとえば，くじ[6]（sweepstake））を用いて固定費を抑えた場合，ウェブ調査の総費用は，基本的に標本の大きさの影響は受けない．

　上に述べたように，ウェブ調査によって，従来のデータ収集方式と比べて，より多くのリサーチャーたちが，大きな標本を手頃な価格で利用できるようになった．ウェブ調査はその費用構造が魅力的なことから，今後も確実に人気を保ち，また調査方式として発達し続けるであろう．いまのところ標準となっている，ウェブ・ブラウザで画面に表示される調査票は，やがて，アプリケーション・ソフトにもとづくモバイル機器を使った調査や，ソーシャル・メディア内で実施される世論調査に移行するであろう．とは言え，いまのところ，ウェブ調査には，予算面での魅力がある一方で，さまざまな誤差を生むという特有の欠点もある．

1.1 総調査誤差にもとづく接近法

　ウェブ調査で得られる推定値に影響をおよぼす誤差を分類するには，総調査誤差（TSE: total survey error）の枠組みが役に立つ（例：Groves, 1989）．総調査誤差の見方については，調査研究において長い歴史がある（これについては，Groves and Lyberg, 2010[7]を参照）．総調査誤差の枠組みにおいては，誤差を2つの種類に大別することが多い．つまり，関心のある母集団を，回答者がどの程度うまく代表しているかにかかわる誤差，そして，個々の回答の正確さ（accuracy）や妥当性（validity）にかかわる誤差である．前者の誤差は，観測されないことに起因するものである．たとえば，標本構成員となり得る人びとがインターネットにアクセスできないために，ウェブ調査に参加できないことがある．彼らは「抽出枠」[8]には含まれない，つまり調査に参加することができる母集団の構成員ではない．あるいは，調査への参加をよびかけられたときに，電子メールで送られた依頼状を，本人が見る前にスパム・フィルターによって振り分けられてしまったため，調査に参加できない人もいるかもしれない．こうした不完全なカバレッジがもたらす誤差（第2章参照）と無回答（第3章参照）は，非観測誤差の例である．もちろん，ボランティアからなるウェブ・パネルに頼ることは，別の深刻な非観測誤差の発生源となり得る．なぜなら，パネルの構成員が，関心のある母集団を代表する標本となっていない可能性があるからである．母集団のうち調査に回答する人びと（つまり標本抽出枠に含まれる人びと，標本に含まれる人びと，そして回答者となる人びと）が，調査で測定される特性に関して，調査で回答しない人びと（つまり，標本抽出枠や標本に含まれず，回答者でもない人びと）

---

[6] 訳注：第3章の3.4節「謝礼」の項に説明がある，ここでは「くじ」とした．
[7] 訳注：この論文についての紹介記事がある（大隅・鳰，2012）．
[8] 訳注：「抽出枠」（frame）あるいは「枠」とは，標本抽出枠（sampling frame）のこと．本書では全体を通じて"frame"が用いられている．実際に標本抽出に用いる名簿（リスト）のこと．

と異なっている場合は，カバレッジ，標本抽出，無回答という3種の問題のどれもが，偏った推定値を生むことになる．

回答の正確さあるいは妥当性に影響をおよぼす誤差には，測定すること，すなわち，調査でなにを観測するかが関係している．通常，測定誤差は，調査の質問に対する回答として回答者が報告することと，その測定された特性の真値との差として定義される．こうしたずれ[9]（discrepancy）は，ほとんどが，回答時における，社会的過程や認知的過程に起因する（第4〜7章参照）．たとえば，ウェブ調査の回答者は他の調査方式の回答者と比べると，とくに認知的負担を避ける傾向がある[10]かもしれない（これは，測定誤差の増加となる）．あるいは，個人情報を回答することを躊躇しない傾向があるかもしれない（これは，測定誤差の減少となる）．測定誤差は回答時に起こる，つまり観測時に生起するので，観測誤差と考えられている．

非観測誤差　　いま，医療の利用について，「オプトイン・パネル」(opt-in panel)，つまりボランティア・パネル（volunteer panel）の構成員に対して，ウェブ調査を行うと想定しよう．こうしたパネルは，母集団に類似するようには作られてはいない．パネル構成員は調査に参加するだけで，なんらかの形で謝礼を受け取ることが多い．かりに，パネル構成員の健康保険の加入率が，一般社会における加入率よりも低ければ（おそらく，人びとがパネルに参加する理由の1つは，失業中の間，報酬を得るためであり，それゆえ，健康保険にも加入していないであろう），パネル構成員は，さまざまな健康に関連する特性について一般の人びとと違いがあるだろう．たとえば，彼らは一般社会の人びとと比べて，医療サービスを利用することが少ないかもしれない．こうしたパネルの回答者から得られた医療に関する推定値は，このカバレッジ誤差のために偏るであろう．つまり，こうしたパネルは，人びとが健康保険に加入している割合が偏っているからである．かりに，募集した回答者からなるある特定の標本を，そのパネルから無作為抽出したとしても，なんの役にも立たず，偏りはなくならない．それは，その無作為抽出で得た標本は，パネル全体に含まれるカバレッジの偏りを反映しているからである．一方これとは逆に，健康保険に加入していることが，パネル構成員であることと無関係であるときには，少なくとも，健康保険や健康保険の加入に密接に関連する変数については，このカバレッジ誤差はほとんど生じない．もちろん，こうした場合も，カバレッジ誤差は他の調査変数（survey variable）に影響をおよぼすことがあるだろう．これらの影響は，パネルと母集団との差違が，こうした調査変数にどの程度関連しているかによって決まる．

こうした論理は，無回答誤差の場合も同様である．ある特性が，回答者と無回答者

---

[9] 訳注：原文の"discrepancy"に「ずれ」をあてた．実は，"difference", "departure", "gap", "deviation"などの語句が，ほぼ同じ意味で用いられることが多い．文脈をみて，「ずれ」のほか，「差違」「違い」などを使い分けた．

[10] 訳注：原文は"cognitive shortcut"とある．これを「認知的節約」などということがある．ここではこれを上のように意訳した．

との間で異なる分布をしていて，しかもこうした特性が調査変数に関連しているような場合，このずれが無回答の偏りを生む．しかし，ある属性が回答者と無回答者について同じように分布する場合は，たとえ回答率が低くても偏りはほとんど生じない，あるいはまったく生じない（Groves, 2006 を参照）．ウェブ調査のパネル登録者からなる標本構成員が政治に関する調査の依頼を受けたとしよう．政治への関心がもっとも低い標本構成員が，政治への関心の高い標本構成員とくらべて，調査への参加を拒否することが多い場合，このことが，たとえば投票率といった推定値を誤って増大させることがあり得る．おそらく，政治に関する調査にあまり興味がない無回答者は，回答者よりも投票することが少ない（実際，Tourangeau, Groves, Redline, 2010 では，政治的な話題を扱った郵送と電話によるある調査で，ちょうどこれに相当する偏りを見つけている．彼らの研究によると，非投票者は投票者よりも調査に回答する可能性が低く，投票した人の割合の過大推定につながった）．これとは対照的に，政治的関心とはかかわりのない調査指標を測る場合には，無回答誤差がほとんどないか，あるいはまったくないかもしれない．

　無回答誤差が，ウェブ調査においてどのように影響するかについては，標本が確率的パネル[11]から抽出されているかぎり，他の調査方式と比べてなんら特別に変わった点はない．こうした確率的パネルの構成員は，従来の電話からなる抽出枠，あるいはエリア確率の抽出枠から，電話により，あるいは直接会って採用される．採用された人びとは，ウェブ調査への参加案内を受け取るための電子メールのアドレスを提供するよう求められるが，かりにこれを保有していない場合には，ウェブへのアクセス権とコンピュータが与えられる．こうした確率的ウェブ・パネル，たとえば，米国のナレッジ・ネットワークス社のパネル[12]（KN パネル：Knowledge Networks Panel）やオランダの「社会科学のための縦断的インターネット調査研究」パネル（LISS: Longitudinal Internet Studies for the Social Sciences）[13]は，オプトイン・パネルと違い，母集団の重要な特性を正確に反映するように設計されており，簡単な方法で母集団の推定値を得るために用いることができる（第 2 章および第 3 章参照）．

　これとは対照的に，非確率的なオプトイン・パネルの場合は，少なくとも従来の設計にもとづいた手法では，母集団推定値を求めることができない．オプトイン・パネ

---

[11] 訳注：第 2 章にあるように，調査対象パネルを構築する際の標本抽出の方法として，確率抽出と非確率抽出がある．この確率抽出で得られるパネルのことを確率的パネルという．これに対して，オプトイン・パネルなどは非確率抽出による非確率的パネルとなる．

[12] 訳注：ナレッジ・ネットワークス社は 2011 年 12 月に調査企業 GfK に買収されたが，米国での調査機関としての活動は続けている．パネルは GfK KnowledgePanel® となった．
https://www.gfk.com/fileadmin/user_upload/dyna_content/US/documents/GfK_Panel_Book.pdf

[13] 訳注：これについては，Bethlehem and Biffignandi (2012), Das, Ester, Kaczmirek (eds.) (2011) に詳しい説明がある．

ルでは，パネル登録者の特性と一般母集団[14]の特性との関係がわからない．そのため，オプトイン・パネルには通常の無回答誤差よりも大きな問題がある．参加率[15]（participation rate）が非常に低いことは，確率的パネルでは重大な問題である．オプトイン・パネルでは，参加率が非常に低く，時には1桁になることもある．しかし，オプトイン・パネルでは，こうした低い参加率よりも，非確率的パネルを用いたことのほうが，結果に影響を与えるだろう．なぜなら，かりに調査への参加をよびかけられた人びとがすべて回答したとしても，これらの人びとが非確率的なオプトイン・パネルから抽出されているならば，得られた結果を母集団へと一般化できる根拠がないからである．オプトイン・パネルでは，たとえ参加率が低い場合であっても，無回答による影響よりも，自己参加[16]（self-selection）であるという問題のほうが，推定値を歪める可能性が高い．

観測誤差　ウェブ調査における測定は，郵送調査のように，大部分が視覚的でしかも自記式であるような調査方式における測定との共通点が多い．しかし，ボランティア・パネルに依存するウェブ調査では，問題がさらに深刻になるだろう．なぜならば，こうしたパネルの構成員は，他の調査方式の回答者に比べ，注意深く回答しない可能性があるからである．質問を視覚的に表示することで生じる，ウェブ調査でみられる測定誤差の一例が，初頭効果（primacy effect）である．（口頭による質問とは対照的に）文字による質問文では，回答者は回答選択肢のリストの後ろのほうに出てくる選択肢よりも，はじめのほうに出てくる選択肢を選ぶ傾向がある．後ろのほうに出てくる選択肢のほうが実際には適切であっても，である．Galešic, Tourangeau, Couper, Conrad（2007）は，回答選択肢の長いリストがある質問に回答する際のウェブ回答者の目の動きを追跡し，少なくとも，回答者がリストの最後のほうにある回答選択肢をまったく読み飛ばしていることにより，往々にして初頭効果が発生する傾向にあることに気づいた．初頭効果という現象は，質問紙を用いた場合にすでに観測されていたことである（Krosnick and Alwin, 1987）．この初頭効果は，労働最小化行動，つまり回答者が最小限の要求を満たす[17]（satisficing）ように回答していることで生じるも

---

[14] 訳注：ここで「一般母集団」（general population）とは，「全米のすべての成人」「日本全国における住民」「日本全体の企業」のように，具体的な抽出対象を意識しない集合のことを示す．単に「一般集団」とすることもある．「特定の母集団」（specific population）とは，「大学生の集団」「医者の集団」「入院中の患者」「ある組織における勤労者の集団」といった集団のことをいう．"general population" や "specific population" は一般的な用語で，調査方法論以外でも使われる．一方，目標母集団（target population）や枠母集団（frame population）は統計的な意味での標本抽出において使われる専門用語であり，推測を行いたい母集団をさす．

[15] 訳注：ウェブ調査の場合には，回答率の厳密な定義が難しいので，この参加率を用いることが勧められている（AAPOR, 2016; ISO, 2009; Bethlehem, 2012; Callegaro and DiSogra, 2008）．通常は［回収数］と［発信数・調査依頼数］の比．ここで「時には1桁になることがある」とあるが，日本国内でも似たような事情がある．

[16] 訳注："self-selection" の訳として，「自己報告」「自己選択」「公募」「公募型」「募集」「募集法」「応募」「応募法」など，いろいろある．ここでは，登録・参加を希望する者が自らの意思で参加する意を汲んで，「自己参加」とした．

のと考えられる．つまり，回答者は，最適な回答を行っているわけではなく，こうした現象は回答を埋めるという最小限の仕事をしていることに起因すると考えられる（Simon, 1956 を参照）．これとは対照的に，似たような種類の質問を調査員が口頭で尋ねた場合，回答者は後ろのほうで示された選択肢（リストの末尾にある選択肢）を好む傾向があり，これが新近性効果（recency effect）を生じさせる．したがって，初頭効果は，オンラインの場合に限らず，視覚的に選択肢を表示した場合に生じると考えられる．実際に，ウェブ調査において，質問文を口頭で説明することは十分に可能である（第 6 章参照）．この場合は，初頭効果よりはむしろ，新近性効果がみられると思ってよいだろう[18]．

ウェブ調査では，ほとんどの場合，回答者は調査員なしで自分の回答作業を完了する．調査で郵送調査票を使うか，コンピュータ支援の自答式（CASI: computer-assisted self-interviewing）あるいは音声自動応答方式（IVR）といった自動化されたデータ収集方式を用いるかにかかわらず，調査員がいないことで微妙な内容の話題についての回答者の報告が改善することは以前から知られている（例：Tourangeau and Yan, 2007）．ウェブ調査は，このような他の自記式形式と同様の利点がある．Kreuter, Presser, Tourangeau（2008）は，調査員方式の電話調査や IVR による調査よりも，ウェブ調査のほうが，学業に関する問題（落第など）は，回答者がより多く報告する傾向があると述べている（第 8 章参照）．そして，Kreuter と同僚は，回答者の回答を大学の成績と比較したところ，その回答の多かったウェブ調査の報告のほうが，実際に，より正確な報告であったことを確かめた．こうした測定誤差の低減は，自記式がもたらした成果であることはほぼ間違いない．

リサーチャーによっては，パネル構成員は，ほとんどの場合，金銭的な見返りを求めて調査に参加しており，自分たちが提供する情報の質についてはあまり気にしていないのではないか，という懸念をもっている．これは，「速度違反」（speeding）として知られるある行動，つまり，あまりにも速く回答することから，質問文をまともに読んでおらず，ましてや回答についても注意深く考えていないこと，として知られる行動である．間違いなく，速度違反はデータの質にとってよいことであるはずがない（第 6 章参照）．しかし，これは回答者が自記式の質問票に回答するときにはいつでも起こり得ることである．速度違反がウェブ調査と関連づけられる理由は，ウェブ調査では，それを探知できるからである．質問紙を用いる通常の条件下で，回答時間を測定することはほとんど不可能だが，オンラインの調査票では，回答時間を測定する

---

[17] 訳注：調査質問を読むことや回答するための労力を割かない（手間を省く）こと．回答者が，正しい回答を提供し得る努力を怠る，あるいは正しい回答を用意できないことをいう．また，回答者は最小努力で自分の気持ちに合った回答を提供しようと努める傾向にあること．その結果，必ずしも正しい回答とならないこともあること．「労働最小化行動」「最小限化行動」「最小限回答行動」などの訳語がある．ストレートライニングは，この労働最小化行動の 1 つの例である．

[18] 訳注：ここは，たとえばビデオに録画した調査員やバーチャル調査員を用意することで，新近性効果も生まれる可能性があることをいっている（第 6 章参照）．

ことはきわめて容易なことである[19]．ここでもまた，ウェブ調査における速度違反によって起こる測定誤差は，ウェブ自体とはほとんど関係がないのかもしれない．速度違反やそれに類する問題は，質問文が紙に書かれていようがオンラインであろうが，自記式に特有の問題なのかもしれない．

1.2 本書のロードマップ

　本書では，総調査誤差の枠組みにおける重要な特徴に注目している．本書では，ウェブによるデータ収集の長所と短所を研究してきた筆者らや他の人たちの研究に焦点をあてており，ウェブ調査における，非観測誤差よりも観測誤差に注意を払っている．第2章では，標本抽出とカバレッジ誤差について論じる．第2章の要点は，他の調査方式とは異なり，ウェブ調査には「母体となる抽出枠」（native frame）を構築するための技術が存在しない，ということにある．電話調査では，ランダム・ディジット・ダイアリング（RDD: random-digit dialing）による標本がよく用いられている．対面面接調査ではエリア確率標本（area probability sample）が用いられている．また，郵送調査では，住所にもとづく抽出枠によることが多い．しかし，ウェブ調査には，このような抽出枠の構築方法に類似した方法がない．これに一番近いものは，電子メール・アドレスの総合的なリストであろう．そのようなリストは，ある大学の学生や，あるビジネスの顧客，あるいは大企業の従業員といった特定の母集団については存在することが多いが，米国にも，どこの国にも一般母集団用に対するそのようなリストはない．さらに，複数の電子メール・アドレスをもっている人や，共有のアドレスをもっている人もたくさんいる．こうした問題があるので，一般母集団を代表することを意図して作られた確率的ウェブ・パネルは，RDDやエリア確率標本の構成員から集められる．オプトイン・パネルの構成員やその他の非確率標本は，通常はオンライン広告やその他の方法を介してウェブ上で勧誘されている．しかし，どのようにパネル登録者を勧誘したとしても，その募集案内への接触を測定することは一般に不可能であり，したがってパネルに採用される確率を推定することも不可能である．

　第3章では，「無回答」（nonresponse）に取り組んでいる．ここで無回答とは，必ずしも無回答誤差を意味しているわけではない．しかし，「無回答率」（rate of nonresponse）を測定するほうが，関連する無回答誤差を測定するよりもずっと容易であり，当然のことではあるが，無回答率の研究は無回答誤差の研究よりもずっと多く行われている．それでもなお，第3章では，ウェブ調査における無回答誤差を調べた，いくつかの研究を再吟味する．さらに，第3章ではウェブ調査の回答率とその決定要因（事前告知，勧誘の方式とその内容，接触回数，謝礼）についての研究を概説

---

[19] 訳注：いわゆる「パラデータ」（paradata）を収集し分析することで，回答所要時間などの分析ができる．

する．回答率の測定が正しく行われた場合は，他の調査方式に比べて，ウェブ調査における回答率は著しく低い．このことは必ずしもウェブ調査で無回答誤差が大きいことを意味してはいない．しかし，伝統的なデータ収集方法を用いる調査に比べると，無回答誤差の危険がより高いであろうことを示唆している．最後に，第3章では，「中断」(breakoff)と「項目無回答」(item nonresponse)について論じている．これらは，他の調査方式に比べると，ウェブ調査のほうが測定や研究が容易である．なぜならば，ウェブ調査では，質問を見落とすとか，途中で回答をやめるなどの行動を捕捉することができるからである[20]．

　本書の残りの大半を，ウェブ調査における測定と測定誤差の説明にあてる．第4章では一般的な話題を紹介し，ウェブ調査の設計者が利用できる数多くの選択可能性に焦点をあてる．こうした選択肢の1つに，「ページング形式」(paging)とするか，「スクローリング形式」(scrolling)とするか，がある．ページング形式とは，調査票の1ページに対して，1つあるいはいくつかの質問文を表示する方法であり，それに対してスクローリング形式とは，調査票全体をまとめて上下に移動させる形式で表示する方法である．ページング形式は，調査票が長い場合に，いくらか測定上の利点もあるのだが（たとえば，欠測となる観測値が少ないなど），一方，スクローリング形式は，一般に短い調査票に適していると考えられている．こうした調査票段階の選び方のほかに，個々の質問作成段階の選び方もたくさんある．その1つは，ある共通した内容の回答尺度を，1つのグリッド（つまり，1つの行列形式）にまとめて1つの質問群として表示するかどうかにかかわることである．従来のグリッド形式で生じる数多くの問題を指摘する証拠がある．新しい設計手法（それらのいくつかは双方向的である）は，画面上の空白を節約し，ページのダウンロード回数を減らし，類似した質問項目の関連性を引き立たせるといった，グリッド形式の重要な利点を活かしながら，こうしたグリッド形式の問題を克服することができるかもしれない．このことは，回答選択肢にラジオ・ボタンを使うべきか，それともチェック・ボックスを使うべきかといった設計上の留意事項とあわせて，第4章で取り上げている．

　第5章では，ウェブ調査の視覚的特性（visual feature）が測定にどのように影響するかについて検証する．ウェブ調査の質問文に回答尺度が含まれる場合，回答者は，付随的なさほど重要ではない視覚的特性にもとづいて尺度を解釈することがあり得る．つまり，調査設計者が想定していなかったさほど重要ではない視覚的特性にもとづき，回答者が尺度を解釈することがあり得るのである．たとえば，「そう思わない」を示す尺度点[21]としてある色を用い，「そう思う」を示す尺度点を別の色で示すなど，設計者はさまざまな色を用いてその尺度が両極性（bipolar）であるという事

---

[20] 訳注：前述のように，ここでもパラデータを測定分析することで，中断や無回答の傾向を部分的に調べることができる．

[21] 訳注：ここで「尺度点」(scale point)とは，回答尺度の選択肢の位置を示す標識（ラベル）のこと．たとえば，第5章の図5.1, 5.2などを参照．

実を強調することがある．これにより，回答者は，単一色だけを使うときに比べて，両端の尺度点が概念的に異なっている（つまり，より離れている）とみなし，またその尺度のより小さくまたより肯定的な側に，自分の回答を集中させることにつながる（Tourangeau, Couper, Conrad, 2007）．質問に含まれる画像もまた，同じような意図しない影響を，測定におよぼし得る．回答者は，その画像を質問の解釈とあわせて考える，あるいは判断するための比較基準として用いるようである．たとえば，Couper, Conrad, Tourangeau（2007）の研究では，病院のベッドにいる病気の女性の画像，または屋外でジョギングをする健康な女性の画像を画面に表示し，回答者に自分の健康状態を評価してもらった．病気の女性の画像を見た人は，健康な女性の画像を見た人よりも，自分自身の健康状態が良好であると評価している．つまりこれは，はじめのほうにある質問がもたらす文脈効果[22]と似た視覚的効果が生じたということである．また第5章では，ウェブ調査のページ上にあるすべてのコンテンツが回答者にとって同じようにみえるわけではなく，ある程度はウェブページ上の情報を処理する回答者の回答の段取りに依存しているという証拠を概説する．このよい一例が，前に挙げた初頭効果である．このとき回答者は調査票内にあるすべての選択肢の意味をよく考えていないようにみえる．Galešic が同僚と行った研究が（Galešic et al., 2007），少なくとも何人かの回答者は質問リストの最後のほうにある選択肢を見ていないという証拠を示している．さらにその研究では，選択肢リストの中で後ろにあるものほど，回答者の注意を引きにくくなることも示している．

　回答者の行うことに調査票が反応するという意味では，ウェブ調査は双方向的[23]である．第6章では，調査設計者が利用できる特性で，測定誤差を低減する可能性のある，しかし測定誤差を生じることもある，双方向的特性について取り上げている．たとえば，ある回答選択肢が選ばれたときに，行の色を動的に変えるようなグリッドを設計することで，ナビゲーション[24]を平易にしてデータの欠測を削減することができる（例：Couper, Tourangeau, Conrad, 2009）．その一方で，「プログレス・インジケータ」（progress indicator），つまり調査票への回答記入がどこまで終わったかを知らせる応答情報（フィードバック）[25]は，完答を促すことを目的としてはいるが，実際にはまだ多くの質問文が未回答のまま残っていることを回答者に知らせてしまうので，中断を増加させることもある．同様に，調査員の動画録画あるいはコンピュータでアニメ化した「バーチャル調査員」（virtual interviewer）を取り入れることで，

---

[22] 訳注：ここでいう「文脈効果」（context effect）とは，調査票のはじめのほうにある質問文が，後ろのほうにある質問の解釈や回答に影響をおよぼすことをいう．本来の，心理学などでいうより一般的な文脈効果の意味については，たとえば中島ほか編（1999）などを参照．

[23] 訳注：原文は "interactive" で，それにはさまざまな訳語があてられることやカタカナで表記されることも多い．「相互作用性（的）」「対話型」「対話形式で」「双方向性」など．しかしここは，全体の文脈から「双方向的」とした．

[24] 訳注：ここは回答者に回答の操作方法などを説明，指示すること．

[25] 訳注：第6章にある，いわゆるプログレス・フィードバックのこと．

回答者は質問文をよりよく理解できるようになるが（Conrad, Schober, Jans, Orlowski, Nielsen, Levenstein, 2008; Fuchs and Funke, 2007），「調査員効果」(interviewer effect) (Conrad, Schober, Nielsen, 2011; Fuchs, 2009) や「社会的望ましさの偏り」(social desirability bias) を生じ得る (Fuchs, 2009; Lind, Schober, Conrad, Reichert, 2013). いくつかの双方向的特性は，回答者が用いることで回答の正確さが向上することがわかっているが，さほど利用されないことも多い．オンラインによる説明（online definition）は，まさにこれにぴったりの例である．いくつかの実験室研究によると（例：Conrad, Schober, Coiner, 2007），回答者が説明を求めた場合であれ，調査システムのほうから進んで回答者に説明を提供した場合であれ，いずれも回答者に説明を与えるほど回答の正確さが増すことがわかっている．ところが，Conrad, Couper, Tourangeau, Peytchev (2006) の研究によると，こうした説明を利用したことのある回答者は 13% にすぎなかったという．そのようなことで，双方向性は時には回答の正確さを向上させる一方で，あらゆる問題の解決策であるとはいえないのである．

ウェブ調査を実施するかどうかを決める際の重要な検討事項は，ウェブ調査で得る推定値が，他の調査方式から得た推定値とどのように比較できるのかという点である．第 7 章ではこの問題について，調査方式間の差違をもたらす 2 つの原因について詳しく調べる．この 2 つの考えられる原因とは，1 つは微妙な質問に対する自記式回答の影響であり，もう 1 つは認知的負担[26] (cognitive burden) の影響である．微妙な質問の自記式回答に関しては，自記式であるウェブ方式のほうが調査員方式よりも優れているという，よく知られた利点を支持する強固な証拠がある．ウェブ方式は，質問紙を用いる自記式と同程度に，微妙な質問への回答を改善するようである．たとえば，Chang と Krosnick (2009) は，白人の回答者は，電話調査よりもウェブ調査で，より多くの望ましくない人種的見解 (undesirable racial view) を示すことを報告している．Denniston, Brener, Kann, Eaton, McManus, Kyle, Roberts, Flint, Ross (2010) は，彼らの研究で，回答者が高校生であったとき，紙の調査票よりもウェブ上の調査票で，「危険行動」[27] についてより多くの報告があったことを調べた．そして Kreuter, Presser, Tourangeau (2008) は，ウェブ調査には電話聴取より優れた利点があることを報告しており，このウェブ調査の利点が正確さの改善を伴うことを示している．第 7 章で述べるメタ分析では，微妙な内容の情報を集めるためには，ウェブ方式のほうが電話方式に勝る利点があることを確認している．また，ウェブによる回答報告が，質問紙による回答報告よりもわずかに優れていることもあきらかにしている．

ウェブによる回答は，いくつかの種類の質問にとっては，認知的負担の点で役に立つようである．Fricker, Galešic, Tourangeau, Yan (2005) は，科学知識を問う質問

---

[26] 訳注：ここで，"cognitive burden" を「認知的負担」とした．これは回答者が質問内容を理解し，適切な回答を行うために必要な認知的な労力のことをいう．

[27] 訳注：「危険行動」(risky behavior) とは，マリファナなどの薬物利用，飲酒と車の運転，銃・武器の保有などをいう．第 7 章に調査例と説明がある．

についてはウェブ方式が高成績となったと報告している。これは Strabac と Aalberg (2011) の研究における政治知識に関する報告結果と同じ傾向であったと報告している。Chang と Krosnick (2009) の研究によると，尺度項目（似たような構成からなる，また論理的に相互に相関があるような一連の質問項目群）については，ウェブ方式がより高い予測的妥当性（predictive validity）をもたらす，としている。つまり，米国大統領選挙への投票意向は，電話方式よりもウェブ方式で関連する変数を測定したほうが，よりよく予測できる，としている。オンラインで回答する場合の利点は，おそらくは回答者が与えられた回答作業の進め方と回答速度（回答の間のとり方）を制御できることであるが，これはまたウェブ調査が他の種類の自記式と共有している特性でもある。また，第7章で再吟味する論文は，ウェブ調査によるデータが，場合によっては質問紙から得たデータよりも優れている可能性があることを示唆している。

本書の最終章となる第8章では，主な研究成果と本書のテーマを概説することに加えて，調査方式効果（mode effect）の問題，とくに混合方式の調査（mixed-mode survey）で用いた調査方式から得られたデータを互いに組み合わせる，という問題に取り組んでいる。リサーチャーは，調査方式に依存する特性の影響を受けないような調査票で調査を実施することで，異なる調査方式で収集したデータ内のずれを最小限に抑えるように努めるべきだろうか？　これを統合化手法[28]（unimode approach）とよぶことがある。あるいは，かりにこれが調査方式の差違を生む原因になるとしても，なるべく調査方式の長所を活かして，各調査方式においてできるかぎり最高の質のデータが得られるような調査票を設計するほうがよいのであろうか？　これをベスト・プラクティス手法（best practices approach）とよぶことがある。第8章では，調査方式効果のための数学的モデルについて述べる。このモデルが意味することは，1つには，調査の目的が，とくに事実に関する現象の推定値を得ること[29]であれば，通常はベスト・プラクティス手法が最適である。しかし，調査の目的が，とくに主観的な現象について群間あるいは処置間の比較をすることであれば，統合化手法が一般にはもっとも適している。最後に，この第8章では，本書で論じた実証的な研究成果から得た実用に適した推奨方法を一覧として挙げてある。

1.3　本書の目的と範囲

第8章では，著者らが推奨する調査設計の一連の提言事項を挙げる。また，これ以外にも，いろいろな推奨事項を本書のあちこちに書き入れてある。しかし，筆者らの

---

[28] 訳注：ユニモード手法ともいう。ここに「異なる調査方式で収集したデータ内のずれを最小限に抑えるように努める」とあるように，調査方式を混合利用するうえでの1つの指針。Dillman (2007, 2009) が "unified mode" と名づけた考え方と同じ手法のこと。

[29] 訳注：調査対象者あるいは回答者の，人口統計学的変数（例：最終学歴，収入），危険行動，病気の罹患，日頃の食生活などにおける「事実」に関する正確な推定値を得たいということ。

議論の核心は，ウェブ調査の実践よりもむしろ科学的な証拠を得ることにある．筆者らは，ウェブ調査から得られるデータと推定値の質に関連する統計科学と社会科学の両分野から得た科学的研究を活用している．これらの研究のほとんどが，本書の印刷と同時進行的に進んでいる．そのため，まだ公表されてはいないが，いずれ同じ分野の研究者たちによる査読対象となり得る多数の研究集会発表論文を引用している[30]．本書は，できるかぎり，ウェブ調査で用いる技術と方法が進化し続けても，時を経てなおもちこたえることができるであろう，と筆者らが信じている研究成果にもとづいている．ここで筆者らは，ウェブ調査とその誤差特性について，なにがわかっているのかを包括的に概説しようと試みた．

　また，多くの場合に，筆者らの得た結論は，他の調査方式にも当てはまる．ウェブ調査は，多くの特性あるいはアフォーダンス（つまり，ユーザー・インターフェースによって可能になる行動；Norman, 1988）を，他の調査方式と共有している．ウェブ調査は，質問紙調査の場合と同じように，一般に視覚的である．また，ウェブ調査は，質問紙型の調査票，コンピュータ支援の自答式（CASI: computer-assisted self-interviewing），音声利用のCASI（ACASI: audio-computer-assisted self-interviewing），音声自動応答方式（IVR: interactive voice response）などと同様に，自記式である．ウェブ調査は，コンピュータ支援の調査方式（computer-assisted mode）と同じように，自動化されている．調査員方式で行われるデータ収集方式と同じく，双方向的である．結果として，本書で詳しく調べる現象のいくつか，あるいはその多くは，関連する特性や優れた性質を共有する他の調査方式の特徴をあきらかにしてくれることもある．多くの事例で，ウェブ調査の特殊性によって表面化する，調査設計時に直面する問題について論じている．たとえば，第5章では，測定に影響をおよぼす視覚的問題に関連して，画面表示の際の回答選択肢の間隔がもたらす影響について議論している．回答選択肢の間隔が等しくない場合には，背後にある評定尺度に対する回答者の解釈が変わってしまうこともあり得ることを示している[31]．こうした視覚的歪みは，調査設計者が管理することのできないブラウザやモニター上の設定によって生じる可能性がある．質問紙の場合も同じように，かりに回答選択肢の間隔を変えて，歪めて配置すると，似たような現象がほぼ間違いなく観測されるであろう．しかし，質問紙ではこの現象は起こりそうもない．それは，少なくとも，調査設計者がベスト・プラクティス手法に沿って作成していれば，実際には回答選択肢の間隔を不均等にすることはないからである．そのためこれは，一般には視覚的表現に関する1つの問題となるのだが，質問紙を用いた場合に比べて，この問題はウェブ

---

[30] 訳注：ここで"peer-reviewed"とあるが，これは「ピアー・レビュー制」（同分野の複数の専門家による査読制）をとることをいっている．

[31] 訳注：調査票の質問を画面上に表示したとき，回答選択肢の配置の間隔のとり方次第で，つまり尺度点の配置次第で，測定誤差が生じることをいっている．第5章の5.1節の説明や，図5.1や図5.2にあるような例を参照．

調査票で生じる可能性がかなり高い．同様に，第8章において，混合方式による調査と調査方式効果について筆者らが論じていることは，いかなる調査方式の組み合わせに対しても当てはまる．しかし，郵送や電話を主なデータ収集方式として用いている政府や学術機関による調査に，「ウェブを用いるという選択肢」が加えられることも多い．電子メールだけを用いてウェブ調査の標本構成員に接触し勧誘することは難しいので，調査方式を組み合わせることは魅力的である．したがって，混合方式の設計 (mixed-mode design) に関する筆者らの考察では，調査方法論における一般的な懸念，とくにウェブ調査の懸念について扱っている．

ウェブ調査は，調査分野の専門家たちに非常に大きな影響をもたらした．これだけ短期間のうちに，ウェブ調査がどれほど多くの研究上の注目を浴びてきたかはあきらかである．とくに，非観測誤差に関して，多くの課題は残るものの，データの質を改善する，つまり測定誤差を低減するという意味において，ウェブ調査はかなり有望である．実際，ウェブは，他のデータ収集方式では実施することが不可能とはいわないまでも，実施が難しい測定形態の開発を促進してきた．リサーチャーにとっての課題であり，しかも好機でもあることは，ウェブの備えるこうした測定上の利点，つまり測定誤差を低減するという長所を有効に活かしつつ，代表性に欠けるというウェブ調査の短所による影響を低減することに取り組むことである．

2 ウェブ調査における標本抽出とカバレッジの諸問題

多くのリサーチャーにとって，ウェブ調査の大きな魅力の1つは，比較的安い調査経費で済むことである．政府機関や学術機関が行う質のよい調査は，大抵は一般的な母集団の推論を行うよう，標本抽出の原則に従って設計されている．しかし，残念なことに，ウェブ調査ではまったくといってよいほどこれを無視していることを，こうした安い調査経費が示している．ウェブ調査においても，確率標本の抽出が可能な母集団は数多くある．たとえば，協会団体の会員，あるウェブ・サイトの登録者，大学生などである．しかし，一般母集団（たとえば，米国のすべての成人からなる母集団）の推論についてのカバレッジと標本抽出では無視できない課題がある．広く引用されているウェブ調査に関する Couper (2000) の展望論文では，ウェブ調査を8つの型に分類しており，この8つの型のうちの3つが非確率標本を用いている．下記の表2.1が，その8つの型を示している（出典は Couper の論文）．一般母集団を対象とする多くのウェブ調査は，非確率抽出にもとづいており，このことから，本章で扱ういくつかの疑問が生じることになる．その第1は，なぜ確率標本をもっと頻繁に用いないのか，ということである．第2の疑問として，非確率標本を用いることにより，どのような偏りが生じるのであろうか，ということがある．この第2の疑問は，インターネットにアクセスできない人と，インターネットにアクセスが可能でウェブ調査にも参加できる人の特性を調べることにつながる．第3の疑問は，ウェブにアクセスできる人びとの母集団と，アクセスできない人びとの母集団との間には違いがあることを前提に，その違いから生じる偏りを除去できるのか，あるいは，少なくとも減らすことができるのか，ということである．ここでは，さまざまな種類のウェブ調査の違いがなにかを見分けることから始めよう．

2.1 ウェブ調査の種類と確率抽出の利用

ウェブ調査の種類　Couper (2000) は，ウェブ調査を，確率抽出を用いる場合とそうではない場合とに，大きく2種類に分類している[*1)]．ここではまず非確率標本から始めよう．表のはじめの2つの型の非確率的調査（エンターテインメント型投

表 2.1 ウェブ調査の種類と確率抽出利用の有無

調査の種類	説　　明
非確率標本	
1) エンターテインメント型投票[1] 　（Polls for Entertainment）	代表性を求めない世論調査など（例：CNN のクイック投票）．通常，調査を主催しているウェブ・サイトのボランティアが回答者である
2) 自由に参加できる自己参加型の調査 　（Unrestricted self-selected survey）	回答者を，ポータルサイトや訪問者の多いウェブ・サイト上での公募により募集する．これは上のエンターテインメント型投票と似ている
3) ボランティアによるオプトイン・パネル（Volunteer opt-in panel）	回答者はウェブ・パネルの構成員として数多くの調査に参加する．パネルの構成員は通常，人気のあるウェブ・サイト上の勧誘で募集する（例：ハリス世論調査オンライン）
確率標本	
4) インターセプト型調査 　（Intercept survey）	標本構成員は，ある特定のウェブ・サイトの訪問者から，無作為抽出あるいは系統抽出で選ばれる．通常はポップアップによる勧誘で募集する
5) 名簿にもとづく標本 　（List-based sample）	標本構成員は，定義の明確な母集団の名簿から選ばれる（例：大学生や職員）．募集は電子メールあるいは郵便で行う
6) 混合方式調査でウェブ方式を用いるとき 　（Web option in mixed-mode survey）	従来の方法で選ばれた標本構成員に対して，ウェブ方式での回答を選択できる選択権を与える．初回の接触は他の媒体によって行われることが多い（例：調査依頼状を送る）
7) 事前募集によるインターネット利用者からなるパネル 　（Pre-recruited panels of Internet user）	選出とスクリーニングでインターネット利用者であることを確認した確率標本に，パネルの参加者となってもらう
8) 母集団全体からの事前募集によるパネル（Pre-recruited panels of the full Population）	ウェブ・パネルに参加してもらう確率標本を事前に募集する．ここで，インターネットへのアクセス権がない人にはアクセス権を提供する

注：この類型化は Couper（2000）から引用した．Couper から許可を得て転載．
[1] 訳注：日本国内の例として，日経クイック Vote，NHK ネットクラブ，Yahoo! ニュース意識調査などがある．

票と自由に参加できる自己参加型の調査[1]）は，ボランティアからなる単発調査用の集団から構成される．たとえば，通常は，ある調査への参加をよびかけたあるウェブ・サイト(あるいは複数のウェブ・サイト)への訪問者から構成される．場合によっては，結果として得られた「調査」の知見を，深刻に受け止めるつもりもないのだが（Couper の分類表で，「エンターテインメント型投票」がこれらに該当する），一方では，その調査結果があたかも科学的に有効であるかのように述べられる場合もある（Couper

---

[*1)] 原書注：確率標本（無作為標本）とは，当該関心のある母集団のすべての要素が，非負の算出可能な抽出確率をとることをいう．つまり，調査設計上は，いかなる要素も抽出から除外されず，各要素に抽出確率を割り当てることができる．この抽出確率はすべての要素に対して同じである必要はない．

[1] 訳注：第 1 章の訳注 [16] を参照．

による第2の分類区分，「自由に参加できる自己参加型の調査」がこれに該当する）．Couper（2007）では，そのような調査にもとづいた論文が，医学や健康に関連する学術文献に発表されている事例を，いくつか紹介している．Couperによるウェブ調査の第3の型である，ボランティアによるオプトイン・パネルあるいはアクセス・パネルは，大変普及していて，企業によっては，自社パネルの構成員を，市場調査担当者や他のリサーチャーにも利用できるようにしている．数十万，あるいは何百万もの構成員からなるこれらのパネルは，規模は非常に大きいが，具体的な調査依頼（survey request）に対する回答率は往々にして非常に低い．調査への参加に積極的な構成員は依然として相対的に少なく，したがって回答しない可能性がある．また，参加に積極的なパネル構成員に対しては，何回もの調査回答依頼があるため，どの調査に回答するかを選り好みするようになっているということもある．パネルから構成員が完全に脱落することや，あるいはパネル構成員が特定の調査依頼に対して回答に応じないことのいずれにしても，無回答が当初の自己参加による偏り（self-selection bias）をいっそう悪化させるだろう．

　自己参加型のボランティア・パネルは，それなりに科学的に利用する方法があり，本書の骨子をなす研究の多くが，こうしたパネルを利用している．こうしたパネルを，なにか規模の大きな母集団を代表するものとして使えるかどうかは，疑問の余地がある．時には，調査結果から一般母集団をうまく推測することが目的であることがある．この場合，自己参加の登録者を利用することにかかわるカバレッジや無回答の偏りを減らすために，最新の進んだ加重調整法を用いることがある（たとえば，Taylor, Bremer, Overmeyer, Siegel, Terhanian, 2001を参照）．以下の2.3節では，偏りを除去する，あるいは減らすためのこうした加重調整法の有効性にかかわる証拠について論じる．

　ウェブ調査における確率抽出とはどのようなものだろうか？　Couperは，確率抽出を用いるウェブ調査を，表2.1の4)〜8)の5つの型に区分しているが，かりにこれらを括ってみても，ウェブ調査全体で確率抽出を用いて行う調査は少数派にすぎないであろう．確率抽出を用いる調査の第1の型は，インターセプト型調査（intercept survey）である．インターセプト型調査では，ある特定のウェブ・サイトへの訪問者の中から，特定の時間枠において無作為あるいは系統的に標本を選び，調査への参加をよびかける[*2)]．この形式の標本抽出は確率標本を作ってはくれるが，ある限られた母集団（restricted population）から抽出されている（たとえば，ある特定の時間枠内における，特定のウェブ・サイトへの訪問者あるいは複数のウェブ・サイトへの訪問者）．これで得られる結果は，こうした訪問者に限定されていて，より一般的な意味での母集団に当てはまるものではない．当該関心のある母集団が前者，つまり特定のウェブ・サイトへの訪問者であれば，カバレッジの問題はない．この種のウェブ調査は，ウェブ・サイトやそこで発生する取引（たとえば小売販売のような取引）の評価を行うためによく用いられる．さらにCouperは，ウェブ・サイトを訪問するような人を選ぶことには利点があるとも指摘している．この方法では，いかなるやりとりも

せずに去っていく人を含めた，すべての訪問者を選ぶことが可能である．調査への回答を促すよびかけは，回答者がそのウェブ・サイトを退去する際に表示されるが，標本に選ばれるのは回答者がそのウェブ・サイトを訪れたときである．この種のウェブ調査にとっての主な課題は，カバレッジや標本誤差というよりはむしろ無回答である．

確率抽出にもとづくウェブ調査の（表2.1の5）に相当する）もう1つの例は，ほぼどこからでもインターネットにアクセスできるような，ある限られた母集団[2]を対象とする調査である（たとえば，ある企業の従業員やある大学の学生などを対象とする調査）．この抽出枠には，電子メール・アドレスを含むこともあれば，含まないこともある．その抽出枠のアドレス情報の入手可能性と質次第で，調査依頼状は，電子メールで送付されることもあれば，郵送とすることもある（調査依頼状の問題については第3章で再度触れる）．募集の方法がなにかにかかわらず，すべての回答者はオンライン上で調査に回答する．一般に，ある母集団に適用可能な名簿形式の抽出枠が入手できて，それが母集団を完全に網羅しており（あるいはほぼ網羅しており），その母集団の構成員がインターネットへアクセス権をもつ場合には，こうした戦略は質のよい調査推定値，つまりカバレッジに起因する偏りがほとんどない，あるいはまったくない推定値を提供してくれる（カバレッジの偏り（coverage bias）に関する数理は，本章の後半で詳細に論じる）．

調査によっては，従来の方法で標本を抽出し（たとえば，名簿やエリア抽出枠から標本を抽出し），いくつか考えられる調査方法の中から，いくつかの調査方式を提供して，そのうちの1つとしてウェブ方式で回答できるようにしている調査もある．こうした戦略により，ほとんどのウェブ調査にとって最大の難題である標本抽出とカバレッジの問題を回避できる．たとえば，国立教育統計センター（NCES: National Center for Education Statistics）は，1987年から「大学教員についての全国調査」

---

*2) 原書注：系統的抽出とは，抽出枠内からの抽出を，はじめにある要素を無作為に選んだ後，そこから順に数えて n 番目ごとの要素を抽出することを繰り返す方法である．抽出枠とは，ある母集団の構成員名簿のことである．あるいは，それは，ある都市や郡における街区の一覧であることもある．このとき，この一覧は，都市や郡に含まれている要素からなる名簿（リスト）として作成される．一方，ウェブ調査で一定の期間内にウェブ・サイトへ訪れた人びとを抽出枠とする場合，その抽出枠は母集団の完全なカバレッジを提供する（ただし，母集団を「標本抽出が行われたその一定期間内に，ウェブ・サイトを訪れた人びと」と定義するかぎりにおいてである）．厳密にいうと，この種の標本設計は，「ウェブ・サイトの訪問者」を要素とする母集団というよりは，むしろ「ウェブ・サイトへの訪問そのもの」を要素とする母集団とする確率標本を提供する．しかし，Couper (2000) が指摘するように，クッキー（HTTP cookie）を使用することで，同一の訪問者を（少なくとも，毎回同じコンピュータとブラウザを使用する訪問者を）重複して選ぶことを抑止できるので，訪問者をほぼ等確率で抽出した確率標本が得られる．〔訳注〕ウェブ調査における抽出枠で注意する点は，ここに指摘されているように，ある時間枠の想定内で（しかも，比較的短期間内で）決める必要があることである．時間の推移に伴い電子メール・アドレスなどの変更・脱落などが増えるおそれがある．

[2] 訳注：原書では，ここに "circumscribed populations" とあるが，著者によると，これは前出の "restricted populations" に同義である．

(NSPOF: the National Study of Postsecondary Faculty) を実施している．2003年と2004年に実施された直近調査では，まず学位授与機関の標本を選び，続いてその標本となった各機関から，適格な教員からなる標本を選んだ．調査対象として選ばれた人は，ウェブ版の調査票に回答するか，あるいは電話聴取で回答した．最終的には，回答者の約76%がウェブ経由で回答した（NSPOF: 04の詳細については，Heuer, Kuhr, Fahimi, Curtin, Hinsdale, Carley-Baxter, Green, 2006を参照されたい）．回答時に別の調査方式が利用可能であれば，目標母集団の一部がインターネットにアクセスできないことが必ずしもカバレッジの偏りをもたらすとは限らない．

確率抽出を用いるウェブ調査の残る2つの型は，いずれもが同じ一般的な方法を共有している．いずれの型も，一般母集団の標本を選ぶ際に，従来の方法に依存しており（たとえば，ランダム・ディジット・ダイアリング；RDDのような方法），インターネットにアクセスできる人を特定するために，その標本の構成員をスクリーニングするか（これはCouperのいう7番目の型であり，インターネット利用者の事前公募パネルに相当する），あるいは一般母集団全体を代表するように，インターネットのアクセス権をまだもたない[3]人にそのアクセス権を提供するか，である（これはCouperの提示した8番目の型であり，完全母集団の事前公募パネルに相当する）．Couper (2000) は，ウェブ調査の7番目の型の例として，ピュー・リサーチ・センター (Pew Research Center) (Flemming and Sonner, 1999) とギャラップ社 (Gallup) (Rookey, Hanway, Dillman, 2008) を挙げている．原則として，こうした標本は，母集団全体ではなくインターネットにアクセスできる母集団を代表しており，以下に示すように，この両者には大きな違いがあり得る．この種のウェブ調査は人気がなくなってきており，リサーチャーはより安価なオプトイン型の手法に魅力を感じているか，あるいは以下で述べるように，インターネットの非利用者にアクセス環境を提供することで，インターネットを使わない母集団までを含めるようにするか，このいずれかになっている．ギャラップ社のパネルはあきらかに例外であり，インターネット非利用者集団までも対象とするために郵送調査も利用している．

米国のナレッジ・ネットワークス社のパネル[4]（例：Krotki and Dennis, 2001；Smith, 2003）と，オランダの「社会科学のための縦断的インターネット調査研究」(LISS: Longitudinal Internet Studies for the Social Sciences) パネル[5]は，一般母集団を代表する確率標本にあたる8番目の型の例であろう．ナレッジ・ネットワークス社のパネル構成員は，RDDで選ばれ*3) 電話によって勧誘される．LISSパネルは人口登

---

[3] 訳注：原文は単に "don't already have access" で，「まだアクセスできない……」とも読めるが，ここはあえて「アクセス権をもたない……」とした．類似の訳をあてた箇所が他にもある．
[4] 訳注：第1章の訳注 [12] にあるように，現在このパネルはGfK KnowledgePanel®となった．
[5] 訳注：このパネルについては，第1章の訳注 [13] を参照．
*3) 原書注：ナレッジ・ネットワークス社は現在，住所にもとづいた標本抽出法 (ABS: address-based sampling) を用いて標本の抽出とパネルの勧誘を行っている (DiSogra et al., 2009を参照)．

録簿（population register）から選ばれている．両者とも，インターネットにアクセスができない標本構成員にはアクセス権を与えることで調査への参加を可能にしている．より最近においては，米国における対面面接募集によるインターネット調査パネル（FFRISP: Face-to-Face Recruited Internet Survey Panel）では，エリア確率標本の構成員からウェブ・パネルへの参加者を公募している．参加者には，調査への参加を誘導するものとして，コンピュータとインターネットへのアクセス環境とが提供されている（FFRISP 標本の説明については，Sakshaug, Tourangeau, Krosnick, Ackermann, Malka, DeBell, Turakhia, 2009 を参照）．

事前公募型のパネル（pre-recruited panel）は，代表性のある標本として使い始めたとしても，無回答がこの代表性を脅かす．こうしたパネルの公募過程には複数の段階があり，パネル登録者となり得る人が各段階で脱落する可能性がある．リサーチャーはまず，標本の構成員の所在を当たり，さらに接触する必要がある．その後，その標本構成員は，パネルへの参加に同意し，調査に必要な機器の設置を受け入れねばならない．パネル登録者となり得る人は，今後に実施予定の個々の調査目的に合っているかの適格性（eligibility）をリサーチャーが判断する手がかりとするために，通常，はじめに基本項目の調査票（baseline questionnaire）に回答する必要がある．また，パネルに参加する人びとは，常に調査に対応できる状態でなければならない．そしてパネル登録者になると，自分に送られてくる特定の調査依頼に対応しなければならない．かりに各段階での成功率が非常に高かったとしても，累積回答率[6]（cumulative response rate）が非常に低い可能性があり，累積回答率は通常，10〜20% 台である（Berrens, Bohara, Jenkins-Smith, Silva, Weimer, 2003, pp. 6-7 の考察，および Callegaro and DiSogra, 2008 を参照）．なお，第3章で，ウェブ調査における無回答をより詳しく調べる．

確率抽出を使用する際の障害　実際の調査では，データ収集方式に応じて，特定の標本抽出枠や標本抽出法を用いることが多い．しかし，場合によっては，別の標本抽出枠や標本抽出法を使うこともある（Groves, Fowler, Couper, Lepkowski, Singer, Tourangeau, 2009 の第4章の考察を参照）．たとえば，ほとんどの（あるいは，少なくとも多くの）電話調査では，なんらかの RDD 標本抽出を用いて電話番号からなる標本を作ること，標本世帯に電話で接触すること（これは事前の調査依頼書状を送った後に行うこともある），生身の調査員（live interviewer）が行う電話聴取に回答することからなる．それでもなお，標本抽出は RDD によらねばならないとか，あるいは面接時に（音声自動応答方式のような）調査員の音声を録音した装置を利用できない，

---

[6] 訳注：勧誘段階での回答率と，それに続く調査または特定の調査で得たいくつかの回答率との積から得られる回答率のこと．いくつかの種類がある．については，AAPOR (2016) などを参照のこと．また，Bethlehem and Biffignandi (2012) に詳しい説明がある．たとえば，募集率あるいは勧誘率（recruitment rate: RECR），プロファイル率（profile rate: PROR），完了率（completion rate: COMR），保持率（retention rate: RETR）としたとき，累積回答率（CUMRR）は，以下となる．CUMRR = RECR × PROR × COMR または RECR × PROR × RETR × COMR．なお，AAPOR は，CUMRR = RECR × PROR × COMR としている．

とする根本的な理由はないのである．同様に，ほとんどまではいかなくとも，対面面接を利用する多くの調査では，エリア確率抽出を併用している．この組み合わせは，米国では多くの連邦政府の調査で採用されている．しかし，対面面接調査でも，エリア確率抽出以外の標本抽出法と併用できる．従来のデータ収集方式では，このように，あるデータ収集方法を特定の標本抽出枠や標本抽出法と一緒に用いることが多い．

　表2.1に示したCouperによる類型があきらかにしているように，ウェブ調査と標本抽出法の間のそうした結びつきはなく，ウェブ調査ではさまざまな標本抽出法を用いる．確率抽出を用いるウェブ調査の中には，インターセプト型の標本抽出によるものもあれば，名簿から抽出の標本によるもの，さらに，通常は（RDDのような）他のデータ収集方式と関連する標本抽出法によるもの，といろいろある．ウェブ調査の標準的な手法となり得る標本抽出法がないのはなぜだろうか？　その答えは，ウェブ調査に適した一般母集団の優れた標本抽出枠が存在しないことにあると思われる．優れた標本抽出枠になるための重要な要件としては，以下がある．

1) 目標母集団のカバレッジが優れている（つまり，抽出枠に含まれる目標母集団の割合が高い[7]）．
2) 重複率（rate of duplication）ないしは「重複性」（multiplicity）が相対的に低い（つまり，母集団のほとんどの構成員が抽出枠に一度だけ含まれる，あるいは各構成員が抽出枠に何回含まれたかの判別が容易である）．
3) 標本に選ばれた構成員にリサーチャーが接触できるようにするための最新情報がある．

　ウェブ標本の構成員に接触し勧誘するときに，一般に用いられる方法は電子メールであるので，ウェブ調査にとっての理想的な標本抽出枠は，母集団の全構成員の電子メール・アドレスの一覧であろう．さらに，電子メール・アドレスを抽出枠として用いるのであれば，事前公募型の確率標本で必要な，抽出，接触，応募の手間（たとえば，RDDのような従来の抽出法を用いるときに必要となる手間）が避けられる．母集団によっては（例：ある大学の学生など），名簿形式の抽出枠（電子メール・アドレス）を入手できる可能性がある．このような母集団の構成員の名簿（およびそれら構成員の電子メール・アドレス）を抽出枠とする調査では，多くの場合，十分な回答率が得られ，また比較的安価なデータ収集経費で済ませられる．

　もちろん，米国においては，最新の完璧な住居のわかる電話番号簿（list of residential telephone numbers）はないのだが，名簿抽出枠がないことが，電話標本を抽出する際の標準的な方法の登場を妨げることはなかった（一覧となった住居用電話番号簿は確かに存在するのだが，実際の住居用電話番号のかなりの部分が，この番

---

[7] 訳注：ここで，目標母集団，抽出枠，カバレッジの関係を知ることが重要．これについては，巻末の用語集に簡単な説明をつけた．

号簿に掲載されていないので，大半の調査では抽出枠としてこうした番号簿に頼っていない）．米国の電話番号は，ある標準形式に従っている．電話番号はみな10桁で構成されている．すなわち，最初の3桁の数字はエリアコード（市外局番）に対応し，次の3桁の数字はプリフィックス（市内局番）を表し，最後の4桁はサフィックス（加入者番号）である．現在使用されている，すべてのエリアコードとプリフィックスの組み合わせの完全かつ最新の一覧の入手は可能である．さらに，1つ以上の住居用電話番号簿を含むエリアコードとプリフィックスの組み合わせを特定することも可能である．電話番号簿にもとづくRDDによる標本抽出（list-assisted RDD sampling）は（Casady and Lepkowski, 1993; Lepkowski, 1988），こうした事実を活かして，住居用電話番号が1つ以上（場合によっては最低3つ以上）番号簿に掲載されているエリアコードとプリフィックスの組み合わせから，考えられる電話番号の標本を生成している[8]．エリアコードとプリフィックスとを組み合わせたある標本を選び，続いて最後の4桁のサフィックスを無作為に生成して付け加えることで得られる電話番号を作っている．この方法で生成された番号のかなりの割合が，現在使用されている住居用電話番号である（Brick, Waksberg, Kulp, Starer, 1995）．ただし，その割合は次第に減少しているようである．以上に見てきたように，電話番号簿に依拠する標本抽出は，電話保有世帯の母集団を代表するための費用効率のよい方法を提供している．

　これまで，インターネット利用者の標本抽出に適した，従来と同等の方法は開発されてこなかった．RDDによる標本抽出にもっとも近い類似手法は，無作為に電子メール・アドレスを生成する方法であろう．インターネット利用者のほぼ全員が電子メールを使用しており，しかも彼らのほとんどが（ちょうど，1つか2つの電話番号でつながれているのと同じように）1つか2つの電子メール・アドレスで結び付いているのではないかと，筆者らは考えている．さらに，この電子メール・アドレスは，リサーチャーが標本構成員に接触する手段を提供するという長所も持ち合わせている．残念ながら，（電話番号とは異なり）電子メール・アドレスは，どのような標準形式にも従っておらず，しかもアドレスの長さやその他の点でもさまざまである．したがって，電子メール・アドレスの集合を無作為に生成すると，いかなる方法によっても，使われていない電子メール・アドレスがかなり高い割合で生成される可能性がある．さらに，

---

[8] 訳注：米国におけるRDDによる標本抽出（RDD sampling）の説明が，Dillman et al.（2014, p.66）にある．この本はDillman et al.（2000, 2007）の改訂版．本書では，RDDによる標本抽出について，先頭6桁を第1次抽出単位とし，4桁のサフィックス（0000～9999）を無作為に生成するように説明されている．たしかに初期のRDDはこの方式を用いていたが，その後別の方式が利用されるようになった（たとえば，Mitofsky-Waksbergの方法）．Dillman et al.（2014）によると，電話番号の最初の8桁（エリアコード＋プリフィックス＋サフィックスの先頭2桁）を第1次抽出単位とし，100個（00～99）を無作為に生成する方法が説明されている．本書で引用されているBrick, Waksberg, Kulp, Starer（1995）の論文でも，これと同じように先頭8桁を第1次抽出単位としており，先頭6桁を第1次抽出単位としてはいない．つまり，原文の記述にはあいまいな記述がみられる．なお，RDDについての説明は，Groves et al.（2009）の4.8節，Lohr（2010）の6.5節，Lavrakas（2008）のRDDの項も参照．

電子メール・アドレスを生成するどのような手順によっても，その電子メール・アドレスの生成アルゴリズムが開発されたときには予想もしていなかった形式の無数の電子メール・アドレスが，実際には存在するであろう．電子メール・アドレスの標準形式もなく，また，条件に合った高水準のカバレッジをもつインターネット利用者用のいかなる抽出枠もない．このため，ウェブ調査で確率標本を選ぶという多くの試みは，従来からあるなんらかの標本抽出方法に依存しており，それは通常，他のデータ収集方式と併用されている．もちろん，将来的には，電子メール・アドレスからなる確率標本の作成や，インターネット利用者の確率標本を選ぶためのなんらかの別の方法を開発することも考えられるが，当面の間はできそうにない．さらに，スパムに対する懸念を考えると，無作為に生成された電子メール・アドレスに対してメッセージを大量に送信することは，実際にうまく行えるとは思えない．

非確率抽出による統計的な影響 ある標本が，目標母集団から得た確率標本ではなく，自己参加によるボランティアからなる標本だとしたら，どのような違いが生じるのだろうか？ ここで生じる重要な統計的問題は偏りである．つまり，非確率標本から得た未調整の平均や割合は，それに対応する母集団平均や母集団割合の推定値に偏りを生む可能性がある．次の式(2.1)では (Bethlehem, 2010の論文内の式(15)を参照)，この偏りの大きさと向きが，2つの要因によって決まることを示している．1つは，その標本に含まれる可能性がゼロである集団を（たとえば，ウェブにアクセスできない人びと，あるいはウェブ・パネルには決して参加しない人びとを）反映しており，もう1つは，原則として調査に回答できる標本構成員それぞれの間の包含確率の違いを反映している．

$$偏り\ (Bias) = E(\bar{y}) - \bar{Y}$$
$$\simeq P_0(\bar{Y}_1 - \bar{Y}_0) + \frac{Cov(P, Y)}{\bar{P}} \qquad (2.1)^{[9]}$$

式(2.1)において，$\bar{y}$はウェブ調査に回答する人びとにもとづく標本平均（あるいは標本割合）を示している．$\bar{Y}$はそれに対応する母集団平均（あるいは母集団割合）を示している．P_0は，当該関心のある母集団で調査に参加する可能性がまったくない人びとの割合（たとえば，ウェブにアクセスできない人びと），$\bar{Y}_1$は参加確率が非ゼロの人びとの平均を表し，$\bar{Y}_0$は参加確率がゼロの人びとの平均を表している．$Cov(P, Y)$は，参加確率がゼロではない人びとの集団における，参加確率（P）と当該関心のある調査変数（Y）との共分散である．

この式によると，確率標本ではなくボランティアからなる標本を用いることで生じる偏りには2つの成分がある．式(2.1)の2行目の最初の項は，関心のある母集団の一部分が完全に脱落することの影響を示している．つまり，目標母集団のうち標本に常に抽出されない集団の割合と，その集団の平均と母集団の残りの部分の平均との差

---

[9] 訳注：原書の式を，期待値部分の括弧の位置を替え，2行目の「=」は近似記号（≃）に変更した．

との積である(本章の2.2節で,ウェブにアクセスできる人とできない人のいくつかの違いについて調べる).式(2.1)の2行目の第2項は,参加確率(つまり,包含確率がゼロとならない人びと)における差違の影響を表している.すなわち,これらの参加確率と,当該関心のある調査変数(Y)と共変量がゼロでないかぎり,2番目の偏りの成分は非ゼロとなる.式(2.1)は加重調整のない標本平均である$\bar{y}$に対する式であるが,これは,より複雑な推定量において偏りがどのように影響されるかを理解するうえで役に立つ.しかし,参加確率が非ゼロの標本においては,Pと$\bar{P}$は一般に未知であり,しかも推定もできない.さらに,確率標本であっても非確率標本であっても,母集団平均$\bar{Y}$は未知である.かりにこの母集団平均が既知であったならば,調査を行う必要はほとんどないか,あるいはまったく必要としないだろう.したがって,実際には,関心のあるほとんどの調査変数に関して,カバレッジの偏りを推定することはできない.

2.2 ウェブ調査におけるインターネット普及率の問題[10]

本節では,米国におけるインターネット・アクセスの傾向について論じ,インターネットにアクセスできる人とできない人の違いについて詳しく調べる.インターネットにアクセスできない人の割合は,式(2.1)のP_0に相当する.インターネットにアクセスできる人とできない人の平均の差は,式の中の項($\bar{Y}_1-\bar{Y}_0$)に相当する.

事前準備として,インターネット・アクセスがなにを意味するかを論ずることが役に立つだろう.米国における,インターネット・アクセスを観測するさまざまな調査では,ネットワークにつながっている母集団の割合を測定するために,インターネット・アクセスに関する考え方を少しずつ変えてみた,いくつかの異なる質問項目を用いている.たとえば,労働統計局に代わって米国国勢調査局(U. S. Bureau of the Census[11])が実施している最新人口動態調査(CPS: Current Population Survey)では,インターネット・アクセスの程度を見積もる補足項目を定期的に盛り込んでいる.たとえば,自宅からのインターネット・アクセスについての質問項目がある(「あなたのお宅(世帯)では,どなたかご自宅からインターネットに接続している方はいらっしゃいますか?」"Does anyone in this household connect to the Internet from home?").ここで追加質問として,職場(あるいは学校)からのアクセスについての質問がある(「職場のコンピュータを使ってインターネットに接続したり,電子メールを使っている方はいらっしゃいますか?」"Does ...use the computer at work to connect to the Internet or use email?").自宅,職場のいずれのサイトからアクセス

---

[10] 訳注:原文は"coverage issues"だが,これに「普及率の問題」の訳をあてた.本来のカバレッジ(coverage)の意味は,目標母集団の要素をどの程度網羅できるかを示す用語であるが,ここでは文脈の前後をみて使い分けた.

[11] 訳注:呼称が変わってU. S. Census Bureauと記すことが多い.

できるか，それがいずれであるかによって，ウェブ調査におけるカバレッジの度合い（likely level of coverage）を見積もるのに，自宅，職場のいずれの結果を用いたほうがよいかは，調査の種類に（また，その調査が仕事関連の内容であるか否かに）依存するだろう．米国国立衛生研究所（NIH: National Institutes of Health）が主体となって行う「健康医療情報利用に関する動向調査」（HINTS: Health Information National Trends Survey）にも，インターネットへのアクセスについての質問項目が含まれている．この調査の主な質問は，「あなたはオンラインでインターネットやワールド・ワイド・ウェブにアクセスしたり，電子メールを送受信することがありますか？」("Do you ever go online to access the Internet or World Wide Web, or to send and receive email?")である．最後に，ピュー・リサーチ・センターの「インターネットおよび米国生活動向プロジェクト」（Pew Internet & American Life Project）では，インターネット利用に関する質問を含む調査を，定期的に実施している（たとえば，「あなたはたまにはインターネットを利用することがありますか？」"Do you use the Internet at least occasionally?"，および「あなたはたまには電子メールの送受信をしていますか？」"Do you send and receive email at least occasionally?"）[*4]．

あるインターネット調査の期待されるカバレッジ（likely coverage）[12]を評価するためにどの方法が最善策であるかは明確ではない（かりに，このうちのいずれかが使えるものとしてのことなのだが）．質問項目によっては，インターネット・アクセスを測定するものもあれば，インターネット利用を測定しているものもある．質問項目の中には，世帯からのアクセスや使用を測定するものと，個人からのアクセスや使用を測定するものとがある．世帯からのアクセスは（ナレッジ・ネットワークス社のパネルや「社会科学のための縦断的インターネット調査」のLISSパネルのように），世帯全体を募集するパネルに適した測定方法である．質問文が正確なワーディングであるかどうかに関係なく，こうした質問項目が，ウェブ調査の対象となる母集団の大きさの過大推定となることがある．あきらかに，インターネット・アクセスがきわめてまれな人びとや（たとえば，地元の図書館からアクセスする人びと），職場でのみアクセスできる人びとは，ほとんどのウェブ調査で標本となりにくい．さらに問題となるのは，オンラインに接続する主要機器として，スマートフォンやタブレット型コンピュータが，デスクトップ・コンピュータに置き換わり，インターネット・アクセスの方法が急速に変化しつつあることである（Purcell, 2011; Purcell, Rainey, Rosenstiel, Mitchell, 2011）．既存の質問文が，こうした技術発展に十分に対応できているかはあきらかではない．

[*4] 原書注：本章の後半で，「ウェブ・アクセス」と「インターネット・アクセス」という用語を，どちらも同じ意味として用いる．また，インターネットにアクセスができる人を示すには，「インターネット利用者」という用語を使用する．

[12] 訳注：実際のカバレッジはわからない．ここはそのカバレッジを，他の情報源を用いて推定する試みを行うという意味で，"expected coverage" または "estimated coverage" と言い換えてもよい．

インターネット普及率の傾向　このように，インターネット普及率を調べるときの質問項目のワーディングに違いがあるにもかかわらず，インターネットの普及率の傾向は，米国と欧州のいずれにおいてもあきらかに上昇している．しかしそれが横ばいに転じているようにもみえる．図2.1に，最新人口動態調査（CPS）の補足情報，健康医療情報利用に関する動向調査（HINTS），ピュー・リサーチ・センター調査の3つの調査から得たデータを要約してある．これらは欧州圏におけるインターネット・アクセスに関するユーロスタット（Eurostat）のデータと類似の傾向を示している．CPSによると，2009年には米国の全世帯の約69%が，自宅からのインターネット・アクセスがあり，1997年から18%の増加を示していた．HINTSによれば，2007年には成人母集団の68%以上がインターネットにアクセスしており，2005年の61%からは上昇を示した．ピュー・リサーチ・センターの調査[13]では，2000年代中頃に約50%であったインターネットにアクセスできる成人が，2011年の春には約78%に上昇していた．調査間に多くの違いがあるにもかかわらず（たとえば，ピュー・リサーチ・センターのデータはRDDによる抽出世帯に対して行った電話調査から得られているが，CPSのデータはエリア確率標本に対して行われた対面面接調査あるいは電話調査から得られたものである），前述の3つの調査とも傾向はかなり一致していた．3つの調査すべてにおいて，一般母集団でインターネットへアクセスする人びとの割合が引き続き伸びてはいるが，その伸びが鈍化していたのである．こうした全般の上昇傾向に反して，普及率があきらかに減少しているいくつかの年は，その調査で用いた方法の変更による影響であろう．たとえば，HINTSでは2003年までは，「オンラインに接続することはありますか？」（"Do you go online at all?"）と質問していたが，その後，この質問項目を変えた．さらに2007年には，HINTSではデータ収集をRDDから郵送と電話の併用に切り替えた．先進国の至るところで，同様の傾向が顕著である．たとえば，国際電気通信連合（ITU: International Telecommunication Union）（2007）によると，先進国の人口の約62%が，インターネット・アクセスを利用していたが，ユーロスタットは2010年には欧州連合（EU）の成人母集団の約71%が，インターネット・アクセスが可能と推定している．

　図2.1に示したデータは，すべての人（あるいはほぼすべての人）が，将来のある時点で，インターネットにアクセスできるかどうかの問題を提起している．すべての人がインターネットにアクセスできるようになった場合には，（標本抽出という問題は残るものの）ウェブ調査のカバレッジの問題はなくなるだろう．Ehlenと

---

[13]　訳注：ピュー・リサーチ・センターの2015年の公開情報では，米国成人の約84%がインターネットを利用していると推定している．また，一部の層では普及率が頭打ちになった傾向があるとも指摘している．"Americans' Internet Access: 2000-2015. As internet use nears saturation for some groups, a look at patterns of adoption."（2015年6月26日公開記事）
http://assets.pewresearch.org/wp-content/uploads/sites/14/2015/06/2015-06-26_internet-usage-across-demographics-discover_FINAL.pdf

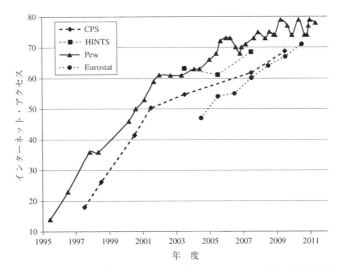

図 2.1 米国と欧州連合(EU)におけるインターネット・アクセスの動向．米国の調査では，3つの調査（CPS，HINTS，ピュー・リサーチ・センター（Pew））のいずれもが，インターネットにアクセスできる成人人口が着実な伸び率（%）を示しているものの，その伸び率は横ばいに転じているようである．欧州連合でも米国と同様の傾向がみられるが，欧州（Eurostat）ではインターネット・アクセスがおそらくは米国を若干下回っている．

Ehlen（2007）は，彼らが「携帯電話だけのライフスタイルへの切り替え」（cell-only lifestyle adoption）とよぶ，固定電話から携帯電話のみに切り替えた母集団の大きさとその構造を予測するモデルを提示している．おそらく，同様のモデルがインターネットのライフスタイルの切り替えにも当てはまるだろう．Ehlen と Ehlen のモデルによると，新しいライフスタイルを選択する母集団の大きさは，習慣維持率[14]（rate of habit retention；行動的慣性要因のようなこと）とその新しいライフスタイルに乗り換えるための誘因[15]（incentive）という，主にこの2つの要因に左右されるという．

$$\log Y_t = \log K_t + \lambda \log Y_{t-1} + \varepsilon_t \tag{2.2}$$

式(2.2)で，Y_t は時点 t において，そのライフスタイルを（筆者らの場合には，自宅でインターネットにアクセスするというライフスタイルを）すでに取り入れてい

---

[14] 訳注：「習慣維持率」とは，式(2.2)における λ のことをいう．ここでは Ehlen and Ehlen (2007) の論文とまったく同じモデルを用いている．ただし，この λ がなにをさすのかはこの論文でも詳しいことは説明されていない．「すでに確立した行動を維持する傾向」あるいは「携帯電話・端末によるライフスタイルの変化に一定の抵抗を示す傾向」のある人びとの割合などを意味するのだろう．

[15] 訳注：「行動が生起するために必要な内的状態を『動因』（drive），外的条件が『誘因』（incentive）である．行動の生起には両者が必要であり，総称して『動機』という」（中島ほか編，1999）．ここはそう厳密な意味ではなく「ある行動のきっかけ，動機」ということだろう．

た母集団の割合を示している．Y_{t-1}は，それより前の時点$t-1$における割合を表し，K_tは時点tでそのライフスタイルを選択した誘因を示し，またλは前の時点$t-1$からの習慣維持率を示している．K_tは新しいライフスタイルを取り入れる際の費用や回答者の収入といった変数を表す．あきらかに，インターネット・アクセスにかかる費用は安定してきている．その結果，インターネット・アクセスが普及し誰もが使えるようになったかどうか（そしてそれがどれほど急速に起こるか）は，慣習維持率に非常に大きく左右されるであろう．筆者らは，非線形回帰の手法を用いて，式(2.2)で要約されるモデルをピュー・リサーチ・センターのデータに当てはめてみたが，残念ながら適合度はあまりよくなかった（未調整の重相関係数の2乗である決定係数R^2で約0.20）．ピュー・リサーチ・センターのデータは，習慣維持率λに関する安定した推定値を得るには，観測時点の間隔が近すぎる．図2.1に描かれた他の時系列の場合も，いずれもλの安定した推定値を得るには観測点が少なすぎる．

いわゆる「デジタル・ディバイド」　式(2.1)であきらかなように，インターネットにアクセスできない成人母集団の30％以上をウェブ調査から除外することは，インターネットにアクセスできる成人母集団がアクセスできない母集団と調査変数に関して異なっている場合に問題が生じる（より具体的にいうと，かなりのカバレッジの偏りを生じる）．インターネットにアクセスできるオンライン母集団が，アクセスできない母集団とはいろいろな面で異なるという証拠はかなりある．表2.2は，人口統計学的にみて集団間で普及率がどのように違うかを示している．インターネットにアクセスできる母集団の割合は，年齢，人種，学歴によって大きな違いがある．インターネット・アクセスは，年齢が増すとともに単調に減少し，学歴（あるいは収入）が上がるとともに単調に増加している．非ヒスパニック系黒人とヒスパニック系は，非ヒスパニック系白人やその他の人びとと比べてインターネット・アクセスが少ない傾向にある．こうしたインターネット・アクセス率（rate of Internet access）の差違は，「デジタル・ディバイド（情報格差）」とよばれることがある（Lenhart, Horrigan, Rainie, Allen, Boyce, Madden, O'Grady, 2003; Norris, 2001）．デジタル・ディバイドの存在は，調査結果を母集団全体に一般化しようとした場合に，ウェブ調査におけるカバレッジの偏りを生む深刻な危険があることを意味する．一般母集団と比較すると，米国のインターネット人口は若年層が多く，学歴が高く，裕福で，白人である可能性が高い[16]．Bethlehem (2010) は，欧州連合においては，ウェブにアクセスができる人とできない人との間にこれと似た差違があることを報告している．

　表2.2に示されているような，インターネット人口と全体としての一般母集団との間にみられる人口統計学的な差違は，標準的な加重調整により比較的簡単に補正できる（こうした重みづけの手順については，本章の2.3節で論じる）．しかし，現実

---

[16]　訳注：日本国内でも，ウェブ調査の回答者の人口統計学的変数の分布が，若年層，高学歴が多いという傾向にある．

表 2.2 米国における人口統計学的変数別のインターネット・アクセス母集団の割合（%）

属性	HINTS 2007 年調査	HINTS 2005 年調査
男性	66.4	61.3
女性	70.6	60.9
18〜34 歳	80.3	74.4
35〜49 歳	76.0	67.4
50〜64 歳	68.4	59.3
65〜74 歳	45.1	32.7
75 歳以上	21.6	17.6
高校生以下	27.0	22.9
高校卒業	56.8	49.1
大学生	80.4	74.1
大学卒業	91.0	87.2
ヒスパニック系	49.3	36.2
非ヒスパニック系黒人	56.8	52.5
非ヒスパニック系白人	75.0	68.4
その他すべて	74.2	60.9

注：健康医療情報利用に関する動向調査（HINTS）のデータは 2005 年と 2007 年を引用．

の問題は，ある調査で関心のある重要な変数，つまり式(2.1) 内の変数 Y について，インターネットにアクセスできる人とできない人との間に違いがあるのかどうか，ということである．表 2.3 の上段と中段には，健康に関するいくつかの変数について，インターネットにアクセスできる人びとがアクセスできない人びととどのように異なっているかを示している．表の下段は，「総合的社会調査」[17] の 2 つの態度変数について調べている．表 2.3 に示した推定値は，Dever, Rafferty, Valliant (2008) および Schonlau, van Soest, Kapteyn, Couper (2009) の論文で検証した多数の変数群のうちの代表的な変数である．表 2.3 には，Lee (2006b) が分析した変数もすべて含まれている．

表 2.3 の上段の数値は，RDD 標本抽出を用いて電話で行われた調査であるミシガン州の「行動危険因子監視システム」（BRFSS: Behavioral Risk Factor Surveillance System）調査から得た．この調査は，ミシガン州の成人世帯母集団を代表するように設計されており，インターネットにアクセスできる人とできない人の両方を含んでいる．ミシガン州の BRFSS では，回答者が自分の健康状態をどのように評価するか，健康保険に加入しているのか，医師に糖尿病であるといわれたか，を含む一連の健康に関する変数の情報を収集している．表内の上段にある結果からあきらかなように，

---

[17] 訳注：総合的社会調査（GSS: General Social Survey）は，米国の居住者を対象として，人口統計学的特徴や社会意識についてのデータを収集するために実施されている社会学的調査の 1 つ．シカゴ大学の全国世論調査センター（NORC: National Opinion Research Center）が実施．無作為抽出された 18 歳以上の成人を対象に直接対面面接方式により実施されている．

表 2.3 母集団全体あるいは部分母集団における健康および態度に関する特性の割合（%）

調査／特性	インター ネットに アクセス できる人	母集団全体	研究対象 とした 目標母集団
2003 年ミシガン州「行動危険因子監視システム」(BRFSS)			18 歳以上の ミシガン州 の住民
健康状態が「よい」「とてもよい」の割合 (Rates health "good" to "excellent")	89.8	84.9	
医療保険に加入している (Has health care coverage)	90.7	89.3	
主治医やかかりつけの医療機関がある (Has personal doctor or health care provider)	84.0	83.6	
過去 1 カ月に運動を行っている (Participate in exercise in past month)	82.6	78.2	
糖尿病だといわれている (Told that he/she has diabetes)	5.5	7.9	
高血圧だといわれている (Told that he/she has high blood pressure)	22.6	26.8	
関節炎や関節症状により日常活動に制限がある (Limited in usual activities because of arthritis or joint symptoms)	23.1	27.1	
2002 年「健康と退職に関する調査」			50 歳以上の 米国住民
高血圧である (Has high blood pressure)	44.0	54.8	
心臓病である (Has heart disease)	16.0	25.3	
関節炎である (Has arthritis)	48.9	61.9	
鬱状態である (Depressed)	10.6	18.6	
寂しい (Lonely)	11.7	21.2	
人生を楽しんでいる (Enjoy life)	93.3	95.7	
身支度が困難である (Has difficulty dressing)	3.7	8.7	
数ブロック（街区）の歩行が困難である (Has difficulty walking several blocks)	14.9	31.2	
2002 年「総合的社会調査」			18 歳以上の 米国住民
黒人に対して親近感がある (Feels warmly toward blacks)	63.6	61.2	
2000 年の選挙で投票した (Voted in 2000 election)	71.5	65.0	

注：上段枠の数値は Dever et al. (2008) の表 3 と表 5 から引用した．中段は Schonlau et al. (2009) の表 3 からの引用で，下段は Lee (2006b) から引用した．質問項目の正確なワーディングなどの詳細については元の出典資料を参照．

インターネットにアクセスできる人はアクセスできない人よりも，自分の健康状態は良好であると報告しており，インターネットにアクセスできる人びとから得た調査結果は，一般母集団にもとづく調査結果に比べて，良好な健康状態を過大推定し，不健康な状態を過小推定することになる．表内の中段にある調査の数値は，「健康と退職に関する調査」(HRS: Health and Retirement Survey) の結果である．この調査は，はじめにエリア確率標本抽出で選んだ標本から，いくつかの調査方式によりデータを収集している．ミシガン州の BRFSS と同様，HRS 標本にはインターネットにアクセスできる回答者とアクセスできない回答者が含まれている．HRS は，ミシガン州の BRFSS とは非常に異なる母集団（米国の50歳以上の人びと）を代表しているが，健康の違いについてのパターンは，表2.3内の先頭の段落に示されたものと非常に似ている．ここでもまた，インターネットにアクセスできる回答者（表2.3の1列目の割合）は母集団全体（2列目の割合）よりも健康であるようで，高血圧，心臓病，寂しさ，鬱状態などの割合が低かった．表内の下段は，18歳以上の全国標本に対面面接調査を実施した「総合的社会調査」(GSS) からのデータを用いて，2つの「態度」変数を調べている．ある変数（回答者が2000年の大統領選挙のときに投票したと報告したかどうか）について，インターネットにアクセスできる人びとと，できない人びとの間に有意な差があるが，もう1つの変数（回答者が黒人に対して親近感をもっているかどうか）については有意な差がない．表に示したこれら以外の変数における割合の差は，1つの変数（主治医またはかかりつけの医療機関がある）を除けばすべて統計的に有意である．

全体として，デジタル・ディバイドは，人口統計学的特性に限ったことではなく，広範な健康にかかわる変数にまでおよんでいることを，表2.3の数値が示している（これに関するより詳細な証拠については，Dever et al., 2008 や Schonlau et al., 2009 を参照）．さらに，表内の下段からは，上と同様に，このデジタル・ディバイドが態度変数にもおよんでいる可能性があることが示唆される．インターネットにアクセスできる人は，いまだにアクセスがない人とはさまざまな特性について異なっているようである (Couper, Kapteyn, Schonlau, Winter, 2007 も参照)．次の2.3節で調べるように，人口統計学的な違いを調整することが（たとえば，表2.2に挙げたような変数の調整），実質的な変数[18]（たとえば，表2.3にあるような変数）にみられる偏りを必ずしも減らすとは限らないのである．

2.3 カバレッジと標本抽出による偏りの統計的補正

Lee (2006a) が指摘しているように，ボランティアからなるウェブ・パネルにもと

---

[18] 訳注：ここで「実質的な変数」(substantive variable) とは，調査実施者の意図に合った重要な変数のこと．巻末の用語集を参照．

づくウェブ調査(表2.1にあるCouperによるウェブ調査の分類によると,3番目の型)から得た推定値に偏りを生じさせると考えられるいくつかの誤差発生源がある.本書の意図に照らすと,こうした考えられる誤差発生源のうち,以下の3つを区別することは有用である.

1) **カバレッジ誤差**: 調査で代表される母集団(たとえば,インターネットにアクセスできる成人母集団)と調査のための目標母集団(たとえば,全成人の母集団)との差違
2) **抽出誤差**: 調査母集団[19](たとえば,インターネット利用者)と,募集によりパネルに登録され,特定の調査に参加するよう抽出された人びととの差違
3) **無回答誤差**: 調査のために抽出された人びとと,実際に回答した人びととの差違

インターネットにアクセスできない人びとを除いたうえで,母集団全体を説明しようとするならば,標本抽出の方法がなんであれ,いかなるウェブ調査にもカバレッジ誤差(coverage error)が発生する.加重調整を行っていない平均に対する偏りを示す式(2.1)の最初の項が,この誤差発生源を示している.この式が示すように,関心のある変数について,インターネット母集団と全母集団との間に差違がない場合は,カバレッジの偏りはゼロになるが,2つの母集団間に差違がある場合は,こうした差違が調査の推定値に偏りをもたらすであろう.偏りを生む2つ目の誤差発生源は,パネル募集過程または標本抽出過程における問題を示しており,これはインターネット母集団と,所与の調査用の標本との間に系統的なずれを生む.たとえば,オプトイン・パネルを用いると,そのボランティア・パネルの構成員が,調査変数に関して,それより規模の大きな一般のインターネット利用者の母集団と似ているという保証はない.かりに募集(および抽出)される確率が,関心のある変数の値と関連している場合には(たとえば,式(2.1)の共分散の項が示しているように),推定値に偏りを生じるであろう.たとえば,投票者は非投票者よりも政治にかかわる調査を主に扱うパネルに参加する可能性が高い.それゆえ,この回答傾向[20]の差違が実投票率の推定を偏らせるのである.パネル構成員の抽出に確率抽出を用いると,こうした誤差成分は取り除かれる.最後に考えられる誤差発生源は,無回答誤差である.この無回答誤差については,のちに第3章で論じることとする.

事後層化による調整 サーベイ・リサーチャーは,カバレッジによる偏りと選択

---

[19] 訳注:調査母集団(survey population)とは,実際に調査対象とする適格者集団のこと."covered population", "sampled population"ともいう.標本抽出枠内の不適格な要素を除き(過大カバレッジを除去し),目標母集団から調査漏れ(つまりアンダーカバレッジ)を調整した,実際に調査対象とできる要素の集まり.巻末の用語集を参照.

[20] 訳注:「回答傾向」(response propensity)の具体的な説明は,第3章にある.所与の標本の構成員が回答してくれること,あるいはそれを示す確率のこと.

2.3 カバレッジと標本抽出による偏りの統計的補正

バイアス[21]を減らすためのいくつかの統計的手法を考案してきた.こうした手法のどれもが,標本を母集団に少しでも近づけるために,調査参加者に対して割り当てる重みを調整する方法(adjusting the weights)を用いている.ときには,これらと同じ方法で,無回答の偏りを補うこともある(ここで論じる4つの方法を含む加重調整法の有益な概説については,Kalton and Flores-Cervantes, 2003 を参照).

ウェブ調査における標本抽出とカバレッジの諸問題を調整するために用いられてきた第1の方法は,割合調整(ratio adjustment),事後層化(post-stratification),あるいはセル加重法[22](cell weighting)(ここで「セル加重法」とは Kalton and Flores-Cervantes, 2003 にある用語)などさまざまな呼称で知られている方法である.この手順では,「標本総計(sample total)が母集団総計(population total)にセル単位で一致するように標本加重を」調整する(Kalton and Flores-Cervantes, 2003, p.84 参照).この手順はかなり単純である.各回答者への重み(通常は,個体の抽出確率の逆数を使う)に,セル(つまり,調査後に作ったある事後層)ごとに計算される調整係数を乗じて,新しい重みは計算される.

$$w_{2ij} = \frac{N_j}{\sum_i^{n_j} w_{1ij}} w_{1ij} \tag{2.3}$$

ここで w_{2ij} は調整加重,つまり事後層化加重であり,w_{1ij} は未調整加重である.また,調整係数は,母集団におけるセル j に対する母集団総計(N_j)とそのセル内の回答者に対する未調整加重の和($\sum_i^{n_j} w_{1ij}$,ここで n_j は標本におけるセル j に対する標本総計)との比である(「母集団」統計として,実際には,優れた調査で得た推定値を用いることもある).多くのウェブ調査では,はじめの未調整加重はすべて1とする.調整後,各セルの加重調整済みの標本総計(weighted sample total)は,母集団総計と完全に一致する.なお,割合に対する調整加重を作るためには,式(2.3)の母集団総計(N_j)と標本総計($\sum_i^{n_j} w_{1ij}$)の代わりに,母集団割合(population proportion)(π_j)と標本割合(sample proportion)($\sum_i^{n_j} w_{1ij} / \sum_j \sum_i^{n_j} w_{1ij}$)を用いることができる.

事後層化では,調整済みの各セル内において,各調査対象者が調査に回答する確率が,当該関心のある調査変数についてその個体のとる値と無関係の場合には,抽出やカバレッジの問題に起因する偏りを除去できる.この条件を,ランダムな欠測の仮定(missing at random assumption)とよぶこともある(Little and Rubin, 2002).式(2.1)によると,ここでかりに,参加確率(P)と調査変数(Y)との共分散の期待値が,各セル内においてゼロとなる場合は,事後層化調整により偏りが除去できるだろう.

$$Cov(P, Y | \underline{X}) = 0$$

---

[21] 訳注:調査対象とする集団の一部を選ぶ,あるいは選ばれない(脱落する)場合,そのまま分析を行うと結果にはずれが生じる.こうした抽出による偏りを「選択バイアス」(selection bias)という.

[22] 訳注:ここで「セル」とは,調査の後に調整を行うために人口統計学的変数などを用い生成したクロス分類表の各マスのこと.たとえば,性年齢区分を層として用いるなど.

ここで X は，調整セルを作るためにクロス分類を行うカテゴリー変数のベクトルである．次のいずれかの条件を満たしていれば，この共分散はゼロになる．参加確率 (P) は各セル内で一定である，調査変数の値 (Y) は各セル内で一定である，この参加確率と調査変数の2つはセル内で独立である，という条件のいずれかが満たされていれば，共分散はゼロとなる．実際には，セル内共分散項の絶対値が，全体における共分散の項よりも小さいときには，事後層化により偏りは低減するであろう．

$$|Cov(P, Y|\underline{X})| < |Cov(P, Y)| \qquad (2.4)$$

ほとんどの調査統計学者が事後層化を利用しているのは，上の不等式 (2.4) が成り立つことを信じているからであって，偏りが完全に消失すると信じているわけではない．

ここでサンプル・マッチング（sample matching）という手法（Rivers and Bailey, 2009）について一言注意しておこう．サンプル・マッチングは，まず，目標母集団に特性が似ているようなウェブ標本を作ることから始める．サンプル・マッチングでは，この方法を用いて，ある特定の調査のために，ウェブ・パネルの構成員から副標本を抽出する．このときこの副標本は母集団構成を正確に反映するように選ばれる．それでもなお，その副標本と母集団との構成における違いが生じた場合は，傾向加重（propensity weighting）によってその違いを統計的に補正する（後述の傾向スコア法による加重調整）．このサンプル・マッチングは，事後層化に類似した影響が偏りに対して生じるだろう．

レイキング法　レイキング法（raking）あるいは周辺和加重調整法（rim weighting）もまた，標本総計が他から得た母集団特性値に合うように標本の重みを調整する．しかし，この加重調整法では，セル総計に対してではなく，補助変数の周辺和に対してその標本を調整する．たとえば，母集団の特性として，かりに学位保有者・非保有者の情報と男女の情報が利用できるとき，レイキング法による調整済みの標本加重は，標本総計を男女および大卒学位保有者・非保有者の周辺度数で調整するが，学位保有の男性と学位非保有の女性のセルの頻度情報を必要とするわけではない[23]．事後層化法よりもレイキング法が好まれるいくつかの状況がある．まず，補助変数のクロス分類で作られるすべての調整セルに対して，母集団特性値が得られるとは限らないことがある．あるいは，セルによっては参加者がほとんどおらず，調整係数がセル間で極端になり，しかも大きく変動することがある[24]．さらに，リサーチャーは，加重調整において多数の変数を取り入れたいのだが，セルごとの調整において多数の変数を取り入れることは実用的ではない．

レイキング法は，「反復比例当てはめ」（iterative proportional fitting）を用いて行

---

[23] 訳注：性別（男，女），学位（保有，非保有）の2変数，2選択肢からなる（2×2）クロス分類表を考える．ここで，性別と学位の周辺和を用いて補正を行うので，男性の学位保有者や女性の非学位保有者のセルの頻度（参加者数）は利用できない，ということ．

[24] 訳注：クロス分類表のセル単位で見ると頻度が少ない，もしくは空のセルがあるが，周辺和を使うことでこれが回避されることがある，ということ．

われる[25] (これは,対数線形モデルで用いられる方法と同じアルゴリズムである).まず,補助変数の1つ,たとえば回答者の性別に対する周辺和に一致するように標本加重を調整する.その調整係数は,式(2.3)の説明と同じ方法で算出されるが,母集団の目標値は周辺和だけ(たとえば,男性の総数)にもとづいている.続いて,次の補助変数(たとえば,教育水準)と一致するように重みを調整し,以後同じようにすべての補助変数について調整を行う.直近で用いた変数(教育水準)の調整処理が,それより前に用いた変数(性別)の計算を狂わせる可能性があるので,重みの変化がなくなるまでこの処理を繰り返す(通常,収束は速いが,収束するとは限らない.詳細は,Kalton and Flores-Cervantes, 2003, p.86 を参照).

レイキング法は,事後層化法と同じような状況で(つまり,補助変数を考慮に入れた後,参加確率と調査変数との間の共分散が減少するような場合),偏りを低減あるいは除去するが,より制約のあるモデルを想定している(レイキング法では,補助変数間の交互作用は無視できること,あるいはわずかな偏りしかもたらさないことと仮定している).

一般化回帰 (GREG) モデルによる加重調整 GREG 法(generalized regression)による加重調整も,標本推定値をそれに対応する母集団特性値に合わせる方法である.この方法では,「ある分析変数 y と1組の共変量との間の線形関係」を仮定している(Dever, Rafferty, Valliant, 2008, p.57).y の総計に対応する GREG 推定量は,その線形関係を用いて,未調整であるはじめの標本推定値を補正する.

$$\hat{T}_{Gy} = \hat{T}_{1y} + \sum_{j}^{p} b_j (T_{x_j} - \hat{T}_{1x_j}) \tag{2.5}$$

ここで, $\hat{T}_{Gy}$ は調整済みの重みにもとづく,推定した変数 y の総和である.また, $\hat{T}_{1y}$ はそれに対応する未調整の重みにもとづいた(変数 y の総和に対する)推定値である(つまり, $\hat{T}_{1y} = \sum_{j}^{n_r} w_{1y} y_i$ である.なおここで, n_r は回答者数を示す).T_{x_j} は共変量 x_j に対する母集団総和である.$\hat{T}_{1x_j}$ は(未調整の重みにもとづく)その共変量に対する総和の標本推定値である.そして,係数 b_j は重みつき最小二乗法により推定した p 個の共変量に対する偏回帰係数である(この重みつき回帰分析の重みとして未調整の標本加重 w_{1j} を用いる).Kalton and Flores-Cervantes (2003, p.88 を参照)が指摘しているように,もっとも単純な場合(共変量 x が1つで,未調整の重みが一定の場合)には,この調整済みの重みは以下のようになる.

$$w_{2i} = w_{1i} + (T_x - \hat{T}_{1x})(x_i - \bar{x}) \bigg/ \sum_{i=1}^{n_r} (x_i - \bar{x})^2$$

ここで w_{1i} は回答者 i の初期値としての重みであり, w_{2i} は GREG 推定で得られる重みである.T_x と $\hat{T}_{1x}$ は,(上述の式(2.5)にあるように)共変量総和についての母集団での値と,標本推定値である.ここで x_i は,回答者 i の共変量のとる値で, $\bar{x}$ はその共変量の標本平均である.

---

[25] 訳注:この手法は,はじめの手法提唱者の名前をとって Deming-Stephan 法ともいう.

事後層化法やレイキング法と同様に，GREG 法による加重調整でも，共変量で条件づけたときに，ある回答者が調査に回答する確率と，当該関心のある調査変数との間に相関がない場合には，偏りが除去される．

傾向スコア法 偏りを除去する，あるいは低減するために，リサーチャーが調査において重み調整を行うために用いてきたもう1つの方法に，傾向スコア調整法（PSA：propensity score adjustment）または傾向加重法（propensity weighting）がある．これまでに発表された少なくとも7つの論文が，ウェブ調査のノンカバレッジや抽出，またはその両者に起因する偏りを減らし，推定値を改善するために，傾向スコア調整法を用いることについて詳しく調べている（Berrens et al., 2003; Dever et al., 2008; Lee, 2006b; Lee and Valliant, 2009; Schonlau, van Soest, Kapteyn, 2007; Schonlau et al., 2009; Schonlau, Zapert, Simon, Sanstad, Marcus, Adams, Spranca, Kan, Turner, Berry, 2004）．傾向スコアとは，ある調査対象者が，2つある群のうちの，いずれかの群に入る確率の予測値のことである．たとえば，ある人が（インターネットにアクセスできない群ではなく）インターネットにアクセスできる人びとの群に含まれる確率のことをいう．この技法はもともと，ある処置を受けた個体群と，処置を受けていない個体群との間の観察研究でみられる交絡に対処するための方法として導入されたものである（Rosenbaum and Rubin, 1984）．こうした交絡は，非実験的研究のように，群への個体の非無作為割り当て[26]があるときにはいつも生じ得ることである．傾向スコアによる加重調整では，複数の交絡変数における分布が2群において異なることによる影響を同時に補正する．

ウェブ調査に用いるとき，通常，上述の2つの群は，あるウェブ調査の回答者（たとえば，ある特定のウェブ調査票に回答したウェブ・パネルの構成員）と，「校正」あるいは参照に用いる調査[27]の回答者（たとえば，ウェブ調査と並行して実施されるRDD調査の回答者）として定められる．この校正に用いる調査（つまり参照とする調査）が，ウェブ調査の結果を調整可能とする有効な基準（ベンチマーク[28]）となるためには，カバレッジの偏りや選択バイアスがほとんどないか，あるいはまったくないことが前提となる（この傾向スコアによる加重調整の有益な議論は，Lee and Valliant, 2008 を参照するとよい．ここでも，彼らの研究報告をおおいに参考にしている）．

傾向スコアによる加重調整の第1段階は，複数ある群のうちの1つの群に所属する確率を予測するモデルを，当てはめることである．通常の手順では，ロジスティック

---

[26] 訳注：非無作為割り当て（nonrandom assignment）とは，実験群と対照群の各群で，調査対象者（個体）が無作為に割り振られていないこと．

[27] 訳注："calibration" を「較正」あるいはそのまま「キャリブレーション」などとした例があるが，ここでは「校正」をあてた．"reference survey" を「校正に用いる調査」または「参照に用いる調査」とした．

[28] 訳注：「ベンチマーク」（benchmark）とは，前述のように，ウェブ調査の結果を調整可能とする有効な「基準」として使えるような，校正に用いる調査のこと．前述のように，カバレッジの偏りや選択バイアスがほとんどない，あるいはまったくないことが前提となる．

回帰モデルによる当てはめを行う．

$$\log(p(\underline{x})/(1-p(\underline{x}))) = \alpha + \sum_{j}^{p} \beta_j x_j$$

ここで $p(\underline{x})$ は，関心のある群（たとえば，ウェブ調査に回答する人びと）に調査対象者が含まれる確率である．また x は共変量で，α は切片項，β はロジスティック回帰係数である（傾向スコアの予測値は，実は必ずしもロジスティック回帰モデルから求める必要はないのだが，実用的には，主としてこのモデルを用いてきた）．続いて，その傾向スコアの予測値，つまり確率 $\hat{p}(\underline{x})$ の値にもとづき，調査対象者を分類する（分位点により5つの層に分けることが多い）．最後に，次の式のように調査対象の傾向スコアの予測値で重みを除すことにより（つまり，傾向スコアの予測値の逆数で重みづけすることにより），その調査対象者に対する既存の重みを調整する．

$$w_{2j} = \frac{w_{1j}}{\hat{p}_i(\underline{x})} \tag{2.6}$$

傾向スコアにより調査対象者を複数の層に分類した場合は，各層の傾向スコアの平均（あるいは調和平均）が，式(2.6)の分母にある $\hat{p}_i(\underline{x})$ の代わりに使われる[*5]．Lee と Valliant（2008）が指摘しているように，ロジスティック回帰モデルが，傾向スコアと重要な変数との両者に関連する説明変数を含んでいるときに，傾向スコア調整法はもっとも効果的である（事後層化法について，Little and Vartivarian, 2004 が同様の意見を述べている）．Lee と Valliant（2009）によるシミュレーションが，かりに校正に用いる標本が目標母集団を完全に網羅していたとしても，傾向スコア調整法だけではインターネット標本のカバレッジの偏りを完全には取り除けないことを示している．

補正法の比較　ここに挙げた方法のいくつかは，互いに密接な関係にある．GREG 調整法とレイキング法は，いずれも，校正による重みづけの特別な場合である．同様に，事後層化法は GREG による重みづけの特別な場合である．校正による重みづけでは，調整済みの重み（w_{2i}）を未調整の重み（w_{1i}）にできるだけ近くなるように保ちながら，次式のように，複数の補助変数（x_j）について重みつき標本総和が母集団総和と等しくなるように校正される．

$$T_{x_j} = \sum_{i}^{n_s} w_{2i} x_{ij}$$

事後層化変数の場合は，この補助変数は，母集団の各構成員がそれぞれの事後層に属しているかどうかを示す2値変数にほかならない．未調整の重みと調整済みの重みとの距離の測り方が異なることで，校正による重みの形式にも違いが生じる．校正による推定の3つの方式，つまり，GREG 調整法，レイキング法，事後層化法は，すべて

[*5] 原書注：加重調整の目的が，母集団全体（2群を合わせた集団）ではなく校正に用いる標本に適合する推定値を得ることだけにある場合，その調整は式(2.6)で与えられた形式ではなく，以下の形式となる（Schonlau et al., 2007 を参照）．

$$w_{2i} = \frac{(1-p(\underline{x}))w_{1i}}{p(\underline{x})}$$

線形モデルと関連している.たとえば,事後層化モデルでは,セル jk の調査変数の期待値($E(y_{ijk})$)は,次のように,総平均(u)と,総平均とセル平均との間の偏差(α_{jk})を示す項との和である.

$$E(y_{ijk}) = u + \alpha_{jk}$$

レイキング法のモデルでは,このセルの期待値の対数が,下の式のように,主効果の和で表すことができると仮定している.たとえば,調整変数が2つある場合は,このモデルは以下のようになる[29].

$$\log E(y_{ijk}) = u + \alpha_j + \beta_k$$

ここで α_j は第1の変数の水準 j に関連する効果であり,β_k は第2の変数の水準 k に関連する効果である.

これらのモデルが依拠する他の仮定を理解するために,ここでもう一度,式(2.1)を記そう.

$$偏り(Bias) \simeq P_0(\bar{Y}_1 - \bar{Y}_0) + \frac{Cov(P, Y)}{P}$$

前述のとおり,事後層化法は2つの条件が満たされたときに(平均や割合について)カバレッジの偏りと選択バイアスを除去する.第1の条件は,母集団の各調査対象者が調査に参加する確率が非ゼロとなることである(つまり,目標母集団のすべての調査対象者について,この確率 p がゼロより大きいことである).かりにこの条件が満たされるなら,式(2.1)における偏りの最初の項はゼロになる.第2の条件は,データがランダムな欠測(missing at random)であるとき,つまり,共変量をクロス分類することによって作られたセル内で,ある個体が回答者になる確率と,調査変数 y のとる値とがなんの関連もなくなったときである.この第2の条件が満たされれば,式(2.1)の2番目の項はゼロになる.あきらかに,これと同様の調整を行うと,さまざまな調査変数から得た推定値に対する偏りも,多かれ少なかれ影響する.

レイキング法は上述の2つの条件下で偏りを除去するのだが,さらに共変量間の交互作用を無視できるという,もう1つの制約条件を課している.GREG調整法は前述のとおり,複数の補助変数と当該関心のある調査変数との間になんらかの線形関係があるとする,より一般的なモデルを前提にしている.

傾向スコア法では,共変量のすべての情報を傾向スコア(という確率)で表すことができることを前提としており,この点でさらに踏み込んでいる.この前提条件は,ときに「強く無視できること」(strong ignorability)とよばれる.傾向スコアによる加重調整モデルによって偏りが除去されるためには,傾向スコアの予測値で条件づけたときに,a)調査変数の仮想的な分布は調査対象がどちらの群(たとえば,ウェブ

---

[29] 訳注:ここで,第1の式は調整変数が1つの場合であり,第2の式は調整変数が2つの場合を,この第1の式にならって概念的に対応させて記したものである.しかし,より正確に記せば,第2の式は左辺に対数記号をつけるか,あるいは右辺を「乗法モデル」として示す必要がある.このことを著者に確認し,ここでは上のように対数記号をつけて表した.

調査の回答者群と，校正に用いる回答者群）に属するかに無関係であること，そして，b) 調査結果は共変量と無関係であること，これらが満たされていなくてはならない．これらの条件が満たされれば，以下の式の関係が成り立つ．

$$Cov(P, Y|\hat{p}(\underline{x})) = 0$$

実際には，これらの条件が満たされる可能性は低い．以下からわかるように（表2.4を参照），傾向スコア調整を行った後でも偏りの多くが残る．これは一部には，偏りをもたらす1成分である $P_0(\bar{Y}_1 - \bar{Y})$ を傾向スコア法では考慮していないこと，つまり，傾向スコア法は参加確率がゼロである人の脱落を考慮しないということに起因している．この点については，Lee と Valliant (2009) の行ったシミュレーションによって確認されている．

より単純な方法にみえる事後層化法やレイキング法にかえて，GREG 加重調整法や傾向スコア法を用いることには，2つの利点が考えられる．その第1は，重みの調整は推定値の偏りを低減してくれるかもしれないが，同時に分散も増やすことがあり得る，ということである．たとえば，Lee (2006b) は，傾向スコア調整法により，推定値の標準誤差が38%から130%以上まで増加したと報告している．レイキング法は事後層化法と比べると，推定値の分散が大きくなりにくい（つまり，標準誤差が大きくなりにくい）と考えられており，GREG 加重調整法と傾向スコア法は，これよりもさらに分散の膨張を低減する（さらに標準誤差が大きくなりにくい）と考えられている (Kalton and Flores-Cervantes, 2003)．Dever と同僚は (Dever, Rafferty, Valliant, 2008, 論文の p.57)，扱える最大数の共変量を回帰モデルに組み込んだ GREG 加重調整法を用いても，共変量数の少ない他の回帰モデルよりも「標準誤差がわずかだけ大きくなる」ことを報告している．それでも後述のように，校正による調査にもとづくいかなる加重調整も，ウェブ調査から得た推定値の分散を増やす傾向にある．第2に，セル加重法（事後層化法）とレイキング法は，一般的に，共変量として少数のカテゴリー変数しか使えない．一方，GREG 加重調整法と傾向スコア調整法は，数値型の共変量を容易に組み入れられる．また，GREG と傾向スコアのいずれの加重調整法も，非常に柔軟性がある．これらのモデルでは，交互作用項を含めることも含めないことも可能であり，しかも回答者を含まないセルがある場合にも対応できる．ただ，こうした頻度ゼロのセルは，事後層化法とレイキング法の加重調整では支障をきたす．以上に述べたように，GREG 加重調整法と傾向スコア調整法のいずれも，調整により調査で得た推定値の分散の影響を減らす傾向がある（つまり分散の膨張が抑えられる）．そして，リサーチャーにとっては，加重調整モデルに共変量を組み入れる際に，かなり柔軟に対応できる．

以上の4つの手法を区別するための最後の留意事項は，傾向スコアのモデルは，ウェブ調査の標本と校正に用いる標本（参照標本）の両方で利用可能な変数しか組み込めないということである．他の3つの手法では，ウェブ調査の回答者について入手できる変数について，外部のベンチマークを見つけることだけが必要となる．

加重調整手順の有効性 ここまで，4つの加重調整手法について，主に数学的な視点から吟味してきたが，こうした手順が実際にいかにうまく機能するのかが重要な課題となる．いくつかの研究がこの問題について調べており，そのうちの8件について表2.4に要約してある．9件目となる研究（Yoshimura, 2004）は，十分に詳しい説明がなかったため表2.4には含めていない[30]．これらの研究はいずれも，加重調整の影響を評価するために，類似した総合的な戦略を利用している．このうち3つの研究では，ウェブで得た推定値について，その調整前・調整後の推定値を，ウェブ調査と並行して行ったRDD調査から得た推定値と比較している．この調整には前に述べた手法のいずれか1つを（もしくは，それらを組み合わせて）用いている．たとえば，Berrensと同僚は，ハリス・インタラクティブ社（HI）が，自社のウェブ・パネル構成員を対象に行ったウェブ調査で得た13の推定値を，RDD調査から得た推定値と比較した．彼らはウェブの推定値をレイキング処理して，それがウェブ調査とRDD調査から得た推定間の差違にどのように影響するかを確認した．4つの研究では，ウェブ調査を実際には行っていないが，その代わりに，対面面接調査あるいは電話調査の一部の回答者にもとづき推定値を比較している．ここでは，インターネットにアクセス可能な人びとを，その調査のすべての回答者と比較している．Lee（2006b）は，「総合的社会調査」（GSS）の回答者のうちのインターネットにアクセスできる人びとから得た推定値と，インターネットにアクセスできない人びとも含んだすべてのGSS回答者にもとづく推定値とを比較している．両グループとも，対面面接調査で回答しているのだが，インターネットにアクセスできるグループの回答のほうは，ウェブ調査で同じ質問を尋ねた場合の回答とみなせるだろう．ここでは，カバレッジの偏りを補正するため，調整前と調整後の推定値を求めている（実際のウェブ調査による研究ではないので，2番目のグループにおける比較では，母集団のカバレッジだけの違いを反映しており，データ収集方式の違いによって生じる測定の違いは反映していない）．最後の研究（Yeager, Krosnick, Chang, Javitz, Levendusky, Simpser, Wang, 2011）では，やや異なる手順を用いている．この研究では，ボランティアからなる7つのウェブ標本について，レイキング法により推定値を調整している．その調整前と調整後の推定値を，外部情報源である「最新人口動態調査」（CPS），「アメリカン・コミュニティ調査」（ACS），「国民健康調査」（NHIS）などのベンチマークと比較している．CPS, ACS, NHISは，いずれもインターネットによるデータ収集を用いていない高品質のエリア確率標本である．

筆者らは，加重調整の有効性を正確に評価するために，2つの指標を用いた．まず，次の式にあるような「偏りの減少率の平均」（average reduction in bias）を算出してみた．

---

[30] 訳注：この吉村宰による報告は，米国統計学会の年次大会で発表の予稿集にある．日本国内で行われた産学共同のウェブ調査に関する実験調査で得た結果を用いている．ウェブ調査における加重調整法（傾向スコア調整法ほか）を用いた，おそらく日本国内で初めての比較研究報告．

2.3 カバレッジと標本抽出による偏りの統計的補正

表 2.4 ウェブ調査の統計的加重調整を評価する研究

調査名	校正に用いる調査／ウェブ調査	調整方法	推定数（外れ値）	偏りの減少率の平均（中央値）(%)	相対的偏りの絶対値の平均（中央値）(%)
Berrens, Bohara, Jenkins-Smith, Weimer (2003)	RDD調査／ ハリス・インタラクティブ社(1月) ハリス・インタラクティブ社(7月) ナレッジ・ネットワークス社	レイキング 傾向スコア法 レイキング	13 (0) 13 (2) 13 (0)	10.8 (19.4) 31.8 (36.7) −3.0 (−2.3)	26.6 (8.3) 17.1 (4.7) 20.6 (15.9)
Dever, Rafferty, Valliant (2008)	(全体)ミシガン BRFSS／BRFSSインターネット・ユーザー	GREG推定量（7つの共変量）	25 (0)	23.9 (70.0)	4.3 (2.3)
Lee (2006b)	(全体)総合的社会調査 (GSS)／GSSインターネット・ユーザー	傾向スコア法	2 (0)	31.0 (31.0)	5.4 (5.4)
Lee and Valliant (2009)	(全体)ミシガン BRFSS／BRFSSインターネット・ユーザー	傾向スコア法（30の共変量） 傾向スコア法＋GREG推定量	5 (0)	62.8 (60.8) 73.3 (80.8)	5.8 (6.9) 4.3 (3.9)
Schonlau, van Soest, Kapteyn (2007)	RDD調査／ランド・ウェブ・パネル	傾向スコア法（デモグラフィック変数） 傾向スコア法（全変数を利用）	24 (5) 24 (3)	24.2 (24.6) 62.7 (72.6)	21.1 (14.4) 10.3 (3.7)
Schonlau, van Soest, Kapteyn, Couper (2009)	(全体)HRS 標本／HRSインターネット	傾向スコア法	33 (0)	43.7 (60.0)	25.8 (14.4)
Schonlau, Zapert, Simon, Sanstad, Marcus, Adams, Spranca, Kan, Turner, Berry (2004)	RDD調査／ハリス・インタラクティブ社	事後層化法 傾向スコア法	34 34	NA (非該当) NA (非該当)	NA (非該当) NA (非該当)
Yeager, Krosnick, Chang, Javitz, Levendusky, Simpser, Wang (2011)	さまざまな外部のベンチマーク／7つの非確率ウェブ標本	レイキング法			
	調査1		19 (2)	42.0 (40.3)	8.2 (5.1)
	調査2		19 (0)	38.7 (60.4)	8.4 (4.2)
	調査3		19 (1)	53.3 (42.3)	7.0 (4.6)
	調査4		19 (2)	30.6 (33.3)	7.0 (4.6)
	調査5		19 (3)	35.3 (22.2)	7.7 (5.9)
	調査6		19 (2)	37.4 (32.9)	7.3 (6.3)
	調査7		19 (1)	57.0 (62.1)	7.7 (6.6)

注：偏りの減少率の平均と相対的偏りの絶対値は百分率 (%) で示してある。右の2列の平均値は、外れ値を削除した後に計算している。平均値にはすべての観測値が含まれている。

$$100 \times \left(1 - \frac{\sum |d_{adj,\,i}|/|d_{u,\,i}|}{n}\right)$$

ここで $d_{adj,\,i}$ は，ウェブ標本の重みを加重調整した後の，ウェブ調査（あるいはウェブにアクセスできる一部分）から得た推定値と，校正に用いる標本（あるいは，標本全体または別のベンチマーク調査）から得た同じ推定値との差であり，$d_{u,\,i}$ は加重調整前の差である．偏りの減少は百分率で表記した．続いて，加重調整後の（残りの）相対的偏りの絶対値の平均値を算出した．この「相対的偏りの絶対値」（absolute relative bias）とは，以下の式に示すように，ベンチマーク調査の推定についてのウェブ標本から得た加重調整後の推定値（$\hat{y}_{adj}$）と，それに対応するベンチマークから得た推定値（$\hat{y}_{cal}$）との差の絶対値を，ベンチマークから得た推定値で割った値である．

$$100 \times \left(\frac{|\hat{y}_{adj} - \hat{y}_{cal}|}{\hat{y}_{cal}}\right)$$

ここでいう「ウェブ標本」とは，実際には，インターネット利用者と非利用者の両方を含む比較的規模の大きい標本でもあり得る．一方，「校正に用いる標本」（参照標本）は，この両方の群の構成員を含む全標本であったり，あるいは他の調査から引用された推定値であったりする（Yeager et al., 2011 による研究の場合）．

加重調整の影響に関するこれらの指標は，どちらも完全ではない．両者とも，校正に用いる標本あるいは外部情報源から得た推定値には偏りがないこと，あるいは少なくともウェブ標本から得た未調整あるいは調整済みの推定値よりも母集団の数値（母集団特性値）により近いことを前提としているからである．さらに，加重調整は，時には偏りを増すことがあり，その結果，誤差の低減に関する指標が負の値となることもある．もし，元の未調整の推定値の偏りが小さいならば，調整によっては調整後の偏りの大きさが容易に2倍にもなり得ることがある（つまり，比率 $|d_{adj,\,i}|/|d_{u,\,i}|$ が 2.0 を上回ることがある）．筆者らは，誤差の平均的減少を算出するときに，誤差に関して，こうした調整を行うと偏りが大きく増加するような（つまり外れ値となるような）調整済みの推定値は無視している（ここで，除外した外れ値の個数を表 2.4 に記した）．また，表 2.4 には，（加重調整の影響を測る）2つの指標に対する中央値も挙げてある．この中央値は極端な値の影響を受けにくいからである．

こうして得た結果は，8つの研究（および Yoshimura, 2004）でかなり一貫しており，どの調整方法を用いたかにかかわらず，以下の4つの一般的な結論を裏づけている．

1) 加重調整は，偏りの一部のみを除去する．たかだか 3/5 程度である（Schonlau, van Soest, Kapteyn, 2007）．
2) 加重調整により，未調整の推定値に対する偏りが増加することがあり，それは係数として2以上のこともある（これらは，表 2.4 にある外れ値である）．
3) 加重調整後に残った相対的な偏りは，かなり大きいことが多く，推定値が 20% 以上もずれることがよくある．

4) 変数間には大きな差があり，加重調整により，偏りの除去となることもあれば，悪化させることもある．

全体としては，ウェブ標本に固有のカバレッジの偏りと選択バイアスの調整を行うことに関して，加重調整は有用ではあるが，必ずしも正確ではないようで，ここに挙げたような偏りの問題を部分的にしか解決できないだろう．

表2.4における推定値はすべて，単純平均の推定値または割合の推定値である．さらに，Berrensと彼の同僚は，変数間の関連性についてより複雑な推定値を検証している（Berrens et al., 2003）．彼らは，「さまざまなテストで多くの差が生じたが……，インターネット標本で変数間の関連を推測した結果は，電話調査による結果とかなり類似している」(p.21) と結論づけている．これが一般的な結論であると判明するかどうかは現時点ではまだわかっていない．

以上の加重調整手順について，最後に一言述べておく価値があるだろう．校正に用いる比較的小規模の調査（たとえば，並行して行ったRDD調査）から得たデータを使って，大規模なウェブ調査から得た推定値を調整するという手順の場合，推定値の分散が急激に増大することがあるかもしれない．ただここで，この分散の増大は分散の推定値自体には反映されないかもしれない（Bethlehem, 2010 の論文の式18；Lee, 2006b）．こうした加重調整で得られる推定値の分散膨張現象（variance inflation）は，重みの変動（ばらつき）によってだけではなく，校正に用いる調査から得られる推定値に固有の不安定性によっても影響される．校正に用いる調査では，より費用のかかるデータ収集法を使用するので，これを利用して補正しようとしているウェブ調査に比べて，標本の大きさは一般にはずっと小規模になる．その結果，校正に用いる調査から得た推定値の変動はきわめて大きくなるから，ウェブ調査の調整済み推定値は，さらに大きく変動することになる．こうした分散膨張現象については，Lee（2006b）がシミュレーション研究の中で詳しく報告している．

2.4 この章のまとめ

多くの，あるいはほとんどのインターネット調査では，確率標本を用いていない．かりにこれを使用している調査であっても，ほとんどが他のデータ収集方法を併用することが多く，従来の標本抽出方法（たとえば，RDDなど）に依存している．母集団全体の特性をあきらかにしたいウェブ調査では，（インターネットにアクセスできない人びとにアクセス権を提供しないかぎり）カバレッジの偏りが生じやすい．また，非確率標本を用いるウェブ調査では，選択バイアスも生じる傾向がある．それでもなお，一般母集団から確率標本を募集し，これらのパネルの全構成員にインターネットへのアクセス環境を提供する，という試みもわずかだが行われている．こうした試みも，標本抽出や募集のさまざまな段階を経るにつれて，無回答が次第に積み重なるこ

とや，募集やデータ収集の費用がかさむこと，といった現実的な問題に直面している．

ウェブ調査から得た推定値が，カバレッジの問題により偏りを生むのか否か，あるいはどの程度偏るのかは，1つにはオンラインにいまだアクセスできない人からなる母集団の大きさに依存し，さらには，インターネットにアクセスできる人とできない人とのずれ（構造的な違い）に左右される．インターネット人口は過去20年間で急速に増加しているが，その増加率は減少しているようであり（図2.1を参照），米国と欧州でインターネットの普及が完了したとはとてもいいがたい．デジタル・ディバイドは紛れもない事実であり，インターネット利用者と非利用者の双方の人口統計学的特性や（例として表2.2を参照），調査の関心対象である変数を見ればあきらかである（表2.3参照）．加重調整手法（およびサンプル・マッチングなどの関連手法）は，人口統計学的変数にもとづいて調整を行うので，人口統計学的特性に密接には関連してはいない自立している変数については，ずれ（構造的な違い）の調整に失敗することがある．

多くのウェブ調査では，推定値に関するカバレッジの偏りや選択バイアスの影響を除去するために，あるいは少なくとも低減するために，統計的補正を行っている．表2.4に要約した研究では，厳密な方法を用いているにもかかわらず，加重調整の手順は，通常，せいぜい推定値の半分以下の偏りを除去する程度であり，調整後にかなりの偏りが残ることも多々ある．時には，調整が裏目に出て偏りが増加することもある．調整により偏りが減少するときでさえ，調整には分散の増加という不利益を伴うことも多い（Bethlehem, 2010; Lee, 2006b）．ウェブ調査用の標本を抽出する方法や不完全なカバレッジが生む問題を減らす方法について，より優れた方法を見つけるためには，あきらかにかなりの研究が必要とされる．

3 ウェブ調査における無回答

いわゆる「回答率」が低下しているこの時代にあって (Atrostic, Bates, Burt, Silberstein, 2001; Curtin, Presser, Singer, 2005; de Leeuw and de Heer, 2002), 無回答はあらゆる調査にとって重要課題であるが,ウェブ調査にとっては特有な問題であろう.これには少なくとも3つの理由がある.第1の理由は,第2章でみたように,ウェブ調査は代表性のない標本から始めることが多い.ウェブ調査では,対象とする目標母集団からインターネットに接続できない人びとが除外されることが多い.さらに,ウェブ標本は,自己参加型のボランティアから構成されることが多い.この自己参加型のボランティアは,一般母集団はもちろんのこと,インターネット母集団も代表していない.無回答誤差とカバレッジ誤差がどのように関係するかはあきらかではない.しかし,これら2つの誤差発生源が積み重なって,回答率が低いことがカバレッジ誤差の影響(および自己参加に起因するすべての偏り)をさらに悪化させているようだ.つまり,社会的少数集団 (minority group) の一員であるとか,低所得世帯の人びととといった,インターネットにはあまりアクセスしない,あるいはウェブ・パネルに参加しそうにない人びとは,かりにウェブ調査への参加を求められたとしても調査に回答する可能性が低い.第2の理由として,本章で述べるように,確率的なウェブ調査[1]への回答率は,より伝統的なデータ収集法を用いる類似調査の回答率よりも低くなる傾向がある (Lozar Manfreda, Bosnjak, Berzelak, Haas, Vehovar, 2008; Shih and Fan, 2008). 回答率は,無回答誤差の指標としては不十分なのだが(たとえば,Groves, 2006; Groves and Peytcheva, 2008),この回答率は無回答誤差が生むリスクと関係している.したがって,ウェブ調査における無回答誤差は,他の調査方式と比べて相対的に高くなる傾向がある.第3の理由として,ウェブ調査では,調査員方式の調査では比較的まれな無回答の一形態である「中断」[2]に悩まされることがある.こうした高い「中断率」が,ウェブ調査におけるあらゆる段階の無回答誤差にどのように影響しているかは,はっきりわかっていない.

非確率標本を用いることや中断率が高いことなど,ウェブ調査に特有の数々の欠点

---

[1] 訳注:"probability-based Web survey" を「確率的なウェブ調査」とした.正確に訳せば,「確率抽出により得られる標本にもとづくウェブ調査」だが,「確率標本」に合わせてこのようにした.また,"non-probability-based Web survey" は「非確率的なウェブ調査」とした.

があることから，ウェブ調査における無回答と無回答誤差の定義について論じることから本章を始めたい．また本章の 3.3 節からは，ウェブ調査における無回答誤差の程度，調査不能率[3]に影響をおよぼす要因，中断に影響を与える調査設計の選び方，項目無回答の評価を試みる．

3.1 ウェブ調査における無回答と無回答誤差の定義

第 2 章では，確率的なウェブ調査と，非確率的なウェブ調査との違いについて論じた．本節では，無回答誤差に対してこれら両者の違いがもつ意味について，簡潔に論じる．

確率標本 確率標本には，その標本を抽出した母集団の特性をあきらかにする，というはっきりとした目標がある．母集団を推論するときに考えられる誤差発生源の 1 つとして無回答誤差 (つまり無回答による偏り) がある．この無回答による偏り[4]は，はじめの標本と実際にデータを得る回答者の集まりとの差によって生じる．無回答が標本平均におよぼす影響は，大まかには，所与の標本の構成員が回答する確率（つまり，回答者の回答傾向 (response propensity)，あるいはそれを示す確率 P）と，関心のある調査変数に対して回答者が示す値（Y）との間の共分散で与えられる．

$$E(\bar{y}_r) - \bar{Y} \simeq \frac{Cov(P, Y)}{\bar{P}} \tag{3.1}$$

ここで，$E(\bar{y}_r)$ は（回答者にもとづく）未調整の標本平均の期待値であり，$\bar{Y}$ は推定したい母集団平均である．また，$Cov(P, Y)$ は共分散項で，$\bar{P}$ は母集団における回答傾向の平均（言い替えると，その調査についての母集団での平均回答率[5]）である．(Bethlehem, 2002 による) この式は，式(2.1)内のカバレッジの偏りを示した式に類似する．前章にある式(2.1)と同様に，この式は，無回答率よりもむしろ，回答傾向の確率と当該関心のある調査変数との間の関連を，無回答による偏りの決定的要因として注目している（Groves, 2006 を参照）．またこの式は，ある調査変数の推定値に，無

---

[2] 訳注：ウェブ調査の特長の 1 つは，回答者の回答行動を電子的に追跡しパラデータ (paradata) として測定できることである．これを用いると，本書で議論しているような「中断」(breakoff) や回答所要時間などの傾向分析が可能となる．なお，国内の多くの商用パネルでは，こうしたログ情報の活用が十分とはいえない．「中断率」(breakoff rate) などを用いて回答者の回答行動を調べた簡単な結果報告が，大隅ほか (2017)，大隅 (2010, 2014) にある．

[3] 訳注：「調査不能」(unit nonresponse) とは，要素単位の無回答，未回収のことをいう．「調査不能率」(unit nonresponse rate) は，調査不能の発生する割合のこと．また，「項目無回答」(item nonresponse) とは，調査項目のうちのどれかの質問への回答が得られないこと，つまり回収はできたが，調査質問の一部に未記入のあること，そして，それ以外の質問では回答が得られていることをいう．いずれも，訳語はいろいろある．次のページにも説明がある．

[4] 訳注：ここからいくつか登場する「無回答による偏り」(nonresponse bias) とは，この上にあった説明から「無回答誤差」(nonresponse error) のことをいう．

[5] 訳注：原文は "expected response rate" とあるが，期待値とせずに，平均とした．ここで引用されている Bethlehem (2002) も参照のこと．

回答による偏りが生じても，別の調査変数の推定値にはその無回答による偏りが生じないこともあるという事実も示している．かりに，回答傾向の確率がゼロである標本構成員（つまり，どのような状況であっても，この調査に決して回答することがない標本構成員）がいるとすると，その影響を示している式(2.1)の第2項を偏りの式に追加する必要がある．

$$E(\bar{y}_r) - \bar{Y} \simeq P_0(\bar{Y}_1 - \bar{Y}_0) + \frac{Cov(P, Y)}{\bar{P}}$$

この式の場合，右辺の第1項は，回答傾向の確率がゼロである標本構成員を，回答者の集団から除外することによる影響を示している．ここで，P_0 は参加する可能性がまったくない集団の割合（回答傾向の確率がゼロである人びとの割合），$\bar{Y}_0$ は回答傾向の確率がゼロである人びとにおける，当該関心のある調査変数の平均，$\bar{Y}_1$ はその集団の残りの人びと，つまり調査へ参加回答する傾向の確率がゼロではない人びとの平均である．

また，無回答率が高いと（すなわち，回答率が低いと），標本の大きさが減少することで，関心のある推定値の分散にも影響がおよんで，それらの標準誤差や信頼区間が増加し得る．このことは，標本の大きさを増やすことで抑止できる．ウェブ調査以外の調査方式では，標本の大きさが増えると調査経費が大きく膨らむことがあるが，ウェブ調査では回答者1人あたりの単価が低いので，このことを考えると，他の調査方式に比べて魅力的な選択肢である．

非確率的なウェブ調査 非確率標本においては，無回答の問題は，「関心のある重要な調査変数について，回答者の集団が目標母集団と似ているかどうか」という，第2章で論じた，より大きな問題の一つになる．非確率標本における無回答誤差は，調査の回答者と，それらの回答者を抽出した，規模の大きなボランティアの集まり（例：オンライン・パネルの構成員）との間にみられる差違を示している．しかし，ここでの推論は，オプトイン・パネルの構成員に対して行うのではなく，より大きな目標母集団について行う．そのため，誤差の指標として回答率を算出することは，ほとんど意味がない．ウェブサイトから1回きりの標本を募集するといった，ある種の非確率標本（例：表2.1の2番目の型）では，回答率の算出に必要な分母がわからない可能性があり，回答率の概念が無意味なものになる．

ボランティアのオンライン・パネルにもとづく多くの研究発表では，「回答率」を報告している（Couper, 2007 参照）．この「回答率」が昔から定着してきた確率標本との関係を連想させることから，米国世論調査学会オンライン・パネル特別調査委員会（AAPOR Task Force on Online Panels）は，こうしたパネルにもとづく調査では「回答率」という用語を使わないよう勧めている．これに代わるものとして，Callegaro と DiSogra（2008）は，「完了率」[6]という用語を用いることを提案している．ここで完了率とは，ある特定の調査依頼に応じたオプトイン・パネルの構成員のうち，回答を完了した人びとが占める割合である．一方，ISO標準26362（ISO, 2009）では，「参

加率」(participation rate) という用語の使用を推奨しており，これを「有効な回答を提供した回答者の数を，はじめに調査への参加を依頼した人の総数で割った値」と定義している．AAPOR 標準定義条項（AAPOR Standard Definitions）の最新版でも（AAPOR, 2011）[7]，この「参加率」を推奨していることから，本書ではオプトイン・パネルにもとづく調査に，この用語「参加率」を用いることにする．

無回答の形式　サーベイ・リサーチャーは従来から，調査不能と項目無回答とを区別してきた．このとき，部分的に回答された調査（調査質問の一部に回答のあった調査）は，それらの中間に位置するとしてきた．調査不能とは，すべての調査質問に対して回答が得られないことをいう．1つの例が郵送調査である．この場合，理由がなんであれ回答が返送されなければ調査不能となる．中断とは，調査回答を開始した調査対象者が，回答を完了しないことをいう．中断率とは，調査を開始しても完了できなかった調査対象者の割合をいい，よって完了率は中断率と相補関係にある．項目無回答とは，調査対象者が選んだどれか特定の質問への回答は得られていないが，それ以外の質問では調査票への回答が完了しているような場合をいう．1つの例を挙げると，郵送調査で記入後に返送されてきた調査票の質問項目に，いくつかの欠測データがあるような場合である．ウェブ調査は，中断と項目無回答者に関しては，データ取得の点でいくぶんか恵まれている．ある固有の URL あるいはログイン・コードが標本構成員に送付されると，彼らがその URL をクリックしたのか（あるいは URL を打ち込んだか）を追跡できるので，かりに彼らが調査を完了しなかったとしても，調査への依頼を受理し行動を起こしたことが立証できる．同様に，ウェブ調査のページをめくる際にも（Peytchev, Couper, McCabe, Crawford, 2006），中断した時点が特定できるため（中断の理由を分析することについては，Peytchev, 2009 を参照のこと），その時点までに得られた回答を分析することができる[8]．

次節では，ウェブ調査から得た推定値におよぼす無回答の影響を調べている研究を概観する．それに続く節では，調査不能，中断，項目無回答について検討する．

3.2　ウェブ調査における無回答誤差

誰がウェブ調査の依頼に応じているのか，また応じる人は応じない人びととどう異

---

[6]　訳注:「完了率」(completion rate) を「完答率」ということもある．この指標を含め，さまざまな指標がある．前出の中断率，種々の回答率，拒否率，適格率，調査協力率と，用いる調査方式や実施状況に応じていろいろ使い分ける．これらについては，ここに記述があるように AAPOR が詳細な定義を行っている．

[7]　訳注：これについては，以下を確認するとよい．また，2016 年改訂版がここからダウンロードできる．
https://www.aapor.org/AAPOR_Main/media/publications/Standard-Definitions20169theditionfinal.pdf

[8]　訳注：ここらの議論は，いわゆる「パラデータ」(paradata) の取得，分析，評価に関連すること．たとえば，Couper (2000, 2017)，大隅ほか (2017) を参照．

なるのだろうか？　あるウェブ調査を開始した人びとのうち，誰がその調査を完了しているのだろうか？　調査を完了する前に中断しているのはどのような人びとだろうか？　こうした疑問や，「調査に応じる人とそうではない人がいるのはなぜなのか？」という，より興味ある疑問が，無回答誤差に関連する．しかし，ウェブ調査の無回答に関する研究のほとんどが，無回答誤差ではなくむしろ回答率に注力してきた．こうした研究については，本章の3.3, 3.4節で概説する．若干の例外として，標本構成員に関する事前情報があるようなウェブ標本にもとづく研究がある．これらの研究では，事前に行うスクリーニング面接から，あるいは抽出枠からその標本構成員の事前情報を得ている．こうした研究では，少なくとも調査に先立って得られた変数にもとづいて，回答者が無回答者とどのように異なるのか，さらに，推論の対象としているより大きな母集団と，回答者はどう異なるのかをあきらかにすることができる．

　こうした調査の1つであるが，Fricker, Galešic, Tourangeau, Yan (2005) は，はじめにランダム・ディジット・ダイアリング（RDD）による電話調査を行い，42.3%の回答率（AAPORの定める回答率RR3[9]）を得た．そして，簡単なスクリーニング面接を終えた後，インターネットにアクセスできると報告した人びとを，追跡型のウェブ調査[10]（follow-up Web survey）あるいは電話調査のいずれかに無作為に割り当てた．ウェブ条件に割り当てられた調査対象者には，面接の後に電子メールで依頼状を送った．一方，電話調査に割り当てられた調査対象者には，スクリーニング票[11]による選別の後に，引き続き本調査に進むとした．ウェブ調査では回答率が51.6%となり，一方，引き続き電話調査に参加した人の回答率は97.5%であった．こうした回答率の差にもかかわらず，Frickerと同僚によると，これら2つの標本の人口統計学的な構成には有意な差はなかった．いずれの標本も，（CPSのデータから得られたときのように）インターネット母集団についてはまあまあの代表性があるものの，米国の一般母集団を確実に代表できているわけではなかった．また，Frickerと同僚は「科学と科学研究への支援」に関する態度調査についても，2つの標本間に有意な差を見つけられなかった．しかし，ウェブ調査の回答者は電話調査の回答者よりも，「知識」に関する回答得点が確かに有意に高いことを見つけたのである．この研究者らは，これらの差は，2つの調査方式の無回答誤差の差から生じたというよりもむしろ，電話調査の聴き取り速度がウェブ調査よりも速いことに起因する差であると予想している．この研究の詳細については，7.3節でさらに詳しく論じる．

　無回答誤差を研究するこうした手法の別の例として，Couper, Kapteyn, Schonlau,

---

[9]　訳注：米国世論調査学会（AAPOR）の"Standard definitions"に定める回答率の算出法の1つであるResponse Rate 3のことをいう．ここには，RR1～RR6の回答率の算出ルールが示されている．その他，協力率，拒否率，接触率など，さまざまな指標の算出ルールも示されている．
[10]　訳注：ここでいう「追跡」とは，無回答となった人びとに，電子メールや電話で回答を督促すること．
[11]　訳注：スクリーニング項目を調査票形式にまとめたものをスクリーニング票（screener）という．それを用いて選別するということ．

Winter（2007）は,「健康と退職に関する調査」(HRS: Health and Retirement Study) の回答者に対してウェブ調査を実施した. HRS は米国内の50歳以上の人びとを対象とするパネル調査である. 2002年度版の HRS では, インターネットを用いていると報告した回答者（標本の約30%）で, かつ, 追加で行うウェブ調査へ参加する意思を示した人（そのインターネット利用の回答者の約75%）に対し, 調査後すぐにウェブ調査への参加依頼状を郵送した. このウェブ調査への参加依頼を受けた人のうち, 80.6%が実際に調査に参加した. その結果を調べたところ, a) HRS に参加し, b) インターネットを用いていると回答し, また c) ウェブ調査へ参加する意思を示した人びとのうち, 実際にウェブ調査の依頼に応じた人びとと, 応じなかった人びととの間には, いくつかの重要な変数（たとえば, 人種・民族, 雇用状況, 健康自己評価を含む）について, 有意な差があった, と Couper と同僚 (2007) は指摘している. さらに, 2002年の HRS では, 面接を行うことが難しかった標本の構成員は, ウェブ調査に参加しない傾向も顕著であった. 人口統計学的変数と健康に関連する他のいくつかの変数は, 「追加のウェブ調査に参加する意思があるかどうか」という質問への回答と有意に関連していた. 回答者と無回答者の間にはこうした差があるにもかかわらず, Couper と同僚 (2007) は, ウェブ調査における最大の誤差発生源は, 対象としている母集団におけるカバレッジ誤差, つまりインターネットにアクセスできる人とできない人との差であることを見つけた. このインターネット・アクセスが可能かどうかという条件があると, ウェブ調査に回答した人としなかった人との差は非常に小さくなる. つまり, カバレッジの偏りは, 無回答の偏りよりも, この標本における全体の偏りに対して大きく影響していた.

　Bandilla, Blohm, Kaczmirek, Neubarth(2007)は, 2006年のドイツ「総合的社会調査」(GGSS: German General Social Survey; ALLBUS: Allgemeine Bevölkerungsumfrage der Sozialwissenschaften) を利用して, ある類似の調査研究を実施した. ALLBUS の全回答者のうち, 46% がインターネットにアクセスできると報告した. このうち, 37% が追跡型のウェブ調査への参加に前向きで, 24% が実際に参加した. Bandilla と同僚は, ウェブ調査への参加に前向きな人と前向きではない人との間には, 教育とインターネット利用頻度について有意な差があったことを見つけたが, これらの差は, 実際のウェブ回答者と無回答者との差に比べると小さかった.

　無回答誤差に関する間接的な情報源は, まったく同じウェブ調査を, 参加率の異なるいくつかのボランティア・オンライン・パネルの構成員を用いて行った結果を比較することでも得られる. こうした比較の1つとして, オランダで19の異なるパネルに対して, 1つの共通した調査がそれぞれ個別に実施された例がある (Vonk, van Ossenbruggen, Willems, 2006). この19のパネルからなる調査研究の各調査における参加率は, 19のパネルで18%から77%までの幅があり, 全体としての参加率は50%であった[12]. この調査実施者らは, 回答率の低いパネルから得た推定値と高い回答率となったパネルの推定値との間に意味のある差を見出せなかった. これについては,

米国でも同様の結果を Yeager, Krosnick, Chang, Javitz, Levendusky, Simpser, Wang (2011) が報告している．ただ，ここでは，外部情報源のデータを用いて測定した「真値」に，どの推定値がより近かったかについては，パネル間にはかなり大きな変動があった．一貫して他のどのパネルよりも正確なパネルはなく，したがって参加率は，所与のパネルから得た推定値に起こり得る誤差を測るよい指標とはならなかった，ということである．この後者の Yeager らの知見は，確率標本に対する Groves の報告と似ている (Groves, 2006; Groves and Peytcheva, 2008 も参照)．

別の研究では，多くの場合，(学生からなる母集団の) 抽出枠から得られる限られた人口統計学的変数について，回答者と無回答者の差違があるかを，詳しく調べているが，これらの研究では，こうした人口統計学的変数に本質的な違いはみられなかった．しかし，これらの研究は，母集団の抽出枠における調査対象者の人口統計学的変数が比較的均質であったため，回答者と無回答者の間の違いを理解するには，さほど役立ってはいない．ここまでに述べた短い概説は，ウェブ調査における無回答誤差の研究が不足していることを示唆している (どのような調査方式であっても，無回答誤差に関する研究が求められているといえるのだが)．

3.3 ウェブ調査における回答率と参加率

本節では，ウェブ調査で得られる回答率 (response rate) と参加率 (participation rate) について論じ，また，これらと他のデータ収集方式で得られた回答との比較を行う．

確率標本の回答率 最近行われた 2 つのメタ分析では，ウェブ調査の回答率と他のデータ収集方式での回答率とを比較している．Lozar Manfreda と同僚は (Lozar Manfreda et al., 2008)，調査方式を実験的に比較している 45 の調査研究のメタ分析を行った．これらの研究では，標本の構成員を各調査方式に対して無作為に割り当てる方法で，ウェブ調査と他の調査方式 (ほとんどが郵送) との比較を行っている．ここで彼らは，ウェブ調査の回答率が，ウェブ調査以外の方式と比べて，平均して 11 ポイント[13] 低いことに気づいた．さらに分析を，郵送方式と比較した 27 の研究だけに絞ったところ，郵送方式のほうが，平均して 12 ポイントだけ回答率が高いという結果となった．

Shih と Fan (2008) は，メタ分析をウェブ調査と郵送調査とを直接比較した 39 の研究に限定した．加重調整を行わない回答率の平均は，ウェブ調査では 34% であったのに対し，郵送調査では 45% であり，全体で見た差は 11 ポイントであった．これ

---

[12] 訳注：利用したウェブ・パネル数は少ないが，日本国内でも，これに類似の実験調査が行われた例がある．ここでも，上のオランダの例に似たような回答傾向が観察されている (大隅, 2010, 2014；統計数理研究所・博報堂, 2006)．

[13] 訳注：ここは，"percentage point" の意味，つまり，比率 (%) の差分の大きさを示す．

は Lozar Manfreda と同僚が見出した結果と非常に近かった．これらの調査方式による差を説明するために，Shih と Fan はさらに5つの異なる研究について特性を調べた．調査を行った母集団の種類によっては有意な影響がみられ，「効果の大きさ」[14] の約1/4を占めていた．ウェブ調査と郵送調査の回答率の差が，最小となるのは大学生の母集団で（割合で約3ポイント），最大となるのは専門的職業についている人びとの母集団であった（割合で約23ポイント）．

いずれのメタ分析においても，回答率の差にはかなりの変動があり，ウェブ調査の回答率が，時には他の調査方式による回答率を上回ることもしばしばあった．だが，これらの差の原因を解明し，またどのような状況下であればウェブ調査は他の調査方式よりも高い回答率を提供できるのかを特定するには，研究の数が十分ではない．

確率的パネル[15]の回答率　いくつかのパネルでは，パネル参加者の募集をオフラインの方法で行っており，場合によっては，インターネットへの接続環境を保有していない，パネルに新たに加入した人びとに対しては，接続環境を提供する（たとえば，ナレッジ・ネットワークス社，LISS，FFRISP）．ここでの問題は，さまざまな段階での「累積募集率」[16] が非常に低いことである．

2つのパネル（LISS，FFRISP）では，エリア確率標本からなる構成員に対し，対面面接による募集を用いている．オランダの「社会科学のための縦断的インターネット調査研究」パネル（LISS: Longitudinal Internet Studies for the Social Science）では住所にもとづく抽出枠から抽出を，また電話と対面面接を用いて募集を行っている．Scherpenzeel と Das（2011）は，適格世帯（eligible household）の75%において，その世帯の誰かが簡単な募集の面接に応じたか，この面接調査の主要質問の一部に回答したと報告した．このうち，84% がパネルへの参加に前向きで，そのうち実際にパネルに登録した人は76%であり，累積募集率は48%となった[17]．米国では，「対面面接募集によるインターネット調査パネル」（FFRISP: Face-to-Face Recruited Internet Survey Platform）の回答率は，（適格世帯の中での）スクリーニング票への回答は 49% に達し，（スクリーニングされた世帯の中での）募集面接への参加は92%，（募集面接を完了した人びとの中での）パネルの登録者数は87% であり，最

---

[14] 訳注：「効果の大きさ」（effect size）を「効果量」ともいう．これについては，第5章の訳注 [7] として詳しい説明がある．

[15] 訳注：ここで「確率的パネル」（probability-based panel）とは，完全な無作為抽出あるいはそれに近い抽出で得られたウェブ・パネルのこと．第2章のCouperによるウェブ・パネルの分類区分（表2.1）を参照．

[16] 訳注：パネル構成員が，正しくパネルの一部となるためには，募集，調査依頼時の参加意思確認（承諾），パネル参加，プロファイル調査（profile survey, welcome survey）への回答とさまざまな過程があり，この各過程における割合の積を作る．これが「累積募集率」（cumulative rate of recruitment）となる．各段階で標本の大きさに目減りがあり，これを考慮した指標となる．

[17] 訳注：累積募集率の定義に従ってこれを求めると，ここでは，$0.75 \times 0.84 \times 0.76 = 0.4778 \fallingdotseq 0.48$，よって最終の比率が48%となる．

終的に累積募集率は 39%[18] となった（Krosnick, Ackermann, Malka, Yeager, Sakshaug, Tourangeau, DeBell, Turakhia, 2009; Sakshaug, Tourangeau, Krosnick, Ackermann, Malka, DeBell, Turakhia, 2009）．

別の 2 つのパネルでは，他の募集方法を用いている．ナレッジ・ネットワークス社のパネル（KN パネル）では，2009 年に RDD と住所にもとづいた標本抽出[19]との混用に切り替えるまでは，RDD 標本で RDD 電話方式による接触を用いていた（DiSogra, Callegaro, Hendarwan, 2009）．2006 年の具体例を挙げると，Callegaro と DiSogra（2008）によると，約 18% の累積募集率に対して，平均世帯募集率（mean household recruitment rate）は 33%（AAPOR の規則 RR3 による）．世帯プロファイル率（household profile rate；参加後にプロファイル確認のための調査票に完答したパネル登録者の割合）は 57% であった．ギャラップ社のパネルでは，RDD 標本の構成員に電話で接触している（Rookey, Hanway, Dillman, 2008）．パネルへの参加に同意した選出世帯は，週に 2 回以上インターネットを使用していると報告した場合はインターネット方式に，そうでなければ郵送方式に割り当てられる．Rookey, Hanway, Dillman（2008）は，電話聴取で 26% の回答率を報告しており（AAPOR の規則 RR3 による），面接聴取を完了した人の約 55% がパネルへの参加に同意した．これにより，全体の参加率は約 14%[20] である．

以上のすべての事例において，パネル登録者に送られた特定の調査に対する無回答と同様に，パネルの全期間にわたる脱落についても，パネルは悩まされている．たとえば，Rookey, Hanway, Dillman（2008）の報告によると，ギャラップ社のパネルでは，月あたりの脱落率[21]（attrition rate）が 2〜3% であり，2006 年に送られたある調査の回答率は 57% であった（募集したパネル構成員数に対する調査回答完了票数の割合）．Callegaro と DiSogra（2008）の報告によると，KN パネルのある調査での回答率は 84% である．Scherpenzeel と Das によると，LISS パネルの構成員に送られた個々の調査の回答率は 60〜70% 程度であった．

以上の例は，確率的抽出によりウェブ・パネルの構成員を募集し，登録を維持する際の課題を示している．募集段階での回答率と無回答誤差は，他のデータ収集方式の場合のそれと似ているかもしれない．しかし，次に続く募集段階以降でのさらなる減少[22]のため，当初の無回答の問題が悪化する．それでもなお，パネル登録者がスクリー

---

[18] 訳注：累積募集率の定義に従って求めると，$0.49 \times 0.92 \times 0.87 \fallingdotseq 0.392$．よって最終の比率が 39% となる．

[19] 訳注：「住所にもとづいた標本抽出」（ABS: address-based sampling）とは，アメリカ合衆国郵便公社（USPS）が提供する電子ファイル化された CDS ファイル（Computerized Delivery Sequence File）を抽出枠として用いる標本抽出のこと．ここの説明にあるように，最近，米国では RDD に代わってこれを用いる調査例が増えているといわれている．これについては，たとえば，Dillman, Smyth, Christian (2014) に説明がある．詳しくは巻末の用語集を参照のこと．

[20] 訳注：ここも，$0.26 \times 0.55 = 0.143$，約 14% となるということ．

[21] 訳注：これの算出方法の例が，Bethlehem and Biffignandi (2012) にある．

[22] 訳注：具体的には標本の大きさが次第に目減りすること．

ニング面接あるいはプロファイル調査を終えれば，追加情報が手に入るので，個々の調査についての無回答の偏りやパネルの全期間における脱落による偏りが評価できる（またこれらの偏りを調整できるかもしれない）．

非確率的パネルの回答率　ボランティアからなるオンライン・パネルにもとづくウェブ調査の場合，参加率の算出は，よりいっそう困難である．パネル構成員の募集に用いる方法について，詳細情報を提供している業者はほとんどない[23]．通常，こうした業者はオンラインやオフラインのさまざまな募集方法を用いており（AAPOR, 2010; Miller, 2006を参照），募集対象者となる可能性のある取り込み率[24]の推定を困難にしている．しかし，筆者らは，バナー広告の「クリックスルー」率[25]は非常に低く，通常は表示されたページの1%以下であることをよく知っている（たとえば，Alvarez, Sherman, VanBeselaere, 2003; MacElroy, 2000; Page-Thomas, 2006; Tuten, Bosnjak, Bandilla, 2000を参照）．ここでいうクリックスルー率とは，ある広告を見せられた人のうち，それをクリックし，調査に導かれた人の割合である．オンラインのボランティア・パネルでは，消極的な構成員は脱落し，新たな構成員が募集され，常に入れ替わりが激しい．そして，人びとの電子メール・アドレスも更新される．このため，募集率の推定がさらに困難になる．個々の調査の参加率は報告されないことが多いのだが，次に示す2つの証拠が，参加率が急落していることを示唆している．

第1に，筆者らは過去数年にわたって米国の主要なオンライン・パネルを用いた実験を行っている．2002年には20%近くまであった参加率が，2006年以降は1桁台に下落しており，2010年6〜7月に行われた調査ではわずか1%であった．同様に，2008年に筆者らが行った調査の1つでは，1200件の完了票を得るために6万2000人近い構成員を募集しなければならなかった．このときの参加率は1.9%である．その当時に，120万の米国人の構成員を保有していると主張する1つのパネルがあるとして，この数字は，パネルの全構成員の20人に1人に，その調査を依頼することを意味している．第2の証拠は，2004年にコムスコア・ネットワークス社（comScore Networks）が実施した研究から得られた（Miller, 2006）．100万人を超えるボランティアのオンライン活動にもとづく研究によって，すべてのオンライン調査の30%が，米国人口のたった0.25%によって回答されていることがあきらかになった．さらに，コムスコア・ネットワークス社は，これらの調査に非常に前向きな人びとは，平均すると7つのオンライン・パネルに登録しており，ほぼ毎日1つの調査に回答していると報告している．1人のパネル登録者が複数のパネルに登録しているという同様の証

---

[23]　訳注：この事情は，日本国内の業者についてもほぼ同様である．
[24]　訳注：「取り込み率」（rate of uptake）とは，確率標本にもとづく調査における「回答率」との混乱を避けるために用いる用語．たとえば，あるバナー広告による参加依頼を受け，これに実際にクリックしてパネルに参加した人びとの割合．
[25]　訳注：「クリックスルー率」（CTR: click-through rate）とは，インターネット広告の効果を計る指標の1つ．一般には，広告がクリックされた回数を，広告が表示された回数で割った比率のこと．

拠が，オランダで行われた研究から得られている[26] (Vonk, van Ossenbruggen, Willems, 2006)．筆者らはパネルの構成員に送られる調査依頼数[27]が，オンライン調査の需要増加に伴い飛躍的に上昇したのではないかと考えている．

　これらの数値は，ボランティア・オンライン・パネルから得る調査における無回答による偏りにかかわる情報はもたらさないが，オンライン・パネルを用いて回答を得ることの難しさを指摘している．これらの数値は，調査回答者に対する需要が，供給を上回っていることを示唆している[28]．Tourangeau (2007) が注目したように，調査データは便利な商品となっており，一部の調査データ消費者にとっては，データの質よりは，データの量だけが重要なものであるとみているように思われる．

　要約すると，結果として，どのような種類のウェブ調査の回答率でも，他の調査方式に対する回答率よりも低いようである．しかも，他の調査方式でもそうであるように，回答率は減少し続けているようである．しかし，これがウェブ調査方式に特有の特性であるかどうかは依然としてはっきりしていない．ウェブ調査はまだ比較的新しい調査方式なので，より伝統的なデータ収集方式ではすでに用いられている回答率を高める戦略を，ウェブ調査ではまったく開発できていないということが考えられる．次の3.4節では，ウェブ調査において回答率と参加率を高める方法について論じる．

3.4　ウェブ調査の参加に影響を与える要因

　回答率と参加率を高めるためにウェブ調査で用いられる手法の多くは，かつてのデータ収集方式からの借用である．これらには，調査依頼を知らせる事前告知[29]，複数回におよぶ接触の試み，謝礼が挙げられる．調査の依頼[30]のさまざまな特性が，ウェブ調査の回答率や参加率におよぼす影響を詳細に調べた研究もいくつかある．

　事前告知　他の調査方式と同じように，ウェブ調査でも事前告知によって回答率が上昇するのだろうか？　Dillman, Smyth, Christian (2009, p.244) は，「研究によると，郵送調査に対して事前告知を行うと，回答率が割合にして3～6ポイント改善

---

[26] 訳注：日本国内で行われた複数のウェブ・パネルを用いた実験調査でも，類似の傾向が観察されている．登録者数の多い上位20社のウェブ・パネルの推定したパネル間重複率は，10%強～20数%，平均して約17%であった．これについては，大隅 (2010) を参照．
[27] 訳注：「調査依頼数」(number of survey solicitation) とは，あるパネル構成員が，その（調査依頼を受けた）パネルに参加した後に受け取る実際の参加依頼数のこと．たとえば，あるパネルに登録後に，そのウェブ・パネル管理者から何回くらいの参加依頼があるか，ということ．
[28] 訳注：調査実施者が必要とする回答者数に比べ，実際に回答者になってくれる人が足りていない，ということ．
[29] 訳注：原文の "prenotification" を「事前告知」とした．「予告」「事前通知」「事前のお願い」などといろいろ良い方がある．
[30] 訳注：原文の "invitation" を調査への勧誘と協力依頼を行うこととして「調査の依頼」「調査依頼」「調査依頼状」とした．また，場面に応じて「案内状」も用いた．依頼状を "invitation letter" と明記することもある（例：Dillman, 2014）．また，これにほぼ同等の語句に solicitation がある．

されることが一貫して示されている」と指摘している（これについては，Singer, Van Hoewyk, Maher, 2000 も参照）．同じことがウェブ調査でも期待できるのだろうか？この話題に限定した研究では，どのような手段で事前告知を行ったかが，事前告知という行為そのものよりも，より重要であることを示唆している．

Crawford, McCabe, Saltz, Boyd, Freisthler, Paschall (2004) は，大学生を対象としたウェブ調査で，事前の依頼状（advance letter）を郵送した場合の回答率（52.5%）のほうが，依頼状を電子メールで送信するよりも（44.9%），有意に高い回答率が得られることに気づいた．同様に，Kaplowitz, Hadlock, Levine (2004) は，大学生を対象にした調査で，ハガキにより事前告知をする場合と事前告知を行わない場合とを比較したところ，ハガキによる事前告知がある場合（29.7%）が，事前告知なしの場合（20.7%）よりも有意に高い回答率が得られることに気づいた．Harmon, Westin, Levin (2005) は，ある政府機関の奨学金プログラムの応募者を対象にした調査で，3種類の事前告知を検証した．第 1 のグループには，支援機関からの依頼状を（PDF ファイルとして）電子メールに添付して送付した．第 2 のグループには，データ収集会社から配信される電子メールに依頼状を添付して送付した．そして第 3 のグループには，支援機関から郵送で依頼状を送った．このうちもっとも回答率が高かったのは，依頼状を郵送で受け取ったグループ（69.9%）であって，電子メールで依頼状を受け取ったグループではなかった（ここで，支援機関からのメールの添付ファイルで受け取ったグループでは 64.4%，データ収集会社からのメールの添付ファイルで受け取ったグループでは 63.6% であった）．Bosnjak, Neubarth, Couper, Bandilla, Kaczmirek (2008) は，大学生を対象にしたある調査で，ショート・メッセージ・サービス（SMS: short message service）による事前告知を，電子メールによる事前告知と，事前告知を行わない場合で比較した．ショート・メッセージ・サービスで事前告知を行った場合の回答率は 84% で，電子メールによる事前告知（71%）または事前告知をしなかった場合（72%）よりも有意に高かった．

以上の知見は，電子メールで送った事前の案内が，事前告知を行わない場合に比べて優れているという利点はないかもしれないことを示唆しているが，他の手段（手紙，ハガキ，あるいはショート・メッセージ・サービス）で事前の案内を送付した場合には，ウェブ調査の回答率が高まることがあることを示唆している．ウェブ調査における無回答の大半が，電子メールのメッセージを受信する際の失敗（これは，スパムフィルターの普及による）や，それを読み損じたことに起因している可能性がある．電子メール以外の手段による事前告知は，その後送られてくる電子メールによる調査依頼への注意喚起となり得る．もちろん，依頼状や依頼ハガキには郵送先の住所が必要であり，標本によってはそれが入手できないこともある．さらに，事前の依頼状を郵送することでデータ収集の経費が増える．しかし Kaplowitz, Hadlock, Levine (2004) は，回答率が改善するのであれば，事前告知を行わない場合と比べて事前の依頼ハガキを送ることが著しく高価となるわけではないことも確かめている．郵送による事前告知

のもう1つの利点は，前払い制の謝礼（prepaid incentive）の利用がいっそう容易になることである．

調査の依頼　調査依頼自体については，電子メールによる調査依頼を強く勧めるリサーチャーもいる（例：Couper, 2008a を参照）．こうした調査依頼は安価かつ適時性があり，クリッカブル URL によって回答者は調査に迅速かつ簡単にアクセスできるようになる．しかし，多くの人びとが膨大な量の電子メールを受け取るようになったことで，もはや電子メールは，ウェブ調査に参加するよう調査依頼を送るのにより適した方法ではなくなっているかもしれない．さらに，電子メールによる調査依頼の有効性は，標本抽出枠がもつ情報の質に左右される．郵送による調査依頼の宛先住所にわずかの間違いがあっても差し支えないが，電子メール・アドレスにちょっとした誤りがあると配信障害となる．しかしこれまでは，ウェブ調査への調査依頼の方式に関する研究がほとんど行われてこなかった．1つの例外として，Kaplowitz, Lupi, Couper, Thorp (2012) は，大学教員，職員，学生を対象にしたウェブ調査において，ハガキ方式と電子メール方式で回答率を比較検証した．回答率に関して教員（電子メール 33% とハガキ 21%）と職員（電子メール 36% とハガキ 32%）のいずれについても，電子メールの調査依頼がハガキの調査依頼を有意に上回ったが，学生（電子メール 15% とハガキ 14%）では，そのかぎりではなかった．あきらかに，ウェブ調査におけるもっとも効果的な調査依頼形式については，さらなる研究が必要である．そしてこれはおそらく，関心のあるさまざまな母集団の種類によってだいぶ異なるであろう．

別の研究では，電子メールによる調査依頼に関する，発信者の電子メール・アドレス，件名，挨拶文といったことの特性を調べている．一般に，このような操作の効果はかなり弱い．これは1つには，こうした研究では，電子メールの受け手の受信状態によること，また場合によっては受信メールを開封し読むことに左右されるからである．筆者らはウェブ調査における無回答の大部分は，調査への依頼が標本構成員にまで届かないことから生じていると考えている．

筆者らの知るかぎり，ボランティア・パネルとの関連において，電子メール送信者を変えて実験を行った研究は1つだけである（Smith and Kiniorski, 2003）．この研究によると，こうした電子メール送信者を変えることの効果は確認されていない．同様に，一般の電子メール・グループや未公開の受信者に調査依頼を送るよりも，個人の電子メール・アドレス宛に送るほうがより効果的かもしれない．しかし，筆者らの知るかぎり，調査対象とする受信者に配信する方法を実験した研究も存在しない．

電子メールによる調査依頼のいろいろな件名について詳しく調査した研究がいくつかある．Porter と Whitcomb (2005) によると，調査実施機関との関係が深い対象者（high-involvement subject）では，調査を開始する標本構成員の割合に対して件名の違いの影響はなかった，としている．しかし，調査実施機関との関係が浅い対象者（low-involvement subject）では，件名を空白にしたほうが，電子メールの送信目

的(「調査のために」など)や調査主体(大学名)を件名として書き入れた場合よりも,高いクリックスルー率を得た.この調査は,その大学に関する資料請求を行った高校生を対象に行われていたので,ここで得られた知見は他の母集団では成り立たないかもしれない.Trouteaud (2004) は,「あなたのご助言とご意見で[会社名]をご支援願います」("Please help [Company Name] with your advice and opinions")という「お願い」型の件名のほうが,「[会社名]にあなたのご助言,ご意見を伝えましょう」("Share your advice and opinions now with [Company Name]") という「提案」型の件名よりも,回答率が5ポイント上回ったと報告している.Kent と Brandal (2003) の研究では,賞品名を件名に含めた場合(「2人きりの週末を当てよう」"Win a weekend for two"),それが調査に関する電子メールであると件名に明記した場合に比べて,回答率が著しく低くなること(68%に対し52%)を指摘している.なお,この調査の標本は,あるポイント制度(カスタマー・ロイヤリティー・プログラム[31])の会員から構成されていた.

　送信者と受信者との関係性が,件名を操作することの効果に関して重要な要因ではないかと,筆者らは思っている.たとえばこれには,企業の従業員調査,学生あるいは教員の調査,アクセス・パネル構成員の調査などがある.こうしたことが,電子メールでの調査依頼時の件名に関して,上述のような限定的な研究から結論を引き出すことを難しくしている.

　いくつかの研究では,挨拶文,署名,URL の掲載などからなる,電子メールによる調査依頼の本文について,代替する別の設計方法を模索してきた.Pearson と Levine (2003) は,同窓生を対象にしたある調査で,個別設定(personalization)することには,わずかな利点があるが,その違いは統計的には有意ではないことを確かめている.Heerwegh, Vanhove, Matthijs, Loosveldt (2005) によると,大学生を対象としたある調査で,個人的な挨拶文(「親愛なる[姓名]様」"Dear [First name Last name]")とするほうが,匿名性のある挨拶文(「親愛なる学生の皆さん」"Dear student")とするよりも有意に効果的であることがわかった.このとき,調査にログインした割合は,それぞれ 64.3% と 54.5% であった(Heerwegh, 2005 も参照のこと).一連の研究で,Joinson と同僚は (Joinson and Reips, 2007; Joinson, Woodley, Reips, 2007),個別設定と送信者の社会的地位の両者について詳しく調べた.彼らは,送信者の社会的地位が高いほど回答率が高いことから,送信者の社会的地位が回答率に影響することを見つけた(Guéguen and Jacob, 2002 も参照).一方,Joinson と同僚は,送信者の社会的地位が高いときのみ個別設定が有効であることにも気づいた.さらに,個別設定を行うと,匿名ではないと認知され,結果として情報の開示を低めてしまう可能性にも気づいた(Heerwegh, 2005 も参照のこと).

---

[31] 訳注:カスタマー・ロイヤリティー・プログラム (customer loyalty program) とは,顧客に対してポイント,割引券,マイルなどのインセンティブを与える取引の総称.

最後の例だが，KaplowitzとKaplowitz et al., 2012)は，大学の教員，職員，学生を対象にした調査で，電子メールの調査依頼文の長さと，文中のURLの位置（上とするか，下とするか）を検証した．予想とは反対に，調査依頼文が長いほど，短い場合よりも回答率が高くなった．また，URLを依頼文の最上部付近に配置するよりも，下に配置するほうが，回答率が高くなることがわかった．また，こうした操作や他の設計操作が回答率におよぼす効果は，教員，職員，学生によって異なることにも気づいた．

調査課題と調査委託者　調査課題(topic)を調査依頼状の中で明確に示すことが，無回答誤差の増加となるのではないかとの懸念を抱くリサーチャーは，従来からいた．低い回答率とオプトイン・パネルに送られる大量の調査依頼状とが，この偏りをさらに悪化させるかもしれない．これまでのところ，この問題について詳しく調べた研究は比較的少ない．

最近みられた1つの例外として，Tourangeau, Groves, Kennedy, Yan (2009) による調査課題に誘発される無回答誤差に関する実験がある．彼らの研究では，2つの異なるオンライン・パネルの構成員を用いている．フォローアップ調査に回答する傾向に対して，複数のパネルの構成員であること，および，過去に調査依頼を断った回数が少ないほうが強力な説明変数であったが，調査課題に関心があることは，説明変数として有意ではなかった．調査課題に関心があることが，調査への参加には影響しないことを確かめるには，さらなる研究が必要である．しかし，現在までに得られた証拠だけによれば，さまざまなオンライン調査に参加しているかどうかのほうが，調査課題に関心があるかどうかよりも，調査への参加の意思決定に大きな影響をおよぼすであろうことを示唆している．調査課題への関心がどのように影響しているかは，他の調査方式による調査においても，必ずしも明確ではない (Groves, Couper, Presser, Singer, Tourangeau, Acosta, Nelson, 2006)．

筆者らが知るかぎり，オンライン調査において，組織的な調査委託者（たとえば，政府，学術機関，民間企業）を実験的に変えてみた研究は行われていない．しかし，ウェブ調査以外のデータ収集方式から得た知見（たとえば，Groves and Couper, 1998 の第10章を参照）が，ウェブ調査には当てはまらない理由はとくにないだろう．それらの知見によると調査委託者が政府機関や学術機関であるほうが，民間企業の場合に比べて回答率が高い．

接触試行の回数とその種類　Lozar Manfreda と同僚 (2008) のメタ分析によると，ウェブ調査と他の調査方式の調査間の回答率の差違に，接触回数 (number of contact) が有意な影響をおよぼしていた (3.2節を参照)．接触を試みる回数 (contact attempts) が1，2回であった23の研究では，ウェブ調査における回答率が別の調査方式よりも割合にして約5ポイント低かった．しかし，接触を試みた回数が3〜5回であった研究では，その差は16ポイントであった．つまり，あきらかに，接触を試みる回数を増やすことの利点は，ウェブ調査を行ったときよりも，他の調査方式を用

いたときのほうがより大きかったのである．ShihとFan（2008）の報告では，督促回数が回答率の差違に同様の効果をもたらすとしている．督促を行わない調査では，ウェブ調査のほうが，他の調査方式よりも回答率で4ポイント低かった．また，1回以上の督促を行う調査では，ウェブ調査のほうが14ポイント低かった．このように，督促を行わない調査のほうが，ウェブ調査とそれ以外の調査方式を比べたときの回答率の差が小さくなることを見つけた．電子メールによる督促をさらに続けることで，さらに多くの回答者を取り込めることを示唆する証拠がある（たとえば，Muñoz-Leiva, Sánchez-Fernández, Montoro-Ríos, Ibáñez-Zapata, 2010を参照）．しかしその一方で，収穫低減という一般的な傾向があるようにもみえる．電子メールによる督促は，ほとんど費用がかからないものの，こうした督促を送り続けることが裏目に出て，標本構成員がのちの調査依頼を固辞することにもなりかねない．以上の結果は，電子メールにより接触を試みる価値は，たとえば郵送により接触を試みるほどには重要ではないことも示唆している．このことはおそらく，調査対象者である標本構成員が電子メールのメッセージを受け取って読む可能性がだいぶ低いことを示している．

　謝　礼　ウェブ調査の回答率を高める方策に関連して，謝礼（incentive）の使用については，他の方法と比べて数多くの研究が詳しく調べている．こうした研究の多くは，Göritzによるメタ分析に要約されている（2006a; Göritz, 2010も参照）．32の実験的研究のすべてについて，Göritzは，謝礼により，調査を実際に開始した人の割合が有意に増えたことに気づいた（謝礼による効果の平均オッズ比が1.19であった）．しかし，どのような種類の謝礼がもっとも有効なのだろうか？　調査関連の文献における一般的な知見では，前払い制の謝礼（prepaid incentive）のほうが，回答を終えてくれたら謝礼を出すと約束する事前の保証つき謝礼（promised incentive）や条件つきの謝礼（conditional incentive）よりも効果的であり，現金の謝礼は，現物支給，賞品抽選，くじ（sweepstake），ポイント制といった謝礼よりも効果があったとしている（Church, 1993; Singer, 2002を参照）．それにもかかわらず，回答完了を条件とする，くじやポイント制のような謝礼が，ウェブ調査では，とくにボランティア・パネルの間では評判がよい．

　ウェブ調査にかかわるリサーチャーが，前払い制より条件つきの謝礼を好み，また現金より現金以外の謝礼を好むには，いくつかの理由がある．第1に，前払い制の現金謝礼は電子的に送ることができない．郵送先の住所を必要とし，しかも，現金や書類などの処理や郵送により費用がかさむ．第2に，回答率が1桁になりそうな場合（多くの場合にそうであるが），投資への見返りが少なくなる可能性がある（ただし，後述のAlexander, Divine, Couper, McClure, Stopponi, Fortman, Tolsma, Strecher, Johnson, 2008も参照のこと）．第3に，Göritz（2006b）が注目したように，通常，くじを利用する費用は，その上限が定められている．つまり，どれほど多くの人が参加しようとも，謝礼の総量は同じままである．このことで，調査経費の管理がいっそう容易になる．くじとポイント制の利用は，リサーチャーにとっては魅力的だが，標本構成員に回答

3.4 ウェブ調査の参加に影響を与える要因

を促すことにとって有効なのだろうか？

Göritz (2006a) は，くじを用いた27の実験調査（そのほとんどが商業的パネル）をメタ分析している．この分析によると，くじの謝礼とした場合は，謝礼がない場合よりも回答率が高くなることに気づいた．非営利パネル（学術的パネル）においても謝礼についての6つの実験調査についてメタ分析を行っている．ここでは，現金のくじを提供しても，まったく謝礼がない場合に比べて顕著な利点がなかったことにも気づいた（Göritz, 2006b）．したがって，少なくとも商業的パネルでは，くじはなにもないよりはあったほうがよいかもしれないが，これがくじに代わる他の謝礼を用いる方策よりも優れているかどうかはあきらかではない．

さまざまな種類の謝礼を比較した数少ない研究の1つで，Bosnjak と Tuten (2002) は，電子メール・アドレスのわかっている不動産業者，仲介業者の調査で実験を行った．彼らは，次の4種類の謝礼を用いて検証を行った．1) はじめの接触時に2ドルの前払い制の謝礼を PayPal（ペイパル）[32] で支払うとした場合の回答率は 14.3%，2) 調査完了時に2ドルの謝礼を PayPal で支払うことを約束した場合の回答率は 15.9%，3) 調査完了時に，現金50ドル（2本），現金25ドル（4本）を抽選で与えるとした場合の回答率は 23.4%，そして，4) 対照群とした謝礼を用意しない場合の回答率は 12.9% であった．3) の抽選とした場合が，1) の前払いや 2) の事後の謝礼を約束する場合よりも回答率が高かった理由の1つは，後者の 1) や 2) では現金を用いなかったからである．PayPal による謝礼が有効となるには，PayPal の口座をもっている必要がある．

もう1つの研究では（Birnholtz, Horn, Finholt, Bae, 2004)，大学20校の工学部の教員および学生からなる標本について，以下の3条件で比較した．1) 郵送による調査依頼状に現金謝礼として5ドルを同封した場合，2) 郵送による調査依頼状に，5ドルの Amazon.com ギフトカードつきとした場合，3) 電子メールによる調査依頼状に5ドルの Amazon.com 電子ギフトカードつきとした場合を比べた．もっとも回答率が高かったのは，現金謝礼としたグループ（56.9%）で，これに，郵送にギフトカード謝礼（40.0%）と電子メールにギフトカード謝礼（32.4%）のグループが続いた．この研究は，現金がギフトカードよりも効果的であることを示唆しており（これは調査謝礼に関する従来の研究論文とも一致)，また郵送による依頼が電子メールによる依頼よりも有利であることを示した研究とも一致している．

Alexander と同僚（2008）は，あるオンラインによる健康増進プログラム[33]（health intervention）についての入会勧誘への取り組みの一環として，謝礼に関する実験を行った．オンライン入会の案内状をある保健維持機構[34]の会員に郵送したのである．この実験では，謝礼なし，1ドル，2ドル，あるいは5ドルの前払い制の謝礼，そし

---

[32] 訳注：米国のペイパル社が開発したオンライン決済サービス方式．たとえば，事前に自分の銀行口座を登録しておけば，メール・アドレスだけで口座間のオンライン送金ができる．
https://www.paypal.com/jp/webapps/mpp/full-sitemap

て10ドルまたは20ドルの謝礼を前もって約束する（条件つき謝礼）という，6種の異なる入会特典を検証した．前払い謝礼の3つのグループが，もっとも入会率が高く，謝礼が5ドルのときの入会率は7.7%，2ドルのときが6.9%，そして1ドルでは4.3%であった．事前に謝礼を約束した場合の入会率は，10ドルのときが3.4%で，20ドルのときが3.3%であった．謝礼なしとしたグループの入会率は2.7%であった．以上の結果もまた，オンライン調査において，前払い制の謝礼が有効であることを裏づける証拠を示している．調査経費面では，5ドルの前払い制のグループでは入会1件あたり約77.73ドル，2ドルの前払い制のグループでは43.37ドル，1ドルの前払い制のグループでは51.25ドル，謝礼なしのグループでは36.70ドル，10ドルの謝礼を約束したグループでは41.09ドル，20ドルの謝礼を約束したグループでは50.94ドルが，それぞれ必要であった．いずれの場合も入会率が比較的低いが，前払いによるわずかな謝礼（2ドル紙幣）が，はじめに謝礼を後払いとすると約束した場合よりも費用効率がよいことが示された（ただし，謝礼なしのほうが，費用効率がさらによかった．

以上の簡単な研究紹介が示唆していることは，ウェブ調査では他のデータ収集方式とほぼ同じように謝礼が有効であり，その理由もほとんど同じということである．1日に何万通もの案内状を送るような場合には，ウェブ・パネルに対して前払いの謝礼を同封した調査依頼状を郵送するというのは非現実的である．郵送により事前に依頼状を送付し，少額の現金謝礼を前払いし，これを電子メールの案内状と組み合わせることが，名簿にもとづく標本にとってもっとも効果的であろう．

3.5　混合方式の調査における無回答

ここまでは，ウェブ調査のみを用いたときに，回答率に影響する要因に焦点をあててきた．本節では，標本構成員である回答者に回答時の調査方式（ここにはウェブ調査方式も含む）の選択権をゆだねることが，調査の全体的な回答率にどのように影響するかについて詳しく調べる．第2章で概説したように，ウェブ調査には，カバレッジと標本抽出の問題がある．このため，多くの機関，とくに母集団の代表性に重大な関心のある政府統計機関では，データ収集方式としてウェブのみを調査で用いることには消極的である．こうした機関では，大抵はウェブ調査を郵送調査と組み合わせて，

---

[33] 訳注："health intervention"（健康介入，保健介入）とは，健康状態を予防，改善，または安定させるために行われる活動のこと．たとえば，検診義務化，疫病予防介入（例：メタボリックシンドローム対策）など．ここでは，こうした新しい活動業態の1つであるオンラインによる健康増進プログラムなどのことをいうと解釈した．

[34] 訳注：保健維持機構（HMO: Health Maintenance Organization）とは，米国の医療保険システムの1つ．米国は国民皆保険制度を備えていない．企業の提供する健康保険制度として，PPO，フリーフォアサービス，HMOの3種類がある．この中で，HMOが最大，これにPPOが続くが，この2つで企業の健康保険の約7割を占めるとされる．

混合方式の戦略の一環として利用している．こうした戦略をとる目的は，一般に回答率を上昇させることにあり，より安価な調査方式（つまりウェブ調査）で調査に回答する回答者の割合を増やすことにある．

混合方式における調査方式の組み合わせ方には，大別して，「同時混合方式設計」(concurrent mixed-mode design) と「逐次混合方式設計」(sequential mixed-mode design) の2つのやり方がある (de Leeuw, 2005)．同時混合方式設計では，2つの方式を同時に提供する．たとえば，ある調査で，抽出した標本構成員や標本世帯に質問紙型調査票を郵送するが，調査を開始するときに，調査方式の選択権，つまり質問紙とオンラインのいずれかを選ぶ選択権を調査対象者に与え，いずれかの方式で回答してもらう．こうした調査方式の選択権を回答者に与えることが，回答率の増加とはならず，郵送方式のみの場合よりも回答率がかえって低くなることさえあることが，いくつかの研究からあきらかになっている．こうした諸研究を表3.1に簡潔に要約してある．10の研究のうちの8つの研究では，郵送調査において回答者にウェブの選択権を与えたときに，ウェブの選択権を与えなかった場合に比べて回答率が低くなった．

郵送またはウェブのいずれかで調査に回答するという選択権を与えることが，郵送だけの選択肢しかない場合よりも，回答率が下がるのはなぜだろうか？ この回答率の低下については，いくつかの説明が考えられる．まず1つの可能性として，郵送とウェブの選択権を与えられた標本構成員は，回答をいつまでも先延ばしにし，この先延ばし（procrastination）こそが，回答率を低下させる原因である，とすることが考えられる．この説明に従うと，標本構成員は当初はオンラインで調査に回答することに決め，質問紙を処分してしまうが，やがて調査に回答することを忘れてしまう，となる．これとは対照的に，ウェブの選択権が与えられない場合には，標本構成員は質問紙をとっておく可能性が高いので，質問紙自体が調査への回答を促す物理的な督促となっている．第2の可能性は，郵送調査でウェブの選択権を与えることが，調査方式の非互換性（incompatible mode）を生むということである．つまり，標本構成員がある1つの調査方式で調査依頼を受けたが（たとえば，郵送で調査票を受け取り），オンラインで回答したいという場合，これは調査方式の切り替えを意味する．この調査方式の切り替えに伴う負担が生じる（たとえば，コンピュータに向かう，個人認証用のID番号を覚えておく，URLを入力するなど）．多くの標本構成員にとっては，こうした負担が大きいので，結局，彼らは無回答者になってしまう，という場合である．3つめの可能性は，回答実行時の失敗（implementation failure）である．標本構成員の中には，オンラインで調査に回答しようとしても，厄介なログインの手続きやオンライン調査の回答が困難なことから回答作業を断念し，しかも質問紙型調査票への回答をも見送ってしまう人びとがいる．さらに別の根拠として，選択肢を設けることで，認知的負担（cognitive burden）が増えるということである．Schwartz (2000) とその関連研究によると，選択肢を増やすことが，人びとの回答する意欲をそぐよう

表 3.1 調査方式選択の実験から得た回答率の要約

調査研究名	簡単な説明	回答率
Griffin, Fischer, Morgan (2001)	米国世帯：アメリカン・コミュニティ調査（ACS: American Community Survey）の検証：自己回答率[1]	郵送のみ：43.6% ウェブも選択可：37.8%
Brennan (2005)	ニュージーランドの成人	郵送のみ：40.0% ウェブも選択可：25.4%
Schneider et al. (2005)	米国国勢調査（ショートフォーム[2]）による実験：1つのグループにはウェブを勧める（テレフォンカードを同封），別のグループにはこれを勧めないとした	郵送のみ：71.4% ウェブも選択可（奨励なし）：71.5% ウェブも選択可（奨励あり）：73.9%
Werner (2005)	スウェーデンの大学生	郵送のみ：66% ウェブも選択可：62〜64%
Brøgger et al. (2007)	ノルウェーの20〜40歳の成人	郵送のみ：46.7% ウェブも選択可：44.8%
Gentry and Good (2008)	米国世帯，ラジオ聴取者の日記方式の調査	質問紙：60.6% eダイアリー：56.4%
Israel (2009)	米国における「共同拡張事業利用者調査」（Users of the Cooperative Extension surveys）	郵送のみ：64.5% ウェブも選択可：59.2%
Lebrasseur et al. (2010)	カナダ国勢調査（試験調査，自記式）	郵送のみ：61.1% ウェブも選択可：61.5%
Smyth et al. (2010)	米国におけるある地域の住所にもとづく標本抽出（ABS: address-based sampling）：郵送調査の回答を選好するグループに，最後に送る郵送でウェブによる回答の選択権を与えた	郵送を選好：71.1% ウェブも選択可：63.0%
Millar and Dillman (2011)	米国の大学生	郵送のみ：53.2% ウェブも選択可：52.3%

[1] 訳注：この ACS では，はじめに調査対象者に郵送とウェブの両者を選択肢として提供した後，無回答者に対して電話と郵送による事後調査を行っている．ここで，回答者がウェブまたは郵送の2つの調査方式（自記式）のいずれを選んだか，その回答者の割合を「自己回答率」（self-response rate）とした．

[2] 訳注：国勢調査の調査票には，ショートフォーム調査票（簡略版）とロングフォーム調査票がある．

な，あるいは調査に回答するかしないかの決定にかかわる認知的負担に伴う損失[35]を増加させるだけで，それらが回答行動の失敗つまり無回答につながることを示唆し

---

[35] 訳注：ここらの説明にあるように，調査方式の選択を回答者にゆだねることで生じるさまざまな負担による損失のことをさす．

ている (Iyengar and Lepper, 2000 も参照)．これらの矛盾する説明を整理するための研究が行われているところだが，重要な教訓は，単に郵送調査に対してウェブ方式という選択肢を提供するだけでは，回答率が上がるとはかぎらないということである．

より最近の研究では，逐次混合方式設計について詳しく調べている．この逐次混合方式設計では，標本構成員に選択権を与えるのではなく，最初はある1つの調査方式で接触するが，無回答者へのフォローアップは別の調査方式で行うという設計である．1つの例として，Holmberg, Lorenc, Werner (2010) が，ストックホルムの成人男女を対象に実施した調査がある．彼らは，郵送とウェブによるいくつかの異なる逐次方式を比較した．全体として回答率は，5つの実験条件下では有意に異なってはいなかったが，Holmberg と同僚は，逐次混合方式設計において，ウェブを選ぶことをより強く勧めることにより，オンラインで調査に回答する人の割合が上昇したことを見つけている．たとえば，(事前の依頼状に続いて) 郵送によるはじめの2回の接触で,「ウェブでの回答」にだけ触れ，3回目の接触でのみ，紙の調査票を郵送した場合，全体の回答率は 73.3% となったが，47.4% がウェブを利用していた．それに対して，紙の調査票をはじめの接触で郵送し，ウェブでも回答できることを2回目の接触時(督促の接触時) まで知らせず，(差し替えとなる調査票を郵送するとともに) ウェブ調査へのログイン情報を3回目の接触で初めて提供した場合，全体的な回答率は 74.8% となり，1.9% だけがウェブを利用していた．Millar と Dillman (2011) も「郵送推奨」方式と「ウェブ推奨」方式とを比較し，同じような結果を報告している．

一方，別の2つの研究では，逐次混合方式の利点は見出せなかったとしている．Tourkin, Parmer, Cox, Zukerberg (2005) は，逐次混合方式の次のような設計を検証した (Cox, Parmer, Tourkin, Warner, Lyter, Rowland, 2007 も参照)．この実験の対照条件は，回答方法が郵送調査のみとされた．1つの処置条件では，調査依頼状で，インターネットでしか回答できないと伝えた (ただし，無回答者には，後日，郵送で調査票が郵送された)．これとは別のもう1つの処置条件では，オンラインでの調査依頼状の中で，近いうちに，郵送調査でも回答できることも伝えた．これについては，謝礼がある・ない，という条件とも組み合わせて調べられたのだが，謝礼があるという条件と組み合わせて平均しても，「ウェブ+郵送」の混合方式 (調査票を郵送すると伝えられなかった条件では 45.4%，郵送とすると伝えられた条件では 42.4% であった) よりも，郵送のみの条件 (48.8%) のほうの回答率が高かった．

Cantor, Brick, Han, Aponte (2010) は，調査量の少ないスクリーニング調査について，同様の逐次混合設計を調べた．標本の半分に対してウェブ調査へのはじめの依頼状を送り，無回答者にはフォローアップとして事後に郵送調査票を送付した．さらに，このグループを2つに分けた．その一方のグループの構成員は，ウェブ参加を勧めるカラーの折り込みを受け取り，他方のグループの構成員は，そのような勧めを受け取らなかった．標本の残りの半分ははじめの依頼状でもフォローアップでも郵送調査のみとした．郵送のみのグループの回答率 (34.3%) は，ウェブと郵送を混用した

グループの回答率（カラーの折り込みがあった場合が 28.5%，折り込みなしの場合が 27.3%）よりも有意に高かった．

以上のように結果がまちまちであることは（Lesser, Newton, Yang, 2010；Smyth, Dillman, Christian, O'Neill, 2010 も参照），調査への参加を増やすために，郵送とウェブを効果的に組み合わせることについて，まだよくわかっていないことがたくさんあることを示している．各研究の知見にみられる相違点は，調査対象とした母集団の違い，調査における要求内容の性質，郵送とウェブとを組み合わせた設計を選ぶか，あるいは逐次混合方式とするかの違い，あるいはその他の要因によるものだろう．このように結果はさまざまであるとはいえ，数多くの国立統計機関では，国勢調査の回答に対しウェブを選ぶ選択肢を提供し，（これは，オンラインで回答する人の割合が増加しているという意味で）あきらかに成功をおさめている．こうした国勢調査の取り組みは，調査票の長さが，オンラインで回答するかどうかの要因となり得ることを示唆しているのかもしれない．さらに，国勢調査は大々的に促進されてきた公の事業であり，場合によっては強制的であることも多く，こうした要因が成功の一因であるのかもしれない[36]．郵送とウェブによる混合方式設計における回答率の改善，あるいは無回答の偏りを低減する条件については，さらなる研究が必要である．

3.6 ウェブ調査の中断に影響する要因

URL をクリックする，あるいはそれを直接入力することで，調査のウェルカム画面（「ようこそ」画面）に導かれると，調査の最後まで進む標本構成員もいれば，完了前のある時点で中断してしまう人もいる．中断の問題は（これを，放棄，停止ともいう），確率標本を使っていようが非確率標本を使っていようが，あらゆる種類のウェブ調査に影響をおよぼす．また，中断は他のデータ収集方式でも起こる．調査員方式の調査では（電話調査，面接調査のいずれの場合も），中断は比較的まれで，通常は一種の「調査不能」（とくに中断が調査の初期に起こる場合），あるいは「部分的に面接済み」（事前に決めてあった質問群が，中断前に回答されている場合）として扱われる．郵送調査では，中断の程度（つまり標本構成員が調査票への回答を始めて回答を終えていないのか，もしくは，回答を終えたがそれを返送しなかっただけなのか）まではわからない．

中断は，調査員方式に比べて，音声自動応答方式（IVR）やウェブ調査といった自

---

[36] 訳注：日本国内で行われた 2015 年の国勢調査では，これに類似の傾向がみられた．報道資料（平成 28 年 2 月 26 日）によると「平成 27 年国勢調査のインターネット回答数は，1972 万 2062 件となり，人口速報集計結果の世帯数をもとに算出すると，インターネット回答率は 36.9% であった．また，スマートフォンから回答のあった割合は 12.7%」とある．
http://www.stat.go.jp/data/kokusei/2015/gaiyou.html
http://www.stat.go.jp/data/kokusei/2015/houdou/pdf/2016022601.pdf

動化された自記式方式に多くみられる．Tourangeau, Steiger, Wilson（2002）は，生身の調査員から IVR に切り替わる際に，とくに中断がよく起こるのだということを立証するとした多くの IVR 調査に関する研究を再検討した．Peytchev（2009）は，ウェブ調査における中断についての2つの未発表のメタ分析の研究を引用し，中断率の中央値（median break-off rates）が，それぞれ 16% と 34% であったと報告している．Galešic（2006）は，ウェブ調査における中断率は 80% にものぼると報告している．著者らがオプトイン・パネルを用いて実施した最近の5つの研究では，中断率は 13.4〜30.2% の範囲にあり，平均すると 22.4% であった．だからといって，ウェブ調査では中断率は常に高いとは限らない．HRS パネルの構成員を対象に行われたインターネット調査では，中断率は 2007 年で 1.4%，2009 年で 0.4% であった．一般に，電話調査や面接調査に比べて，IVR やウェブ調査においては，中断率がずっと高いということは疑いようもなく，生身の調査員に対して調査を中断するよりも，自動化されたシステムでのやりとりで調査を中断するほうが，はるかに楽であることを示している．

ほとんどの中断は，調査の比較的早い段階（ウェルカム画面や最初の質問）で生じているようであり，それゆえ調査不能の一形態とみなすことができる．これらの初期の中断は，質問項目の難易度には左右されないようである．しかし，回答者が調査を先に進めるに従い，回答者に否定的反応を生むような特定の質問によって，中断が早められることもある．たとえば，Peytchev（2009）は，負担が大きい質問（例：理解や判断に負担がかかる質問，あるいは回答マッピング[37]が困難であるような質問）を尋ねているグリッドやページで，中断が高い頻度で生じると論じている．したがって，中断はウェブ調査における調査票の設計問題にかかわる有用な情報源となり，さまざまな設計の選び方の影響を評価するための指標として用いることができる（筆者らも後ろの章でそのように使っている）．

中断に影響する調査特性に関する研究は限られている（これに対して，中断に影響する調査材料[38]の研究はある）．Göritz（2006a）の行った謝礼についてのメタ分析に

---

[37] 訳注：「回答マッピング」（response mapping）とは，回答者が質問文の回答選択肢を見て，頭の中でまだあいまいな状況にある意味を具体的な回答として読み替えねばならない状況をいう．例1：日頃の運動量を問われて，意識としての「あまり運動はしていない」という気持ちを，この1週間で行ったかなりきつい運動の回数という数値スコアに読み替える．例2：自由回答質問で，回答者が自分の考えていることを別の言葉で言い換える必要がある（表さねばならない）というような場面．例3：なにかの意見・態度，たとえば「オバマ元大統領は好きか？」と問われて，スライダー・バーで「87点くらい」とその気持ちをスコアとしてマッピングする．こうした例にあるように，態度を具体的に回答として表すこと，あるいはその方法．

[38] 訳注：ここで "instrument" に「調査材料」の訳をあてた．「調査用具」「調査機材」などともいう．通常は，調査に必要な調査票，依頼状，提示カード，調査対象者一覧など，調査を実施するうえで必要となる機材や材料のことをいう．また，こうした物理的な材料だけではなく，質問文の言い回し，調査票の様式，設計にかかわる諸要素など調査に関する内容あるいは調査票自体を示す意味でも用いる．たとえば第4章では，この語句が頻出するが，そこではほとんど「調査票」の意味で用いている．

よると，調査を開始する人の割合だけでなく，調査を完了させる人の割合も，謝礼が著しく増加させた（26の実験にもとづく平均オッズ比が1.27であった）．しかしこれは，まったく驚くにはあたらない．なぜならば，この報告の著者が調査した26の研究における謝礼のほとんどが，調査の完了を条件としていたからである．

中断率に影響をおよぼすと考えられているもう1つの設計特性は，「調査票の長さ」[39]である．Crawford, Couper, Lamias (2001) は，調査依頼状に示した調査の所要時間の設定を実験的にいろいろと変えてみた．調査の所要時間が8～10分と告げられた標本構成員（67.5%）は，20分と告げられた標本構成員（63.4%）よりも調査回答を開始する可能性が高い．しかし，8～10分のグループで調査を開始した人びと（11.3%）は，20分のグループ（9.0%）よりも中断率が高く，この2つの条件下では全体的な完了率は同じであった（なお，調査の実際の回答所要時間の中央値[40]は19.5分であった）．またGalešic (2006) は，ウェブ調査の長さを実験的に変えてみた．10分間の調査と比較すると，中断の危険性は，20分の調査にあたった人では20%，30分の調査にあたった人では40%高かった[41]．さらに，（調査票の各段落の冒頭で測定した）調査課題への関心が，中断の危険性を有意に低減し，回答者の感じた負担が中断の危険性を有意に増加させた．

多くの場合，「プログレス・インジケータ」はウェブ調査における中断を低減すると考えられている．このプログレス・インジケータの研究と，それが中断におよぼす役割についての議論は，第6章で再び取り上げる．

ここで概説した多くの研究成果と，第6章で論じるプログレス・インジケータについては，次のモデルで説明できる．「標本構成員は，調査のはじめのほうで調査票に接した経験にもとづき，ウェブ調査に回答するかどうかをとりあえず決める．しかし，先に進んでから予想していなかった困難に直面したとき，この自分の決断を考え直すことがあり得る」と仮定したモデルである．たとえば，プログレス・インジケータを人為的に操作して，調査票の前のほうにあるいくつかの質問を早く進んだように見せたとき，回答の初期に示されるフィードバック[42]が，回答する意欲をそぐようなインジケータであった場合に比べ，標本構成員は，調査票への回答を完了しようと決断する可能性が高い（このとき，回答者は調査の後ろのほうで難しい質問項目に直面しても，当初の決断どおりにやりとげる可能性も高い）．しかし，調査票を完了しようという最初の意気込みは一時的なものにすぎない．回答者は思っていたよりも質問

---

[39] 訳注：日本国内で行われた実験調査でも，調査票の長さが回答中断（中断率）に影響するという傾向が観察されている．

[40] 訳注：通常，回答所要時間は裾が極端に長い単峰分布となる（いわゆるロングテール分布）．よって，用いる記述的統計量としては，平均値だけでは不十分で中央値や他の統計量も用いるほうがよい（平均値は外れ値の影響を受けやすい）．

[41] 訳注：この分析についての詳細は，Galešic (2006)を確認するとよい．

[42] 訳注：ここは回答の進捗に合わせて，コンピュータの画面上に表示されるプログレス・インジケータが示す応答情報，プログレス・フィードバックのことをいう．第6章に詳しい説明がある．

が難しいこと，あるいは調査票が長いことに気づくと，思い直して中断するかもしれない．Peytchev (2009) は，調査票のセクションを移動する際に中断が起こることが多いことにも気づいた．段落の見出しがあると，それが，「その後ろに多数の質問が続いていること」を回答者に知らせることがある．Tourangeau, Steiger, Wilson (2002) は，2000年国勢調査のロングフォーム調査票から引用した質問を用いた音声自動応答方式（IVR）による調査研究において，同様の結果を見つけている．自分とは別の世帯構成員について回答するよう求められたときに，回答者は中断する傾向があることに気づいた．あきらかに，その時点で，その調査にどのくらいの回答時間を要するかが回答者にははっきりわかるのである．この中断に関する「選択-決断-再考のモデル」[43]は，ウェブ調査の出だし部分を比較的負担の少ない，気軽に取り組めるような内容にすること（たとえば，平易な質問にする），また，調査票の後ろのほうでは予期せぬ負担の多い問い方は避けるか，または最小限にとどめることが大切であることを明確に裏づけている．

3.7 ウェブ調査における項目無回答

　項目無回答は，中断と同じように，質の劣る質問設計を知る1つの判断材料となることがある．項目欠測データがどの程度生じるかは，質問そのものによるだけではなく，調査の全体的な設計指針，欠測データを少なくするために組み込まれた方策，多数の回答者特性（たとえば，回答者の回答への意欲，関心，関与の程度など）に応じて決まる．
　ウェブ調査における欠測データの程度は，いくつかの主要な設計の選び方によって非常に異なる．たとえば，欠測データに対する入力指示（プロンプト）を用いないスクローリング形式のウェブ調査では，欠測データ率に関しては郵送調査と似ているだろう．回答要求を行うような，あるいは欠測回答に対してプロービング[44]を行うような，ページング形式の調査では，欠測データ率は，調査員のいるコンピュータ支援方式[45] (interviewer-administered computer-assisted) の調査と似たようなものとなる．このスクローリング形式の設計とページング形式の設計の違いについては第4章で論じる．また，「わからない（DK: Don't know）」の選択肢をはっきりと示すかど

---

[43] 訳注：原文は "sample-decide-reconsider model" とある．ここでは「選んで試す，決断・判断する，再考するモデル」，つまり試みにいくつかの質問を選びどう回答するかを考えて判断するという一連の行動を示す動詞表現的な意味と考えて，これを「選択-決断-再考のモデル」とした．
[44] 訳注：欠測回答に対して，回答の書き入れを促すこと．一般に，回答者が回答を忘れる，あるいはためらったり，つまずくなどのときに，回答を促したり，得られた回答の内容に「念押し」や「探り」を入れることをいう．俗に「押し込み」などともいう．回答内容になるべく影響をおよぼさないように行うことが求められる．
[45] 訳注：面接員あるいは調査員による「面接聴取」を伴うコンピュータ支援による調査方式のこと．たとえば，CATI, CAPI, IVR で，一部を調査員が対応するなどの調査方式のこと．各調査方式については，巻末の用語集を参照のこと．

うかも，質問が無回答に終わるかどうかに影響する．このようにウェブ調査の欠測データ率がそれに特有の設計特性の影響を受けることから，欠測データ率が他の調査方式の結果と食い違っていてもさほど驚くにはあたらない．

たとえば，KwakとRadler（2002）は，大学生を対象にした調査方式の実験において，郵送調査の欠測データ率（項目無回答の平均が2.47%）は，ウェブ調査の欠測データ率（項目無回答の平均が1.98%）よりも有意に高かったと報告している．これとは対照的に，政府関連機関の職員が参加する実験調査で，Bates（2001）は組織に関する質問項目と個人的な経験についての質問項目では，ウェブ版の質問項目のほうが郵送版の質問項目よりも有意に欠測データ率が高かったが，人口統計学的特性と雇用特性の質問項目についてはこの限りではなかったことを報告している．同様に，Denniston, Brener, Kann, Eaton, McManus, Kyle, Roberts, Flint, Ross（2010）は，ウェブ版の分岐[46]のある調査票（4.4%）あるいは分岐のない調査票（5.2%）のほうが，質問紙型調査票を用いた場合（1.5%）よりも欠測データ率が高いことに気づいた．なお，この実験では，高校生についてグループ単位で調査が実施された．Denscombe（2009）は，高校生を対象に実施したウェブ版の調査票における欠測データ率（事実に関する質問については1.8%，意見に関する質問については1.5%，自由回答は6.8%）が，質問紙型調査票を用いたとき（それぞれ2.6%, 2.7%, 15.1%）よりも，低かったことがわかった．そして，Wolfe, Converse, Airen, Bodenhorn（2009）は，学校カウンセラーを対象に行ったある実験から，ウェブ調査と郵送調査の間には，欠測データ率には差がなかったことに気づいた．したがって，以上の5つの研究のうち，2つの研究では，質問紙型調査票とした場合の欠測データ率が低く，別の2つの調査ではウェブ調査の場合の欠測データ率が低く，残りの1つの研究では，2つの調査方式間には差がない，という結果になった．ウェブ調査票と質問紙型調査票の差違について，これらの研究でなぜこうした異なった結論に至ったかの理由は，あきらかではない．一般に，ウェブ調査を質問紙型調査に似せて設計したとき（たとえば，スクローリング形式の設計を用いること，質問の省略の自動化やエラー・メッセージを設けないこと），欠測データ率は郵送調査の欠測データ率と類似するのだが，ウェブの双方向的な機能（interactive capability）を活用するようにウェブ調査を設計したときには，欠測データ率はおそらく低くなるであろう，と筆者らは考えている．こうした双方向的機能については第6章で論じる．

回答者に対して，すべての質問に回答するよう求めることも項目欠測データをなくすための1つの方法である．しかし，回答者が「どちらともいえない」（No opinion）

---

[46] 訳注：ここで原文は"skip"とある．「スキップ」とは，前に置かれたある質問の回答にもとづいて，それに続く質問文や指定された別の質問文に分岐や移動をすることをいう．この利用頻度は多いのだが，ここでは，これに対して「スキップ」「分岐」「質問の省略」「別の質問への移動」「質問間の移動」など，状況に応じて使い分けた．詳しくは用語集を参照のこと．

のような，実質的ではない回答選択肢[47]を与えられていないときにはとくに，すべての質問に回答を求めると，中断などの望ましくない回答者行動の増加といった代償を伴うかもしれない．回答をしっかりと求めることは，市場調査ではよくあることであるが，一方，学術調査では，無回答を容認することが日常的である．

Couper, Baker, Mechling (2011) は，回答を求めるかどうか，また，回答者が空欄のままとした質問への回答の入力を促すかどうかを，実験的に変えてみた．回答を強く求めることで欠測回答はなくなったが，欠測回答に対して回答を強く要求しないでプロービングを行うことは同じような効果があった．さらに，回答を強く求めた場合 (10.5%) は，回答入力を促した場合 (9.4%) や，入力要求を行わない場合 (8.2%) に比べて，中断率がやや高いことがわかったが，これらの差違は，いずれも統計的には有意とはならなかった．Couperと同僚は，回答を強く求めることの効果は，おおむね小さいことに気づいた．これはおそらくは，回答を要求されることに慣れたオプトイン・パネルの構成員を対象に調査が行われたためであろう．Albaumと同僚 (2010) は，ある業者から購入した電子メール・アドレスの標本を用いて，同じような調査を実施した．回答を強く求めることで，項目欠測データは有意に減少したが（上の調査と同じように，調査設計上は必ず回答を求めるのであるから欠測はゼロになる），中断率には有意に影響しなかった．ウェブ調査の依頼に応じてくれる人びとは，回答を要求されることが当たり前の調査に慣れているということが考えられる．さらなる研究，とくに欠測データと回答を強く求めたときの回答の質との間に起こり得るトレード・オフ，つまり両者の折り合いをどうつけるかについて，さらなる研究が必要とされる．こうした証拠があるにもかかわらず，質問への回答を回答者に強いることが倫理的な問題を提起する可能性がある．こうした倫理的な問題は，とくに施設内倫理委員会（IRB: Institutional Review Board）や倫理審査委員会（ethics review committee）がかかわることである．それは，「回答するかしないかを決めることは，人それぞれにゆだねる」という原則に矛盾するように思われるからである．

3.8　この章のまとめ

　本章の無回答についての議論は，従来のデータ収集方式に比べて，低い回答率と高い中断率となるウェブ調査について見通しの暗い実態を浮き彫りにしている．ウェブ調査の回答率が，かつての調査方式と比べて低いことが多い理由の1つは，ウェブ調査の歴史が浅いことと，回答率を上昇させるために最善の技法がいまだにわかってい

---

[47] 訳注：「実質的ではない回答」（non-substantive answer, non-substantive response）とは，質問文の提示された回答選択肢の中に，回答者にとって選びたい回答がないため，結果として「どちらともいえない」「とくにない」「わからない」などの回答選択肢を選びやすいことをいう．これに対して，実質的な回答（substantive answer, substantive response）とは，「回答者が自分の意に沿った適切な回答選択肢を見つけられること」をいう．

ないことにある．ただ筆者らは，これが唯一の理由ではないとは考えている．他の可能性として，膨大な数のウェブ調査が配信されていることがある．ウェブ調査が調査実施過程を大衆化し，誰もが調査を行えるようになった．これは，調査の素人であってもウェブ調査を自作できるツール（do-it-yourself Web survey tool）が台頭したことにより，ほとんど誰もが思い思いのウェブ調査を設計し活用できることを意味している．調査の急速な拡大により，回答者となり得る人びとが，よい調査と悪い調査を見分け，また理にかなった調査依頼と応じる価値のない調査依頼とを見分けることが困難になっている．電子メールの取扱量が全般的に増加したことと相まって，実施されるウェブ調査の数が増えたことは，調査市場がすでに飽和状態にあることを意味しているのかもしれない．これに対する証拠が，オプトイン・パネルの構成員に対する調査依頼数の増加と，それに伴う回答率の減少にみられる．非常に少ない回答者を探し求めて，あまりにも多くの調査が行われているだけなのかもしれない．調査経費が安く済むことと利便性がよいことが，ウェブ調査の急速な導入となった優れた特性にほかならない．しかし，この優れた特性こそが，いまやウェブ調査が失墜している原因になっているのかもしれない．

　もう1つの理由は，手段自体にあるのかもしれないということである．電子メールによる調査依頼は，調査員が直接依頼すること，あるいは電話で依頼することに比べて，あまりにも安易で無視されやすい．電子メールで送付した依頼状に比べて，郵送によるウェブ調査への依頼のほうが，標本構成員は真剣に対応する，少なくとも無視されることが少ないという証しもある．フォローアップの際に，（たとえば，逐次混合方式設計の場合に）郵送のような他の方法を用いることは，ウェブ調査への回答率を向上できるかもしれない．皮肉なことに，ウェブ調査において，無回答の問題に対処する比較的効果のある方法の1つは，標本構成員とのやりとりに，オンライン以外の手段を用いることなのかもしれない．

4 ウェブ調査における測定と設計
一概論一

　第2章と第3章では，カバレッジ誤差，標本誤差，無回答誤差など，ウェブ調査でみられるさまざまな種類の「非観測誤差」について詳しく検討した．ウェブ標本が母集団を代表し得るかということ，とくに，一般母集団を代表し得るかどうかは，依然として深刻な懸念要素である．しかし，観測誤差つまり測定誤差に関しては，他のデータ収集方式をしのぐ長所があるという点で，ウェブ調査には無数の魅力がある．同時に，ウェブ調査では設計の選択肢が多様であること，またその基盤が比較的新しいものであることから，不適切な設計であると，従来の調査方式に比べて測定誤差が大きくなる危険性がある．本章では，ウェブ調査測定の概要を示し，観測誤差をできるだけ少なくするための基本的な設計を選ぶ作業について説明する．本章に続く3つの章では，さらに具体的な設計問題について詳細に扱う．たとえば第5章では，視覚的なデータ収集方式（visual mode of data collection）としてのウェブ調査を，第6章では双方向的な調査方式（interactive mode）としてのウェブ調査を，第7章では自己式手法（self-administration）としてのウェブ調査について吟味する．

　ウェブ調査と他のデータ収集方式には多くの共通点がある．たとえば，郵送調査票は視覚的であり自記式である．ウェブにもとづく実験を通じて筆者らが学んだことのほとんどが，他のデータ収集方式にも当てはまる．同様に，調査員方式と自記式の質問紙型調査における，調査質問項目のレイアウト[1]（割りつけ，見栄え）や設計の効果についてこれまでに得られた知見も，ウェブ調査に適用できる．別の目的を意図した設計原理を，なにもかもひとまとめにして導入することには注意が必要ではあるのだが[*1)]，ウェブサイトの設計に関する文献（たとえば，Lynch and Horton, 2001;

---

[1] 訳注：本書では，いわゆるHTML言語による画面設計で用いる用語と，一般的な意味で用いる画面説明の言葉の区別が，ときに難しいことがある．ここの「レイアウト」も，後述のように画面設計でいうボックス，デザイン，テーブル，イメージなどの具体的なレイアウト機能をさすように読めるが，ここでは画面の「割りつけ，見栄え」と併記した．状況に応じて使い分ける．

[*1)] 原書注：たとえばNielsenは，選択肢としてデフォルトを設けること（いずれかの選択肢があらかじめ選択された状態として用意すること）について述べている．デフォルトを設けることは，電子商取引（eコマース）では意味があるかもしれないが，ウェブ調査では意味はない，としている．"Top 10 Mistakes in Web Design."
https://www.nngroup.com/articles/top-10-mistakes-web-design/

Nielsen, 2000) に書かれていることもウェブ調査に応用できるかもしれない．さらに，ウェブ調査には，際立った特色もある．ウェブ調査には，設計の柔軟性の点で優れているという特徴がある．ウェブ調査はさまざまな方法で設計することができる．つまり，コンピュータ支援の面接聴取法（CAI: computer-assisted interview）とすることもあれば，自記式の質問紙型調査票（self-administered paper questionnaire）とすることもある．ウェブ調査で利用可能な設計要素の適用範囲を理解し，適切に用いることが，ウェブ調査の設計における重要課題である．

4.1 ウェブ調査における測定誤差

測定誤差は，第2章と第3章で論じたこととは異なる種類の推論課題に関連する．これらの2つの章では，ウェブ標本が目標母集団をいかによく代表しているかについて詳しく調べた．本章では，あるウェブ調査の回答者から得られた特定の観測値つまり測定値が，その回答者の真値をいかに表しているかを検討することから始める．測定誤差のもっとも単純な数学的モデルは，次式のように，ある特定の調査方式のもとで（たとえば，方式Aとする），回答者iから得た観測値（y_{iA}）を，真のスコア[2]と誤差との2つの成分に分けるモデルである．

$$y_{iA} = \mu_i + \varepsilon_{iA} \tag{4.1}$$

ここでμ_iは回答者iの真のスコアであり，ε_{iA}はこの調査方式（A）における，その回答者（i）の誤差（偶然誤差）である．この式を用いて測定誤差の大きさを推定するためには，真値が既知であることが必要である．この真値からのずれである測定誤差は，回答者，（調査員方式の調査では）調査員，調査票[3]（たとえば，質問のワーディング（言い回し），質問の順序，質問文の形式，あるいは設計要素）など，多くの誤差発生源から生じる．本章および第5~7章は，ウェブ調査の設計が測定誤差におよぼす影響に的を絞って述べる．

実際には，真値がわかることはまずない．そこでリサーチャーは，調査方式あるいは調査設計にかかわる測定誤差の特性を検証するため，別の方法を用いることが多い．よくある研究方法の1つは，同じ質問内容を別の提示方法で回答者に示し，それらの回答にみられる差違を調べることである．本書で紹介しているほとんどの研究は，この方法を用いている．基本的には，式(4.1)における測定誤差が，（添字jで表した）質問の提示方法に起因する系統的成分（M_{ijA}）と残りの成分（e_{ijA}）の，2つの成分に分けることができる．

$$y_{ij} = \mu_i + M_{ijA} + e_{ijA}$$

---

[2] 訳注：「スコア」（score）を評点，評定値，評定スコアなどということもある．
[3] 訳注：第3章では "instrument" を「調査材料」としたが，ここでは，後らに続く括弧内の例にみるように，調査票や質問文とその内容を説明する意味で用いることが多い．この章にはこの語句が頻出するが，その多くを「調査票」とした．

$$\varepsilon_{ijA} = M_{ijA} + e_{ijA}$$

質問のワーディングの影響を詳しく調べる古典的なスプリット-バロット[4]による実験が，この方法の典型例である（たとえば，Schuman and Presser, 1981 を参照）．ウェブ調査の利点の1つは，無作為化を容易に行えることである．この無作為化により，測定の影響を探るための強力なツールを，リサーチャーは手にしている．それでも，この研究方法の重大な欠点として，真値がわからずに質問の提示方法のどれが「より優れている」のか，つまり，どの提示方法が実際に誤差を低減するのかという判断が難しいことがある．

測定誤差を調べるもう1つの研究方法は，測定の信頼性（reliability of measurement）を調べるために，回答者に対して，異なる時点で同一の（または類似した）測定を行うことに関連する．この研究方法は，「調査方式効果」（mode effect）を探るために用いられている（たとえば，郵送とウェブの比較）．このとき，同じ調査票を用いて（しかし異なる調査方式により），同一の回答者に対して異なる時点で反復測定することが多い．

どのような研究方法が用いられようとも，リサーチャーは測定誤差の評価を行うために，多くの場合，間接的な指標に頼らざるを得ない．ウェブ調査の設計にかかわる研究においては，データの質を測定するこうした間接的な指標として，欠測データ率，中断率（無回答誤差の増加につながる可能性がある），回答完了までの速さ，回答者の主観的な反応がある．これらはいずれも，測定誤差を直接評価するものではなく，ある1つの調査設計方法が，別の方法よりも優れている可能性があることを示唆しているだけである．そこで本章（およびこれに続く3つの章）では，測定誤差よりむしろ測定過程（measurement process）に的を絞り，ウェブ調査の設計が，この双方にどのように影響をおよぼすかについて詳しく調べる．

4.2　ウェブ調査の測定特性

ウェブ調査には調査票の設計に影響をおよぼす特性がいくつかあり，結果として測定誤差となって現れる．これらの特性は，いずれもウェブ調査に固有のものではないが，ウェブ調査の設計者にとっては，長所だけでなく，短所にもなり得る．

ウェブ調査のもっとも魅力的な特長は，第1に，「視覚的特性」が優れていることであろう．この特性は，すでにウェブ調査の設計者によって広く活用されている．他の調査方式も視覚的である．たとえば，質問紙型調査では写真や画像が使われてきた．しかし，ウェブ調査を1つのデータ収集方式としてとくに際立たせている点は，視覚的要素（visual element）を容易に利用しやすいことである．これらの視覚的要素には，

---

[4] 訳注："split-ballot" は "split-half" と記すこともある．なお，ここでは，2種類の調査票を用意し，回答者を無作為に2組に分けて，この調査票を用いて実験した，ということ．

写真だけではなく，色彩，形状，記号，描画，図表，動画が含まれる．ウェブ調査にフルカラーの画像を追加する費用はわずかなものである．実際，ウェブ調査では，音声と動画の両方を取り入れて，質問文をマルチメディアで表現できる．伝達手段が豊富であることから，調査測定を向上させるための多くの可能性があり，それがウェブ調査のもっとも刺激的な特性の1つとなっている．それにもかかわらず，多様な視覚的特性などによりウェブ調査の機能向上をはかることには危険が伴う．筆者らの研究のほとんどが，ウェブ調査設計の視覚的側面に焦点をあてているが，この話題については第5章で詳細に調べることとする．

第2の特性として，ウェブ調査はコンピュータ化されている，ということがある．ウェブ調査では，調査票に多種多様な最新の機能を用いることができる．この点で，コンピュータ支援の個人面接方式（CAPI: computer-assisted personal interviewing）やコンピュータ支援の電話聴取方式（CATI: computer-assisted telephone interviewing）に類似しており，質問紙型調査とは異なっている．また，ウェブ調査では，（質問の順序，回答順，質問のワーディングや書式設定などの）無作為化が比較的容易である．このことが，ウェブ調査の普及とともに調査設計の実験が大幅に増えた1つの理由である．コンピュータ支援の聴取方式の特徴のうちウェブ調査では容易だが質問紙型調査では比較的実施が難しい別のものとして，自動ルーティング[5]（たとえば，条件つき質問），エディット・チェック[6]，埋め込み処理[7]（たとえば，いま見ている質問の一部に，それより前の回答から得た情報を挿入表示すること）などがある．こうした処理は，標本抽出枠や調査で前のほうにある質問から得られる情報にもとづき，個々の回答者に合わせて調査を高度にカスタマイズできることを意味している．これにより，コンピュータ適応型テスト（computerized adaptive testing）など，非常に複雑な調査票や複雑な測定方法を用いることができる．しかし，こうした複雑さが加わることで，検証の必要性が増し，プログラミング・エラーの可能性も増すことから，注意深い仕様策定と調査票の検証が，よりいっそう重要になる．

ウェブ調査の備える第3の特性は，さまざまな段階の「双方向性」（interactivity）を用いた設計が可能という点である．この特性は，ウェブ調査がコンピュータ化されていることに関連している．つまり，双方向性とは，回答者の行動にもとづいた対応ができるということである．条件つきルーティング（conditional routing）は，双方向性の一形態である．ウェブ調査は双方向的であるので，調査員方式の調査として機

---

[5] 訳注：「ルーティング」（routing）とは，ある質問に対する回答者の回答に応じて，それに続く質問や回答選択肢を応答的に変更する機能のこと．「自動ルーティング」（automated routing）とはこれを自動的に行うこと（例：質問間の移動の自動化）．巻末の用語集も参照のこと．

[6] 訳注：「エディット・チェック」（edit check），「エディット」（edit），「エディティング」（editing）とは，単なる編集作業だけではなく，データに誤りがないか（正確かつ明確であるか）を精査する過程のこと．たとえば，誤回答や外れ値の検出，欠測や無効の検出，論理矛盾などの特定（論理チェック）などにかかわる総合的な検証作業のこと．

[7] 訳注：「埋め込み」（fill あるいは filling）のことを「パイピング」（piping）ともいう．

能するように設計することもできる．たとえば，無回答の欠測データに対して回答を促す指示を出すこと，詳しい説明を提示すること，フィードバックを用意することなどである．ウェブ調査が備える双方向的特性については，第6章でさらに詳しく調べるが，以下の4.3節でも，スクローリング形式の設計とページング形式の設計という場面における双方向性について論じる．

　ウェブ調査の備える第4の特性は，ウェブ調査は分散型であり，設計者は最終段階での調査票の画面表示を制御できないことである．従来のコンピュータ支援の調査方式では，技術要素は調査員の手中にあり，ハードウェアとソフトウェアのいずれもが調査実施機関によって用意される（また，調査実施機関の管理下にある）．このことは設計者が調査票のルック・アンド・フィール[8]を管理できることを意味している．これとは対照的に，ウェブ調査では，回答者が調査に参加し回答するために用いるブラウザやハードウェアを，設計者側ではほとんど制御できない．人びとは次第にさまざまなモバイル機器（スマートフォンやタブレット端末）を用いてウェブにアクセスするようになっており，これらによりウェブ調査の設計者にとって新たな課題が生じている．一方で，利用者が行うブラウザのサイズ設定や，JavaScript, Flash, その他の拡張機能に影響をおよぼすセキュリティ設定，あるいは回答者がオンラインで情報のダウンロードやアップロードを行う速度を決める回線接続方式などのために，ウェブ調査の提示方法もまたさまざまである．HTML（ハイパーテキスト・マークアップ言語）は，ブラウザとプラットフォームをつなぐ標準である．一方，（たとえば）JavaScriptはさまざまな動作環境において同じように機能するとは限らない．こうした環境のばらつきは，回答者がどのように，いつ，どこで調査票に回答入力するかといったことに関しては，かなりの柔軟性がある．その一方で，調査に参加するすべての回答者に対して，調査票が確実に首尾一貫したルック・アンド・フィールであること，つまり見た目がまったく同じ調査票を見せることは難しい，あるいは不可能である．

　最後に，第5の特性として，ウェブ調査は自記式であるということがある．この点において，ウェブ調査は，質問紙型の自記式調査（たとえば郵送調査）やコンピュータ化された自答式調査（たとえばコンピュータ支援の自答式（CASI: computer-assisted self-interviewing）あるいは音声自動応答方式（IVR））に似ている．自記式は調査員が存在することに起因する影響，たとえば，「社会的望ましさの偏り」の影響を低減するという点で有利であることが，長きにわたり証明されてきた．同時に自記式では，調査員が存在することの利点はない．たとえば，回答者を回答する気にさせる動機づけ，回答のプロービング（念押し），あるいは質問の説明をすること，といっ

---

[8] 訳注：「ルック・アンド・フィール」(look and feel) とは，コンピュータ操作画面やコンピュータ・ソフトの画面表示の見た目や，実際に利用する際の操作の手順などから感じ取られる操作感のこと．ウィンドウのデザインやアイコンの配置，操作方法とそれに対する画面や音による反応などが全体として与える印象のことをいう．

た利点は，自記式にはない．このことは，調査票の設計の観点からは，調査票自体にこうした調査員の機能を含める必要があることを意味している．調査票はまた，調査に応じる人が調査回答に慣れていない，あるいは経験の浅い場合でも，容易に回答できるものでなくてはならない．第7章では，他の自記式手法と比較したウェブ調査の利点を詳しく調べ，またウェブ調査において，よりいっそうの社会的存在感（social presence）を感じさせること（たとえば，バーチャル調査員（virtual interviewer）を用いること）のよい点と悪い点を論考する．

ウェブが提供する幅広い可能性を考慮すると，ウェブ調査の設計者は，設計に際してさまざまな意思決定の場面に直面する．たとえば，用いるべき一般的な設計方法（スクローリング形式とページング形式のいずれを選ぶか），具体的な質問に用いる回答形式あるいは入力形式，ナビゲーション（回答方法の指示や説明），一般的なレイアウトやスタイル要素[9]について，どうするかを決める場面に遭遇する．これらの話題については，このあと1つずつ順に論じることにする．

4.3 ウェブ調査全体に対して適用される一般的な設計

ウェブ調査の設計者が，はじめに直面する，そしてもっとも重要な選択の1つとして，1つのウェブ・ページ内にすべての質問項目をおさめるスクローリング形式とするのか，あるいは1ページずつに各質問をおさめるページング形式とするのか，がある．この2つの選択の間には多数の中間的な形式があり，これら両極のいずれか一方だけを採用した調査はほとんどない．たとえば，関連する質問を1ページ内にまとめたり（Norman, Friedman, Norman, Stevenson, 2001 が「意味的なまとまり」（semantic chunking）と名づけた方法），質問項目の多いスクローリング形式の調査で，段落[10]ごとにページを分割することはよくある．図4.1は同一の調査をスクローリング形式とページング形式で設計した例である．ウェブ調査用のソフトウェアによっては，とくに市場の安価なソフトウェアの中には，ページング形式に対応していないものもあり，しかも，複数の質問項目からなるページのレイアウトの制御がしにくいものもある．あきらかに，設計方法はソフトウェアで決めるべきものではなく，調査目的と質問内容によって決めるべきである．

こうした基本的な設計を決めることが重要であるにもかかわらず，この2つの方法の優劣については，意外なことにあまり研究されていない．初期の頃の未公開の比較研究はいくつかあるが（たとえば，Burris, Chen, Graf, Johnson, Owens, 2001; Clark and Nyiri, 2001; Nyiri and Clark, 2003; Vehovar, Lozar Manfreda, Batagelj, 1999 を参照），こ

---

[9] 訳注：スタイル要素とは，調査票を記述するときに用いる HTML の要素の型や指定要素のことをいう．
[10] 訳注："section" は，具体的に HTML 言語でいう「セクション」タグのことをさすと思われるが，ここでは「段落」とした．

(a) スクローリング形式

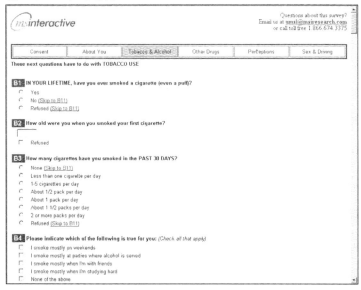

(b) ページング形式

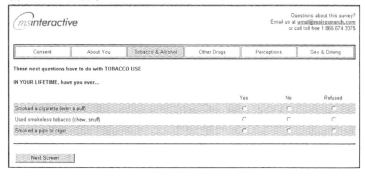

図 4.1 スクローリング形式の設計とページング形式の設計の例（Peytchev, Couper, McCabe, Crawford, 2006 から抜粋）．上段の区分はスクローリング形式の設計を示し，下段の区分はページング形式の設計を示している．Peytchev, Couper, McCabe, Crawford（2006）の許可を得て転載した．

れらのほとんどの研究では，意味のある違いを見出すには標本の大きさが小さすぎるか，あるいはいずれの方法に対しても有利には働かない調査票を使用していた．したがって，これらの研究で差がなかったとしても驚くことではない．それ以降，この課題は研究対象としてほとんど注目を集めていない．筆者らの知るかぎりでは，十分な大きさの標本を用いて，この設計の選び方について詳しく調べ，違いがあることを見

出した研究は1つだけである．Peytchev, Couper, McCabe, Crawford（2006）は，大学生の薬物使用と飲酒に関する調査で，（調査内容を5つの段落に分割した）スクローリング形式の設計と，（1ページあたり1つ以上の質問を表示した）ページング形式の設計とを比較した．調査不能，中断，実質的ではない回答[11]（つまり，回答しないことを明示的に選択した場合や，「わからない（Don't know）」と回答した場合）には違いがなかった．さらに，回答分布と主要な変数間の関連性についても，調査票の各版（スクローリング形式，ページング形式）で違いがなかった．しかし，スクローリング形式はページング形式に比べて，項目欠測データが有意に多く，回答完了までの時間も有意に長かった．こうした違いが生じた原因は，ページング形式では，ナビゲーションとルーティングが自動制御されていたからである，としている．

実際には，サーベイ・リサーチャーは，分岐やエディットがほとんどない短い調査や，質問紙型調査票の再現を目標とする混合方式設計に対しては，スクローリング形式を好んで用いているようである．全体としては，ページング形式が多くみられるようだ．ページング形式の設計では，リサーチャー側が次のようなことを制御できる．たとえば，質問を表示する順番，質問の省略の自動化や自動ルーティング，事象の発生時点でのエディット・チェックなど，である．調査票が複雑になるほど，そして設計者が回答者とのやりとり[12]（いわゆる相互行為）を制御・管理したいと考えるほど，ページング形式の設計を用いる傾向がある．

4.4 ウェブ調査のルック・アンド・フィール

設計者が直面するもう1つの決定事項は，ウェブ調査の「ルック・アンド・フィール」に関連する．ウェブ調査ではあらゆる視覚的特性や双方向的特性が利用できることから，数多くの設計選択肢がある．1つだけの調査においても，あるいはある組織が実施するすべての調査においても，どのようなルック・アンド・フィールにするかを決めなければいけない．いずれの場合も，ウェブ調査の設計者は，このルック・アンド・フィールの決定過程に積極的に参加すべきだと筆者らは考えている．ウェブ調査の設計を行うことと，ウェブサイトの設計とは，共通点も多いのだが同じではない．一般的なウェブサイトの設計は，ウェブ調査とは目的が異なっており，また，回答とは別の行動を促すように設計されているだろう．

設計者が考慮すべき要素として，以下のようなことがある．

・背景および前景の設計
・フォントや書体

---

[11] 訳注：第3章の訳注［46］を参照．
[12] 訳注：原文は"interaction"で，これを「相互行為」「相互作用」などと訳すことが多いようだが，ここでは，利用場面をみて「やりとり」などともした．

・共通したレイアウトとペイン（画面枠）[13] の使用
・回答要求を行うこと（たとえば，かならず回答してもらうこと，回答を求めることなど）
・ナビゲーションの作法

　こうした設計上の問題の多くは，Couper (2008a, 第 4 章) が詳細に論じている．ここではもっとも研究上の注目を集めた領域に焦点をあてて，概要のみを説明する．なお，ナビゲーションの作法についての議論は，次の 4.5 節に回す．

　画面の「背景と前景」の設計　　ウェブ調査の設計でなすべきことの 1 つが，各ページにおける背景色，パターン，テクスチャ（質感），その他の表示形式を決めることである．より多くの色が使えるようになってはいるが，質問紙は一般に，単色（通常は白色の無地）である．たとえば，Dillman, Sinclair, Clark (2003) は，（他の工夫とともに）ライトブルーを背景にし，回答欄を白地で印刷した質問紙を用いた 1990 年の国勢調査の試験調査では，回答率が向上したと報告している（Jenkins and Dillman, 1997 も参照）．その後，1995 年の国勢調査の試験調査では，青と緑の国勢調査用紙で（ここでも回答欄は白地として）比較を行ったが，回答率に有意な差はみられなかった（Scott and Barrett, 1996）．いずれの調査も，データの質や，回答者が回答に要したと感じた時間，あるいは実際に回答完了までに要した時間の違いは報告されていない．ウェブ調査の出現により，リサーチャーは何百万もの異なる色を使えるようになったが，背景色がデータの質におよぼす影響に関する研究は（そのような影響が存在したとしても）かなり限られている．

　ウェブ調査では，背景色や前景色が，2 つの重大な影響を与える可能性がある．1 つは，それが視認性 (legibility) や可読性 (readability) におよぼす影響である．コントラスト（明暗差）が不十分であると，調査票が読みづらくなるだろうが，この効果はフォントの大きさが小さいと悪化する．筆者らは，この読みにくいウェブ調査の事例を数多く見てきたが，同時に，この課題を扱った研究を 1 つも知らない．オンラインで文字を読み取りやすくするために，十分なコントラストを確保することについて，有用なガイドラインやツールはいろいろある．こうしたガイドラインに単純に従うことができるし，また，従うべきだといえるだろう（Couper, 2008a, pp.164-167 を参照）．ほとんどの調査票の作成者は，白色か明るい色（ライトブルーや黄色など）の背景に黒のフォントを用いることを好むようだ．背景色の選び方の 2 つ目の影響は，回答者が異なる色について異なる意味づけをすること（たとえば，White, 1990 を参照），そして，こうした背景色の選択が，回答者が質問にどう回答するかに影響することである．Schwarz と同僚は（たとえば，Novemsky, Dhar, Schwarz, Simonson, 2007;

---

[13] 訳注：ペインとは本来「枠」や「区画」などの意味．ここでは，画面（ウィンドウ）を複数の表示領域に分割して使用する表示方式のことで，分割された個々の表示領域のことをいう．図 4.2 を参照．

Reber and Schwarz, 1999; Song and Schwarz, 2008a, 2008b), 「知覚的流暢性」(perceptual fluency) が, つまり刺激の見やすさや識別のしやすさが, 判断に影響し得ると示唆している. たとえば, 知覚流暢性の度合いが高いほど, より肯定的な評価につながるとしている. 知覚的流暢性は, 背景や前景のコントラストや, 書体あるいはフォントの大きさのいずれもの影響を受けることがあり得る.

　ウェブ調査において, 背景色がおよぼす影響に関する未公開の研究がいくつかある. Pope と Baker (2005) は, 大学生を対象に行ったウェブ調査で, 白, 青, ピンクの背景色を比較した. 背景色の違いによって, 回答率や中断率に有意な差はみられなかった. 実際の調査所要時間と回答者が感じた感覚上の調査時間は, ピンクと白の背景色よりも, 青の背景色のほうが有意ではないがわずかに短く, またこれらの差は女性よりも男性の間で大きかったことから, ピンクの背景色が男性に対しては反対に影響していたことを示唆している. Baker と Couper (2007) は, 「エネルギー利用に関する消費者調査」で, 白, 青, 黄の背景色を調べた. 黄色の背景色としたときの中断率 (15.0%) は, 青色の背景色のときの中断 (10.8%) に比べて有意に高く, 白色の場合はその中間となった (13.7%). しかし, 回答者が回答に要したと感じた調査完了までの時間, あるいは実際の回答所要時間, あるいは調査の最後に質問したさまざまな主観的評価にかかわる質問項目については, 背景色の違いには有意な影響はみられなかった. 別の調査研究において, Hammen (2010) は, 回答者にウェブ・ページとして好ましいと思う色をたずねた. もっとも多くの回答者が (31.1%), とくに好みはないと回答したが, 回答者のうちの 29.5% が青色を好むとし, 2番目に人気があった色は白 (15.8%) であった. さらに, Hammen はあるウェブ調査で, 白, 青, 緑, 赤の背景色を比べたが, 中断率に有意な差は認められなかった. しかし, 以上の研究のいずれもが, 背景色ごとの回答分布の違いは報告していない.

　ここでみた3つの研究は, 背景色を選ぶ際には注意が必要であることを示唆してはいるが, 一般に背景色の影響は大きくはない. 背景色の選び方は, 個々の検討事項によって左右される. たとえば, ブランドイメージの設定時（親会社のウェブサイトに合わせる, あるいは調査委託組織の用いる色彩設計に調和させる）, ナビゲーション（たとえば, 調査票の段落ごとに異なる色を用いたり, さまざまな動作に合わせて異なる色を割り当てたりする）, 美的感覚などを考慮して決められる. これまでに得られた証拠は限られてはいるが, 明るい中間色（たとえば, ライトブルー）の背景が, わずかではあるが好まれているようである.

　ウェブ調査で背景に利用できる視覚的要素には, 色だけではなく, テクスチャ, 線, 形, 画像（写真, イラスト）なども含め, 多種多様な種類がある. 第5章でも紹介するが, 回答者は, グラフィカルな要素にはなにか意味がある, と考える傾向にある. どんなにうまくいったとしても, こうしたグラフィカルな要素は, 質問に回答するという回答者の作業の邪魔になるかもしれない. 最悪の場合には, グラフィカルな要素により, 回答者は質問の意味を読み替えてしまうだろう. Nielsen (2000, p.126) は, 「背景は

無地にするか，あるいは非常におとなしい柄を使うことである．背景のグラフィックスは，回答者が文字の線をはっきりと読み取り，語句の形状を見分けるときの視認に影響する」と主張している．

　以上を要約すると，背景は単なる背景，ただそれだけ，とするべきである．質問や回答選択肢を表示する画面背景は，重要な回答作業に注意を集中することを目的に，できるだけ中立的でなければならない．

　書体とフォントの大きさ　調査質問文の読みやすさに影響し，さらには回答の質にも影響をおよぼす，もう1つの設計上の検討課題は，使用する書体とフォントの大きさである．書体に関する既存の研究は，定性的あるいは記述的なものが多い（たとえば，Lynch and Horton, 2001, 第5章；Schriver, 1997, 第5章；Spiekermann and Ginger, 2003 を参照）．調査では，比較的短い質問文や回答選択肢が使われる．しかし，これらの研究では長い文章に焦点をあてる傾向がある．書体は読みやすさに影響するため，調査質問文の理解に影響をおよぼすことがある．また，書体は感情的な意味も伝達することから，質問文が回答者にどのように解釈されるかにも影響することがあるだろう（たとえば，Childers and Jass, 2002; McCarthy and Mothersbaugh, 2002; Novemsky et al., 2007 を参照）．一般に，フォントの大きさが快適に読める程度に十分に大きく，しかも書体が簡単に読めるものであれば，こうしたフォントの大きさや書体が調査の回答に与える影響はごくわずかのはずである．さらに，快適に読めるようにするため，回答者がフォントの大きさを自分のブラウザの設定に合わせて調節できるという点では，紙を用いた調査票よりもウェブのほうが優位にある．しかし，こうした柔軟性を容認することで，調査に含まれる回答尺度，表形式，あるいは画像といった，他のレイアウトやデザインの問題が生じることがないよう，設計者は注意する必要がある．

　選択的に強調すること　ウェブページの書体に関する設計では，特定の文字列を強調する方法も決めなければならない．ボールド体，下線，大文字化，色など，ここでもまた数多くの選択肢がある．たとえば，Crawford, McCabe, Pope（2003）は，質問の文字列（質問文）にはボールド体を用い，回答選択肢には通常の字体を用いることを提唱している．彼らはさらに，強調箇所には青を使用することも勧めている．ウェブサイト設計に関する研究文献にもいくつかの一致点がみられる（たとえば，Nielsen, 2005 を参照）．たとえば，ウェブ・ページにリンクできる文字列を暗示させることから，色（とくに青）や下線を使って強調すべきではないとしている．一方，大文字の使用は，長い文字列からなる文章全体の記述には適切ではないが，一部を選択的に強調するには適している．イタリック体の文字列は，通常の文字列と形状が異なるので，注目度は高まるが，読みにくくなる，としている．ウェブ調査では，従来からある共通した方法の1つとして，注意事項（回答指示説明）にイタリック体を用いることがある．これは1つには，その注意事項が質問文ほど重要ではなく，かりにそれを必要としなければ，ある程度は無視してもよいという考え方を示している．質問文に通常の

文字列を用いるとき，ボールド体を使うとそこが強調される．あるいは，大文字を使うことも効果的である．重ねていうが，ここで重要なことは，選択的に一部分を強調することである．つまり過度の強調は逆効果となる（Lynch and Horton, 2001, pp. 132-133を参照）．さらに，回答者がさまざまな文字列要素から意味を連想できるように，調査票の全体にわたり一貫したテキスト・スタイル[14]を用いるべきである．

ページ・レイアウトと整列化　ウェブ調査の設計者にとって，ウェブ調査を設計する際には，調査全体を考えて，さまざまな要素を画面上にどのように配置するかも決めなければいけない．HTMLは，左から右に向かう，また上から下に向かうレイアウトがやりやすいように設計されていることから，印刷物では縦書きが一般的である中国や日本のような国々においても[15]，多くの設計者がこの形式を遵守している．欧米のウェブ・ページの読み手，そしてほとんどのインターネット利用者にとっては，ディスプレイの画面左上の隅は特別な意味をもつ位置である．ウェブ・ページを目で追う場合，通常，目の動きは画面の左上の隅から始まる（たとえば，Nielsen and Pernice, 2010を参照）．また，閲覧しているとき，左上隅に焦点が移ることが多い．

　また，それぞれのウェブ・ページに，見出し部（ヘッダー；header）を用いることも一般的である．見出し部によって，回答者に対してブランディング（branding）や方向づけ（orienting）を行える．たとえば，見出し部に，主要な調査情報（調査課題，調査主体など）を提示することができる．また，追加情報（よくある質問：FAQなど）へのリンクを提供することも可能である．回答者はすぐに見出し部に慣れてしまい，ここに含まれるどのような情報も次第に無視するようになる，と研究が示唆している．この現象は「バナー・ブラインドネス」（banner blindness）として知られている（Benway, 1998; Benway and Lane, 1998; Pagendarm and Schaumburg, 2001）．ナビゲーションまたは別の情報を，全ページ上に表示することが必要である調査では，垂直方向のナビゲーション・ペイン（ナビゲーション用の画面枠）を使うことが多い．この方法は，企業統計調査や政府機関調査ではより一般的であるようにみえる．図4.2は，ある調査の画面例であるが，ここには，調査票の別の段落への移動を示す画面枠（左側）と，調査票全体の動作に必要なそれ以外の画面枠（下側）がある．回答者が重要な内容に注視し続けるように，これらの画面枠の背景色と前景色は慎重に決めなければならない．

　回答者は多かれ少なかれ画面のさまざまな部分を容易に見ることができるので（5.3節参照），回答者が各質問文の先頭を見つけやすいように質問文を配置することが大切である．質問文の文字列を左寄せにすることで，回答者が質問文の起点を見つける

---

[14]　訳注：ここは，HTML言語で文字列様式を定義するために用いる「テキスト・スタイル」（text style）というタグの1つ．

[15]　訳注：たしかに日本国内では，文芸書や新書などは縦書き利用が多い．しかし，理工学書などの学術書では横書きも多い．とくに，質問紙形式の調査票では，ほとんどが横書きが一般的である（ただし，かなり古い時期に実施された調査質問紙に，縦書きもあるにはあった）．

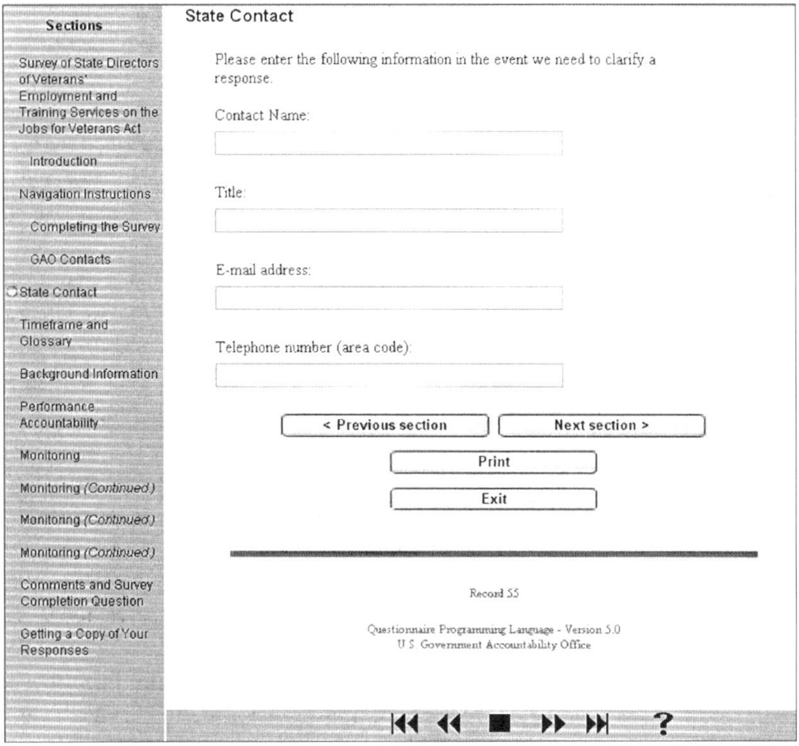

4.4 ウェブ調査のルック・アンド・フィール

図4.2 米国会計検査院の調査における画面枠の使用例．調査票全体にわたって，画面の左側枠内では，回答者が段落の移動が行えるように，また，画面の下側の枠内では他の動作ができるようになっている．

のに役立つだろう．1ページに複数の質問文が含まれる場合には，それぞれの質問を特定するために，質問文に番号やアイコンをつけることもまた，回答者を導くための手助けになるだろう．

回答選択肢の整列化[16]（アラインメント：alignment）と配置[17]に関しては，いくつか検討課題がある．1つは，回答選択肢を質問文の下に垂直方向に配置するか，あるいは水平方向に配置するか，である．後者の方式（水平方向に配置）が回答選択肢のもつ連続性をうまく伝達できると主張する人もいる．しかし，筆者らの独自の研究（Tourangeau, Couper, Conrad, 2013）では，回答選択肢を垂直方向あるいは水平方向に配置することは，回答時間に影響をおよぼすことはときおりあったものの，回答分布になんら影響をおよぼさなかった（第5章参照）．もう1つの問題として，入力フィー

---

[16] 訳注：左寄せ（左揃え），右寄せ（右揃え），中央寄せ（中央揃え，センタリング）がある．
[17] 訳注：ここの「配置」（arrangement）は，前出の「レイアウト」とほぼ同義で用いている．

ルド（たとえば，ラジオ・ボタンやチェック・ボックスなど）を，その入力フィールドのラベル[18]の左側と右側のどちらに配置すべきかという問題がある．質問紙型調査の場合には，いずれの側に対しても長所・短所を挙げることができる（たとえば，Dillman, 2007, pp.123-124を参照）．入力フィールドを右側に配置することで，回答者が回答するときに，分岐（回答しなくてもよい質問への移動）の指示がはっきりみえるようになり，（とくに右利きの人にとっては）ラベルが隠れてしまわないようにする効果がある．ウェブ調査では一方が他方よりも有利であることを示す説得力のある実証的証拠はない．ページング形式の調査では，分岐は自動的に行われるため，分岐の指示を設ける必要がない．さらに，ほとんどのウェブ調査では，マウスあるいはこれとは別の間接的なポインティング・デバイスを用いて回答を選ぶので，画面上の回答選択肢が回答者の手でみえにくくなることはない（しかし，タッチパネル式機器の急速な普及で，このことは将来には問題となるかもしれない）．HTMLでは，入力フィールドをラベルの左側に配置することが容易であることから，これが共通したウェブ設計の作法となっている．そこで，筆者らも左側に置くことを推奨している．

　さらに，回答選択肢を1列ではなく複数の列に配置するかどうかという問題がある．回答選択肢を複数の列に配置すれば，画面を上下にスクロールする手間は減る．しかし，複数の列に配置すると，回答者が1列ごとに回答する必要があると勘違いする可能性がある．Christian, Parsons, Dillman (2009), Toepoel, Das, van Soest (2009a)の研究が，回答選択肢を複数の行と列とに配置することが，回答分布に影響をおよぼすことを示唆している．回答選択肢をどの順に読むかは（1行ずつ読むか，1列ずつ読むかは），行間や列間がどれほど離れているかに影響されやすい．列間が互いに視覚的にはっきりと区別できる場合には，回答者は，はじめの列を上下に読んでから，次の列に読み進むかもしれない．しかし，互いの行がはっきりと区別できる場合には，回答者は1行ごとに読み進めるかもしれない．ウェブ調査では，質問紙型調査のような紙面の制約がないので，回答選択肢を複数の列に分けて用いる必要性が見当たらない．Christian, Parsons, Dillman (2009, p.420)では，「1列に直線的に回答選択肢を配置したほうが，回答者が尺度を理解するときの助けとなり，回答選択肢を順序どおりに処理するようになる．そのため，1列だけに並べたほうが回答しやすい」と結論づけているが，この意見に，筆者らも賛成である．

　回答選択肢の配置に関する最後の検討課題は，回答選択肢間の適切な間隔の取り方に関する問題である．この問題については第5章の5.1節でさらに詳しく取り上げる．一般に，ここで論じてきたさまざまな設計の問題に関して，筆者らの経験では，十分な可読性が保証され，また明確な設計作法に従っているかぎりは，回答者は調査で用

---

[18] 訳注：HTMLなどの操作では，入力フィールド（インプット・フィールド；input field），ラベルといったカタカナ語を用いる．ここは「ラベル」とした．これはテキストにつけるhtmlタグの意味と，調査票の選択肢欄の横に標記する「標識，文字標識」の意味ももつ（たとえば，質問紙型調査票を考えてみればよい）．

いている特定の設計にすぐに適応するものである．したがって，ある特定のガイドラインに従うことよりも，一貫性をもって調査票を設計することが，より重要であろう．

4.5 ナビゲーションの作法

　通常，調査回答時に回答者が行うことは，調査質問への回答行動以外には，ほんのわずかしかない．しかし，調査票の回答進捗や画面移動に用いるツールを設計する方法は無数にある．

　スクローリング形式の調査では，スクロール・バーが主なナビゲーション・ツールである．スクロール・バーは，どのウェブ・ブラウザにも備わっている機能だが，調査設計者はウェブ・ブラウザを制御できない．このスクロール・バーの利点は，ほとんどの利用者はウェブ・ページを垂直方向に上下移動することに慣れていること，よってこれについてとくに案内や指示説明を必要としないことである．欠点は，ウェブ・ページが長くなるほど，スクロール・バーの大きさが次第に小さくなるため，回答者にとってはより正確なマウスの動かし方が必要となるので，質問項目をうっかり見落としてしまう危険性が高まることである．

　ページング形式の調査では，回答者がページをつぎつぎと移動する過程を，確実に設計者はスクロール形式よりも制御できる．実際に，ウェブ調査を行う業者によっては，利用者に対して，調査票の中で次ページに進むことだけを許し，前のページに後戻りすることを抑制することもある．ある回答選択肢が選ばれるとすぐに，次のページを配信し表示するという自動前進（automatic advance）を用いる場合もある（Hammen, 2010; Hays, Bode, Rothrock, Riley, Cella, Gershon, 2010; Rivers, 2006）．回答者が回答を選択した後，「次へ（Next）」（あるいは「続ける（Continue）」または前進指示の矢印）のボタンを押させて先に進めることがより一般的である．回答者に「次へ」ボタンを押させると回答時間が延び，マウスのクリック回数も増える．しかし，回答者によっては，単一選択（ラジオ・ボタン）の質問項目に対し，選択肢を選ぶのに，1度で選べず何度か選択肢を選んでみて，最後にどれかに決めることもある[19]（Heerwegh, 2003; Stern, 2008 を参照）．筆者らは，「次へ」ボタンを用いると，回答者が先に進む前に自分の回答を確認し，再考する機会を与えることができると確信している．「次へ」ボタンを用いるもう1つの理由は，自動前進がうまく機能するのは単一選択の質問項目の場合だけで，複数選択の質問項目や自由回答質問，あるいは複数の質問項目が複数のページにまたがっている場合には機能しないからである．

　つまり，「次へ」ボタンは役に立つようである．では，「前に戻る（Previous）」ボタンはどうであろうか？　この課題についてはほとんど研究が行われていないが，回

---

[19] 訳注：ラジオ・ボタンを使った単一選択では，いくつかのラジオ・ボタンが複数回クリックされる（つまり，回答が一度で決まらない）ことがある．こうした回答者行動をパラデータとして測定分析することができるので，ここにあるような事象を具体的に測定できるのである．

答者が前の質問に戻って確認し変更を行う機会を得ることで，データの質は向上すると筆者らは確信している．筆者らが行った調査では，回答者は一般にこの機能を使用しないことが多い．しかし，回答者がこれを用いた場合は，前の質問の理解に問題があったことが次の質問になってようやく明らかになったことを（たとえば，自分には該当しない質問に回されてしまう）示していることがよくあるのである．

「次へ」ボタンと「前に戻る」ボタンのいずれもが調査の各ページに含まれる場合は，どのように設計すべきだろうか？ これには少なくとも3つの検討課題がある．すなわち，1) 標準的な HTML アクション・ボタン（動作設定ボタン）を使用すべきか，あるいはこれに同じ機能の画像ボタンを使用すべきか，2) ボタンにどのようにラベルをつけるのか，3) それらをどこに配置するか，である．1番目の課題については，まだ研究が行われておらず，2番目の課題については筆者らの未公開の研究がある．この研究は，ラベルの違い（たとえば，「前に戻る」「戻る」「←」を付与する，といった違い）は動作にはほとんど影響をおよぼさないということを示唆している．Couper, Baker, Mechling (2011) は，「前に戻る」ボタンと「次へ」ボタンの配置に関する実験を行い（図4.3を参照），中断率や完了時間への影響はほとんどないことがわかったが，「前に戻る」ボタンの使用の程度には影響があることに気づいた．「前に戻る」ボタンが右側にあり，「次へ」ボタンと同じくらい目立つ位置にある場合には（つまり，図4.3における (a) と (b))，回答者は「前に戻る」ボタンを用いることが多くなる傾向にあった．全体として，Couperと同僚は，ボタンの代わりにハイパーリンクを使用するか，あるいは「前に戻る」ボタンを「次へ」ボタンの下に配置すると，それが視覚的に目立たなくなることに気づいた（図4.3の (c) または (d) の段落)．こうすると「前に戻る」ボタンは使われにくくなり，結果として回答完了時間（completion time）が短縮される．「前に戻る」ボタンを目立つように配置したときでも，それが使用されるのは不注意によることが多いようにみえる．以上の知見は，頻繁に用いるアクション・ボタンは画面の左側に配置すべきであるとする Wroblewski (2008) の推奨方法と一致している．

4.6 回答入力形式の選択

ここまでに論じてきた設計の決め方は，ある調査票の要素すべて（全ページや全質問項目）に影響をおよぼす一般的な問題にかかわることである．これとは対照的に，回答の選択形式や入力形式は，個々の質問項目に関することである．すでに取り上げた設計時に決めるべき事項と同様に，ウェブ調査で回答を取得するための多くの方法がある．質問紙型調査においては，回答者に対して回答選択肢は絶対的な拘束力をもたない（たとえば，複数の選択肢にチェック印をつけたり，回答を書き込むことができる）．しかし，ウェブ調査の入力ツールの場合は，回答者に回答方法を視覚的に理解させたり，回答に条件を課したりすることができる (Couper, 2008b)．たとえば，

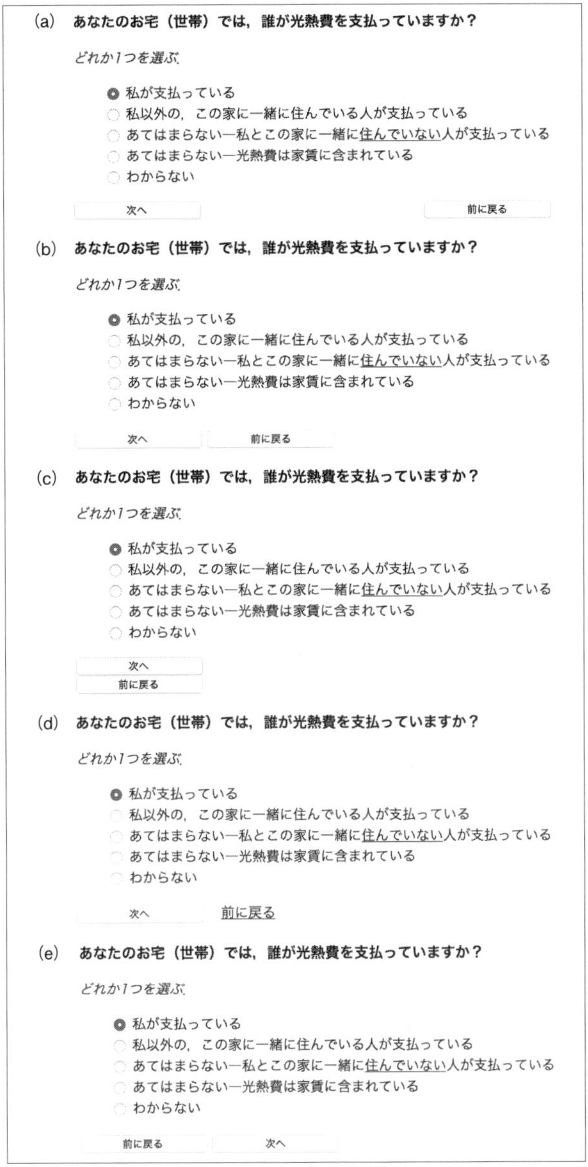

4.6 回答入力形式の選択

(a) あなたのお宅（世帯）では，誰が光熱費を支払っていますか？
  どれか1つを選ぶ．
  ● 私が支払っている
  ○ 私以外の，この家に一緒に住んでいる人が支払っている
  ○ あてはまらない―私とこの家に一緒に住んでいない人が支払っている
  ○ あてはまらない―光熱費は家賃に含まれている
  ○ わからない
  [次へ]　　　　　　　　　　　　　　　　　　[前に戻る]

(b) あなたのお宅（世帯）では，誰が光熱費を支払っていますか？
  どれか1つを選ぶ．
  ● 私が支払っている
  ○ 私以外の，この家に一緒に住んでいる人が支払っている
  ○ あてはまらない―私とこの家に一緒に住んでいない人が支払っている
  ○ あてはまらない―光熱費は家賃に含まれている
  ○ わからない
  [次へ]　[前に戻る]

(c) あなたのお宅（世帯）では，誰が光熱費を支払っていますか？
  どれか1つを選ぶ．
  ● 私が支払っている
  ○ 私以外の，この家に一緒に住んでいる人が支払っている
  ○ あてはまらない―私とこの家に一緒に住んでいない人が支払っている
  ○ あてはまらない―光熱費は家賃に含まれている
  ○ わからない
  [次へ]
  [前に戻る]

(d) あなたのお宅（世帯）では，誰が光熱費を支払っていますか？
  どれか1つを選ぶ．
  ● 私が支払っている
  ○ 私以外の，この家に一緒に住んでいる人が支払っている
  ○ あてはまらない―私とこの家に一緒に住んでいない人が支払っている
  ○ あてはまらない―光熱費は家賃に含まれている
  ○ わからない
  [次へ]　前に戻る

(e) あなたのお宅（世帯）では，誰が光熱費を支払っていますか？
  どれか1つを選ぶ．
  ● 私が支払っている
  ○ 私以外の，この家に一緒に住んでいる人が支払っている
  ○ あてはまらない―私とこの家に一緒に住んでいない人が支払っている
  ○ あてはまらない―光熱費は家賃に含まれている
  ○ わからない
  [前に戻る]　[次へ]

図 4.3 Couper, Baker, Mechling（2011）の調査から得たアクション・ボタンの条件設定の例．ここで，「前に戻る」ボタンの配置（placement）や目立ち具合（visual prominence）を設定条件によって変えてみた．Couper, M. P., Baker, R. P., Mechling, J., *Survey Practice*（2011）の許可を得て転載した〔訳注：なおここは，原文にある質問文を，HTMLを用いて日本語対応に書き替えた〕．

ラジオ・ボタンは回答選択肢を1つしか選べないようにする．同様に，ドロップ・ボックスまたは選択リストは，与えられた回答選択肢の中から1つだけ回答を選ぶような制限を設ける．入力ツールのこうした特性は，回答者を望ましい動作に制限するという利点がある．しかし一方では，回答者が考えられるすべての回答選択肢を確実に選べるようになっていることや，回答者が選べる回答選択肢に不適切な制限がないこと，といった動作の確認が，ウェブ調査の設計者に大きな負担となる．

　ウェブ調査の設計者が利用できる入力形式は，HTML で利用可能なものと JavaScript や Java，あるいは Flash のようなアクティブ・スクリプティング（active scripting）を用いて作成できるものに限られるであろう．HTML で利用可能な入力形式として，ラジオ・ボタン，チェック・ボックス，ドロップ・ボックス，テキスト・フィールドやテキスト・エリアがある．ラジオ・ボタンは，通常は単一選択の回答で用いる．チェック・ボックスは，複数選択の回答選択肢，すなわち，当てはまるものをすべて選ぶ質問項目で用いる．ドロップ・ボックスは，長いスクローリング形式の一覧から，単一選択あるいは複数選択を行うときに用いられる．テキスト・フィールドやテキスト・エリアは，非定型の回答の入力用に用いる．多くのウェブ調査用ソフトウェア・システムには，独自の選択メニュー・ツールが備わっている．アクティブ・スクリプティングを用いることで，回答選択肢の入力形式には，制限がほとんどなくなる．たとえば，視覚的アナログ尺度（visual analog scale）やスライダー・バー（slider bar）（例を挙げると，Couper, Tourangeau, Conrad, Singer, 2006; Funke, Reips, Thomas, 2011），ドラッグ・アンド・ドロップ（たとえば，Delavande and Rohwedder, 2008），カード分類法（card sort method），地図にもとづく入力形式などがある．こうした双方向的特性が，どの程度の付加価値をもたらすのか，さらなる議論の余地がある．たとえば，サーベイ・リサーチャーが望むような測定となっているのか，あるいは，回答者に好まれる，もしくは回答を順調に進められるのかといったことは，さらに議論が必要である．こうした特性を備えた製品を提供するソフトウェア・ベンダーや市場調査会社は，こうしたツールの利点を競争上の強みとして喧伝している．しかし，これらの入力ツールと，標準的な HTML による入力方法との違いを明らかにする徹底した研究が不足している．入力ツールの1つであるスライダー・バーの研究については，第6章で検討する（6.2.3項参照）．

　ウェブ調査の設計者が入力形式を選ぶ際に，重要な検討課題が2つある．1つは，個々の質問に合わせた適切なツールを選ぶことである．もう1つは，回答者がその質問に回答しやすくするために，そのツールをどれだけうまく設計できるか，である．これら2つのいずれを決めるにも，アフォーダンスを十分に活かすべきである．ここで「アフォーダンス」とは，「物体の形状によって，その物体がどのように使われるかをなんらかの方法でわかるようにしておくべきである」という考え方をいう．このアフォーダンスとは，Gibson (1979) が初めて提案した概念である．ここでは，視覚がアフォーダンスの認識に影響を与えていると主張している．しかし，アフォーダン

スの概念を広め，インターフェースの設計に適用したのは，Norman（1988）の古典 "The Design of Everyday Things" という書である[20]．ラジオ・ボタンとチェック・ボックスは，いずれもクリック動作を「アフォード」（afford）すること，つまり，回答者をクリック動作に向かわせることができる．しかし，ラジオ・ボタンは，回答選択肢群のうちの1つだけの選択を許すのに対し，チェック・ボックスは，オン-オフのスイッチとして機能し，複数の回答選択肢の選択を許す，といった違いはある．もちろん，こうした形式間の違いは，利用経験の浅い利用者には，はっきりとはわからないかもしれない．以下において，入力ツールが当初意図していた目的に合わなかったウェブ調査の事例を紹介する．ただし，回答選択ツールの種類が，回答数，回答の質，回答完了におよぼす影響について調べた研究はほとんどない．

Couper, Traugott, Lamias（2001）は，ある調査で，回答者の友人やクラスメートなどの人種・民族性に関する一連の質問について，ラジオ・ボタンとテキスト・ボックスとを比べた．ここで回答者に求められる操作は，5つある各群について，1から10までの数字を入力することである．テキスト・ボックス版では無効となる回答（所定の範囲内に入らない数字）を入力することができるが，ラジオ・ボタン版では無効となる回答の入力はできない，とした．ここで，無効回答の割合と，（「わからない（DK: Don't know）」あるいは「無回答（NA: No answer）」を含む）欠測データの割合には有意な差が生じていた．さらに，テキスト・ボックスの大きさも回答に影響していて，テキスト・ボックスの長さが長いほうが，短い場合に比べて無効回答を生じやすかった．一方，テキスト・ボックスのほうが，用意した5つのボックス内に合計して10となるような数字を（指示どおりにきちんと）回答者が入力する傾向があった．したがって，文字列を入力するテキスト・ボックスの場合，回答者は質問への回答を避けるようになり，また範囲外の数値や無効な回答を回答者が入力することを禁止できない．一方，ラジオ・ボタン形式では，質問の要求・指示に合わせて数字を入力すること（加算して10となるように回答すること）に回答者は失敗する傾向があった．ある程度ではあるが，この基本的な入力操作は，ラジオ・ボタン版には適しておらず，テキスト・ボックス版が適切であることが，具体的にあきらかになった．

Heerwegh と Loosveldt（2002）は，いくつかの質問群についてラジオ・ボタンとドロップ・ボックスとを比較した．完了率，実質的ではない回答[21]，欠測データについては，入力形式の影響は確認されなかった．なお，彼らは実質的な回答分布については詳しく調べなかった．彼らはまた，ラジオ・ボタンのほうがダウンロードに多くの時間を要し，インターネット接続速度が遅い回答者に影響することを確認した．ただ昨今の高速インターネット接続の普及を考えると，このことはさほど懸念することではないだろう．Healey（2007）もまた，ラジオ・ボタンとドロップ・ボックスを比

---

[20] 訳注：岡本ほか訳（2015）がある．1990年刊行の改訂版．
[21] 訳注：第3章の訳注［46］を参照．

較し，入力形式は調査の回答完了，実質的ではない回答の数，あるいは調査全体の完了時間には有意には影響しなかったとする，HeerweghとLoosveldtの研究と同様の結果を報告した．なお，Healeyも，ラジオ・ボタンとドロップ・ボックスの2つの間の実質的な回答分布については詳しく調べていない．しかし，Healeyの研究では，ドロップ・ボックスのほうが項目無回答がやや多く，質問項目ごとの回答時間も長かった．さらに，スクロール・マウスを用いて調査に回答する人（回答者の約76%が使用）は，ドロップ・ボックスでは誤って回答を変えてしまう傾向があり，この誤入力現象は2009年のカナダ国勢調査の試験調査で見つかったいくつかの矛盾点の原因であったと考えられる（Lebrasseur, Morin, Rodrigue, Taylor, 2010）．

Couper, Tourangeau, Conrad, Crawford（2004a）は，ラジオ・ボタン，ドロップ・ボックス，（回答選択肢の一部だけがみえるようにした）スクロール・ボックスという3種類の異なる入力形式を用いて，選択肢の表示順序による影響（response order effects）を調べた．選択肢の表示順序による影響の程度は，質問項目を表示する際に用いる入力形式に左右され，スクロール・ボックス版において，その表示順序の影響が有意に大きいことに気づいた．彼らの得た知見は，次のことを示唆している．選択肢が視覚的に提示された場合には，初頭効果（primacy effect）が生じる．そして，ドロップ・ボックスのように，選択リストの後ろのほうにある回答選択肢を見るような動作が必要であるときには，この初頭効果がさらに増幅される．回答者は，ドロップ・ボックスの画面内を移動し最後の回答選択肢まで見てからどれかを選択するよりも，最初からみえている選択肢の中から1つを選ぶ可能性のほうがずっと高いのである．この研究については第5章の5.3節でさらに論じる．

以上の研究以外には，これらに替わる回答入力形式に関する実証的な検証はほとんどない．こうした入力ツールの設計に焦点をあてたさらなる研究が必要である．こうした研究については，第5章で再検討する．

4.7　グリッド形式[22]（マトリクス形式）を用いた質問

調査において，スクローリング形式とページング形式のいずれの設計を用いるにしても，調査における設計上の課題として，共通した同じ回答選択肢群からなる質問項目を，1つのグリッド内にまとめた形として表示するかどうかがある．グリッド形式の質問を用いることは，市場調査，学術調査，あるいは政府の立場で行う調査のいずれを問わず，ウェブ調査ではよく行われていることである．しかし，グリッド形式の質問に関する研究によると，グリッド形式が調査完了までの時間を短縮することもあるが，中断，欠測データ，測定誤差を増やすこともあることを示唆している．そもそ

---

[22] 訳注：ここでは主にグリッドの語句を用いているが，グリッド形式とマトリクス形式は同じ入力形式である．

もグリッド形式に問題があるのか，それともグリッド形式の設計がまずいのか，これらのいずれを意味しているのかが，現在の研究対象となっている．

グリッドに関する研究は，2種類に分類される．1つはグリッド形式の質問と他の入力形式の質問とを比較する研究である．もう1つは，グリッド形式の質問に対する

表 4.1 グリッド形式による設計とそれとは別の設計についての研究

調査研究	標本と設計[1]	主な知見[1]
Couper, Traugott, Lamias (2001)	米国の大学生 ・1つのグリッド内に5つの質問項目を配置した場合と5ページの各ページにそれぞれ1つの質問項目を配置した場合との比較 ・3つのグリッドに11項目（各グリッド内にそれぞれ4, 4, 3項目）とした場合と，11ページの各ページにそれぞれ1つの質問項目を配置した場合との比較 ($n=665$)	・グリッド形式のほうが回答が有意に速かった（$p<0.05$） ・グリッド形式では欠測データが有意に少なかった（$p<0.01$） ・質問項目間の相関に有意差はない
Bell, Mangione, Kahn (2001)	米国のウェブサイトで募集した一般母集団のボランティア ・SF-36の各尺度について，グリッド形式と展開形式（同一ページ内に質問項目別に配置）との比較 ($n=1464$)	・回答時間に有意差はない ・質問項目間の相関に有意差はない
Tourangeau, Couper, Conrad (2004)	米国のオプトイン・パネルの構成員 ・8つの質問項目を「そう思う／そうは思わない（agree-disagree）」の7段階尺度で表示，以下の3条件で比較 ・1つのグリッドに複数の質問項目を配置した場合 ・ページを変えた2つのグリッド内に，それぞれ4つの質問項目を配置した場合 ・8ページの各ページにそれぞれ1つの質問項目を配置した場合 ($n=2568$)	・質問項目間の相関に有意な線形傾向（$p<0.01$）：グリッド1つ＞グリッド2つ＞1ページに1質問項目 ・「識別化」[2]の点で有意な差の傾向あり（$p<0.01$）：グリッド1つ＜グリッド2つ＜1ページに1質問項目 ・調査完了時間に有意な傾向あり（$p<0.001$）：グリッド1つ＜グリッド2つ＜1ページに1質問項目
Yan (2005)	米国のオプトイン・パネルの構成員 ・6ページの各ページにそれぞれ1つの質問項目を配置した場合 ・同一ページ内に6つの質問項目のすべてを項目別に配置した場合 ・1つのグリッド内に6つの質問項目を配置した場合 ・また，質問項目の関連度合いに合わせて回答方法の指示内容を変える ($n=2587$)	・質問項目間の相関に有意差はない ・回答者に感じられた関連性に有意差はない

表 4.1 グリッド形式による設計とそれとは別の設計についての研究（続き）

調査研究	標本と設計[1]	主な知見[1]
Toepoel, Das, van Soest (2009b)	オランダの確率的パネル ・40 の質問項目を「そう思う／そうは思わない（agree-disagree）」の5段階尺度で表示 ・1つのグリッドに40の質問項目を配置した場合，4つのグリッドに10の質問項目配置した場合，10のグリッドに4つの質問項目をそれぞれ配置した場合の4通りを比較 （$n=2565$）	・入力形式は平均スコアや分散に影響をおよぼさない ・質問項目間の相関に有意差はない ・ページあたりの質問項目数が増えるにつれて欠測データが有意に増加（$p<0.01$） ・ページあたりの質問項目数が増えるにつれて回答時間が有意に減少（$p<0.006$） ・ページあたりの質問項目数が増えるにつれて評価が有意に低減（$p<0.001$）
Callegaro, Shand-Lubbers, Dennis (2009)	米国の確率的パネル ・10の質問項目を5段階尺度で表示 ・行の濃淡を変えた2種のグリッド形式を用意 ・1画面ごとに1質問項目（3種）（もとは5種あった入力形式を2群に圧縮して分析[3]） （$n=1419$）	・調査完了時間はグリッド形式（中央値=45秒）が1質問項目（中央値=70秒）より速い ・質問項目間の相関に有意差はない ・回答尺度の向きを逆とした質問項目と残りの尺度間の相関に有意差はない ・調査参加への主観的な楽しさの点では有意差はない

[1] 訳注：ここで，n は標本の大きさ，p は有意確率を表す．

[2] 訳注：ここで「識別化」(differentiation) とは，「回答の判断がさまざまであること，回答選択肢の選び方に差違があること」をいう．これに対して「非識別化」(non-differentiation) とは，「回答の判断や選択に差がないこと」をいう．非識別化は，「労働最小化行動の一形式」(a very strong form of satisficing) の意味で用いることがある．その典型例として，ストレートライニングがある．ここも，グリッド形式の場合，同じ回答選択肢を選びやすいストレートライニングがあるのかどうかを調べたことをさしている．

[3] 訳注：調査時に5つの入力形式（5種）で測定した結果を，グリッド形式（2種）と1画面ごとに1質問項目（3種）の2群に分けて平均回答時間を分析したということ．詳しくは，Callegaro, Shand-Lubbers, Dennis (2009) を参照．

回答者の回答達成能力の点から，何通りかのグリッド設計の効果を調べる研究である．ここではまず，グリッド形式と他の入力形式で質問項目を表示する場合の研究について詳しく調べる．また，こうした研究の要約を表 4.1 に示した．

Couper, Traugott, Lamias (2001) は，知識を問う5つの質問項目（1ページ上の1つのグリッド内に5つの質問項目を配置したとき，5ページの各ページに1質問項目ずつ配置したとき），および態度に関する11の質問項目の測定（3つのグリッドに質問項目を配置したとき，11ページの各ページに1質問項目ずつを配置したとき）について詳しく調べた．グリッド形式とした場合は，調査完了までの時間が，質問項目別

とした場合より有意に短かった（16項目の平均で,それぞれ168秒と194秒であった）.（クロンバックの α 係数で測った）質問項目間の相関は，グリッド形式でやや高かったが，有意ではなかった．また彼らは，グリッド形式とした場合には，項目欠測データ（「わからない（DK: Don't know）」あるいは無回答（NA: No answer））が有意に低いことにも気づいた．

初期の頃に行われたもう1つの実験調査で，Bell, Mangione, Kahn（2001）は，SF-36健康調査[23]の質問について，グリッド形式と質問項目別形式（1つの質問項目について，それぞれ個別に選択肢を配置）とを比べた．なお，いずれの場合も，すべての質問項目を1ページ内におさめてある．後者の質問項目別としたときの調査完了時間が，グリッド形式の場合よりもわずかに長かったが（5.22分と5.07分），この違いは統計的には有意ではなかった．彼らは，質問項目間の相関（先ほどの研究と同じように，クロンバックの α 係数）に違いを見出せなかった．

Tourangeau, Couper, Conrad（2004）は,「そう思う／そうは思わない（agree-disagree）」で回答する8つの質問項目を,3つの入力形式で比べた．その3つとは,1) 1つのグリッド内の1つのグリッドにすべての質問項目をおさめたとき，2) ページを変えた2つのグリッド内に，それぞれ4つの質問項目を配置したとき，3) 各質問項目を別々のページにおさめたとき，とした．グリッド形式の場合は，各質問項目を別々のページにおさめたときよりも，回答時間が有意に短かった（平均時間は，それぞれ60秒と99秒であった）．また，3つの設定条件を通じて，クロンバックの α 係数については有意な増加傾向がみられ，複数の質問項目を括ってグループ化するほど，質問項目間の相関が高くなる傾向にあった．しかし，1つのグリッド内にすべての質問項目を配置した場合，回答者が選んだ回答選択肢にはあまり違いがみられなかった．つまりこの場合，すべての質問項目について，同じ回答選択肢を選びやすかったのである[24]．さらに，質問文の表現を逆にした2つの質問項目を用いた場合の部分全体相関[25]は，グリッド形式では低くなった．このことは，質問項目がグリッド内にあると，回答者が質問文の逆の表現に気づきにくいということを示唆している．Peytchev（2005）は，構造方程式モデル（structural equation modeling）を用いて，これらのデータの再分析を行った．この再分析で，グリッド形式の場合に，質問項目間の相関が高まったことは，測定の信頼性が上がったというよりも，むしろ測定誤差の増加があったからだと示唆している．以上の結果は，最適な回答を得ることはできないという犠牲のうえで，グリッド形式のほうが，調査完了までの時間が早まっているということを示唆している．

---

[23] 訳注:"The Short Form（36）Health Survey"のことをさす．医療評価研究であるMOS（Medical Outcome Study）にもとづき作成された健康状態を測定する自記式調査票の1つ．

[24] 訳注：ストレートライニングが生じたことをいう．

[25] 訳注：部分全体相関（part-whole correlation）については，とくに2変量のこれについては，たとえばSnedecor（1946），Bartko and Pettigrew（1968）を参照．

Yan（2005）は，複数の質問項目を同一のグリッド内に配置すると，回答者にはそれらの質問項目間に強い関連があると考えるようになるのかどうかを，明示的に検証した．Yan は，ゆるやかな関連をもたせた6つの質問項目を用意し，回答者に対して，次の3通りの形式のいずれか1つを割り当てた．その3通りの形式とは，1) 1ページあたりに1つの質問項目を配置する場合，2) 質問項目別方式とし，同一ページ内に6つの質問項目すべてを置く場合，3) 1つのグリッド内に6つの質問項目を置く場合，である．また，6つの質問項目に対して2種類の導入部を用意した．1つの導入部では，すべての質問項目が類似した内容であること，つまりそれぞれの質問項目にゆるやかな関連性があることをそれとなく知らせた．またもう1つの導入部では，それぞれが異なる内容の質問項目（関連性がない項目）であるかのように見せた．しかし，質問項目の配置が項目間の相関におよぼす影響（クロンバックの α 係数）は，統計的には有意ではなかった．質問項目間にどの程度の関連があると思ったかを回答者にたずねるフォローアップ調査の質問でも，Yan は配置に有意な効果を確認することはできなかった．

　Toepoel, Das, van Soest（2009b）は，40の質問項目からなる覚醒尺度（arousal scale）を用いた4通りの場合を比較した．つまり，1ページにつき1項目，4項目，10項目，40項目とした場合を比較した．入力形式が覚醒指標のスコアにおよぼす影響は認められず，質問項目間の相関にほんのわずかな影響が認められた．しかし項目欠測データは，1ページあたりの質問項目数に応じて単調に増加した．グリッド形式を用いることで質問項目群への回答時間は短縮されたが，調査票に対する回答者の主観的評価のスコアは低くなった．

　最後に，Callegaro, Shand-Lubbers, Dennis（2009）は，SF-36健康調査の調査票について，グリッド形式の場合と，1ページに1つの質問項目をおさめた場合を検証した．ここではまた，グリッド形式の行の濃淡を変えた2種類の尺度を用意した．平均回答時間は，グリッド形式の回答集団では45秒，各画面に1つの質問項目とした回答集団の場合が約70秒だった．質問項目間の相関（クロンバックの α 係数）には有意差がなく，質問文を逆向きの言葉とした質問項目を用いても，グリッド形式とした場合に相関が弱くなることはなかった．この研究者らは，さらに，ここで用いた入力形式のいずれについても，回答者が調査に参加して難しいと感じたこと，あるいは回答者が自ら回答報告を行い調査に参加して楽しかったと感じたことの質問には，有意な差はみられなかったとしている．

　おそらく，以上の研究から得られたもっともあきらかな知見は，グリッド形式を用いると，回答者の質問項目群への回答時間が短縮されるということである．6つの研究のうちの4つの研究で，グリッド形式を用いると回答時間の短縮が有意であるとしている．Tourangeau と同僚は，グリッド形式の場合に質問項目間の相関が有意に高くなることに気づいたが，他の研究でこの知見を再現できた例は1つもない．また，グリッド形式が項目無回答に与える影響についても，調査研究によって結果が異なっ

ている．ある研究では，質問項目をグリッド内におさめたときに項目無回答の発生が有意に低くなると報告している（Couper, Traugott, Lamias, 2001）．しかし，別の研究では，長いグリッドを使うと項目無回答が増えることを見つけている（Toepoel, Das, van Soest, 2009b）．このような研究間にみられる結果の食い違いは，数多くの要因によって説明できるかもしれない．たとえば，調査研究における調査課題や母集団，行動を問う質問項目であったのか，態度を問う質問項目であったのか，質問文を逆向きの言葉とした質問項目があったのかどうか，グリッド内の質問項目数（つまりグリッドの行数），回答選択肢数（つまりグリッドの列数）などによって説明できるだろう．

回答者に対しては問題があるだろうことを示唆した研究があるにもかかわらず，グリッド形式は相変わらず人気がある．リサーチャーはグリッド形式の利点を利用しながらも，グリッド形式をどのように改良すれば悪影響を軽減できるかを模索してきた．こうした研究については，6.2.5項で議論する．総合すると，グリッドを複雑にすることが，調査回答の中断，項目欠測データ，回答者の満足度に関して，研究に悪影響をもたらす重要な要因であることを，こうした研究が示唆している．グリッド形式を用いる場合にはなるべく単純にすること，つまりグリッド内におさめる質問項目数（行数）を減らすこと，質問を分割すること（列の数を減らすこと），あるいは，回答者がグリッド形式の質問に回答する際に視覚的なフィードバックを与えること，こうしたことでグリッド形式の悪影響をいくらか減らせるかもしれない．

4.8 この章のまとめ

調査質問文のワーディングに関する研究には長い歴史がある．最近では，調査票設計の他の側面に注目が集まっている．とくにウェブ調査では，利用可能な設計方法が数多くあり，訓練された調査員によらずに，回答者が調査票と直接やりとりを行う．このため，とくにウェブ調査では，ワーディング以外のことが注目されている．膨大な数の調査票設計の選び方があることを考えると，ウェブ調査で得られる回答に，いつ，どのようにして，なぜ，影響をおよぼすかを理解するには，さらに多くの研究を行う必要があることはさほど驚くにはあたらない．これまでに行われた大半の研究では，項目欠測データ率，調査完了までの時間（回答完了時間），回答分布における差違を詳しく調べてきた．どのような設計がよりいっそう正確なデータをもたらすのか，または妥当性の向上となるかについては，いくつもの仮定が必要である．さらに，さまざまな設計条件下での測定の信頼性の詳しい研究は，これまであまり行われてこなかったのである．

本章とこの後に続く第5～7章の3つの章で説明する実験結果の多くは，大学生や非確率的パネルの構成員に対して行った調査にもとづいている．前者の大学生の場合は，インターネットの利用にかなり習熟しており，想定外の設計（unexpected design）にもうまく回答できる可能性が高い．後者の非確率的パネルの構成員の場合

は，通常は多数の調査依頼を受けていて，さまざまなレイアウトや設計を用いている他の業者からの依頼も多い．こうした熟練した回答者は，良質なウェブ調査設計から質の悪い設計まで，多様な種類の設計を経験しているため，設計の違いに慣れてしまった可能性がある．したがって，ウェブ調査設計についての知見を，確率的パネルの構成員を用いて再検証することが重要である．筆者らは，すでにナレッジ・ネットワークス社とFFRISPのパネルを対象に，この再検証を行ってきた．同様に，Toepoelと同僚も (2009a, 2009b)，CentERpanelを使ってこの再検証を行ってきた．こうした再検証（Toepoel, Das, and van Soest, 2008, 2009c も参照）によって，筆者らが本章で要約した結果は，ウェブ調査の経験や動機が異なる集団にまで広く一般化できるといういっそうの確信を得た．しかし，対象としている集団によって測定誤差に違いが生じることも（逆に，違いが生じないことも含めて）慎重に考慮する必要がある．測定誤差にかかわる検討事項と，代表性と母集団の推論にかかわる検討事項とを，完全に切り離すことは不可能である．

　こうした証拠には不十分な点があるにもかかわらず，設計の細部に念入りな注意を払うことで，回答の質が向上し，またウェブ調査における中断や欠測データを減らせることは明らかであろう．効果的なウェブ調査設計を実現する簡単なレシピは存在しない．しかし，リサーチャーは，いくつかの一般的な制約はあるものの，ウェブ調査の設計ではかなり柔軟に対応することができる．それでもなお，本章で示した証拠は，調査票の全般的な設計にも，調査票の質問内容と同じくらいに注意を払うべきであることを示唆している．

5 視覚媒体としてのウェブ

　質問紙のような自記式調査票による従来のデータ収集方式でも，調査回答者との情報のやりとりは視覚伝達経路[1]（視覚チャネル；visual channel）に頼っている．しかし，こうした通常の質問紙型の調査に比べて，ウェブ調査では視覚的素材（visual material；たとえば色彩や写真）を取り入れることが多い．時には，質問紙型の調査では扱えない種類の視覚的要素（ビデオクリップなど）を用いることもある．ウェブ調査の場合，画面上のある場所から別の場所へ，マウスを移動させる必要がある．このことから，ウェブ調査のほうが質問紙型調査に比べて，画面上の質問項目の位置や，2つの質問項目間の距離がより重要である．視覚に関する設計の問題は，従来の質問紙型調査にとってもあきらかに重要である（Christian and Dillman, 2004; Jenkins and Dillman, 1997; Redline, Dillman, Dajani, Scaggs, 2003）．しかし，前述のような違いがあることで，従来の質問紙型調査と比べて，ウェブ調査では視覚的特性が回答者の回答にさらに大きな影響をもたらす可能性がある．本章では，回答者が提供する回答の形式や内容に，ウェブの視覚的特性がおよぼす影響について詳しく吟味する．視覚的特性の影響は，それがあるか，ないか，という二者択一ではないだろう．したがって，筆者らが「視認性」[2]とよぶ変数の影響がどの程度重要か，つまり，情報が画面上でどの程度視覚的に目立っているのか（level of visual prominence）を示す変数の重要性を，詳しく調べることにする．

5.1 ウェブ調査票における視覚的特性の解釈

　ウェブ・パネルの登録者の中には，調査経験が非常に豊かな回答者もいるのだが，

---

[1] 訳注：調査あるいは具体的に調査票における情報伝達経路を「聴覚的」「視覚的」と分けることがある．郵送調査やウェブ調査は自記式であり，視覚的情報伝達と考えられる．とくにウェブ調査はコンピュータ支援の自記式調査票（CSAQ: computerized self-administered questionnaire）を用いる調査方式の1つである．一方，コンピュータ支援の面接聴取法（CAI: computer-assisted interviewing）の1つであるCATIによる調査や調査員による対面面接調査は聴覚的情報伝達と考えられる．

[2] 訳注：目で見たときの「確認のしやすさ」「わかりやすさ（見てわかる）」「見やすさ」のことをいうと考えて「視認性」（visibility）とした．

たとえ経験豊富な調査回答者であっても，特定の質問に対しどのように回答すればよいのかがはっきりしないことがよくある．Schober と Conrad の研究によると（たとえば，Conrad and Schober, 2000; Schober and Conrad, 1997; Suessbrick, Schober, Conrad, 2000），回答者が調査の質問文に出てきた語句をどのように解釈するのかについて，かなりばらつくことが多い．Schober と Conrad は，質問文に登場する言葉の解釈に着目した．回答者は回答選択肢の意味をはっきり理解しておらず，また，回答選択肢がなにを意味するかを判断するときにささいな手がかりに頼る傾向があるという証拠もたくさんある（展望論文として，Schwarz, 1996 を参照）．

回答尺度の解釈　こうしたあいまいさを示す一例として，Schwarz と同僚は，回答尺度[3]に付与した数値（たとえば，−5〜+5 とするか，あるいは 0〜10 とするか）によって，その尺度の意味解釈が変わり，回答者の回答に影響をおよぼすことがあることを示した（Schwarz, Grayson, Knäuper, 1998 にある実験 1；Schwarz, Knäuper, Hippler, Noelle-Neumann, Clark, 1991；また，O'Muircheartaigh, Gaskell, Wright, 1995；さらに Tourangeau, Couper, Conrad, 2007 も参照）．別の研究では，回答選択肢の視覚的表現の違いが，各回答選択肢の相対的な注目度，つまり選ばれやすい傾向に影響をおよぼし得ることを示した．回答尺度をハシゴ型に配置すると，回答者は各選択肢をおおむね同じであると判断するだろう．これとは対照的に，回答尺度をピラミッド型に配置すると，一番上に置いた回答選択肢は下にある回答選択肢よりも選ばれることが少なかった（Smith, 1995；また，Schwarz, Grayson, Knäuper, 1998 にある実験 2 も参照）[4]．

ウェブ調査の設計では，さまざまな視覚的特性を活用している．そのため，回答者は，質問文や回答選択肢の意味をはっきりさせるための補足情報として，質問文や回答選択肢の視覚的特性を用いる傾向にある[*1]．多くの調査質問項目では，態度に対する質問項目に，言語ラベルを部分的につけた回答尺度を用いている．そのため，とくに選択肢に言語ラベルがついていない場合は，回答者が尺度点に適切な意味を割り当てること，つまり適切な解釈を行うことが困難かもしれない．回答者は，自分の回答を伝える場面で回答選択肢をどのように用いるかを決める際に，一般に，回答尺度を予想することから始めているようである．たとえば，ほかに矛盾する情報がなけれ

---

[3] 訳注：ここは「回答尺度」(response scale) とした．また "response option" は「回答選択肢」とした．本章では，ときおり，両者の区別があいまいなことがある．

[4] 訳注：「ハシゴ型」の回答尺度とは，ハシゴの階段に回答選択肢を対応させ，その回答選択肢の注目度をほぼ等しく設定するときに使う．これに対して，「ピラミッド型」とは，ピラミッドの形に回答選択肢を重ねて示し，上のほうにある回答選択肢が，下のほうにある回答選択肢よりも優位にあるような印象をもたせるような設定とするときに使う（たとえば，上にあるほど学歴が高く，下にあるほどそうではない）．詳細については用語集を参照．

[*1] 原書注：Tourangeau, Rips, Rasinski (2000；第 2 章参照) が論じているように，質問文の意味は回答選択肢の意味と表裏一体である．それは，考えられる回答群を正しく特定することなく，その質問文を十分に理解できる人は誰もいないからである（これを Tourangeau, Rips, Rasinski は，質問文の「不確定な余地」(space of uncertainty) とよんでいる）．〔訳注：上記文献の pp. 26–30 あたりに例を含めて説明がある．〕

ば，回答者は，回答選択肢が「判断のよりどころとする概念的な幅」[5] の上に等間隔に配置された点とみなすだろう．こうした予想を筆者らは等間隔の想定(presumption of equal spacing)とよんでいる．同様に，尺度があきらかに両極性の場合(たとえば，一方の端に「非常にそう思う」，もう一方の端に「まったくそうは思わない」というラベルがついているとき)，回答者は，それらの尺度点つまり回答選択肢が，判断の前提とした連続体上にある中立点の周りに対称に配列された点を表しているとみなすだろう．これを筆者らは対称性の想定(presumption of symmetry)とよんでいる(なお，これは両極尺度だけに当てはまる)．

　もちろん，尺度点に付与した言語ラベルは，こうした予想を裏づけることもあれば，そうではないこともある．さらに，尺度点の視覚上の間隔が，各選択肢の概念的な幅を回答者がどう理解するかに影響するかもしれない．図5.1に示したようなすべての選択肢にラベルをつけた尺度点は，見た目において等間隔ではない．そのため，概念的にも等間隔ではないと回答者は想定しやすくなるだろう．そのかわり，回答者にとっては，その中立的な選択肢から「ややそう思う (Somewhat agree)」や「あまりそうは思わない (Somewhat disagree)」までの距離が，これらの選択肢から「非常にそう思う (Strongly agree)」や「まったくそうは思わない (Strongly disagree)」までの距離よりも概念的には遠くにあるようにみえるであろう．しかし後述するように，言語ラベルは，間隔のような視覚的な手がかりよりも，回答者の解釈に影響を与えることが多い．

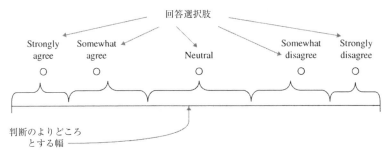

図 5.1 図の上の部分は，回答選択肢の間隔が異なる尺度（不等間隔の尺度）を示している．中央の選択肢が他の4つの選択肢に比べ，より広い幅を占めている．このため，「判断のよりどころとする概念的な幅」の部分が，他の4つの選択肢よりも大きいことを連想させる．図の下の部分は，「判断のよりどころとする概念的な幅」を示している．この場合は「非常にそう思う (strongly agree)」と「まったくそうは思わない (strongly disagree)」までの範囲に対応している．また波括弧は，各選択肢がどれくらいの幅を占めているかを示している．

---

[5] "underlying dimension of judgment" に対して「判断のよりどころとする概念的な幅」「判断のよりどころとする基準を表す線」などの訳が考えられる．なお，"dimension" を尺度構成的な意味に考えて「判断のよりどころとする次元」とする訳もあるだろう．ここでは，図5.1や，その注釈も勘案して「判断のよりどころとする概念的な幅」または「判断のもととなる範囲」とした．

ウェブ調査における尺度を解釈するための経験則　筆者ら（Tourangeau, Couper, Conrad, 2004, 2007）は，ウェブ調査や他の視覚的な調査で，回答者は，自分が回答尺度を解釈するときに「5つの経験則」（heuristics）を用いていると主張している．それぞれの経験則によって，回答尺度や質問項目自体の視覚的特徴に対して特定の意味が与えられる．ここで，5つの経験則とは以下のことをいう．

1) 中間は，「普通」「基準」「中心」であることを意味する（Middle means typical or central）
2) 左および最上部は，「最初であること」を意味する（Left and top mean first）
3) 近くにあるものは，「関連があること」を意味する（Near means related）
4) （外見の）類似は，「（意味において）近いこと」を意味する（Like (in appearance) means close (in meaning)）
5) 上昇・上へ，は「よいこと」を意味する（Up means good）

1番目の経験則によると，ある尺度を目で見たときに中間にある点，つまり視覚上の中間点は，他の尺度点の意味を明確にするという点で特別な役割を果たしている．「対称性の想定」が意味するように，両極尺度の中間点は，判断のよりどころとする幅の概念的な中間点を表す．つまり，「両極尺度における視覚上の中間点は，概念的な中間点や，数値の中間点を意味する」ものと，回答者には解釈される．判断のよりどころとする概念的な幅が単極尺度の場合，回答者は，それが別の意味での中間点を示していると想定する可能性がある．つまり，その中間点を「集団の中央値あるいは最頻値」であるとみなすかもしれない（たとえば，Schwarz and Hippler, 1987を参照）．筆者ら（Tourangeau et al., 2004，実験3）は，視覚上の中間点が，その尺度の概念的な中間点と一致していないときには（たとえば，尺度の選択肢が等間隔に配置されていないとき），回答分布が変化することを指摘している．図5.2は，その研究で筆者らが用いた質問項目の1つである．確率の中間点である「五分五分の見込み（Even chance）」という選択肢が，視覚上の中間点よりも左側に配置されている．この尺度を見せられた回答者は，選択肢の間隔が均等で「五分五分の見込み」が視覚上の中間点に配置された尺度を提示された回答者よりも，確率の低いほうにある選択肢の1つを選びやすかった．あきらかに，（図5.2のように）選択肢が等間隔に配置されていない場合は，等間隔に配置されている場合よりも「可能性はある（Possible）」や「可能性はあまりない（Unlikely）」といった選択肢が，視覚的中間点である50％により近いであろうと回答者は判断したのである．

第2の経験則である「左および最上部は，『最初であること』を意味する」は，回答選択肢がなんらかの論理的順序に沿って続いているという想定に関連する．通常，この「なんらかの論理的順序」とは，関連する幅の片方の端からもう片方の端へと進む．たとえば，（選択肢が水平に配列されている場合は）左端にある選択肢から始まり，順番に右端へと進む．あるいは，（質問が垂直に配列されている場合は）一番上にあ

今後1年で，あなたが病気になり1日以上ベッドに寝たきりになる可能性はどのくらいありますか？

図5.2 回答選択肢が不等間隔に配置された尺度．当該関心のある幅の概念的中間点（「五分五分の見込み」の選択肢）が，尺度の視覚的中間点の左側にある．Tourangeau, Couper, Conrad（2004）の許可を得て一部を書き換えた．選択肢は左から「確実にある」「非常にあり得る」「おそらくあり得る」「五分五分の見込み」「可能性はある」「あまりあり得ない」「あり得ない」．

る選択肢から始めて，順に一番下の項目へと進む．筆者らは（Tourangeau et al., 2004, 実験4；Toepoel and Dillman, 2008 も参照），回答選択肢の順序がこの経験則と一致していない場合，一致している場合よりも，回答時間が遅くなることを示した．さらにもう1つの実験では，よくわからない項目があると，回答者はその項目を，その近くに置かれているよくわかっている項目にもとづいて評価することを示した（Tourangeau et al., 2004, 実験5；図5.3を参照）．たとえば，あるホテル・チェーンの一覧から，「どのホテルがもっとも宿泊費が高いか」を選ぶよう回答者に質問したとする．回答者は，「クラリオン・イン（Clarion Inn）」の名前が2つの高級ホテル・チェーンの直後に置かれているときに，それが2つの低価格のホテル・チェーンの直後にあった場合よりも，「クラリオン・イン」を高級ホテルとみなす傾向にあったという．回答者はあきらかに，ホテル・チェーンが，なんらかの論理的順序（たとえば高級ホテルから低価格のホテルの順）に配置されていると予想しており，自分のよく知らない「クラリオン・イン」にこの類推を当てはめて評価したのである．実際は，「クラリオン・イン」は低価格のホテル・チェーンである．さらに，一覧として記載された，なじみのない質問項目の位置が，回答者の判断におよぼす影響は，残りの質問項目がどれほどうまく論理的に並んでいるようにみえたかに依存していた．つまり，他の質問項目がある順序で配列されているようにみえるほど，よくわからない質問項目に関する回答者の判断に大きな影響をおよぼすのである．

「近くにあるものは，『関連があること』を意味する」という第3の経験則は，回答者は2つの質問項目間の概念的な関係性を，物理的な近接性つまり目で見た画面上の配置から類推する傾向があることを示している．回答者がこの経験則を使っているかどうかを詳しく調べたある実験（Tourangeau et al., 2004, 実験6）で，筆者らは，ある質問項目群を提示して3つの方法を比較した．食事に関する問題について，選択肢が「そう思う／そうは思わない（agree-disagree）」からなる8つの質問項目を，a）1つの画面内に1つのグリッドで表示する場合，b）2つの画面に2つのグリッドで表

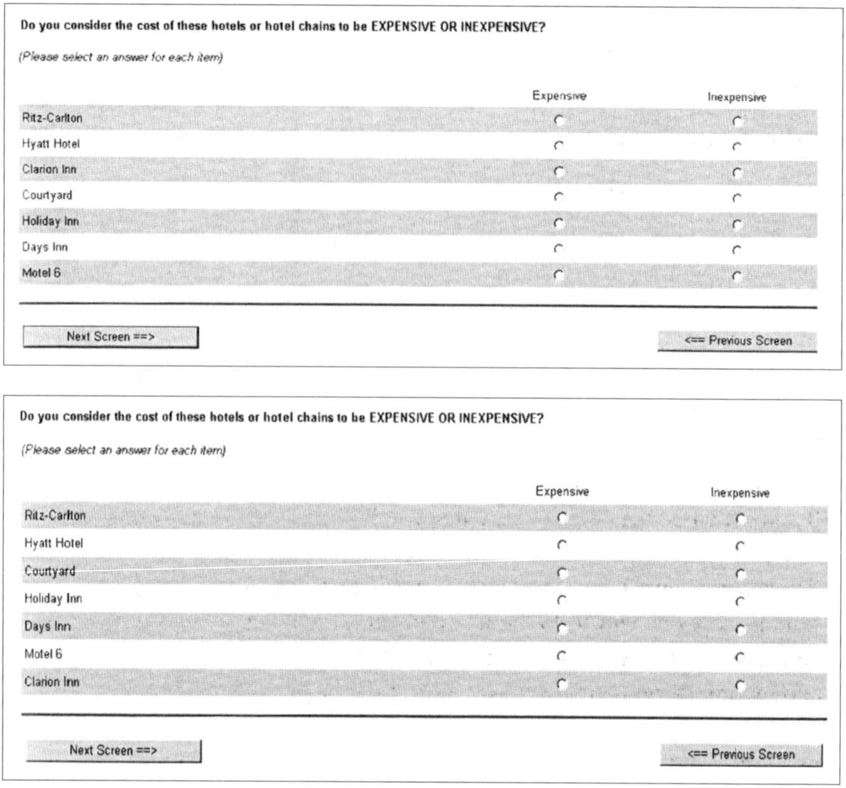

図 5.3 質問項目の位置がもたらす影響. 上のグリッドでは,「クラリオン・イン」は他の高級ホテル・チェーンのすぐ後ろの,上から3番目にある. 下のグリッドでは,「クラリオン・イン」は他の低価格ホテル・チェーンと並び,一番下に表示されている. 回答者が上のグリッドを受け取った場合,「クラリオン・イン」は高級ホテルであるとみなす傾向にあった.

示する場合, c) 連続する8つの画面に, 質問項目を1つずつ表示する場合, とした. 8つの質問項目間の相関は, a) の8つの質問項目のすべてを1つの画面内に1つのグリッドで表示した場合がもっとも高く, c) の8画面に質問項目を1つずつ表示した場合がもっとも低かった (同様の知見については, Couper, Traugott, Lamias, 2001 を参照). あきらかに, 質問項目を1つのグリッド内に一緒に表示したときに, 回答者は質問項目が互いに類似しているだろうと予想していた. さらに, 1つのグリッド内に8つの質問項目すべてを表示したとき, 2つの質問項目が残りの6つの質問項目とは異なる逆向きの言葉で書かれていたことを見落とす傾向にあった. 質問項目群が1つのグリッド内にまとまっている場合には, 回答者はこれらの質問項目が互いに非常に似通っているものと予想し, さほど注意深く質問項目を読む必要性を感じなかったということである. もう1つの可能性は, グリッド形式を用いたことで,「労働最小化

行動[6]（satisficing）」が助長されたのかもしれない．グリッド形式は，ウェブ調査票と質問紙型調査票のいずれの場合にも普通に使われている．しかしここで得た知見は，グリッド形式を用いると，得られる回答について意図しない結果を招くことがあり得ることを示唆している．それでもなお（表4.1に要約した）多くの研究が，グリッド形式を用いることが，他の入力形式と比べて，一般に質問項目間の相関を高めるとはいえないことを示唆している．そして，グリッドによる入力形式がデータの質におよぼす全般的な影響については，いまだに結論が出ていない．

　第4の経験則である「（外見の）類似は，『（意味において）近いこと』を意味する」は，回答者が，2つの質問項目間あるいは回答選択肢間の概念的な類似性を，見た目の類似性にもとづいて類推する傾向があることをいう．たとえば，回答尺度の両端を同じ色にして各回答選択肢の陰影を変えた場合（単色表示）は，両端を異なる色として中間を薄くした場合（2色表示）よりも，両端を概念的により近いと類推する傾向がある．その結果，回答者の回答は，単色表示に比べ，2色表示のほうが概念的に回答尺度の両端の距離がより離れているとみなした方向にずれるであろう（Tourangeau et al., 2007）．図5.4は，筆者らが実験的に比較を行った2つの尺度の例を示している（Tourangeau et al., 2007）．違いを強調するために両極に対して2つの異なる色を用いた場合，肯定的な意見をもつ回答者は，自分の意見が否定的な意見とかけ離れていることを示すために，もっとも肯定的な回答（たとえば，図5.4では「まったく賛成（Strongly favor）」）を選択しやすくなるだろう．筆者らは，図5.4の（2色で表した）上の図の尺度を（同色系で表した）下の図の尺度と比較したときに，回答が尺度の「まったく賛成」側の端のほうにずれることに気づいた．さらに筆者らは，尺度点に1〜7

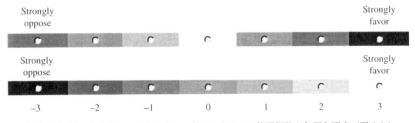

図5.4　回答尺度の2つの入力形式．上段の尺度は，回答選択肢が色調と明度（明るさ）のいずれも異なる．尺度の左側の回答選択肢は，赤色で陰影をつけてある．右側の回答選択肢は，青色系の陰影をつけてある．一方，下の尺度は，明度（明るさ）だけを変えてある．Tourangeau, Couper, Conrad (2007) の許可を得て一部を書き換えた．回答選択肢の左端は「まったく反対」(Strongly oppose)，右端は「まったく賛成」(Strongly favor)．[口絵1参照]

---

[6] 訳注：第1章の訳注 [17] を参照．

の代わりに，−3〜+3の数値ラベルを付与した場合に，上の色の違いと同様に，回答が尺度の「まったく賛成」側のほうに，ずれることも観察した（そのずれは，色を変えたときより際立っていた）（図5.5を参照）．あきらかに，色彩は他の特性と同じように，回答者がそこにある回答尺度を理解する際に影響をおよぼしている．色彩の

(a) 質問Q3（自分の人生における成功度の評価の）色の違いによる回答分布

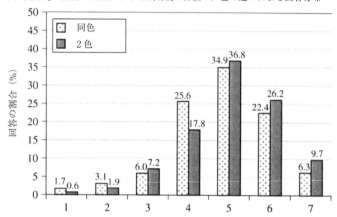

(b) 質問Q3（自分の人生における成功度の評価の）数値ラベルのつけ方の違いによる回答分布

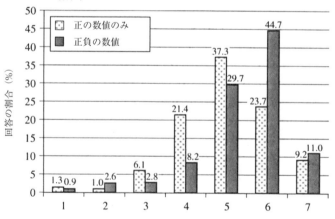

図 5.5 上のグラフ(a) は，色の違い（同色か2色か）による回答分布（%）の違いを示している．この実験は図5.4の上段の例のようにラベルを両端のみにつけて，選択肢には数値ラベルは用いていない．グラフ(b) は，数値ラベルのつけ方による回答分布（%）の違いを示している．ここでは色の指定条件を問わずに集計している．質問Q3では，回答者に対して，自分の人生における成功度を評価するよう尋ねている．数字が大きいほど人生における成功の度合いが高いことを示している．Tourangeau et al. (2007) の許可を得て転載した．

使用は，もう1つの問題を提起する．たとえば，色はどの人にも同じようにみえるわけではなく，さまざまな種類の色覚異常（カラー・ブラインドネス；colorblindness）は，性別を含む他の回答者特性と関連することがある．

ここで述べる最後の第5の経験則である「上昇・上へ，は『よいこと』を意味する」は，画面上の位置から，ある質問項目の評価にかかわるなにかを類推することに関連する．上下の垂直的な配置（vertical position）と望ましさ（desirability）は，比喩的に関連づけられることが多いというのが筆者らの主張である（たとえば，天国は上で地獄は下，上昇はよいことで下降は悪いこと，明るく楽しい上向きの雰囲気（upbeat mood）は肯定的で，暗くて惨めな下向きの雰囲気（downbeat mood）は否定的，などである．これについては Carbonell, 1983 を参照）．このような関連づけは，よいことが悪いことよりも上の位置にあると予想する根拠となるかもしれない．Meier と Robinson (2004) が行った室内実験では，参加者は肯定的な言葉（「勇敢な」「忠実な」「英雄」；brave, loyal, hero）がコンピュータ画面の上部付近に表示されたとき，これらが画面の下部付近に表示されたときよりも早く肯定的な言葉として分類できた．これとは逆に，否定的な言葉（「苦しい」「ぎこちない」「犯罪」；bitter, clumsy, crime）についても同じことが当てはまる．つまり，この実験の参加者は否定的な言葉が画面の下部に表示されたとき，画面の上部付近に表示されたときよりも素早く否定的な言葉を分類できたのである．あきらかに，参加者は肯定的な言葉が画面の上にある（そして否定的な言葉は画面の下にある）と予想しており，こうした予想が外れると，回答が遅くなったのである．Meier と Robinson は，以下のように述べている．

> 「私たちの研究結果は，感情と垂直位置との間に自動的連想があることの証拠である．これらの研究結果は，評価を行うときに，人びとは無意識に視覚空間の上のほうに位置する物体をよいものとし，視覚空間の下のほうに位置する物体を悪いものと評価することを示している．これらの研究結果が，感情は知覚上のの認知にもとづいていることを示唆している…[略]…という先行研究を裏づけるものである．」(Meier and Robinson, 2004, p.247)

あるウェブ調査における一連の実験から，筆者ら（Tourangeau, Couper, Conrad, 2013）は，Meier と Robinson の行った調査研究に類似した結果を得ている．回答者は，垂直に配列された回答尺度のよいとする側の端が上部にあったときは，それが下部にあったときよりも，さまざまな健康事業関連団体（たとえば，HMO: health maintenance organization）の評価が早くできた．これと対照的に，回答選択肢が水平に配列されている場合は，回答選択肢の並び順は回答時間に影響をおよぼさなかった．追加実験では，「ビタミンB₂」や「コーンスターチ」などの食品が画面の上部近辺にあったとき，それらを真ん中あたりに置いたときよりも回答者は好意的に評価をする，という結果を示した．表5.1に，これらの研究の主な特性を要約してある．表中の研究4は，全国規模のエリア確率標本にもとづいており，コンピュータやインター

表 5.1 画面上の質問項目の配置に関する研究

研究課題	調査の課題	位置の操作／その他の要因
研究 1	医師，HMO マネージャー，米国連邦議会，科学者コミュニティ	・質問項目が画面上の先頭か 2 番目か ・回答選択肢の順序と方向
研究 2	6 種の食品（ビタミン B_2（リボフラビン），ナイアシン，酸化防止剤，小麦粉，オールスパイス，コーンスターチ）	・質問項目を選択肢の評価尺度の上に置くか下に置くか ・回答選択肢の順序
研究 3	6 種の食品（研究 2 と同じ）	・質問項目を選択肢の評価尺度の上に置くか下に置くか ・回答選択肢の順序
研究 4 2 カ月連続で反復調査	6 種の食品（研究 2 と同じ）	・2 つ目の質問項目を画面の上部か中央に配置 ・回答選択肢の順序と方向
研究 5	6 種の食品（研究 2 と同じ） 6 分野の医師（小児科医，婦人科医，内科医，内分泌科医，腎臓専門医，泌尿器科医）	・質問項目が，画面の先頭か 2 番目 ・2 番目の質問項目を画面の中間あるいは下部に配置

ネットへのアクセスができない人もいるので，調査に参加できない標本構成員に対しては，インターネット環境を提供して行った．

メタ分析によると，全体として，質問項目が画面の上部にあるほうがその質問項目に対してより好意的な評価を得る，ということがあきらかになった．図 5.6 に，6 つの実験から得た効果の大きさ[7]を示してある．ここで，ある質問項目（たとえば，ビタミン B_2）に対する効果の大きさとは，その質問項目が 2 つの条件（画面の上部か

---

[7] 訳注：効果の大きさ（effect size）は，メタ分析の研究で用いる標準的な指標の 1 つで，一般に「効果量」とよばれることが多い．効果の大きさにはさまざまな種類がある．たとえば，2 つの群を A, B とし，それぞれの群の標本の大きさを n_A, n_B，また各群の平均得点を $\bar{X}_A, \bar{X}_B$ とする．また 2 つの群の込みにした分散から得た標準偏差（pooled standard deviation）を SD_p とする．このとき，この平均得点の差を測る効果の大きさ（ES）を次のように定義する．

$$ES = \frac{\bar{X}_A - \bar{X}_B}{SD_p}$$

ここで，SD_p は以下を表す．

$$SD_p = \sqrt{\frac{(n_A - 1)SD_A^2 + (n_B - 1)SD_B^2}{n_A + n_B - 2}}$$

また，SD_A, SD_B は，A 群，B 群それぞれの標準偏差．
ここでは，研究課題別に各質問項目について回答から得た読点の平均評点を用いて算出する指標のこと．2 つの画面位置（H と L）との間の効果の差違を測る指標として用いている．

$$ES_{ij} = \frac{\bar{X}_{Hij} - \bar{X}_{Lij}}{S_{pij}}$$

ここで，i をある質問項目，j をある研究課題とする．また，$\bar{X}_{Hij}$ は画面上の高い位置（H）に表示したときの平均評価点（mean rating），$\bar{X}_{Lij}$ は画面上の低い位置（L）に表示したときの平均評価点，S_{pij} は用いた質問項目の評価点をすべて込みにして求めた分散から得た標準偏差である．本文中で引用の Tourangeau, Couper, Conrad (2013) を参照のこと．

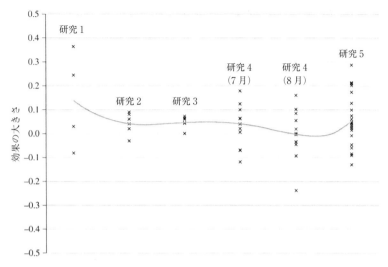

図 5.6 グラフは，研究課題（Study）ごとの画面上の質問項目の位置がおよぼす影響である効果の大きさ（Effect Sizes）を示している．ここで効果の大きさとは，質問項目が画面の上部に表示されたときの評価点と，画面の下部に表示されたときの評価点の平均の差を，その評価点の込みにした標準偏差で割った値である．

下部）で表示されたときの平均評価点の差を，込みにした標準偏差で割ったものである．ここでは，効果の大きさが正の場合は，より高い位置にある質問項目ほど好意的な評価を得ていることを示している．筆者ら（Tourangeau et al., 2013）のメタ分析によると，全体的にみて，質問項目の置かれる位置に効果があった（効果の大きさの平均が約 0.08 であった）．図 5.6 からもわかるように，画面上に質問項目を垂直に配列することで，ごくわずかではあるが得られる評価点に一貫して影響があった．

解釈の手がかりの序列化 回答者は，選択肢の評価尺度をどのように扱えばよいのかがよくわかっていないことが多い（とくに選択肢のすべての尺度点にラベルがついていないとき）．回答者は回答選択肢の各尺度点がなにを意味しているかを判断するために，手がかりを序列化して利用しているという見解があるが，前述の研究でもこれを支持している．言語ラベル[8]（言葉で表した標識）は，他のどのような手がかりよりも優先されるようである．数値ラベル（数値で表した標識）はそれに続いて優先度が高い．さらに，間隔や色といった手がかりは，これらの優先度の高い手がかりがない場合，あるいは少ない場合にのみ用いられる．たとえば，すべての尺度点に言語ラベルがついている場合，評価の尺度点の色は評価にほとんど影響をおよぼさない

---

[8] 訳注：「ラベル」（label）には主に 2 つの意味がある．1 つは，HTML タグのフォームにより，フォーム部品につけられたラベルのこと．もう 1 つは，調査票における回答選択肢につけられた「標識」のこと．後者の意味でのラベルは，ウェブ調査ではチェック・ボックスやラジオ・ボタンにおいて各選択肢に対して付与される．

(Tourangeau et al., 2004). 同様に，図5.5で示した結果は，尺度に付与した色よりも数値ラベルのほうが評価に大きな効果があったことを示している．

「言語的な手がかり」，とくにそれぞれの尺度点に付与する言語ラベルが，「視覚的な手がかり」の影響を減らすことができるというさらなる証拠を，ToepoelとDillman (2008) が実施した5つの実験が提供している．たとえば，彼らの5番目の研究では，すべての回答選択肢に言語ラベルを付与すると，ある評価尺度に対する回答に付与した色の影響がなくなったとした筆者らの報告（Tourangeau et al., 2007）を再現している．また，すべての尺度にラベルをつけた場合も，両端の尺度点だけに言語ラベルをつけた場合に比べて，回答選択肢の間隔や質問項目のグループ化（つまり，1つの画面に収めるか，もしくは複数の画面に分割するか）の影響を受けにくいという結果となった．

自由回答の入力　筆者らの最近の研究では，こうした考え方を自由回答でも確かめ，数値の評価，金額，あるいは日付といった（かなり制限されてはいるが）自由回答の質問でも回答者はどう回答すべきか，はっきりわかっていないことを示している（Couper, Kennedy, Conrad, Tourangeau, 2011a）．このような質問の場合，回答者にとっての1つの問題は，回答をどのように組み立てるのかということである．これと同様の問題が，ウェブ用のアプリケーション・ソフトで，クレジットカード番号，住所，電話番号，あるいはその他の情報をプログラムの要求に合った形式で入力する必要があるような場合に生じる．

いくつかの実験では，回答者に，指定された形式で，日付を入力してもらえるように促すさまざまな方法を詳しく調べている．Christian, Dillman, Smyth (2007) による3つの実験結果と，2008年に筆者らが行った追加実験の結果を，表5.2に要約してある．これらの実験では，日付を答えてもらう質問項目について，さまざまな入力形式で比較した．これらの実験から，いくつかの結論があきらかになった．第1に，回答用に用意した入力形式についてなにも手がかりがない場合，回答者は，「月／年」の形式（MM/YYYY）で日付を入力することが多いということがわかった[9]．Christian, Dillman, Smyth (2007) の研究では，「あなたがワシントン州立大学で学び始めたのはいつですか？」（"When did you begin your studies at Washington State University?"）という質問文で，入力ボックス（entry box）に指定された入力形式に関する手がかりがないときは，90%弱の回答者が「月／年」の形式で回答した（Christian et al., 2007, 調査2）．この割合は，質問文が「あなたが……で学び始めたのは何年何月からですか？」（"What month and year did you begin your studies...?"）とした場合とほとんど変わらなかった．あきらかに，日付の入力形式については，調査とは

---

[9] 訳注：ここでいわれている結果は，あくまで米国における調査結果である．日本での類似の比較調査結果はあまりないと思われるが，おそらく日本ではYYYY/MMあるいはYYYY/MM/DDという順序で記載されることが多いと予想される．なお，日本でもクレジットカードの有効期限の入力時に，「MM/YYYY」形式が用いられるが，これを調査で用いることはあまりないだろう．

とくに関係のないしっかりした入力作法がある，ということである．第2として，言語ラベルあるいはグラフィック・ラベル（図による指示説明）を，テキスト・ボックス（text box）につけることが回答の入力形式に影響することがある．入力ボックスに「MM」ではなく「月（Month）」というラベルがついていれば，回答者は，「月」を略さずに記入する可能性が高くなり，数値形式で答えることが少なくなる[10]．回答者の回答はラベルで示した形式を模倣しているようにみえる．第3に，「月」を書き込む入力ボックスの長さを，「年」を書き入れる入力ボックスの半分にすることで，当初意図とした数値形式で「月」の回答を書き込む回答者の割合が増えたことである（表5.2に示したはじめの調査1の先頭の2行を参照のこと．ここで，この55%と63%の割合の差は統計的に有意である）．

　最善の解決策は，回答者に回答の入力をまったく求めないことかもしれない．たとえば，日付を取得するには，どのような自由回答の入力形式よりもドロップ・ボックスが優れているようにみえる（Couper et al., 2011）．ドロップ・ボックスは，他のどのような自由回答の入力形式よりも，正しい回答書式に合った回答を示す割合がもっとも高く，さらに速く回答を得ることができる（しかし，欠測データはいずれの入力形式でも生じる．そのため，かりにドロップ・ボックスを用いたとしても，適切な形式の回答を100%得ることはできない）．ドロップ・ボックス以外のあらゆる入力形式では，回答者自身が調査票の視覚的な手がかりを正しく解釈し，適切な回答を行わなければいけない．ドロップ・ボックスは，回答者が回答選択肢の一覧の中から望ましい値を探し出すまでの作業を軽減する．なお，ドロップ・ボックス以外のすべての入力形式は，質問紙型調査票にも適用可能であることにも注意しよう．つまり，ドロップ・ボックスは，ウェブのような双方向的媒体を必要としており（第6章参照），それゆえ，ドロップ・ボックスがもつ利点は，質問紙調査にはないがウェブ調査にとっては長所であることを示している．

　筆者ら（Couper et al., 2011，実験2）はまた，金額を問う質問項目への自由回答について調べた．金額について質問する場合，テキスト・ボックスの左側にドルマークをつけ，右側に小数点と2つのゼロをつけたとき，回答者は質問が要求する入力形式に沿って回答する傾向がかなり高かった．このようなグラフィックな手がかりは，金額をドル単位に丸めて入力することを回答者にはっきりとわからせる．Fuchs（2009）も同様の知見を報告している．質問紙型調査票に回答する回答者では，質問文に説明のラベルがついているほうが，それがない場合に比べて正確に回答する可能性が高い（たとえば，「学生が＿＿＿＿名」とした場合と，単に空白「＿＿＿＿」とした場合；"＿＿＿＿ students" vs. "＿＿＿＿"）．また，（空白行と比較して）回答ボックスのほうが的確な回答を促すようである．

---

[10] 訳注：たとえばここは，"August"とか"January"と入力することをさす．これは米国特有の事情のようにみえる．日本国内の調査ではこうした傾向はあまりみられないだろう．

表 5.2 実験および条件別にみた適切な入力形式で記入のあった回答の割合

論文／研究課題	設定条件	正しい入力形式で書かれた回答の割合と標本の大きさ (n)
Christian, Dillman, Smyth (2007)—調査1	[Month] [Year] (小枠)	55%（367）
	[Month] [Year] (小枠)	63%（351）
	[MM] [YYYY]	91%（438）
	[　　　] [MM YYYY]	88%（435）
Christian et al. (2007)—調査2	[Month] [Year]	45%（423）
	[MM] [YYYY]	87%（426）
	言葉だけで「いつ，…」と表示	89%（393）
	言葉だけで「何年の何月に，…」と表示	87%（426）
Christian et al. (2007)—調査3	MM YYYY（上下配置）	94%（351）
	[　]MM [　]YYYY	96%（379）
	MM[　] YYYY[　]	93%（352）
Couper, Kennedy, Conrad, Tourangeau (2011)—実験3	「あなたが最後に医者にかかったのは，何年の何月ですか？」 In what month and year did you last see a medical doctor? [　　　　　　　　　　]	74%（2182）
	In what month and year did you last see a medical doctor? Month: [　] Year: [　]	95%（2160） [ここで，42%が数値で回答し，53%が月の名を文字で記入した]
	ドロップ・ボックス	98%（2220）

表 5.2 実験および条件別にみた適切な入力形式で記入のあった回答の割合（続き）

論文／研究課題	設定条件	正しい入力形式で書かれた回答の割合と標本の大きさ (n)
Couper et al. (2011)—実験 4	「あなたの誕生日はいつですか？」 What is your date of birth? (Please enter the date in MM/DD/YYYY format)	83%（585）
	What is your date of birth? (Please enter the date in MM/DD/YYYY format)	91%（616）
	What is your date of birth? MM　DD　YYYY	96%（616）
	ドロップ・ボックス	98%（583）

　一般に，入力ボックスの大きさは，回答に必要な入力形式の手がかりとなるが，それは比較的弱い手がかりである．しかし，大抵の場合，ナラティブ型の自由回答[11]（narrative open-ended response）の記入回答の長さに影響をおよぼす（Couper et al., 2011．また，Smyth, Dillman, Christian, McBride, 2009 によると，ナラティブ型の回答には，入力ボックスの大きさが影響する．しかし調査実施期間の比較的終わり近くになって調査票を送り返してきた回答者だけに，この大きさの影響があったことが実験調査からわかっている）．

5.2　画像の効果

　前述のとおり，ウェブ調査では，他のデータ収集方式に比べて写真や絵，その他の視覚的素材を回答者に示すことが容易にできる．しかし，こうした素材が，最終的に収集されるデータにおよぼす影響について詳しく調べた研究はほとんどない．多くのウェブ調査では，回答者にとって魅力的なインターフェースを提供するために，画像を装飾的に用いることが多い．時には，画像は質問文にとって不可欠な要素である．それは，質問されている対象物を，回答者が特定する手助けとなるからである（調査票における回答作業と文体要素の対比については，Couper, Tourangeau, Kenyon, 2004b を参照）．画像が単なる装飾にすぎないときでさえも，所与の質問項目に対する回答過程に影響をおよぼす．たとえば，質問項目を回答者が理解する際に明確な形を与えることや，回答者が回答を具体的に組み立てる際に考えている内容を変えることなど

---

[11] 訳注：ここでは，年月や金額などの短い自由回答を取得する場合とは異なり，やや長い文章からなる自由回答を，回答者が記入する必要があるような場合をさす．

へ，画像は影響を与える．一般に，画像も，刺激として質問文の文脈に影響する．つまり，ある質問が後続の質問への回答に影響するように，画像も回答に影響をおよぼす[12]（こうした質問の文脈効果についての展望論文は，Tourangeau and Rasinski, 1988; Tourangeau, Rips, Rasinski, 2000，第7章を参照）．質問順序の実験では，通常は2種類の効果がみられる．つまり，同化効果（assimilation effect；後ろにある質問に対する回答が，それより前にある回答と同じ方向に向かうこと）と対比効果（contrast effect；後ろにある質問に対する回答が，それより前に得られた回答とは逆の方向へと動くこと）である．

Couper, Tourangeau, Kenyon (2004b) は，6つの質問項目のそれぞれに添える写真の内容を変えてみるという実験を行った．各質問項目は，回答者に対して，過去1年間にスポーツ・イベントに何回参加したか，あるいは1泊旅行に何回出かけたかといった，「なにを何回したか」の活動頻度についてたずねた．質問に関連のある内容として写真を添付した（たとえば，図5.7を参照）．たとえば，ここでは買い物先での商品区分の写真として，利用頻度の低い典型例と，利用頻度の高い典型例のいずれかを選んだ．第1の回答者群には，利用頻度の高い典型のみを提示した．第2の回答者群には利用頻度の低い典型例のみを提示した．さらに，別の2つの回答者群には，高頻度，低頻度の典型のいずれの写真も与えないか，あるいは両方の写真を与えた．6つの質問項目のすべてについて，提示された写真による回答の違いは統計的に有意であった[13]．全体の傾向としては，利用頻度の低い典型の写真を提示された回答者よりも，

 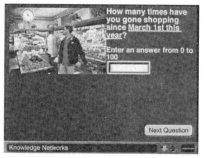

図 5.7 Couper, Tourangeau, Kenyon (2004b) が用いた2つの画像．左側は，買い物先の区分について，利用頻度の低い典型である衣料品店での買い物を示している．右側は利用頻度の高い典型である食料品店での買い物を示している．回答者の一部は，この2つの写真のいずれか一方を受け取った．他の回答者は両方の画像を受け取ったか，あるいはいずれの画像も受け取らなかった．Couper, Tourangeau, Kenyon (2004b) の許可を得て転載した．[口絵2参照]

---

[12] 訳注：ここはキャリーオーバー効果のことをさしている．キャリーオーバー効果とは，前にある質問の存在やその内容が，その後に続く質問への回答に影響をおよぼすことをいう．
[13] 訳注：用意した6つの質問項目のそれぞれについて，4つの群（第1の群，第2の群，別の2群）の平均値に対して一元配置実験計画を適用した結果，統計的に有意であったということ．

利用頻度の高い典型例を表す写真を提示された回答者のほうが，その質問の活動項目に対しては高い利用頻度を回答報告した．ここで，6つの質問項目中の4項目で，利用頻度の高い典型を見せた第1群の場合と，利用頻度の低い典型を見せた第2群の場合との間には有意な差が認められた．

　この実験では自由回答質問も用意したが，その自由回答によると，写真で示した事例が，ここで対象とした商品区分の解釈に影響していたことを示していた．たとえば，どの程度の頻度で買い物に出かけるのか，という質問について，2人の回答者は以下のように述べている．

- 質問には，どのような買い物に行くのかが説明されていない．どういう買い物かによって自分の買い物回数は変わってくるので，ここでは余暇のための買い物と解釈することにした．
- 与えられた写真から，ここでいう買い物とは衣料品の買い物のことだと思った．もし食べ物の買い物も含まれるならば，まあ10回ほどであった．

ここで，最初の回答者にはどちらの写真も与えられず，2番目の回答者には衣料品を購入している人が写った写真が与えられた．

　Couper, Tourangeau, Kenyon による研究から，回答が写真の内容に引きずられることがわかった．つまり，同化効果である．こうした同化効果が生じるのは，回答者が質問に回答するときに，買い物先区分の解釈の仕方や，特定の記憶の中からなにを思い出すか，に対して写真が影響しているからだろう．筆者ら (Tourangeau, Conrad, Couper, Ye, 2011) が行った別の2つの研究でも，Couper, Tourangeau, Kenyon (2004b) が報告したことと同じような同化効果がみられた．これらの研究では，いろいろな商品区分に関する質問の際に，具体的な食品見本の写真を回答者に提示した．一般によく食べている食品（たとえば「チーズ」や「バター」など）の写真を受け取った回答者は，そう頻繁には食べていない食品（「フローズンヨーグルト」「サワークリーム」）の写真を受け取った回答者よりも，ここで対象とした商品区分（乳製品）の食品を通常の1週間で食べる分量について，より多くの摂取量を回答している，と報告した．回答者は，頭に思い浮かべた商品区分内の少数の食品にもとづいて自分の食品の利用頻度を判断する．よって，回答者が判断する際にどのような例を思い浮かべるかに，こうした写真が影響を与えるのだ，とこれらの研究では主張している．頻繁に消費する商品の例が写真で示されると，利用頻度の回答は増え，さほど頻繁に消費しない商品の例を示されると，利用頻度の回答は減るのである．

　以上の研究 (Tourangeau et al., 2011) は，一般に，質問で扱う商品区分に対する回答者の解釈が，写真によって狭められていることを示唆している．筆者らの行った研究の1つでは，視覚的な提示例（つまり写真で例を提示した場合）と言語による提示例の比較を行った．写真は，どうしても具体的なものとなる．写真では，「りんご」は「果物」よりも表現しやすい．これとは対照的に，言葉による提示例は，一般化の

度合いは回答者により異なるだろう[14]．筆者らは，いくつかの食品について，写真と言葉で同程度の例を選んでみた．しかし，回答者は，商品例を写真で示した場合に比べ，言葉で説明したほうが，平均すると，その区分の食品品目（果物）を多く食べていると報告する傾向がみられた（Tourangeau et al., 2014）．

　Tourangeau, Couper, Steiger（2003）は，画像を調査質問群の前に置いたことで生じる文脈効果を，さらに詳しく調べている．これらの研究では，回答者が調査に回答しているとき，特定の属性をもつ調査員の写真と文章による通知を，一定間隔でウェブ調査票に表示する．たとえばある実験では，標本のおよそ1/3の人が女性調査員から写真と通知を受け取った（例：「こんにちは！　私はダービー・ミラー・シュタイガーと申します．このプロジェクトの調査員の1人です．このたびは調査研究にご参加いただきありがとうございます．」"Hi! My name is Darby Miller Steiger. I'm one of the investigators on this project. Thanks for taking part in my study."）．別の1/3の人は，男性調査員から写真と通知を受け取った．標本の残りの人たちは，調査ロゴの入った画面を受け取った．この研究をのちに再度行った調査では，女性調査員の写真つきの調査ロゴと比較した．いずれの実験調査も，回答者は女性の役割に関する一連の質問に回答した．女性の写真を受け取った回答者は，男性の写真や調査ロゴを受け取った回答者に比べ，より男女同権論者（feminist）的な回答をした．魅力的で専門的な仕事に就いているようにみえる女性の写真が，女性を支持するきっかけを促すこととなり，質問への回答を女性支持の方向へと変えたのかもしれない．

　要約すると，Couper et al.（2004a），Tourangeau et al.（2011），Tourangeau et al.（2003）のいずれの研究も，画像を示すことで生じる同化効果を実証した．またこのとき，回答者が質問をどう解釈するか（Couper et al., 2004a），あるいは回答者が回答を組み立てるときになにを思い出すかに，写真が影響しているようであることをあきらかにした（Tourangeau et al., 2011; Tourangeau et al., 2003）．

　視覚の対比効果　　別の進め方で行った研究が，比較基準として，画像が回答者の判断に影響を与えることを示唆している．これらの研究によると，回答者は，回答時の判断の対象である自分自身の健康状況を，写真で示した人と比べている．実験（Couper, Conrad, Tourangeau, 2007）では，ウェブ調査の一環として，病院のベッドにいる女性，またはジョギング中の若い女性のいずれかの写真を回答者に示した（使用した写真は図5.8を参照）．実験ではさらに，写真の配置の位置を変えてみた（対象とする質問文の直前の画面，同じ画面の左側，あるいは質問文と同じ画面の見出し部分に，それぞれ写真を配置した）．筆者らは，写真の内容と位置が，回答者自身の健康に関する自己評価にどう影響するのかを詳しく調べた．筆者らは，判断の対比効果があることを予想していた．つまり，ジョギング中の女性の写真を見せられた回答者

---

[14] 訳注：つまり，言葉による説明のほうが，画像による説明に比べて，表現の具体性が欠けているということ．

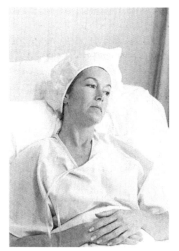

図 5.8 Couper, Conrad, Tourangeau (2007) が用いた写真. 回答者は，ウェブ調査でいずれかの写真を受け取る．写真は，回答者自身の健康状況に関する質問文の置かれた位置に近い「同一画面内に表示」「画面の見出し部に表示」「直前の画面に表示」のいずれかとした.

表 5.3 研究と実験条件別に要約した回答者の健康評価の平均評点

写真の位置	研究 1		研究 2		研究 3	
	健康な女性	病気の女性	健康な女性	病気の女性	健康な女性	病気の女性
前の画面	3.29	2.93	—	—	—	—
見出し部	3.14	3.29	3.37	3.23	3.66	3.60
質問部分に並置	3.30	3.05	3.41	3.25		
小さな画像					3.73	3.61
大きな画像					3.66	3.55

注：数値が低いほど，健康についての自己評価は高い.

は，自分の健康評価を低く評価し，病気の女性の写真を見せられた回答者は，高く評価するであろうと考えたのである．表 5.3 に，3 つの実験から得た主な結果を示してある．3 つの実験のすべてにおいて，予想された対比効果がみられた．さらに，3 つの実験のすべてについて，写真の内容による効果は統計的に有意であった．最初の実験調査で，写真を見出し部として表示したときには，あきらかな逆転現象があった．しかし，この逆転現象は 2 回目と 3 回目の調査研究では再現できなかった．また，写真が見出し部として表示されたときには，写真の効果が弱まるようである．これは，おそらくは「バナー・ブラインドネス」による効果 (Benway, 1998; Benway and Lane, 1998)，すなわち，ウェブの利用者がウェブページの見出し部にある画面要素を無視する傾向によるのだろう．

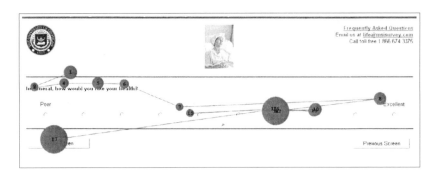

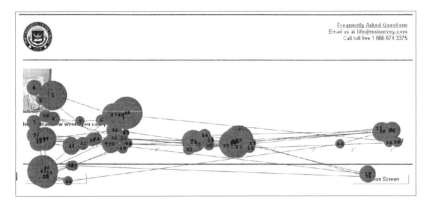

図 5.9 アイトラッキング調査における 2 人の回答者のゲイズ・プロット．上の図では，回答者はウェブページの見出し部分に示された写真をしっかりと見ていない．下の図では，回答者は質問文の真上に表示された写真を見つめている．

Tourangeau, Couper, Galešic (2005) が行ったフォローアップ調査では，アイトラッキング[15] を用いて，写真の配置が，回答者が写真を見ている時間にどのように影響するかを調べた．写真が見出し部分に表示されると，回答者はその写真を無視することが多かった．図 5.9 の上の図は，写真を見出し部分に表示したときに，その写真をよく見ていなかったある回答者のゲイズ・プロット[16] である．また，下の図は，質問文のとなりに写真を表示した場合に，その写真をしっかりと見ていた別の回答者のゲイ

---

[15] 訳注：「アイトラッキング」(eye-tracking) とは，人の眼球，視線の動きを自動的に追跡，記録して分析する方法．印刷物やウェブサイト画面などを見るときの眼の動きを調べることで，人の判断に与える影響を調べることができるとされる．用いる装置をアイトラッカーという．測定結果は視線追跡分析表示（ゲイズ・プロット）や視線滞留時間（ヒートマップ）などとして観察分析を行う．

[16] 訳注：「ゲイズ・プロット」(gaze plot) とは，アイトラッキング調査などを行った後に，その分析結果を視覚化するグラフィカル表現法の 1 つ．視認の位置追跡と注視度，滞留時間などを視覚化した情報．ヒートマップという類似の表示法もある．

ズ・プロットである．全体的に見て，回答者は，写真が見出し部分に表示されている場合は，質問文のとなりに表示されている場合に比べて写真をよく見ることが少なく，おおむね凝視する総時間は少なかった．またこの調査研究により，写真によって生じる対比効果は，写真を凝視する回答者に限って生じることを示すいくつかの証拠を得た．写真をしっかりと見ていない回答者には，同化効果の若干の証拠が認められた．

5.3 視認性の概念

　前節で述べたような画像の配置に関する知見は，「ウェブページ上に配置された情報は，どれもが同じようにみえているとは限らない」という，より一般的な主張を裏づけている．つまり，回答者やウェブの利用者は，画像の配置情報について，同じように注目し，注意を払っているわけではない．バナー・ブラインドネスの仮説が本当に正しければ，ウェブページの見出しにある情報は，他の位置にある情報よりもみえにくいことがある．一般に人びとは，画面の左上（見出しのすぐ下）から右下へと斜めに向かう共通した目の動き方（general gradient of visibility）がある．こうした斜め方向の目の動き方は，利用者がウェブページ上の情報をどのように読み取っているかを示している可能性がある．Nielsen (2006) は，200人以上の利用者について，さまざまなウェブページを走り読みするときの目の動きを追跡した．全体的に見て，人びとの目の動きはF字型のパターンをたどった．利用者は通常，ページの上から見始め，右方向に水平に移動し，ページの左側へと下がり，もう一度右に戻り，さらにページの下へと下がっていった．右に向かう水平方向の目の動きは徐々に短くなって，F字型が描き出された．こうしたウェブページ上の目の動きを追跡したパターンは，ウェブページ上でもっとも目につきやすい視点が集まる場所は左上隅であり，もっとも目につきにくい場所は右下隅であることを示唆している．

　回答入力形式　　オンライン調査では，さまざまな回答入力形式を用いている．たとえば，文字情報入力用のボックス，当てはまるものをすべて選ぶ方式，グリッド形式などがある．もっとも普及している回答入力形式は，ラジオ・ボタンとドロップダウン・ボックスである（第4章参照）．ドロップダウン・ボックスでもラジオ・ボタンでも選択肢が異なれば視認性が変わるだろう．

　ドロップダウン・ボックスについて考えてみよう．回答選択肢の一覧が長い場合，ドロップダウン・ボックスはたいていその一部分しか表示されない．したがって，回答者は上下に動かして，他の表示されていない残りの回答選択肢を見なければならない．あきらかに，先頭に表示される回答選択肢はその下に隠れている回答選択肢よりもみえやすく，したがって選ばれやすくなる[17]．かりにその質問文でドロップダウン・ボックス以外の回答入力形式を用いるときにも，回答選択肢がすべて同じように

---

[17] 訳注：いわゆる「初頭効果」のことをいう．すぐ下に説明がある．

みえるわけではない．ラジオ・ボタン形式で表示される回答選択肢では，回答者は前のほうにある回答選択肢に対してはかなり多くの注意を払い，後ろのほうにある回答選択肢にはあまり注意を払わないようである（たとえば，Galešic, Tourangeau, Couper, Conrad, 2008 から抜粋した図5.10を参照）．

回答者が各回答選択肢に払う注意の度合いが異なることが，回答選択肢の順序効果（response order effect）につながる可能性がある．この回答選択肢の順序効果は，調査ではよくあることである（電話調査における回答選択肢の順序効果に関する最近の分析については，Holbrook, Krosnick, Moore, Tourangeau, 2007を参照）．こうした順序効果は，提示する回答選択肢の一覧内での位置によって，回答選択肢の選ばれやすさが変化することを示している．こうした順序効果は，一般に，次の2つのうちのいずれか1つの形態をとる．すなわち，一覧の先頭のほうにある回答選択肢を選びやすくなる「初頭効果」の場合と，最後のほうにある選択肢を選びやすくなる「新近性効果」の場合である．初頭効果は，ウェブ調査をはじめとする視覚伝達経路に依存する調査の場合に顕著である．回答選択肢の順序効果に対する解釈の1つは，主に2つの仮定にもとづいている．1つ目の仮定は，回答者が回答選択肢を扱うとき，後ろのほうにある回答選択肢を考えるよりも，はじめのほうにある回答選択肢の印象が残るということである．そして2つ目の仮定は，回答者はさほどよく考えていない回答選択肢よりも，慎重に考えた回答選択肢を選びやすい[*2]ということである．後ろのほうにある回答選択肢に対する注意力が減衰することが，回答者が最初に関心をもった回答選択肢のほうに注目しやすいことを説明している．また回答者は，視覚的な調査では回答選択肢を見せられた順に考えるようであるが，一方，聴覚的な調査では最後に耳にした回答選択肢から考える傾向にある（Krosnick, 1999）．

筆者らの研究の1つでは，回答選択肢の視認性が，ウェブ調査における初頭効果の大きさにどのように影響するかを調べた（Couper, Tourangeau, Conrad, Crawford, 2004）[18]．この調査研究では，3通りの回答入力形式で比較を行った（図5.10を参

[*2] 原書注：回答者が慎重に検討した回答選択肢を選ぶ傾向があることには，2つの理由がある．第1に，回答者がある回答選択肢を選ぶ際の基準が低いことである．たとえば，（もっともふさわしい回答選択肢ではなく）受け入れられそうな回答と考えた最初の回答選択肢を選び，そのような回答を選んだ後はそれより先に進むことをやめてしまうかもしれない．第2に，回答者はある回答選択肢を拒否する理由を考えるよりは，むしろそれを選ぶ理由を考える傾向がある（つまり，「確証バイアス」（confirmation bias）がある）．この説明に従うと，最初に検討された回答選択肢にはある利点がある．なぜならば，最後のほうに出てくる回答選択肢に対しては，それらを選ぶ理由を考え出すために必要な回答者の作業記憶容量が少なくなるからである．それまでに考えていた回答選択肢を選ぶ理由により，回答者の記憶（思考判断）が乱されるからである．Krosnick (1999), Sudman, Bradburn, Schwarz (1996), Tourangeau, Rips, Rasinski (2000, 第8章) のどれもが，回答の順序効果について，さらに詳しい理論的な議論を行っている．

[18] 訳注：国内でこれに類似の実験調査を行った例がある．詳しくは松田・大隅（2003）を参照のこと．

(a) 先頭の5項目のみ表示されるドロップ・ボックス形式

(b) 選択肢が表示されないドロップ・ボックス形式（選択肢展開前）

(c) 選択肢が表示されないドロップ・ボックス形式（選択肢展開後）

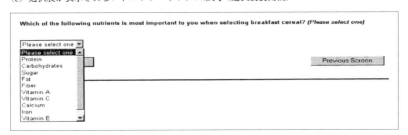

図 5.10 朝食シリアルについての質問の2つの形式．図の上段(a) は，はじめの先頭の5つの回答選択肢がみえているが，残りの5つの回答選択肢は隠されているドロップ・ボックスの場合．図の中段(b) は，回答者がクリックして回答選択肢を見る前の状態のドロップ・ボックス形式を示し，図の一番下段(c) は，回答者がクリックした後の状態のドロップ・ボックスである．ここで，回答者は「いずれも当てはまらない」の選択肢を選ぶこともできる（いずれのドロップ・ボックス形式でも，隠れた状態になっている）．Galešic et al.（2008）から許可を得て転載した．

照[19]）．1つは，ラジオ・ボタン形式，つまりすべての回答選択肢をはじめから画面内に表示する形式である．残りの2つ目と3つ目は，ドロップダウン・ボックス形式である．2つ目のドロップダウン・ボックスでは，はじめは画面に回答選択肢を1つも表示しておらず，回答選択肢を見るためには回答者がクリックする必要がある形式である．3つ目のドロップダウン・ボックスは，合わせて10ある回答選択肢のうち，はじめの5つの回答選択肢はみえるように表示するが，残りの5つの回答選択肢は隠

---

[19] 訳注：この表示例は，実験調査で用いたすべての画面ではない．ここでは，ドロップ・ボックス形式の2つの例を示してある．

表5.4 特定の選択回答を選んだ回答選択肢順，回答入力形式別の回答者の割合

回答選択肢の順序	ラジオ・ボタン(回答選択肢のすべてがみえる場合)	ドロップ・ボックス(回答選択肢が1つもみえない場合)	ドロップ・ボックス(先頭の5つの回答選択肢だけみえる場合)
(1)「タンパク質」から「ビタミンE」の順に表示	61.4 (395)	60.0 (422)	67.6 (433)
(2)「ビタミンE」から「タンパク質」の順に表示	50.4 (433)	54.9 (437)	40.2 (440)
2つの割合(%)の差	11.0	5.1	27.4

注：割合（%）は，「タンパク質」から「食物繊維」までの5つの回答選択肢の中からいずれか1つを選んだ回答者の比率．(1)は「タンパク質」から始まる"前半"の回答選択肢，(2)は「ビタミンE」から始まる"後半"の回答選択肢となる．
訳注：回答選択肢の内訳は図5.10のプルダウン・メニューを参照．括弧内の数字は標本の大きさ．

してある形式である．ここで筆者らは，2つの質問項目に対する回答を調べた．朝食用シリアルに関する質問項目（これは図5.10に示してある）と，自動車購買に関する同様の質問項目である．この実験では，回答入力形式を変えただけではなく，回答選択肢の順序も変えてみた．およそ半数の回答者には，図5.10にあるように「タンパク質」で始まり「ビタミンE」で終わる順序で回答選択肢を表示した．残りの回答者には，逆の順序の回答選択肢を示した．「いずれも当てはまらない」(None of the above)は，他の回答選択肢の順序にかかわらず，常に最後に表示した．自動車購買に関する質問項目も同じ設計に従った．

回答選択肢の順序効果を評価するために，筆者らは「タンパク質」から「食物繊維」までの回答選択肢からいずれかを選んだ回答者の割合（%）を調べた．表5.4に，その実験から得た主な結果を表してある．3つの回答入力形式のいずれも，初頭効果がみられた．つまり3つの回答入力形式のすべてにおいて，回答選択肢群が最後の5つとして表示としたときよりも，先頭の5つとして表示したときに，回答者はこれらの回答選択肢からいずれか1つを選ぶ傾向にあった．しかし，回答の順序効果は，先頭の5つの質問項目のみがはじめからみえているドロップダウン・ボックスでもっとも大きかった．このドロップダウン・ボックスの条件ではじめにみえる状態にある回答選択肢を選ぶ割合は，はじめにはみえていない回答選択肢を選ぶよりも約27ポイント以上も多く選ばれていた．自動車購買についての質問項目を含む実験でも，これほど極端ではないものの，類似の結果が得られた（詳細はCouper et al., 2004bを参照）．いずれの質問項目とも，回答入力形式と回答順の変数間の交互作用効果は高度に有意であった．

回答選択肢の順序と視認性　Nielsenのアイトラッキング[20]の結果は，回答者の視線が，画面の上から下，左から右に進むにつれて，一般に視認性が低下することを示している（もちろん，印刷物においても同様の低下がみられる可能性もある）．

---

[20] 訳注：図5.11は，アイトラッキングで得られた視線滞留時間（ヒートマップ）の例である．

回答選択肢の一覧の中で，選択肢が後ろのほうに置かれるほど，徐々に注目されなくなるのだろうか？ Galešic, Tourangeau, Couper, Conrad（2009）によると，垂直方向に表示された回答選択肢には，ある共通した目の動き方があることを示唆している．この報告では，回答者がウェブ調査に回答する際の視線を追跡した．回答者は，回答選択肢の一覧のはじめのほうにある回答選択肢よりも，後ろのほうの回答選択肢を凝視することが少なく，その合計時間も短かった．図 5.11 は，2 人の典型的な回答者の視線を追跡した結果を示している．（図 5.11 の下のほうの図にこの回答者の凝

(a) 前半の 6 つの回答選択肢から回答を選択した回答者の凝視の様子

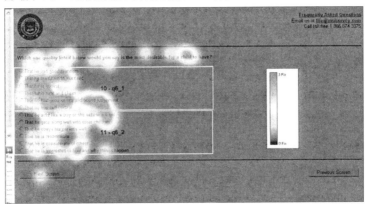

(b) 後半の 6 つの回答選択肢から回答を選択した回答者の凝視の様子

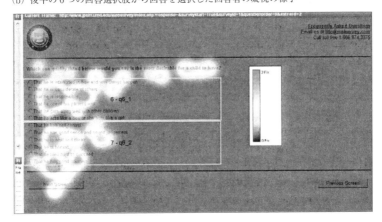

図 5.11　図の「ホット・スポット」は，前半の 6 つの回答選択肢から回答を選択した回答者（上の図）と，後半の 6 つの回答選択肢から回答を選択した回答者（下の図）の凝視の様子を示している．〔訳注〕ホット・スポットは視線滞留時間（ヒートマップ）を表しており，赤色の部分はとくに滞留時間が長い箇所を示している．［口絵 3 参照］

視の様子を示してある）2番目の回答者は，回答選択肢の一覧の後半にある回答選択肢から回答を選んでいる．しかしいずれの回答者も，回答選択肢の一覧の後ろのほうにある回答選択肢よりも，先頭にある回答選択肢を凝視することが多かった（図の，赤い部分は見つめることが多かった箇所，緑の部分はそれが少なかった箇所を示している）．全体の平均的な傾向として，回答選択肢の一覧の前のほうにある回答選択肢は，後ろにある回答選択肢より，合計凝視回数が多く，また全凝視時間がかなり長かった．

回答入力形式と回答順にみられた以上の結果は，回答選択肢のみえやすさが，2つの要因で決まることを示唆している．第1の要因は，（ドロップ・ボックスのように）回答者が回答選択肢を画面でみえるようにするためになんらかの動作が必要であるかどうか，である．そして第2の要因は，回答選択肢の一覧内のどこに選択肢がみえるのか，ということである．回答選択肢を表示する動作が必要とされるほど，その選択肢の視認性は低くなる．また，回答選択肢が下のほうにあるほど，その視認性は低くなる．

説明の視認性　　ウェブ調査における説明（definition）に関する研究も，画面上にある情報の視認性が重要であることを示している．調査では，回答者にとってなじみのない言葉や，なんらかの専門的語句が使われることがよくある．回答者は質問の内容を誤解することがよくあることを示唆するかなりの証拠がある（たとえば，Belson, 1981; Suessbrick, Schober, Conrad, 2000）．考えられる1つの解決策は，質問文の重要語句の説明を用意することである．ここでの秘訣は，回答者にその説明に気づかせ，読んでもらうことである．質問文が一見するとありふれた概念である場合はとくに，調査回答者は，説明は必要ないと考えるかもしれない．Tourangeau, Conrad, Arens, Fricker, Lee, Smith（2006）は，「障害」[21]という語句が調査で示されると，回答者は，この語句の専門用語としての説明をほとんど無視し，代わりにこの語句に対する自分の日常的な感覚に頼っていることをあきらかにした．説明を助ける情報を提供するだけではなく，回答者にそれらを読んでもらい，使ってもらうように仕向けることが重要であることを，こうした知見がはっきりと示している．

Conrad, Couper, Tourangeau, Peytchev（2006）は（また Peytchev, Conrad, Couper, Tourangeau, 2010 も参照），回答者が説明を表示するまでの手順に関して，実験によって比較した．これらの研究では，説明を利用した回答者は比較的少数であったが，説明を簡単に表示できる場合には，それを用いる傾向にあった．視認性がよい順に，インターフェースを以下のように用意した．1）説明が常に画面上にある（回答者の視線の動きだけが必要），2）ロール・オーバー（マウスを動かすことだけが必要），3）ワン・クリック（マウスを動かすことと語句の上をクリックすること，この両方が必要），4）ツー・クリック（マウスを動かすことと，2回のクリックが必要），5）クリック・アンド・スクロール（マウスを動かすことと，少なくとも2回のクリックが必要）．

---

[21] 訳注：ここで「障害」（disability）とは，必ずしも身体障害に限らず知的障害，精神的障害も含む．

驚くことではないが，回答者は説明が見やすいときほど，説明により多くの注意を払うようである．説明の提示にかかわる問題は，第6章でさらに詳しく述べる．

ここでの結論　ウェブ調査の回答者（または，より一般的にウェブの利用者）は，隠された情報や，全体を見られるようにするにはなんらかの操作を必要とする情報よりも，簡単にみられる状態にある情報を利用する傾向が強い．回答者による説明の利用状況（あるいは利用しない状況）に関する研究が，みえにくい情報は回答者にとっては扱いにくい，という共通した結論を示している．そして，GrayとFu（2004）の研究が示すように，ウェブの利用者は，多くの場合，有用な情報を確認するためでも視線を動かすことを嫌がり，結果としてその有用な情報を見逃すこともある．

情報の視認性は，他の多くの変数の影響を受ける可能性が高い（たとえば，Ware, 2004を参照）．少なくとも，以下のことがある．

- 「バナー・ブラインドネス」現象でみられるような，閲覧ページ内での情報の位置（Benway, 1998を参照，Nielsen, 2006もまた参照）
- 一覧内での情報の位置（たとえば，回答選択肢の一覧；Couper, Tourangeau, Conrad, Crawford, 2004a）
- 項目に固有の特性，たとえば，項目の大きさ，明るさ，背景との対比，質問項目が動く，あるいは変化するかどうかといったこと（Ware, 2004）

5.4　この章のまとめ

ウェブは，従来の質問紙型調査における可能性をはるかに超えて，調査における視覚利用の可能性を大きく拡げた．本章では，ウェブ調査票の視覚的特性により回答者がどう影響されるかについての証拠を概観した．回答者は，間隔や色彩のような視覚的な手がかりを用いて尺度点の意味を解釈している．さらに，回答選択肢の一覧における選択肢の位置，あるいは回答選択肢の一覧が置かれている画面内での位置が，その回答に影響するかもしれない．回答者は評価尺度を用いるときにさまざまなことを念頭に置く．たとえば，「尺度の選択肢は，互いになんらかの論理的順序に従って並んでいる」「選択肢は等間隔に並んでいる」，さらに，「両極尺度は中間点の周りに対称的に配置されている」といった類推を行う．回答者は視覚的な手がかりやグラフィカルな手がかりも用いて（たとえば，入力ボックスの個数や入力ボックスについたラベル），日付や金額といった自由回答の組み立て方を決めるために役立てている．回答者に，質問の要求に合った形式で回答を入力してもらうためには，視覚的な手がかりとグラフィカルな手がかりが有効にみえる．あきらかに，視覚的な手がかりと，それを回答者が解釈する際に用いる経験則とが一致するように尺度は設計されるべきである．たとえば，リサーチャーが回答選択肢を等間隔かつ対称的に配置するつもりならば，これらの回答選択肢は画面上にそのように表示されていることを確かめるべき

である．

　ウェブ調査では，写真，図，その他の画像を比較的容易に利用できる．そしてこれらは，回答者が質問をどのように解釈するか，回答を具体的な形として思い浮かべるときになにを考えるのか，回答を判断するときに用いる基準はなにか，といったことに影響する大きな文脈効果となる．回答者が回答を組み立てる際に，前のほうにある質問文が後続の回答に与える文脈効果的な影響力に比べ，画像のもつ影響力のほうが弱いと考える理由はどこにもない．したがって，ウェブ調査で用いる画像は，非常に注意深く選ぶか，あきらかに役立たない場合は，完全に利用を控えるほうがよい．

　画面内での情報の位置も視認性に影響する．つまり，回答者がその情報に気づき注意を払う可能性に影響する，いくつかの変数のうちの1つである．バナーのように，画面内における特定の領域にはあまり注意が払われない．また，視線には，ある一般的な動きがあるようである．つまり，画面の左上から右下に向かって斜めに視線が移動しているようである．さらに，情報を見るために回答者がなんらかの操作を行う必要がある場合は，その情報を利用する可能性は非常に低くなる．

　それでもなお，情報が非常にみえやすくなっているからといって，リサーチャーの意図したとおりに，回答者がその情報を利用するとは保証できない．実際，色彩の研究が示しているように，視覚的情報は裏目に出ることがあり，リサーチャーが意図したこととは違って，回答者を誤った方向に導くこともある（Redline, Tourangeau, Couper, Conrad, 2009 も参照）．より一般的にいえば，回答者は「解釈可能の仮定」[22]にもとづいて回答している（Clark and Schober, 1991）．つまり，「調査実施者が調査を介して知りたいことを，回答者が誤解なく理解できるように，調査は設計されているはずだ」と考えて回答者は回答している．そのため，回答者は，視覚的な材料は意味があり適切なものだと予想している．その結果，回答者は視覚的な手がかりを解釈しようとするが，回答者の思いついた解釈がリサーチャーの意図したことに一致していることもあれば，一致していないこともある．質問の意図することに必須とはいえない画像や色彩などの視覚的な素材は，回答者が誤った方向に向かわないように注意深く検証すべきである．さもなければ，このような視覚的な素材は完全に利用を控えるほうがよい．

---

[22] 訳注：原文の"presumption of interpretability"を「解釈可能の仮定」とした．ここで引用のClark and Schober（1991）によると，「『調査とは，調査実施者が伝えたいことを回答者が誤解なく理解できるように設計されているに違いない』と回答者が想定すること」とある．

6 双方向的特性と測定誤差

　ウェブ調査はきわめて多様であり，また豊かな調査方式である．実際，ウェブ調査における情報伝達の手段は，単一でなく多様である．このことは，サーベイ・リサーチャーに多くの選択肢を提供してくれる．ウェブ調査では，質問紙型調査票のように，文章で質問文を提示することができる．また，視覚画像を加えることもできる（もちろん，これは質問紙型調査票でも可能だが，オンライン調査票ではそれがさらに簡単かつ安価にできる）．また，録音した音声により質問文を伝えることもできる．あるいは，ビデオに録画された調査員が質問を読むことで，その調査があたかも対面面接であるかのように思わせることもできる．回答者の反応（なにを行ったのか，あるいは行わなかったのか）に応じて処理を変更するようにウェブ調査票を設計すれば，ウェブ方式は調査員方式に，より似たものになる．たとえば，ウェブ調査では，回答者が所定の時間内に回答を行っていない場合，その質問文の意味を回答者にはっきりと伝えることができる．ウェブ調査では，人間らしさ[1]や意図性[2]といったある種の感覚を，調査票にもたせることができる．このことは，動きのない静的な質問紙やウェブ調査票に回答記入する経験とは質的に異なる経験を回答者に与えることになる．

　本章では，調査データの収集において，ウェブの双方向的な機能を利用する利点について検証する．ウェブ調査票において双方向的特性を利用する理由が，いくつかある．第1の理由として，多くの最新技術と同様に，ウェブ調査の設計者は，「利用できるから」という理由だけで双方向的な機能を組み込むことがある．たとえば，テキストを1文字ずつ表示したり，それを3次元で回転表示したりするような質問文を考えてみてほしい．設計者はそのような技術を用いて，調査票に視覚的な興味を添える，あるいは回答者が回答作業を楽しめるようにすることもあるだろう．第2の理由は，静的な調査方式で利用されている技術のいくつかは，ウェブではもともと双方向的だ

---

[1] 訳注：原文は"animacy"とある．"animacy"（アニマシー）とは「生きている状態や程度」を示す用語であり，有生性あるいは生物性などと訳される．ここでは，本章の内容を勘案して「人間らしさ」とした．

[2] 訳注：一般に，「意図性」（intentionality）とは，人の意識が，外界のあるもの（事物）に向けられているということを意識すること（志向性）をいう．ここではなんらかの意図をもって行われることを感じることをいう．

ということである．たとえば，「視覚的アナログ尺度」（例：回答者が自分の意見を示すために用いる100点法尺度）は，これまでも質問紙型調査票で使用されてきた．ウェブ調査で視覚的アナログ尺度を実装した場合，通常，回答者はスライダー・バーによって回答を入力する．スライダー・バーによる入力操作では，回答者のマウスの動きに同期してポインターが（また時には数値が）動く．第3の理由として，こうした双方向的な機能にはオンラインの調査票でしか実現できない技術もある，ということである．たとえば，ウェブ調査では，特定の年齢，人種，性別など，特有の特徴を備えた動画のバーチャル調査員を回答者が選ぶようにすることができる．生身の調査員でこのような選択を提供した前例はほとんどない（例外としてCatania, Binson, Canchola, Pollack, Hauck, Coates, 1996がある）．調査票で双方的な機能を用いる最後の理由は，他の調査方式と似たような条件を，ウェブ調査のもつ双方向性から作れるような場合に，他の調査方式のときに観察された現象が，ウェブ調査でも同じように観測されるかどうかを検証できることである．たとえばFuchs（2009）は，ビデオに録画した質問文を読み上げる調査員の性別が，生身の調査員が行うときと同じように，性別に関連する質問への回答に影響をおよぼすかを詳しく調べた．

ウェブ調査の設計者は，ウェブがもつ双方向的な機能を活用して，測定誤差や中断を減らす，あるいはなんらかの望ましい結果を出そうと努めている．たとえば，マウスをクリックする，あるいはロール・オーバー[3]することで，質問文の重要な用語の説明を回答者が閲覧しやすくすることは比較的容易にできる．要求に応じた説明を示すことで，ひょっとすると回答者が混乱するかもしれない質問の理解を助けることができ，これにより回答の正確さが増す（Conrad, Schober, Coiner, 2007）．さらに，ウェブ調査票では，回答者があきらかに混乱しているときに，手助けするようにプログラミングできる．このこともまた理解を高め，回答の正確さを向上させる（Conrad et al., 2007）．双方向的特性は，質の悪いデータに結びつくような回答者行動を阻止する．たとえば，ウェブ調査票で，回答が異常に速い回答者（いわゆる「速度違反者」）にメッセージを示し，もう少し時間をかけて回答するよう求めることができる．こうした介入により，回答者の回答速度を落とすことができることも指摘されている（Conrad, Tourangeau, Couper, Zhang, 2017）．

問題は，双方向的特性には，必ずしも意図したような効果があるとは限らないことである．語句に対する説明を用意してもさほど使われないのと同じように，回答者は双方向的な機能をさほど使わない．別の例として，この機能が裏目に出ることもある．6.2節で調べるが，このことはプログレス・インジケータでよく起こる．本章では，いままでウェブ調査で試みてきたさまざまな双方向的特性の有効性について，筆者らがすでに知っていることを概説し，こうした双方向的特性が，完了率，測定誤差，調

---

[3] 訳注：ウェブ画面などのボタンや文字の上に，マウスでカーソル，ポインターを合わせたときに，そのボタンや文字の図柄や文字色などが変わるように見せる動作のこと．

査誤差，その他の結果におよぼす影響について評価する．

6.1 双方向性の特徴

最初に，筆者らがいう「双方向性」（interactivity）とはなにを意味するのかを述べたほうがよいだろう．双方向的特性には，動的な機能が含まれる．つまり双方向であるとは，回答者が目にするもののうち，なんらかの動きや変化があることをいう．また，双方向的特性には，利用者の行動に対して応答的である機能も含まれる．こうした応答的なシステムの代表的な例は，電話音声対話システム（利用者が話すと，システムが応答し，再び利用者が話す）のような，交互にやりとりを行う方式である．しかし，ウェブ調査におけるやりとりでは，回答者が自分の番ですべきことは1つか2つしかないことが多い（たとえば，回答者がラジオ・ボタンをクリックしてから，「次へ（Next）」ボタンをクリックする）．本書で筆者らが双方向性という用語を使う際には，広範囲にわたる何度もの情報交換をさしているわけではなく，ごく限られた情報交換のことも含んでいる．ウェブ調査では，回答者の散発的な回答行動に対して，なんらかの応答を行うことができる．たとえば，回答者が，回答に苦慮していると思われたときにヘルプを起動する，といった応答が行える．こうした特性は特定の回答者行動によって起こされるので，応答的な機能である．質問の省略（スキップ），埋め込み（パイピング），エディト・チェック，条件つき分岐などといった，自動化されている調査票（必ずしもウェブにもとづく調査票だけに限らない）の多くの機能が応答的である．これらの機能は，多くのウェブ調査票で実装されている．動的であるのに非応答的な機能もある．これは回答者の行動にかかわらず表示内容が変更される機能である．応答的な機能は，特定の回答行動に反応して変化する．こうした応答的な機能は，回答行動に反応して変化するという点で動的でもある．

筆者らはまた，人の特性や行動を模倣した機能と，模倣しない機能とを区別している．たとえば，生身の調査員には，回答者が質問文の理解に困っているとそれを察知する能力がある．そこで，この能力をウェブ調査票で模倣することにより，人のような特徴をもたせることができる．反対に，コンピュータは，回答の自動集計機能を容易に実装できるので，生身の調査員よりもはるかに正確にこの作業を行うことができる．結果として，筆者らは集計機能は機械的であると考える．筆者らが，このように，人間的な機能と機械的な機能とを区別することには理由がある．それは，ウェブ調査をより人間的なやりとりにすると，むしろ面接調査を模倣することになり，そのために機械的な機能をもつウェブ調査での回答とは違ったものとなるかもしれないからである．

これら2つ（応答性と人間らしさ）の程度によって双方向的な機能は特徴づけられる．これら2つの程度によって，ある双方向的な機能が測定におよぼす影響は左右される．たとえば，応答的で人間的な機能は，回答者の回答を向上させるのに，とくに

効果的かもしれない．いま，回答者に回答速度を落としてよく考えるように促す指示を行うこと（プロンプト[4]）を考えてみよう．回答者の行動に反応して指示がなされた場合，かつ，実際の人間のような評価にもとづいて指示がなされた場合に，回答者はその指示に耳を傾けるようになるだろう．

ビデオ録画の調査員が，調査の質問を行うことは応答的ではない．動画ファイルは，回答者がなにをするかにかかわらず再生され，しかも回答者の行動によってその内容が変わることもない．しかし，ビデオに録画されているのはもちろん生身の調査員とはっきりわかるので，その機能は動的かつ人間的である．いま述べたような，ビデオ録画された調査員と非常に似ていて，動画や音声ではあるが，調査員の形式ではないものもある．筆者らは，こうした機能を動的かつ機械的として分類する．その1つの例が，評価の参考として回答者に情報を提供する際に，文字情報ではなくビデオ・ビネット[5]（動画によるやりとりの一場面）として表示することである．ある研究（Heinberg, Hung, Kapteyn, Lusardi, Yoong, 2010）では，カップルが金銭を巡る判断について話し合っていて，カップルの一方がこの判断の重要な考え方について相手に説明しているというビデオの一場面を回答者に示した．続いてこの研究者らは，この金銭を巡る考え方について，回答者の理解度を調べた．このビデオ・ビネットの手法は，文章よりもビデオを好む回答者が多く，ビネットをビデオやテキストで提示した場合は正答率は上がったが，ビデオとテキストとの間にははっきりした一貫した差はみられなかった．しかし，自動集計のような応答的かつ機械的な機能は，計算にもとづくチェックによって回答の質が改善するかもしれない．

6.2 応答的で機械的な機能

ウェブ調査における双方向性について，まずは応答的かつ機械的な機能に注目しよう．ここでは，プログレス・インジケータ，自動集計，視覚的アナログ尺度，双方向的なグリッド，オンラインによる説明，という5つの機能に焦点をあてる．

6.2.1 プログレス・インジケータ

多くのウェブ調査票では，1ページあたりに1問か2問の質問文を表示しており，回答者は次のページに進むために自分の回答を送る．こうしたページング形式の欠点は，すでに調査票のどのくらいまでの回答を終えたのか，そしてあとどのくらい残っているかを回答者に示すことができないことである（Peytchev, Couper, McCabe,

---

[4] 訳注：「プロンプト」（prompt）とは，コンピュータの画面上に表示される「（コマンド）入力待ち状態にあることを示し，入力要求を意味する記号や文字のこと．ここではより広く考え，利用者に対する入力要求，入力指示を促す表示のこと．単に「指示」とした．

[5] 訳注：「ビネット」（vignette）とは，会話形式で示したやりとりの一場面のこと．なお「ビネット」のほか，「ビニエット」「ビニイエット」「ヴィニイェット」とさまざまな表記がある．

Crawford, 2006；第4章も参照)．この情報不足を補うために，設計者は，プログレス・インジケータを組み込むことがある．これは棒状の図形で，回答者が調査票に回答を入力すると，それに合わせてその棒の長さが伸びる．あるいは，「13% 終了した」のように，回答者の進捗率を文字列によるフィードバックとして示すものである．プログレス・インジケータは応答的である．なぜなら，プログレス・インジケータは回答者がページからページへと進むにつれて変化するからである．またこれは，機械的でもある．それは，通常は調査員が伝えられない情報を伝達するからである（ただし，生身の調査員も，ときおり「もうすぐ終わりますよ」といったような，質問票には書かれていない言葉を伝えることはある）．ここで前提としていることは，回答者はいま自分が調査票のどのあたりにいるのかを知りたがること，そしてこの情報を提供すれば，回答者が調査を完了する可能性が高まる，ということである．

初期の研究　プログレス・インジケータの効果に関して初期の実証的研究が示す証拠は，賛否両論，まちまちである．Couper, Traugott, Lamias (2001) は，プログレス・インジケータを用いた場合と用いなかった場合では，完了率には差はみられなかったとしている．しかし，彼らの研究は，当時の速度の遅いインターネット接続を考えると，グラフィカルな情報を表示させるためにダウンロード時間が余計にかかり，プログレス・インジケータの本来考えられる利点が相殺されてしまったのかもしれない．Crawford, Couper, Lamias (2001) が行った関連研究では，ダウンロード時間を同じ条件にして調べたが，プログレス・インジケータを使用したときは，使用しなかったときよりも完了率が低いことに気づいた．彼らはまた，中断が自由回答で多く生じていることにも気づいた．これはあきらかに，自由回答欄に回答を入力することは，あらかじめ決められた選択肢群の中から1つを選ぶことよりも負担が大きいからである．事後の追跡実験では，自由回答質問を外してみたが，プログレス・インジケータを用いることで，わずかではあるが確かな完了率の増加が観測された．つまり，これらの初期の研究では，プログレス・インジケータは完了率に対して，正の影響がある，負の影響がある，影響がない，という相反する結果となっている．

後続の研究では，プログレス・インジケータが完了率にもたらす影響は，実際の調査票の長さ，予想される調査票の長さ，はっきりと目で確認できる進捗率，フィードバック[6]の頻度，質問の難易度といったいくつかの変数に左右されることを示している．これらの特性の組み合わせによっては，プログレス・インジケータによる中断の増加も減少も起こり得る．こうした研究から得られた主な知見は，プログレス・インジケータが回答の励みとなるようなフィードバック（encouraging feedback）を与えるときには完了率は上昇するが，回答する意欲をそぐようなフィードバック

---

[6]　訳注：原義は，制御システムなどで，出力結果を入力系に返して，新たな出力を最適な状態に整えること．ここでは，調査システムの管理者（調査実施者）が，システムを介して回答者の回答状況を観察しながら，回答を適切な状態に維持するために行う操作のこと．たとえば，回答者の応答，それに対する指示（プロンプト），説明などが含まれる．

(discouraging feedback) を与えると完了率を低下させる，ということである．

予想した長さと実際の長さ　調査票の長さについて考えてみよう．調査票に対する回答の進捗が速く進んでいるとの情報を与えられたほうが，進捗が遅いとの情報を与えられた場合に比べ，回答する励みになる，という証拠がある．比較的短い調査票では，一般に，プログレス・インジケータは，回答の完了に向けて順調に進んでいることを伝える．そのため，プログレス・インジケータがない場合よりも中断が少なくなる．しかし長い調査票の場合は，プログレス・インジケータが，回答作業があとどのくらい長く続くかを回答者に伝えてしまう．よって，プログレス・インジケータがない場合に比べて，中断は増加するであろう．Yan, Conrad, Tourangeau, Couper (2011) は，101の質問項目からなる短い調査票と，これに54項目を追加した155の質問項目からなる長い調査票での中断率を比較し，プログレス・インジケータの有無と調査票の長さとの間にみられる交互作用があることを示した．短い調査票では，プログレス・インジケータがある場合には回答者の9.8%が中断したのに対して，プログレス・インジケータがない場合の中断率は12.2%であった．長い調査票の場合は，この傾向が逆になった．つまり，プログレス・インジケータがない場合の中断率は15.8%で，ある場合では17.3%であった[7]．

進行が速いと感じるか遅いと感じるかは，回答者が調査にどのくらい時間がかかると事前に予想しているかに左右される．こうした予想は，回答者がその回答作業にどのくらいの時間がかかるように感じるかに影響することが知られている（例：Boltz, 1993）．Crawford, Couper, Lamias (2001) による初期の研究では，回答者に対して，すべての回答を終えるには8〜10分が必要であること，あるいは20分が必要であることを伝えた．この研究では，プログレス・インジケータがあると，完了率はほとんどの場合に下がったのだが，回答作業に20分かかるだろうと回答者に伝えていた場合には，この完了率はさらに顕著に下がった．調査開始時に多分20分はかかるだろうと予想していた人は，調査がさらに長引く可能性があることをプログレス・フィードバック[8]で知らされると，とくに騙されたと感じていた．この研究において，当初約束された所要時間と実際に要した時間との食い違いは，主に調査票のはじめのほうのいくつかの質問が自由回答であったことに起因する．これらの質問項目数は全項目の約20%を占めるが，これは回答者が最終的に調査に費やした時間の50%も占めて

---

[7]　訳注：ここにある数値例を用いて，次のように表を作ってみると，交互作用の意味があきらかになる．

調査票	プログレス・インジケータ		
	あり		なし
長い調査票	17.3%	>	15.8%
短い調査票	9.8%	<	12.2%

[8]　訳注：「プログレス・フィードバック」(progress feedback) とは，回答者にみえる形で（調査システムから）応答を行うこと．ここではカタカナ表記とする．

いた．したがって，かりに回答者が，調査のはじめのほうにある（自由回答を含む）質問項目から回答所要時間を推定したとすると，その見積もった所要時間が調査依頼時に示された所要時間を超過すると，中断を助長するのである．

Yanら（2011）も，実験によりこれと同様の現象をあきらかにした．この研究において彼らは，調査依頼の電子メールで所要時間を過小あるいは過大に述べることによって，回答者が予想する調査票の回答所要時間を操作した．具体的には，彼らは，前に述べた実験と同様に，長い調査票，または短い調査票に回答するよう，パネル構成員に調査参加を依頼した．短い調査票の場合は，一方の群における回答者には実際よりも短めの所要時間として「5分かかる」と伝え，もう一方の群における回答者には実際よりも長めの所要時間として「25分かかる」と伝えた．また，長い調査票の場合は，同様に，短く伝えるほうを「10分かかる」，長く伝えるほうを「40分かかる」とした．回答者の半数には進行状況を知らせるプログレス・フィードバックを与え，残りの半数にはそれを与えなかった．結局，実験計画として，合わせて8群（2（調査票の長さ）×2（約束した所要時間）×2（プログレス・インジケータの有無））の割りつけを行った．この実験の中断率を図6.1に示した．調査依頼で約束した時間が短く，実際の調査票も短い，さらにプログレス・インジケータがあるという場合は，プログレス・インジケータがない場合（12.1%）と比べて中断率が低かった（8.2%）（図6.1の右端の棒グラフ）．このことは，回答者が自分の回答負担が少ないことを予想

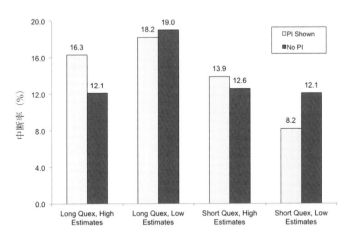

図6.1 Yanら（2011）の研究における8つの実験条件下での中断率の結果．調査では，実際の調査票の長さ（Quex: Long/Short）と依頼時に述べた回答所要時間（Estimates: High/Low）が異なる．さらに，プログレス・インジケータ（PI）を用いた場合（濃い灰色の棒グラフ）と用いなかった場合（点模様の棒グラフ）とで異なる．Yanら（2011）の許可を得て転載した．〔訳注〕原書のこの図に誤りがあり，著者の確認と了解を得て正しい図と差し替えた．

し，かつ，フィードバックがこの予想に合っているとき，フィードバックが与えられない人びとと比べて中断率が低いことを示している．したがってこの場合には，プログレス・インジケータが役に立っている．対照的に，回答者が回答作業に時間がかかると予想していて，プログレス・フィードバックがこうした予想を裏づける場合には，プログレス・インジケータは役に立たなかった（図6.1の一番左端の棒グラフ）．役に立たないばかりか，有意な差はないものの，プログレス・インジケータがある場合（16.3%）は，ない場合（12.1%）よりも中断率は高かった．これらの実験条件（調査依頼時に約束した所要時間が長く，実際の調査票も長い場合）では，回答者にプログレス・インジケータを示したときは，示さないときよりも，平均して早い段階で中断が発生している．この結果も，否定的な予想が確実になったときに，プログレス・フィードバックが回答者の回答を継続しようとする意欲をそぐものとして機能する可能性を示唆している．また，調査票の長さを長めに述べた残りの条件下では，つまり，調査依頼時に約束した所要時間が長く，実際の調査票は短い場合には，プログレス・インジケータが中断におよぼす影響はあきらかではなかった．

プログレス・インジケータは，実際の所要時間が約束とは異なることの影響を必ずしも強めるものではない．HeerweghとLoosveldt(2006)は，「約20〜25分程度の調査」あるいは「ごく手短な調査」であるとして，回答者に参加を求めた．だが，実際の所要時間は36〜40分であった．事前に告知した所要時間とプログレス・バーの有無が，単独でも，あるいは併用でも，いずれも回答完了には影響していなかった．かりにこの実験者らが実際の所要時間よりも長く伝えていた場合には，プログレス・インジケータが役立っていたかどうかはこの実験ではわからないが，所要時間を実際の時間よりも短く伝えた場合には，プログレス・フィードバックにはあきらかな効果はみられなかった．

実際とは異なる進捗率の提示　第3章で述べたように，進行の速さが問題となるのは，調査票の終わりのほうよりもむしろはじめのほうにある．それは，回答者は，調査票のはじめのほうの経験にもとづいて，調査の最後まで回答するかどうかを決めるからである．こうした意見を詳しく調べるために，筆者ら（Conrad, Couper, Tourangeau, Peytchev, 2005）は，2つの異なるプログレス・インジケータを使って，調査の早い段階で，進行の速さや遅さを伝えた．1つ目のプログレス・インジケータでは，調査票のはじめのほうでは進捗状況を速くし，後ろのほうでは遅くする．2つ目のプログレス・インジケータでは，はじめのほうを遅くし，後ろのほうを速くする．ここで筆者らは，前者を「速-遅型プログレス・インジケータ」(fast-to-slow progress indicator)，後者を「遅-速型プログレス・インジケータ」(slow-to-fast progress indicator)とよぶことにする．第3のインジケータは，調査票全体を通じて，一定速度のプログレス・フィードバックを示すものである．速-遅型プログレス・インジケータのときは（11.3%），遅-速型プログレス・インジケータ（21.8%）よりも，中断する回答者は少なくなる．この研究では，調査票のはじめのほうで回答者を励ま

すことが，別の好ましい効果をいくつか生んでいる．速-遅型プログレス・インジケータの場合は，遅-速型プログレス・インジケータの場合に比べて，回答者は，その調査票により興味をもち，しかも回答に費やした時間を短いとみなす傾向がある．この最後の知見は，初期のフィードバックが回答者の主観的体験におよぼす影響を浮き彫りにしている．なぜなら，速-遅型プログレス・インジケータを提示された人びとは，回答に要したであろう時間として，実際にかかった時間よりも短めの時間を報告したからである．また，HeerweghとLoosveldt（2006）の研究によると，速-遅型プログレス・インジケータとした場合には，プログレス・インジケータがない場合よりも欠測データ率が低くなるという結果となった．

　初期のプログレス・フィードバックが調査全体におよぼす持続的な影響が，Matzat, Snijders, van der Horst（2009）が行った生存分析で裏づけられた．この研究者らは，調査票全体に設けた25の「確認箇所」において，中断の可能性が異なるという証拠を探した．彼らは，Conradと同僚（Conrad et al., 2005, 2010）が使用したものと同じようなプログレス・インジケータを用いた．その結果，速-遅型プログレス・インジケータの影響が後方になって弱まることを示す証拠は見つけられなかった．逆に，遅-速型プログレス・インジケータは，調査票の全体にわたって均一に中断を増加させていた．また，速-遅型プログレス・インジケータで調査票のはじめのほうで励ますことにより，難しい質問に直面したときに中断する回答者の割合を減らすこともできる．筆者らの研究では，回答者は自動車の所有状況に関する質問に，選択肢型質問または自由回答質問のいずれかで回答した．選択肢型で質問を提示すると，自由回答型の場合よりも回答作業が容易であった．プログレス・インジケータの種類にかかわらず，選択肢型の質問の場合，中断は非常にまれである．これに対して，調査のはじめのほうの進行が速い速-遅型を除くすべてのプログレス・インジケータでは，自由回答質問において，中断が比較的よくみられた．調査のはじめのほうで回答の励みとなる速-遅型フィードバックを使う利点は，中断を減少させ主観的体験を向上させるだけではない．面倒な手間のかかる質問での中断を避けるための予防にもなるようである．

　いくつかの質問が他の質問に比べて回答が難しい，ということを考えると，質問数よりはむしろ全体の労力や手間にもとづいて進捗率を算出したほうがよいかもしれない．Crawfordと同僚（2001）の研究では，回答者が調査票のはじめのほうにある質問に費やした時間は，最後のほうにある質問に費やした時間に比べ極端に長かった．これは，調査票のはじめのほうの質問では，自由回答を文章で入力するよう求められ，終わりのほうの質問は選択肢型であったことによる．結果として，（すでに回答済みの質問にもとづいた）フィードバックは，不必要に回答者の回答する意欲をそぐ状況を生むことになった．以上のことは，プログレス・フィードバックが，完了済みの質問数やページ数ではなく，より適切な指標によって進行状況を知らせたならば，さらに的確で，回答者の回答意欲を高めるものになることを示唆している．回答に要する

平均的な時間は，回答作業全体の労力や手間を示す代替指標となるだろう．この平均的な時間は事前調査によって得られるだろう．

進度情報の表示頻度　調査設計者にとっては，回答者がプログレス・フィードバックが回答の励みになると感じるか，それとも回答する意欲をそぐものと考えるかはわからない．このことは，筆者らがここまでに論じてきた多くの要因に依存するであろう．そこで，回答の励みになる情報がもたらす利益を最大にし，一方，回答の意欲をそぐ情報の不利益を最小限にとどめるような方法で，プログレス・フィードバックを表示することが理想的であろう．これは，フィードバックを断続的に表示すれば達成できるかもしれない．かりに回答する意欲をそぐ情報である場合，これをすべてのページに表示することは，回答者にとってうれしくない情報を絶え間なく受ける事態となり，進行の遅れを感じることが増えるかもしれない．逆に，こうしたうれしくない情報を表示する頻度を減らせば，そのようなフィードバックが完了率におよぼす悪影響を少なくできるかもしれない．さらに，フィードバックを各ページではなく，いくつかの質問をはさんでから表示すると，たとえ実際の進捗が遅い場合でも，回答者はより進んだように感じることができるだろう．したがって，回答する意欲をそぐフィードバックを頻繁に表示すると，さほど頻繁に示さないときに比べて，中断が増えることがあり得る．

回答の励みとなるフィードバックを，断続的に表示しても，完了率が高まるかもしれない．各ページに進度が表示されると，回答者の回答意欲が高まるとするならば，フィードバックを断続的に表示することで，各フィードバックでの変化は大きくなる．そのため，頻繁にフィードバックを行うときと同じくらい，回答者の調査へ回答する意欲を起こさせるかもしれない．

Conradと同僚は (2010)，調査のはじめのほうの3種類の進行速度について，3種類のプログレス・フィードバックの表示頻度の影響を検証した．具体的には，各ページにフィードバック情報を3つの頻度条件で表示した．その3条件とは，「常に表示」(Always On)，12区分ごとに表示（「断続的に表示」(Intermittent)），ごくまれに表示（「要求に応じて表示」(On-Demand)，つまり回答者がほとんどアクセスしないフィードバック）である．また，調査のはじめのほうのフィードバックを，回答の励みになるもの（速-遅型），回答する意欲をそぐもの（遅-速型），中立的なもの（一定速度型）となるよう進度を算定した．この結果を図6.2に示してある．回答する意欲をそぐフィードバック（図の左側の「遅-速型」）が「常に表示」されている場合の中断がもっとも多く，「断続的に表示」の場合，あるいはほとんど表示されないときには（つまり「要求に応じて表示」のとき），中断が減少した．この結果は，回答意欲をそぐプログレス・フィードバックの不利益は，あまり頻繁に表示しないほうが中断が低減することを示唆している．これとは対照的に，回答の励みになる情報を表示した場合（図の右側の「速-遅型」），フィードバックが「常に表示」「断続的に表示」「要求に応じて表示」のどれであるかにかかわらず，中断がもっとも少なかった．このこ

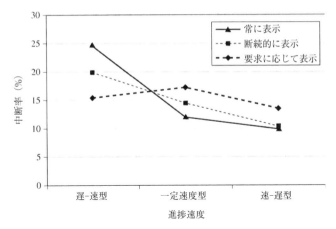

図 6.2 プログレス・フィードバックの頻度と進捗速度の関数として中断を示した．Conrad, Couper, Tourangeau, Peytchev（2010）の実験 2 より許可を得て転載した．

とは，どのような表示頻度であっても，回答の励みとなる速-遅型フィードバックが，非常に回答意欲を高めることを示している．したがって，以上の研究（Conrad et al., 2010）によると，断続的なフィードバックは，回答の励みとなるフィードバックの利点を損なうことはない．またこれは，完了率の点で，回答意欲をそぐフィードバックの不利益を低減できるようである．

動的なプログレス・インジケータ ここまでに論じてきたプログレス・インジケータの応答性はごく限られたものである．なぜなら，インジケータはある質問またはあるページから次へ進む際に，すべての回答者にとって，まったく同じような増え方をするからである．このことは，以上でみた研究の調査票には分岐処理がないから，つまり，すべての回答者がすべての質問に答えているからこそ可能なのである．これにより進度の計算が簡単になる．なぜなら，すべての回答者が答える質問の総数が完全に同じだからである．しかし，分岐処理は実際に日常的に使用されており，回答完了済みの割合を算出するときに，質問総数を分母として用いた場合は，質問項目間の進み方が急に増えることがある．つまり，分岐処理の前には小刻みに均一な進度で増えていたプログレス・インジケータの進度が，急に大きくなったようにみえるかもしれない．Heerwegh と Loosveldt は（2006, p. 200），まったくこれと同じ不連続性を報告している．さらにまずいことには，分岐処理がたくさんある調査票では，回答者が後ろのほうにあるたくさんの質問に答えなくてよいような場合は，調査票のはじめのほうの進度が遅いという錯覚を生むこともあり得る．

Kaczmirek（2009）は，この不連続的な変化を，調査票の残りのページ全体にまんべんなく均一に広げることによって平滑化する方法を提案した．回答者がいくつかの

質問に答えなくてもよいとき，Kaczmirek のいう「動的」な手法では，質問の省略により調査票が事実上短くなったことを考慮して，総ページ数と現在までのページ数を再計算する．いま，30 項目の質問からなる調査票で，回答者を質問 4 から質問 8 へ，4 つ先まで進める場合を想像してみよう．通常の計算法では，進捗率は約 13% から約 27% に増加することになる．ここでもし質問の省略を行わない場合には，通常の計算法では進捗率はわずか約 3% しか増加しない．一方，Kaczmirek の動的な手法では，質問の省略があった場合，回答者に送られる質問は（質問 8 ではなく）質問 5 と再定義され，質問総数を 27 に減らす．そして約 13% の進捗であったものを約 4% だけ増やして，約 17% の進捗とする．Kaczmirek が進度の動的計算を検証したところ，「静的な」手法よりも中断が 6% 少なくなることがわかった．この差はあきらかに有意ではないものの，進度を計算する動的手法には利点があることを示唆している．Kaczmirek の研究では，質問の省略は 1 カ所しかなかったが，複雑な構造の実際の調査[9]では，調査票のはじめから終わりに至るまでに，質問の省略によっていろいろな経路があり得るかもしれない．この進度を動的に計算しないかぎりは，回答者は進度の変化のあきらかな理由もわからずに，フィードバックが不連続的に進んでいるかのように思うかもしれない．

プログレス・インジケータに関する研究の要約　表 6.1 に，プログレス・インジケータと中断率について，これまでに発表された知見の要約を示してある．Callegaro, Villar, Yang（2011）は，表 6.1 に示した研究と数件の未発表の研究についてメタ分析を行った．彼らの結論は，筆者らがこれまでに行ってきた研究結果と，大部分において一致している．第 1 に，速度一定のプログレス・インジケータは中断を減らすことはなく，有意ではないものの，中断がむしろ増える．第 2 に，プログレス・インジケータがない場合と比べ，どの研究においても，速-遅型（調査のはじめのほうの進度が速いもの）では中断は減少し，遅-速型（はじめのほうの進度が遅いもの）では中断は増加した．調査票のはじめのほうにおけるフィードバックの重要性は，第 3 章で提案した（3.6 節を参照），中断に関する「選択-決断-再考のモデル」と一致している．このモデルでは，「回答者は，調査のはじめのほうでの経験にもとづいて，とりあえず調査票に回答しようとしていること」を前提としている．はじめのほうの進度が早ければ，「調査は簡単に終わる」と予想する重要な手がかりになるだろう．Callegaro と同僚が得た結論もまた，表 6.1 にある知見と一致していた．つまり，プログレス・インジケータによって中断が減少するのではなく，回答する意欲をそぐ情報が与えられると中断は増加し，また非常に前向きなフィードバックを受け取ると（たとえば，速-遅型インジケータを用いた場合，あるいは調査票が非常に短いとき），中断はあきらかに減少するのである．

---

[9] 原文は "production survey" とある．これは，なにか推定値を得るために実際に行う「本当の調査」（real survey）のことで，実験調査（experimental survey）に対比する意味で用いている（Couper, 2015，私信）．ここでは「実際の調査」とした．

6.2 応答的で機械的な機能

表 6.1 取り上げた研究および実験条件別の中断率とプログレス・インジケータ

研究	設定条件	中断率 (%) (標本の大きさ:n)
Couper, Traugott, Lamias (2001)	プログレス・インジケータあり	10.1 (378)
	プログレス・インジケータなし	13.6 (376)
Crawford, Couper, Lamias (2001)	〈8〜10分〉	
	プログレス・インジケータあり	32.2 (486)
	プログレス・インジケータなし	27.8 (487)
	〈20分〉	
	プログレス・インジケータあり	30.6 (437)
	プログレス・インジケータなし	23.1 (425)
Healey, Macpherson, Kuijten (2005)	プログレス・インジケータあり	14.3 (490)
	プログレス・インジケータなし	13.3 (481)
Kaczmirek (2009)	分岐のないプログレス・インジケータ[1]	14.1 (170)
	分岐のあるプログレス・インジケータ[1]	22.9 (205)
	動的なプログレス・インジケータ[1]	17.0 (194)
	プログレス・インジケータなし[1]	16.8 (190)
Matzat, Snijders, van der Horst (2009)	遅-速インジケータ	
	長い調査票	11.0 (342)
	短い調査票	15.6 (278)
	速度一定のインジケータ	
	長い調査票	13.1 (297)
	短い調査票	10.4 (299)
	速-遅型インジケータ	
	長い調査票	9.0 (367)
	短い調査票	11.1 (243)
	プログレス・インジケータなし	
	長い調査票	10.5 (279)
	短い調査票	6.4 (355)
Conrad, Couper, Tourangeau, Peytchev (2010)　実験1	遅-速型インジケータ	21.8 (532)
	速度一定のインジケータ	14.4 (562)
	速-遅型インジケータ	11.3 (530)
	プログレス・インジケータなし	12.7 (1563)
実験2	遅-速型インジケータ	
	要求に応じて表示	15.4 (324)
	断続的に表示	19.9 (276)
	常に表示	24.8 (295)
	速度一定のインジケータ	
	要求に応じて表示	17.2 (290)
	断続的に表示	14.4 (340)
	常に表示	12.0 (359)
	速-遅型インジケータ	
	要求に応じて表示	13.5 (326)
	断続的に表示	10.4 (327)
	常に表示	9.9 (323)
	プログレス・インジケータなし	14.3 (335)

表6.1 取り上げた研究および実験条件別の中断率とプログレス・インジケータ（続き）

研　究	設定条件	中断率（%） （標本の大きさ:n）
Yan, Conrad, Tourangeau, Couper (2011)	プログレス・インジケータあり	
	長い調査票／長い見込み時間[2]	16.3 (447)
	長い調査票／短い見込み時間	18.2 (461)
	短い調査票／長い見込み時間	13.9 (267)
	短い調査票／短い見込み時間	8.2 (669)
	プログレス・インジケータなし	
	長い調査票／長い見込み時間	12.0 (207)
	長い調査票／短い見込み時間	19.0 (237)
	短い調査票／長い見込み時間	12.6 (135)
	短い調査票／短い見込み時間	12.1 (339)

[1] 訳注：原書では，ここのプログレス・インジケータ（PI）の「設定条件」と「中断率（%）（標本の大きさ）」は，上から順に「連続的PI」が22.9 (205)，「動的PI」が16.8 (190)，「加速PI」が17.0 (194)，「PIなし」が14.1 (170)とあるが，この設定条件と数値はKaczmirek (2009) に記載されている結果と異なる．著者に確認し，ここにあるように訂正した．

[2] 訳注：図6.1を参照．ここで，「長い見込み時間」（high estimate），「短い見込み時間」（low estimate）とは，調査実施者側から回答者に対して与えられた調査の想定した長さ（予想所要時間；estimated length）が長いか（high）あるいは短いか（low）を示している．「長い」場合は，短い調査票については25分を，長い調査票に対しては40分を想定した．「短い」場合は，短い調査票に対して5分を，また長い調査票には25分を想定した．ここで"high"と"low"とした理由は，「調査票の長さの長短（long, short）と区別するため」である．

その結果，全体としては，回答の励みとなるフィードバックにより中断率は減少し，別の望ましい結果をもたらすことができる．それでもなお，重大な注意事項が2つある．1つは，プログレス・インジケータは調査の完了率や他の測定指標になんの影響もおよぼさないとする研究や文献がたくさんあることである．なお，これらに該当する研究はこの表6.1には挙げていない．これらを表に含めなかった理由は，ほとんどの研究が，なぜ影響が確認できなかったかを正確に理解することが困難であったからである．また，フィードバックが，回答者の回答する意欲を増すことになったのか，あるいは意欲をそぐことになったのかが，あきらかではないことも多いからである．別の多くの変数がプログレス・インジケータの影響を決めているようにみえる．そして，プログレス・インジケータが役に立つものか，悪い影響をおよぼすものか，あるいはなんの影響もないかは，こうした変数の示す値次第である．2つ目の注意事項は，実際の調査においては，「回答者に与えるフィードバックは正確（accurate）でなければならない」ということである．速度が可変のプログレス・インジケータを使用する研究では，回答者が調査票への回答の続行，または中断を判断する過程をあきらかにするためにこれらを用いているのであり，実際の調査に適用できる実践的な方法として，これを用いたわけではない．筆者らが知るかぎりでは，回答者に対して，方法論的な研究でない実用研究でも，誤解を招くおそれのあるフィードバックを用いる

ことを推奨している人はいない．それでもなお，分岐処理を考慮した（あるいは分岐処理を無視した）方法を用いることは，回答者によっては進捗率（rate of progress）について誤った印象を抱くことがあるだろう．

現在使用されているプログレス・インジケータよりも優れた設計があるかもしれない．通常，進度を示す適切な単位は，質問やページであると仮定しているが，調査票の段落や，もしかするとこれとは別のより大きな単位が適しているのかもしれない．Yanと同僚（Yan et al., 2011）は，段落単位のプログレス・フィードバック（たとえば，「12段落のうち第2段落の25％まで完了」と示す）を，全体でみたフィードバック（「18%完了」と示す）と比較したが，両者に差は認められなかった．なお，質問への回答が行われるたびに棒が伸びる単純なグラフや，回答完了した割合を数字で表すことだけが，プログレス・インジケータとして考えられる設計ではない．他の設計により，フィードバックに対する回答者の反応の仕方が変わるかもしれない．

6.2.2 自動集計

コンピュータが人より上手にできることの1つが，計算である．そのため，ウェブ調査で，数値による回答を必要とする計算処理を自動的に行うことは理にかなっている．自記式の調査では，ある活動全体を構成する各要素にかかわる数量を回答者に尋ねることがある．ここで，構成要素ごとの数量を合計して総和とすること，つまり「ある一定和」とすることが必要になる．たとえば，食料品全体の支出について，乳製品，鳥肉，魚，他の肉類，生鮮食品，パンと焼き菓子，その他の食品が占める割合について，回答者に質問することがある．このとき，個々の食料品の割合を足し上げると100%になる必要がある．サーベイ・リサーチャーが一定和を必要とする質問項目を用いる理由の1つは，数量全体がどのように各費目に配分されているかを詳しく調べるためである．また，回答者が個別に判断した場合と比べて，別の費目との関係性が考慮されることにより，個々の推定値（つまり個々の費目）の質が向上することもわかっている（例：Szoc, Thomas, Barlas, 2010）．一定和の質問項目で考えられる問題として，個々の構成要素を合計しても一定和にならない，ということがある．ウェブ調査では，集計値を画面に表示し，構成要素が合計して実際の目標値に一致するかどうかを，回答者がすぐに確認できるように比較的容易にプログラミングできる．回答者が各数量を新たに入力するたびに集計値が更新されることから，この「集計機能」は応答的である．また，コンピュータは合計を簡単に集計，表示できるが，人がこれを行うことは難しいことから，こうした集計機能は機械的でもある．

集計機能は，合計すると一定和に一致するような回答の入力を促すようにみえる．だからといって，そのことが，回答者がこのようなフィードバックを受けていない場合よりも，入力した構成要素の数量が正確であることを必ずしも意味しているわけではない．上手にまとめられた整合性のある回答は，条件に合わない回答よりも間違いなく好ましい．つまりやむなく不完全あるいは不正確となった回答よりは好ましい．

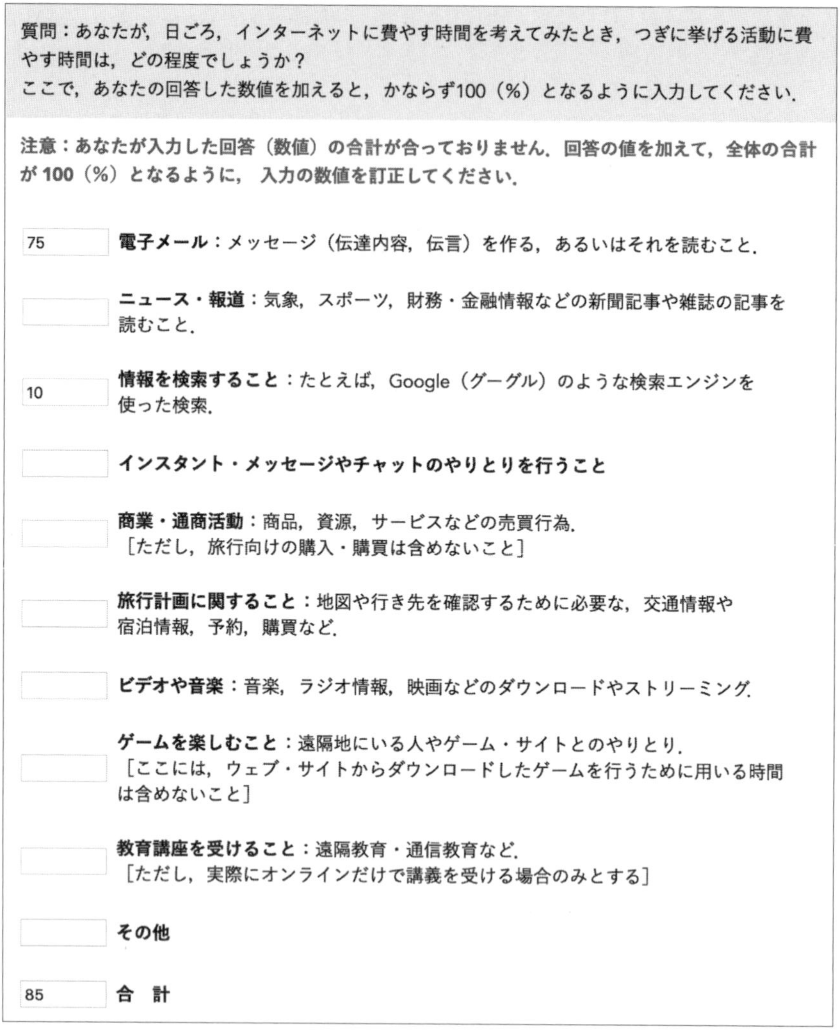

	質問：あなたが，日ごろ，インターネットに費やす時間を考えてみたとき，つぎに挙げる活動に費やす時間は，どの程度でしょうか？ ここで，あなたの回答した数値を加えると，かならず100（％）となるように入力してください．

注意：あなたが入力した回答（数値）の合計が合っておりません．回答の値を加えて，全体の合計が **100**（％）となるように，入力の数値を訂正してください．

75	**電子メール**：メッセージ（伝達内容，伝言）を作る，あるいはそれを読むこと．
	ニュース・報道：気象，スポーツ，財務・金融情報などの新聞記事や雑誌の記事を読むこと．
10	**情報を検索すること**：たとえば，Google（グーグル）のような検索エンジンを使った検索．
	インスタント・メッセージやチャットのやりとりを行うこと
	商業・通商活動：商品，資源，サービスなどの売買行為． ［ただし，旅行向けの購入・購買は含めないこと］
	旅行計画に関すること：地図や行き先を確認するために必要な，交通情報や宿泊情報，予約，購買など．
	ビデオや音楽：音楽，ラジオ情報，映画などのダウンロードやストリーミング．
	ゲームを楽しむこと：遠隔地にいる人やゲーム・サイトとのやりとり． ［ここには，ウェブ・サイトからダウンロードしたゲームを行うために用いる時間は含めないこと］
	教育講座を受けること：遠隔教育・通信教育など． ［ただし，実際にオンラインだけで講義を受ける場合のみとする］
	その他
85	**合　計**

図 6.3　集計機能とサーバー側からのフィードバックのある一定和の質問例〔訳注：入力値の合計が 100 以上のとき「注意：～」の一文が赤字で表示される〕．Conrad, Couper, Tourangeau, Galešic, Yan (2009) では，質問項目として，3 種類のフィードバック条件のいずれかの表示を用いた〔訳注：なおここは，原文にある質問文を，HTML を用いて日本語対応に書き替えた．原図は口絵 4 を参照〕．

しかし，回答者がよりいっそう正確な回答を入力しようとはせず，単に目標とする合計にかなうように自分の回答の帳尻合わせをしようとするだけならば，上手にまとめられた整合性のある回答の入力を促す利点はほとんどなくなるだろう．

計算結果のフィードバックを表示することが，一定和の回答を上手にまとめることにどのように影響するかをあきらかにするため，Conrad, Couper, Tourangeau, Galešic, Yan (2009) は，9種のインターネット活動のそれぞれについて，普段費やす時間の割合を報告するよう回答者に求めた．彼らは，1) 集計機能が表示されている場合，2) 回答者の回答後に，その合計が一定和に一致していないとサーバーからの警告文が生成される場合，3) フィードバックをまったく表示しない場合，という3つのフィードバック条件下で結果を比較した（図6.3は2) の例）．集計機能を示す場合は全体の96.5%，サーバー側からのフィードバックがある場合は93.1%，フィードバックなしの場合は84.8%の割合で，上手にまとめられた整合性のある回答が得られるという結果になった．集計機能を表示する場合は，サーバー側からのフィードバック（98.8秒）の場合よりも短い時間（88.8秒）で，優れた内容の上手にまとめられた整合性のある回答が得られた．サーバー側からのフィードバックを受け取った回答者は，フィードバックを受け取った後，回答の訂正によりいっそうの時間を費やしたようにみえる．

Conradと同僚（2009）は，フォローアップ調査で，日常の時間の使い方について一定和になる項目を質問してみた．ここでの構成要素（たとえば，家族の世話，食事，買い物）となる回答は，足し上げると和が24時間に一致すると仮定した．ここでもまた，集計機能とサーバー側からのフィードバックの両者を用いたが，この場合，上手にまとめられた整合性のある回答の割合は，フィードバックがまったくない場合よりも高かった．さらに，こうした形式のフィードバック条件下での推定値は，「生活時間に関する調査」[10]（ATUS: American Time Use Survey, 米国労働省労働統計局）から得られる推定値に近い利用時間となった．Conradと共著者は以上の結果を，フィードバックが回答の妥当性を改善した証拠であると解釈した．彼らはまた，調査票の最後の質問で一定和になるような回答を求めたとき，集計機能に同じような利点があることに気づいた．その質問項目では，調査票の各段落の回答に要した時間について，回答者に質問した．段落ごとの推定時間は，合計すると調査票全体の回答に費やした時間に相当する．集計機能がある場合には（この実験では，サーバー側からのフィードバックはなかった），整合性があり，しかもより正確な回答となった．以上から，この種の双方向的フィードバックは，目標とする合計に一致する回答の割合が増え，回答の正確さが高まるようである．

---

[10] 訳注：米国労働省労働統計局（Bureau of Labor Statistics）が行う統計調査の1つ．
https://www.bls.gov/tus/overview.htm
ミクロデータが公開されている．https://www.bls.gov/tus/data.htm
日本国内の類似調査の例として，以下がある．
NHK放送文化研究所「生活時間調査」 http://www.nhk.or.jp/bunken/yoron/lifetime/
総務省統計局「社会生活基本調査」 http://www.stat.go.jp/data/shakai/2011/

6.2.3 視覚的アナログ尺度

評定尺度は，社会調査や社会心理学研究の初期の頃から，主観的な意見の情報収集に利用されてきた．尺度を視覚的に表示する場合，一連の離散的な点の並びとして設計することができる．こうしてたとえば，7段階尺度や0から100までの感情温度計のような尺度がつくられる．これとは別の方法として，回答者が数値のない空間上のある位置を選ぶように，連続的な尺度として設計することもできる．ここでは，前者を「離散的回答尺度」（discrete response scale）とよび，後者を「視覚的アナログ尺度」（VAS: visual analog scale）とよぶ．調査研究では，視覚的アナログ尺度よりも離散的回答尺度のほうがはるかに多用されている．しかし，視覚的アナログ尺度は，健康・医療調査や市場調査の場面で幅広く用いられている（Couper, Tourangeau, Conrad, Singer, 2006）．視覚的アナログ尺度では，おおむね離散的回答尺度に比べて，回答者が自分の態度をより的確に表現することができるので，調査にとって魅力的かもしれない．さらに，離散的回答尺度では，付与した数値ラベルが尺度点の解釈に影響をおよぼすこともあり得る（例：Schwarz, Knäuper, Hippler, Noelle-Neumann, Clark, 1991）．ウェブ調査では，回答者が図形のスライダーを操作し，連続的な尺度上に自分の態度の位置を示すことができるような，視覚的アナログ尺度を組み込むことができる．

あるウェブ調査の実験で，Couperと同僚（2006）は，2種類の視覚的アナログ尺度を，いくつかの離散的尺度（4種類のラジオ・ボタン形式，および2種類の数値入力形式）と比較した．一方の視覚的アナログ尺度では，回答者が選んだ数値をその時点で表示するようにした．なお，この数値は，数値のついていない連続的尺度の上でスライダーを回答者が動かすことで変えられる．もう一方の視覚的アナログ尺度では，数値のフィードバックを一切表示しなかった．離散的尺度では，中間点の有無，そして尺度点に付与した数値ラベルの有無を変えてみた．回答者には，ある特定の属性（たとえば，運動能力，飲酒問題）に該当する人びとに関する8つの短いビネットを用意し，この属性がどの程度遺伝に起因するものか，それとも環境によるものか，その程度を示すよう回答者に尋ねた．いずれの尺度でも，両極（「100% 遺伝による」と「100% 環境による」）と中間点（「50% 遺伝, 50% 環境」）の位置にはラベルをつけた．

この研究では，視覚的アナログ尺度について，測定上の利点は見出せなかった．ここで用いた8種類の実験項目では，中断と項目無回答については，他のどの入力形式と比べても，いずれも視覚的アナログ尺度のほうが割合が高く，回答時間も長かった．視覚的アナログ尺度を用いたときに生じる回答達成度にかかわる問題には，スライダー用のJavaアプレットをダウンロードすること（あるいは互換性のあるJavaをインストールし利用可能にすること）が関連している可能性がある．しかし，Javaアプレットのダウンロードの問題は調査票のはじめのほうの質問にのみ影響するはずだが，この影響はすべての質問項目にわたって認められた．視覚的アナログ尺度と他の尺度との間には，8種類の質問項目のいずれの場合にも，回答分布に差違はみられな

かった．ただし，視覚的アナログ尺度には，中間の回答選択肢を選ぶ回答者が他の尺度の入力形式に比べて少ないという唯一の利点がみられた．

それでも，視覚的アナログ尺度はデータのもつ予測的妥当性を高める可能性がある．Thomas (2010) は，「メキシコ料理を食べた」といった行動を，「よい／悪い (good-bad)」「好き／好きではない (like-don't like)」「自分にとって重要である／自分にとって重要ではない (important to me-not important to me)」といった9段階で評価するよう回答者に求め，これらの評価を用いて，過去30日間の行動の頻度と今後30日間の行動の可能性をモデル化した．回答者は，3種類の視覚的アナログ尺度（連続的尺度，5段階尺度，100段階尺度）のうちのどれか1つ，あるいは2種類の離散的尺度（すべての尺度点にラベルつき，または両端のみラベルつき）のいずれかを用いて評価を行った．Thomas は，視覚的アナログ尺度の連続的尺度と100段階尺度，そしてすべての回答選択肢にラベルがついた離散的尺度が，5段階の視覚的アナログ尺度と両端にのみラベルのある離散的尺度より，将来の行動をかなりうまく予想することに気づいた．彼はこうした結果から，視覚的アナログ尺度を用いて集めた回答と離散的尺度により集めた回答には，共通した傾向があると解釈した．つまり，彼は視覚的アナログ尺度を積極的には支持はしなかったのである．

Funke, Reips, Thomas (2011) は，ウェブ調査において，視覚的アナログ尺度と離散的尺度では，得られるデータの質には変わりがないことを示すさらなる証拠を報告している．彼らは，垂直あるいは水平に表示した視覚的アナログ尺度または離散的尺度（ここでは，ラジオ・ボタン）のいずれかを回答者に示した．回答者は，尺度の両極に「非常によくない (Very Negative)」と「非常によい (Very Positive)」のラベルをつけた2つの抽象的な製品コンセプトについて評価を行った．離散的尺度と比べ，視覚的アナログ尺度では，とくに教育年数が少ない人ほど中断が多く，回答にかかる時間も長かった．また，尺度を表示する向きが回答におよぼす影響は認められなかった．全体として，現時点の研究では，視覚的アナログ尺度は利用可能であるということ以外には，これをウェブ調査で使用する説得力のある理由は見当たらないのである．

6.2.4 双方向的なグリッド

グリッド形式（すなわちマトリクス形式）では，同じ回答選択肢からなる複数の質問を1つのページに表示することができる．グリッド形式は通常，質問項目または説明文などを行側に置き，回答選択肢を列側に置く．グリッド内のセルは，質問に対する回答を示すために用いる（図6.4(a) 参照）．複数の質問を1つのページに配置することで，画面の余白を節約できて，各質問が同一の回答選択肢を共有しているという事実と合わせて，質問項目間の関連性を視覚的に強調できる（第5章参照）．グリッド形式の欠点は，回答者がすべての（あるいはほとんどすべての）質問項目で同じ回答選択肢を選ぶという，「非識別化」（つまり判断することなく同じ回答選択肢を選ぶこと）が生じること，すなわちストレートライニング[11]を助長することである．ま

(a) 視覚的フィードバックのないグリッド

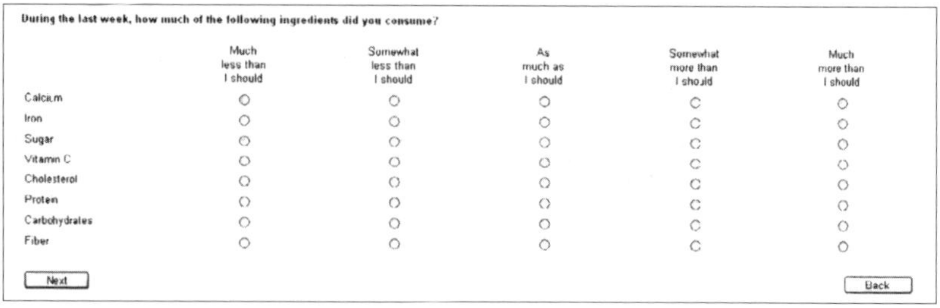

(b) 回答完了項目の文字を灰色に変更するグリッド

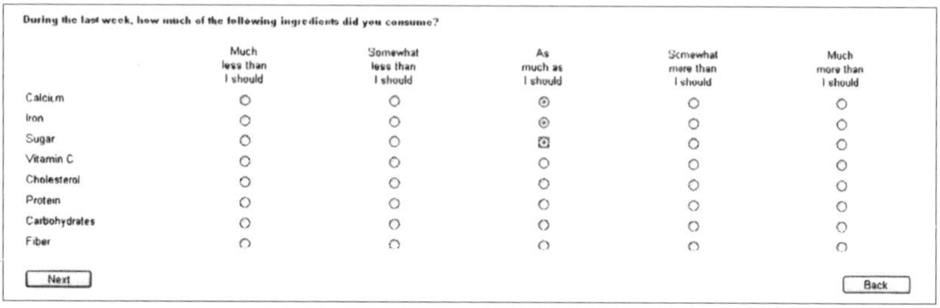

(c) 回答完了項目の行を網掛けするグリッド

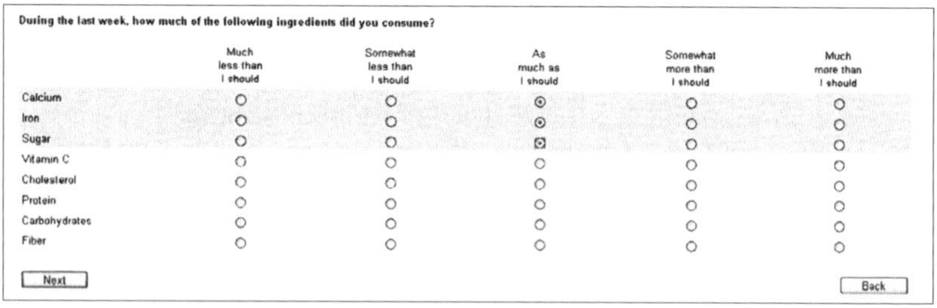

図 6.4 Galešic, Tourangeau, Couper, Conrad（2007）が用いたグリッド形式．上段の（a）は視覚的フィードバックのないグリッド，中央の（b）は回答完了後に質問項目の文字を灰色に変更するグリッド，下段の（c）は回答完了後の行に網掛けするグリッドを示している．

たグリッド形式は，回答者がグリッド内の行の位置をうっかり見落として，行を読み飛ばしたときに，項目無回答を助長することもある．同じ回答選択肢を選んだり，質問項目を見落としたりすることは，どの質問項目も 1 ページあたりに 1 項目単位で表

---

[11] 訳注：「ストレートライニング」（straightlining）とは，本文にあるように，回答者がすべての，あるいはほとんどすべての質問項目について同じ回答選択肢を選択する傾向があることをいう．「労働最小化行動」（satisficing）の 1 つの例でもある．第 4 章の表 4.1 の訳注および巻末の用語集を参照．

示されているときには少ない．

　どの質問項目が回答済みかを回答者にわかりやすく示す1つの方法は，回答者が各質問の回答を選択する際に，各行の「見た目」(appearance) を変えることである．Galešic, Tourangeau, Couper, Conrad (2007) は，回答者が回答を選んだ際の見た目について，(1) 質問項目の文字を灰色に変更する場合（図 6.4(b)），あるいは，(2) 質問項目に対応する行全体に網掛けする場合（図 6.4(c)）の，2種類で実験を行った．これらの双方向的な入力形式のいずれもが，従来の静的なグリッド形式に比べて，項目無回答を著しく減少させている（図 6.4(a) 参照）．この双方向的な入力設計については，両方とも回答時間が微増している．その理由を，この論文の著者らは，回答者が初めてこの変化に直面したときの「驚き」によるものだとしている．しかし，ストレートライニングに関しては，この表示の仕方を変えたことの影響はなかった．

　回答を選択する前にマウスを動かしたときに，マウスの示す位置を強調することが，つまりグリッド内の特定のセルを強調することが，選択した行を強調するよりも役に立つこともある．Kaczmirek (2011) は，その質問項目（つまり行）あるいはその質問項目に対する特定の回答（つまりセル）に対して，回答者が回答を選ぶ前あるいは後にフィードバックを与えたときの項目無回答を比較した．回答を選ぶ前にセル位置でのフィードバックがある場合は，強調をしなかったグリッドの対照群と比べて，完了率が2.6ポイント少なかった．また，回答選択後に行位置でのフィードバックがあった場合には，完了率が3.9ポイント増加した．Kaczmirek は，セル位置で回答選択の前にフィードバックがあると，それが目障りになることから，項目無回答の度合いが高まる結果となると示唆している．グリッドがさらに複雑な場合には，水平および垂直方向のフィードバックが，項目無回答の低減に役立つかもしれない．Couper, Tourangeau, Conrad (2009) は，グリッド内のある列では，ある特定の食べ物の消費頻度について，続く次の列ではその食べ物の通常の消費量について評価を求めたとき，行と列のいずれのフィードバックとも，完了率の上昇につながったと報告している．

　一方，単純なグリッドによる従来型の入力形式では，ほとんどの場合に，質問項目を行側に置き，回答選択肢を列側に並べている．しかし，質問項目を列側とし，回答選択肢を行側とすることも可能である．双方向的で視覚的なフィードバックは，こうした状況下ではどのように機能するのだろうか？ Galešic と同僚 (Galešic, Tourangeau, Couper, Conrad, 2007) はこの問題を詳しく調べるために，回答者が各質問に回答する際の，列の表示フォントや背景を変えてみた．その結果は，逆の配置としたグリッド設計では，項目無回答が全体的に上昇したことを除けば，従来の配置の向きで行ったときと同じであった．この項目無回答が上昇した理由は，おそらく，この逆の配置としたグリッド設計が，回答者にとっては従来とは異なる見慣れない特徴的な形式であったからだろう．

　全体として，回答者がどの質問項目の回答入力を終えたかに合わせて視覚的なフィードバックを提供することが，項目無回答率の減少となることを示唆しているが，

ストレートライニングに関してはほとんど効果がなかった．（単純なグリッド形式を使用した）Kaczmirek の研究では，垂直的および水平的なフィードバックを組み合わせたとき[12]，項目無回答が増加した．（より複雑なグリッドを使用した）Couper と同僚の研究では，垂直的なフィードバックでは，項目無回答が減少した．Galešic と同僚の研究による，これとは逆の配置で設計したグリッドでは，回答完了が増加した．行や列だけに注目してフィードバックを考えることは，おそらく間違いであろう．その代わり，ウェブ調査の設計者は，双方向的なフィードバックによって，回答作業のどういう点が楽になるのかを考慮すべきであろう．どの質問が回答済みでどれが未回答であるかを回答者にあきらかにできるならば，フィードバックは，役に立つと思われる．さもなければ，これはただ回答者の気を散らすか，あるいはまどわせてしまうだけである．

6.2.5　オンラインによる説明

調査員が必要に応じて（つまり，回答者が説明（definition）を求めているときや，説明が役に立つと調査員が思ったとき），質問内容を明確に説明できるようにすること（質問内容の明確化；clarification）で，その質問が正しく解釈され，結果的にはより正確な回答が促される（Schober and Conrad, 1997; Conrad and Schober, 2000; Schober, Conrad, Fricker, 2004）．会話的面接法（conversational interviewing）とよぶこの手法では，結果として質問のワーディングが不均一になる．それは，説明を受け取る回答者と，説明を受け取らない回答者が出てくるからである．しかし，この方法は，おそらくは質問に関する明確な説明を必要としない回答者の時間を無駄にすることなく，回答の正確さを改善する．説明の内容にリンクし，ウェブ利用者がそのリンクをたどることで，さらに詳細な内容を得られるようにすることが一般的であるようなウェブページの設計は，この手法との相性がよい．

いくつかの研究が，オンライン調査において説明を用意することの利点について，詳しく調べている（たとえば，Conrad, Couper, Tourangeau, Peytchev, 2006; Conrad, Schober, Coiner, 2007; Peytchev, Conrad, Couper, Tourangeau, 2010; Tourangeau, Conrad, Arens, Fricker, Lee, Smith, 2006）．表 6.2 は，こうしたウェブ調査における説明に関する研究を要約したものである．これらの研究から得られた重要な教訓は，回答者は，自分が必要とするたびに明確な説明を求めるわけではないということである．説明があまり使われていない理由の1つは，回答者自身が，明確な説明が必要であることに気がついていない可能性があることである．回答者は，質問文を意図されたとおりに理解していないときでも，それを理解できていると思い込んでいるかもしれない．もう1つの可能性は，多くのウェブ調査の回答者にとって，説明を受けるという行動が

---

[12] 訳注：たとえば，マウスでグリッド上の行方向，列方向にポインターを移動させると，その位置に合わせて交差した行と列が網掛けで強調されて識別しやすくなるようなレイアウトのこと．これについては，ここで引用されている Kaczmirek (2011) の研究報告をみるとよい．

表6.2 ウェブ調査における説明の使用についての研究

研　究	変　数	主な知見	設定，標本の種類
Conrad et al.（2006）実験1と2	労力の程度（明確な説明を得るために必要な動作回数）	説明を求める回答者は比較的少数だが，その少数の中で，回答者は2回のクリックより1回のクリック，1回のクリックよりも1回のロール・オーバーで説明を求めている	ウェブ調査，ボランティア・パネル（確率的パネルを用いた反復実験[1]）
Conrad et al.（2006）実験1	情報量・情報提供力（説明によって回答者が質問の主な概念についてどう考えるかを変える度合い）	説明の情報が豊富であれば，回答者はより多くの説明を求めるが，それは説明の獲得にほとんど労力がかからない場合に限る（たとえば1クリック）	ウェブ調査，ボランティア・パネル
Peytchev et al.（2010）実験1	質問中の語句の専門性	回答者は専門用語の説明を求める可能性が高い	ウェブ調査，ボランティア・パネル
Tourangeau et al.（2006）実験2	質問中の語句の専門性	用語が専門的だった場合，回答者は説明を再表示する可能性が高い	ウェブ調査，ボランティア・パネル，ビネットにもとづいた回答
Peytchev et al.（2010）	質問文に含めること（「常に表示」）	回答者は説明が常に表示されている場合は，ロール・オーバーが必要なときよりも説明をよく確認する．説明の長さも，ロール・オーバーが必要なときには，説明が常に表示されているときよりも回答時間に影響をおよぼす	ウェブ調査，ボランティア・パネル
Galešic et al.（2008）実験3	質問文に含めること（「常に表示」）	回答者は説明が常に表示されている場合は，ロール・オーバーが必要なときよりも説明を目にするが，ロール・オーバーしたときにはより多くの時間，説明を読んでいる．説明を表示する時間が長いほど，それが回答におよぼす影響は大きくなる	実験室調査（アイトラッキングを利用），便宜的標本
Tourangeau et al.（2006）実験2	説明が再度必要な回答選択肢に続く説明をデフォルトで表示	デフォルトで説明を提示した後，回答者に，その説明にもとづいて判断するよう求める．（クリックで）2回目の説明を求めた回答者は，その追加の表示を要求しなかった回答者よりも，回答により長い時間を費やし，より適切な回答を行った	ウェブ調査，ボランティア・パネル，ビネットにもとづいた回答

[1] 訳注：この実験調査は2度行われた．1回目はボランティア・パネルを用いて行い，2回目の調査は，同じ調査内容を，別の確率的パネルを用いて行った．

調査員に質問するよりも簡単である一方，調査回答に費やしてもよいと考えている以上の労力を必要とすることである．これはウェブ調査の回答者に限ったことではないのだが，一般に，ウェブ利用者は忍耐力がない．たとえば，彼らはウェブページ上の文字情報は精読せずに，ざっと見る傾向があり，またすぐにはみえる状態になっていないコンテンツを見るために画面をスクロールすることもしそうにない[13] (Nielsen and Loranger, 2006)．より一般的に，コンピュータの利用者は，回答の正確さを高めることができる情報を得るために，目を動かすといったちょっとした動きすら避ける傾向がある (Gray and Fu, 2004)．ウェブ調査の回答者は，回答にとって本質的ではないことに労力を費やすことを，上と同じように嫌がり，その質問の意図することを，自分の事前の理解にもとづいて，苦慮しながらもなんとか回答しようとするかもしれない．さらに，回答者はあるリンクをクリックしてヘルプを求めることをためらうかもしれない．なぜならば，このクリックが自分の予想とは違った行動のきっかけとなることもあるからである．つまり，新しいタブを開くリンクもあれば，現在のページとまったく異なるサイトの新しいページと置き換わるとか，元のページに戻ることが困難となることもあるし，さらには閲覧しているページ上に小さなウィンドウを開くこともある．こうしたことのいずれもが原因となり，回答者は，作業の途中でリンクをクリックすることをためらうのである．

回答者が説明を入手するための労力が回答にどれほど影響しているかを検証するために，Conrad, Couper, Tourangeau, Peytchev (2006) は2つの実験を行った．彼らはその両方の実験で，オプトイン・パネルの登録者に対して，さまざまな食品や栄養物の消費量の評価を尋ねた．ここで，労力の程度に違いがあるインターフェースで，関連用語の説明が利用できるようにした．実験では，説明の有用度も変えてみた．「フライド・ポテトは野菜として数えること」といった，予期しない意外な，あるいは直観に反するような情報の説明を受け取る回答者もあれば，「ビールとは「発酵させた大麦麦芽の抽出物，他のでんぷん質が入っているものと入っていないものがある．ホップで味つけをしてあり，アルコール含有量が 0.5% 以上のもの」といった，おそらくは回答者がすでに知っている情報からなる説明を受け取る回答者もいた．なおここで，回答者は説明の有用度が異なる説明のいずれか一方を受け取った．

最初の実験では，1, 2回のクリックを必要とするインターフェースを通じて，または複数のクリックが必要な（通常は2回以上のクリックが必要である），クリック・アンド・スクロールのインターフェースを通じて，回答者は説明を受け取れるものとした．全体としては，なんらかの説明を求めた回答者は 13.8% にすぎず，このことは回答者が総じて，説明の取得に必要な努力をする気がないことを示している．しかし，実際に説明を得た回答者は，そうしなかった回答者とは異なる回答を行っており，

---

[13] 訳注：こうした回答者行動が，日本人を対象とした調査でもみられるのかは，検証を行う必要があるだろう．国内におけるウェブ調査では，欧米とは異なる傾向もいろいろ観察されている．

6.2 応答的で機械的な機能

回答者が食品項目について判断を行うとき，その説明を読みかつ利用したことを示唆している．説明を少なくとも1回求めた回答者間では，説明を表示するまでに必要とするクリック回数によって，説明を要求する回数が異なっていた．クリックが1回だけ必要なインターフェースを受けた回答者は，4つある説明のうち平均して2.5個の説明を必要とした．クリックを2回とするインターフェースとクリック・アンド・スクロールのインターフェースの場合には，これが1.5個にまで減少した．説明の有用度が関係していたのは，説明がクリック1回だけで得られる場合に限られた．有用な説明を受け取った回答者（そしてクリック1回のインターフェースを用いたとき）は，4つある説明のうち，平均して3.7個の説明を求めたのに対し，有用ではない説明を受け取った（また，クリック1回のインターフェースを用いた）回答者は，平均して1.7個の説明を求めた．回答者が情報として役に立つ説明を見ることができるときでも，そうした説明を画面に表示するために必要なちょっとした動作（たとえば，マウスを動かすとか，クリックをすること）が，回答者が説明を求めるかどうかの重要な留意事項となるようである．そして，2回以上のクリックが必要な場合，その説明が有用かどうかにかかわらず，回答者は複数の説明を求めることはほとんどなかった．

2番目の実験で，Conradと同僚（2006）は，クリック1回方式よりも要求度の低いインターフェースである，マウスのロール・オーバーについて詳しく調べた．ロール・オーバーの場合には，1回クリックあるいは2回クリックのいずれのインターフェースと比べても，説明を求める回答者が大幅に増えて，より多くの回答者が，少なくとも1つの説明を求めた．全体としては，回答者の36.5%が，ロール・オーバーで少なくとも1つの説明を利用しており，これに対して，クリック1回のインターフェースでは8.9%，クリック2回のインターフェースでは6.5%であった．回答者が予想もしていなかったのに，ロール・オーバーによって説明が表示された場合もあっただろう．たとえば，回答者が，ロール・オーバーの説明が利用できる用語に必要以上に近いところまで，マウスを動かしたために，偶然その説明が表示されたという場合もあっただろう．それでもなお，回答者は自分が回答したときに表示された説明をよく検討したようにみえた．回答者が，ロール・オーバーを使って有用な（あるいは有用でない）説明を得たときには，回答分布が確実に異なっていた．このような違いは，回答者が説明を読んでいないと生じないであろう．以上の2つの実験からわかることは，調査票に回答するために，必ずしも不可欠ではないものの，回答の質を高めるような双方向的特性を使用するときには，割とわずかな労力でも回答者にとっての足かせになるかもしれない，ということである．つまり，回答者は，あるインターフェースと別のインターフェースとの間のわずかな労力の違いに敏感でもある．

回答者が説明を求めるかどうかに影響をおよぼす変数は，使いやすさだけではない．回答者は，手助けが必要であることに気づくと，説明を求める傾向がある．つまり，なじみのない言葉や専門用語については説明を求める傾向がある．Conradと同僚（Conrad et al., 2006，実験1）による最初の実験では，回答者は「乳製品」といった専

門的ではない用語と比べ,「多価不飽和脂肪酸」といった専門用語の説明を求めることが多かったと報告している. 回答者は「乳製品」といった日常的な言葉が, 調査においては特別な意味合いで用いられることがあるかもしれないとわかっていても, 日常的な意味において理解しているのであろう. Tourangeau, Conrad, Arens, Fricker, Lee, Smith（2006, 実験2）では, 回答者に対してある説明を読むように依頼し, 続いて短いビネットで読んだ人びとが「身体障害者」に分類されるのか, あるいは, 滞在していた場所の「住民」とみなされるのかどうかを判断してもらった. ここで, 回答者はそれぞれの説明を読む際に, 説明をクリックすればもう一度読めるように設定した. 多くの回答者は, わざわざ説明を読み返すことはしなかった. 全体として, 回答者のうちの20%だけが説明を求めたが, 質問文に専門用語が用いられている場合には（例：「国勢調査単位区」（enumeration unit）), これに対応する日常的な言葉（例：「住居」（residence））が使われている場合よりも, 回答者が説明を求める傾向にあった. それにもかかわらず, 明確な説明を求めるかどうかとなると, 質問中のある用語についてなじみがないという回答者の自覚意識よりも, 使いやすさのほうが勝るようである. Conradと同僚（2006）による実験1では, 専門用語の説明を求める件数は, 必要なクリック回数の増加に合わせて確実に減少していた.

　ロール・オーバーを使って説明を得ることは, マウスをクリックするよりも少ない労力で済むが, 回答者が視線を動かすことだけで説明が得られる場合には, さらに少ない労力で済む. 質問文の一部に説明を含めることで, 回答者が明確な説明を必要とするならばその説明を読み, それが不要であれば読み飛ばすようにできる. この手法によって, 説明の使用は増えるのだろうか？ Peytchev, Conrad, Couper, Tourangeau（2010）は, 説明を質問文の一部として示した場合と, ロール・オーバーで閲覧可能な説明とした場合を比較した. ここでの主な知見は, ロール・オーバーで閲覧可能な説明とした場合（35.6%）よりも, 質問文の文字情報の一部として説明を表示した場合（60.7%）のほうが, 説明を用いた回答者が多かったことである. 回答者がマウスの動作で（つまり, ほんの少し頑張ることで）説明を得られるときには, 少なくとも説明が質問中に含まれている場合と同じくらい注意深く, 回答者はそれを読んでいた. つまり, 回答者がマウスのロール・オーバーを使って説明を求めたときは, 説明が質問文に含まれていた場合に比べて, その説明の長さが回答時間にかなり影響していた. Galešic, Tourangeau, Couper, Conrad（2008）が報告しているアイトラッキングの研究では, 回答者がはっきりと説明を求めた場合は比較的注意深く読まれている, という別の証拠を提供している. 彼らの研究では, 回答者は質問文の文字情報で示される説明を見る傾向がみられた. しかし, 回答者がロール・オーバーにより自分で説明を要求したほうが, 説明を見ている時間が長かった. 説明がどのように示されたか（つまり, 質問文と一緒に表示されたか, あるいは回答者の要求に応じて表示されたか）にかかわらず, 回答者が説明を見る時間が長いほど, 説明が回答者の回答に大きく影響を与えていた. たとえば, 栄養補助食品（ハーブ系サプリメン

ト）の説明として，「老化から細胞を保護し，精力を高めて，ストレスを減少させる」という文言を説明の終わりのほうに記した．この説明を読むために費やす時間が長いほど，十分な量を摂取していないと回答者は報告した，と回答者は報告していた．Tourangeauと同僚（Tourangeau et al., 2006）が行った研究では，すべての回答者が調査のはじめのほうである説明を受け取ったが，回答を判断する際に，クリックしてもう一度その説明を確認した回答者は，より多くの時間を回答に費やし，より正確な回答を行っていた．

総合すると，以上の研究結果は，説明の入手に必要な労力を減らすことで，回答者が説明を確認する機会が高まることを示唆している．結果として，画面上に説明を表示することが最善の方法かもしれない．それでもなお，長い調査や調査票内の空白がわずかしかないようなときには，すべての質問項目に対して画面上に説明を用意することは現実的ではないかもしれない．さらに，説明の入手に必要な労力の度合いが，回答者が説明にどれほど入念に注意を払うかに影響するかどうかは，あきらかではない．そこには少なくとも2つの可能性がある．まず，a) 説明をクリックするまたはロール・オーバーする意欲のある回答者であれば，すでに説明を注意深く読んでいて回答に利用していること，そしてb) 回答者は説明を得るためになんらかの労力を費やすことで，結果として，より注意深く回答を処理する傾向があること，という2つの可能性である．もちろん，このいずれの解釈も合っているかもしれない．説明を回答者に届けるためのもう1つの手法は，回答者が説明を必要としていると思われるときに，生身の調査員が行うこととまったく同じように，自発的に明確な説明ができるような調査票をプログラミングすることである．人間に近い双方向的特性については，6.3節で述べる．

6.3 人間に近い双方向的特性

ここまでに挙げた2つの可能性のうち，第2の型である人間に近い双方向的特性について，本節では論じる．単なる動的な機能もある．たとえば，生身の調査員が質問するビデオは人間的だが，通常は回答者の行動には応答しない．これとは別に，応答的な（responsive）場合もある．たとえば，回答者が混乱したようにみえたときに，明確な説明を行うバーチャルの動画化した調査員がある．これらの機能の多くは，生身の人の調査員が行う行動を真似ようとしている．たとえば，さらに別の回答はないかとプロービング[14]することや，回答者が必要としていると思われるときに手助けするといったことである．ここでは，こうした人間的な機能のうちの3つについて議論する．つまり，回答の速い回答者に速度を落とさせるような介入，自由回答質問で

---

[14] 訳注：電子調査票の場合に，回答者に対して入力要求を行う指示（プロンプト）を出すことをプロービングということがある．プロービングについては第3章の訳注［44］を参照のこと．

追加の回答を用意するよう促すプロービング，質問に手間どっているようにみえる回答者に対して明確な説明を行うこと，である．これに続いて，調査員あるいは面接員が視覚的に描かれていて，質問を行う際に動画化した人の顔を用いるような，人間らしさのある調査インターフェース（humanized survey interface）の利用について詳しく調べる．

「速度違反」を減らすための双方向的介入　　回答の質にとって好ましくない前兆となる行動の1つが，「速度違反」(speeding）である．これは，回答速度が速すぎることをさしている．つまり，回答が速すぎるため，十分に考えて回答をしていないことはもちろん，質問をよく読んでもいないことをさしている．ウェブの双方向性を用いることで，この種の行動を減らすことができる．ウェブ調査票では，回答が不当に速い回答者に指示を出し，回答が速すぎた質問の箇所に再び戻って，質問を十分に考える機会を回答者に与えるような設計ができる．Conrad, Tourangeau, Couper, Kennedy（2009）と Conrad, Tourangeau, Couper, Zhang（2011, 2017），Zhang and Conrad（2017）は，この手法を検証した．これらの研究では，回答者に経験頻度を問う7つの質問（例：「過去2年間で，泊まりがけの旅行に何回出かけましたか？」"How many overnight trips have you taken in the past 2 years?"），あるいは計算能力を問う7つの質問（例：「病気になる可能性が10%だとしたら，100人中何人が病気になると思われますか？　1人，10人，それとも20人でしょうか？」"If the chance of getting a disease is 10%, how many people out of 100 would be expected to get the disease: 1, 10 or 20?"）を行った．回答者が，質問の読解に必要と想定した時間より速く回答した場合には，「あなたのお答えは，非常に速かったようです．十分に考えた上で正確な回答を用意できたか，確かめて下さい．」"You seem to have responded very quickly. Please be sure you have given the question sufficient thought to provide an accurate answer."）という指示を出す．実はこの介入は回答時間を自動チェックしているだけだが，知的エージェント[15]がいるように模倣していることから，この指示には人間に近い特性がある．

この介入は，ゆっくりと時間をかけてさらに正確に回答することにつながったのだろうか？　いくつかの研究を通じて，回答者が「速く回答しすぎている」ときには必ず回答者に指示を出すことで，そのような指示を出さなかった対照群と比べて，それに続く速度違反の件数が減少し，総じて回答時間が伸びた．計算能力を問う質問については，指示により回答者は時間をかけて回答するようになり，また回答の正確さが向上したが，正確さの改善は，教育水準が中程度以上の回答者においてのみあきらかであった．回答時間に関する介入の影響もまた，一部の回答者に限られるようである．いわゆる「筋金入りの速度違反者」(hard-core speeder）は，4回以上の指示があっ

---

[15]　訳注：「知的エージェント」(intelligent agent: IA）とは，一種の人工知能的な機能を備えたソフトウェア・エージェント（ユーザー間やソフトウェア間の仲介にかかわる動作を行うソフトウェア）のこと．通常のエージェント機能だけでなく，学習し適応する能力を有するものをいう．

た後でも決して回答速度を落とさなかった．速度違反に対する指示は，速度違反以外の行動には前向きな影響をおよぼした．指示を出された回答者は，指示を出さない条件下で調査を行った回答者と比べ，それに続くグリッド形式の質問項目でストレートライニングとなることが少なかった．つまり，すべての質問項目について同じ回答を選択する傾向が低かった．

こうした介入は，人びとの回答の支障とはならず，役立っているようである．検証した7つの質問項目を通じて，指示がある場合は中断はほとんどみられず，割合にして約1ポイント以上中断が増加することはなかった．

追加の自由回答質問へのプロービング　他の調査方式と同じように，ウェブ調査における自由回答質問は，選択肢型質問と比べて内容が豊富になり，リサーチャーが予想しなかったような回答をもたらしてくれる．自由回答質問の1つの種類として，ある概念について回答者に1つ以上の例を挙げるよう求めることがある（たとえば，「現在，国家が直面しているもっとも重大な問題はなんですか？」"What are the most important problems facing the country today?"）．調査員はこの種の質問を行うとき，決まって追加の回答を求めるプロービングを行う（たとえば，「他にはありませんか？」("Anything else?")とする）．こうした質問を含むウェブ調査では，通常，回答者が回答を入力するための回答ボックスを設けており（第5章参照），回答者の入力内容は，なんの評価を行うことなく，大抵はそのまま受け入れられる．しかしウェブ調査票では，回答者が最初の自由回答を入力したとき，さらに生身の調査員を模倣して，回答内容を引き出すためのプロービングを行うことができる．プロービングにより，回答に含まれる意見や話題の数は増えるはずであり，しかもこのことがよりいっそう確かな回答となり得る．

HollandとChristian（2009）は，こうしたプロービングの効果を検証した．彼らは学生に対し，彼らの関心事（たとえば，「ラテンアメリカ地域および／あるいはカリブ海地域ではどの国，どの話題に関心がありますか？」"What countries and topics are you interested in within Latin America and/or the Caribbean Region?"）について，2つの自由回答質問を行った．半数の学生に対して，追加の回答を求めるプロービングを行い（「ラテンアメリカおよび／あるいはカリブ海地域で，あなたが他に関心をもっている国や話題はありますか？」"Are there any other countries or topics that you are interested in within Latin America and/or the Caribbean Region?"），残りの半数の学生にはプロービングを行わなかった．プロービングを受けた学生は，平均すると，プロービングを受けていない学生に比べて，若干ではあるが確かに長い回答を示した（10.0語数に対し，12.1語数）．その後の研究において，OudejansとChristian（2010）は，オランダの確率的パネルからなる回答者に対し，オランダでの生活について4つの質問を尋ねた．回答者がプロービングを受けた場合は，回答にはさらに多くの話題や語数が含まれていた．質問文により，その質問の重要性が強調されている場合は，プロービングの効果がさらに大きかった．

このように、双方向的なプロービングは、非常に異なる標本を用いた2つの研究で、予想どおりの効果があった。それでも、研究で見つかった効果は小さく、しかもすべての質問項目で効果がみられたわけではなかった。さらに重要なことは、より多くの質問でプロービングがあると、効果は弱まったのである。いずれの研究でも、プロービングした場合と、それをしなかった場合との回答の差違は、調査の最後のほうにある質問のプロービングでは有意ではなかった。おそらく回答者は、後ろのほうにある質問でプロービングが行われると、押しつけがましいとか、うっとうしいと感じるか、あるいはまったく無視するのだろう。

実質的な回答を促すこと　「わからない (Don't know)」やその他の答えになっていない回答、つまり実質的ではない回答[16]は、回答過程における手抜きの証左であり、多くの場合データの質を損なうものと考えられている（たとえば、Krosnick, 1991）。回答者が回答を拒否すると、調査員は質問の意図に合った実質的な回答を得ようと努めるように、ウェブ調査票では「この質問への回答を是非お願いいたします。ここに示した回答選択肢から1つを選んでいただけるようでしたら、〈戻る〉を選んでください。」("We would very much like to have your answer to this question. If you would like to choose one of the proposed answers, please select 'Back.'")といった文言を表示できる。DeRouvrayとCouper (2002) が、この介入とまったく同じことを試したところ、回答者が「回答を拒否する (decline to answer)」という回答選択肢を選択する頻度が減少した。

質問に対する明確な説明の提供　強調してある文字情報をクリックして説明を求めることは、調査員に助けを求めることに類似しており、むしろ生身の調査員に助けを求めるよりも気楽かもしれない。しかし、ロール・オーバーのように少ない労力で済むインターフェースであっても（6.2.5項参照）、回答者は明確な説明を必要とするときに、いつでも要求するわけではないだろう。幸いにも、ウェブ調査票では、回答者の行動が困惑状態にあるときに説明を提供すること（あるいは、説明ができるように準備だけ行うこと）ができる。つまり、対話形式の調査員が、回答者にとって役に立つと思われるときを見計らって助けとなる説明を提供できる。質問を理解することが困難な状態にあると考えられる1つの徴候として、無応答状態がある。ウェブ調査票は、回答者が比較的長い時間なにも入力していない場合に（たとえば、クリックや入力などがない）、助けを出すようにプログラミングすることができる。

Conrad, Schober, Coiner (2007) は、回答者がクリックして明確な説明を求める「回答者主導型」(respondent-initiated) と、回答者がクリックしたとき、あるいは回答者が一定の時間以上、無応答状態になったときに調査票が明確な説明を提供する「混合主導型」(mixed initiative) を、実験室実験で比較した。2つの実験において、回答者は架空のシナリオにもとづいた一連の行動について質問に回答した。回答者に示

---

[16]　訳注：第3章の訳注 [46] を参照。

されたシナリオは，複雑な状況を説明するものか，あるいは単純な状況を説明するものかのいずれかであった．たとえば，「この家には何人住んでいますか？」("How many people live in this house?")という質問は，「4人家族のうち，ほとんどの時間，大学の寮で暮らしている子どもが1人いる」という複雑なシナリオを示した場合，回答があいまいになる傾向があった．これに対応する単純なシナリオの場合は，「家族全員が家で睡眠をとるようなある家庭」として説明した．つまり，「通常はこの住所を自分の（法律上の）住所としているが，現在は仕事や軍役，就学（たとえば，寄宿生の学校や大学など）で，離れたところで生活している人は数に含めない」という説明を回答者に指示することで，複雑なシナリオの場合に起こるあいまいさを解消している．

　最初の実験では，ほとんどの回答者について，目立つようにした質問文をクリックすることで説明を得られるとしたが，対照群ではそれが得られないとした．回答者が複雑なシナリオにもとづいて回答した場合，説明が得られなかった回答者では，質問の正答率は平均で40.9%であった．一方，回答者が明確な説明を得られたときには，回答者主導型の条件下での正答率は67.5%に，混合主導型では66.4%にまで改善した（なお，この実験の混合主導型は，事実上，回答者主導型でもあった．なぜなら，無応答状態を検出する閾値[17]が十分に長く，ヘルプを求める回答者は，無応答状態となってヘルプが呼び出されるより前に，ヘルプを自分から求めたからである）．説明を参考にしないと誤った回答を行う可能性があると警告を受けた回答者は，説明をかなり頻繁に要求した（条件によっては，73〜87%となった）．説明が入手可能であることだけを注意喚起された回答者は，説明の要求がかなり少なかった（15〜32%）．電話聴取で行った類似の調査では（Schober and Conrad, 1997），ウェブ調査の場合と比べて，説明を求める回答者はかなり少なかった．ある用語をクリックするという単純な動作のほうが，言葉によって説明を要求するよりも簡単であろう．しかし，明確な説明を求める利点を回答者に知ってもらえないかぎり，ウェブ回答者が明確な説明を求めることはほとんどなかったのである．

　Conradと同僚が行った2番目の実験では（Conrad et al., 2007），混合主導型の条件で，調査システムが明確な説明を提供する速さを，回答者の年齢にもとづき調整した．ある回答者集団に対しては，一定期間の無応答状態の後に明確な説明を行った．また別の集団では，認知的加齢[18]により通常は高齢の回答者ほど回答時間がかかるという仮定のもとに，ヘルプの指示を提供するまでの無応答時間を，高齢の回答者に対し

---

[17] 訳注：ここで「閾値」とは，ある質問の回答に要する回答時間の判定に用いる最短時間のこと．たとえば，閾値を10秒に設定し，回答者がその時間内に回答しなければ，閾値を超えることになるのでプロンプト（回答指示）を出す．また，年齢に関連した閾値とは，年配の回答者に対しては，若い回答者（例：10秒）よりも長めの時間（例：15秒）を設定することを意味する．

[18] 訳注：「認知的加齢」（cognitive aging）とは，記憶力や注意力などの認知機能が低下するなど，加齢に伴う認知機能の変化をいう．

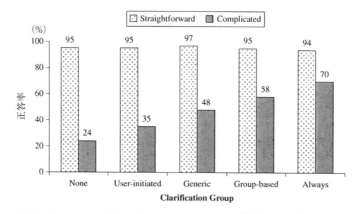

図 6.5 Conrad らの実験 2（2007）における 5 つの初期条件での回答の正確さ．点模様の棒グラフは単純な（Straightforward）シナリオとした場合の結果を示し，灰色の棒グラフは複雑な（Complicated）シナリオとした場合の結果を示している．〔訳注〕グラフの横軸は，この実験調査で明確な説明の提供を受けた集団の種類を表す．軸の左からそれぞれ「回答者に明確な説明が提供されなかった集団（None）」「回答者に明確な説明が提供された集団（User-initiated）」「すべての回答者に対して同一の共通した閾値を設定した集団（Generic）」「回答者の年齢群に合わせて調整した閾値を設定した集団（Group-based）」「明確な説明が常に画面に表示された集団（Always）」と対応する．

ては長く，若い回答者には短く設定した[19]．混合主導型による説明の明確化では，回答者主導型の説明だけの場合よりも正確さが改善し，回答者の年齢を反映させて閾値を設定した場合には，こうした明確な説明はさらに有効であった．複雑なシナリオの場合は，回答者が明確な説明を得られなかったとき，回答者の正答率は平均で 24% となった．回答者主導型で明確な説明を提供した集団では，正答率は 35% となった．また，混合主導型ですべての人に対して同一の共通する閾値を用いて明確な説明を行った集団の正答率は 48% であった．また，混合主導型で，回答者の年齢群に合わせて調整した閾値（年齢集団別に設定した閾値）を用いた集団の正答率は 58% であった．複雑なシナリオの場合の正確さは，説明が常に画面に表示されているときにもっとも高かったが，満足度はもっとも低くなった（図 6.5 参照）．

ユーザー・インターフェースに表示される動画化した顔　ウェブが備える機能により，動画化した人間の姿を，インターフェースに表示することが可能になった．こうした人の姿として，実際にビデオ録画した調査員や動画化（アニメーション化）した面接主体（筆者らはこれを「バーチャル調査員」とよんでいる）がある．ビデオに録画した調査員は動的だが，これを応答的にすることは難しい．応答性のあるビデオ

---

[19] 訳注：訳注 [17] を参照．

録画調査員を作るには，考えられるすべての回答者行動に合わせた調査員行動を録画することが必要であり，しかも想定した場面でどの動画ファイルを表示するかを決めるソフトウェアの開発が必要となる．バーチャル調査員は動的にもできるし(つまり，事前に録画をして，回答者の行動には一切関係なく質問を表示する)，あるいは応答的にもできる（つまり，回答者の行うことや話すことに即時に対応できる）．録画された人であれ，バーチャルの人であれ，こうした「調査員」は原則として口頭で質問を行うことができる．録画されている「調査員」の場合は，回答者の入力を認識する能力はないので，回答者は，通常のブラウザ・インターフェースのように，クリックするとか直接入力することで，自分の回答を入力することが必要になる．これとは対照的に，応答的なバーチャル調査員では，原則として，回答者の言葉による入力を（それが，口頭，文字情報のいずれであっても）認識可能であり，回答者の入力に対応できる．この種のバーチャル調査員の基本となるソフトウェアは，自然言語処理が関係するので，実際にはこれまでは模擬実験のみが行われてきた．

現時点では，ビデオ録画の調査員あるいはバーチャル調査員が，ウェブ調査の価値を高めるかどうかはあきらかではない．もしかすると，ビデオ録画の調査員やバーチャル調査員が，社会的望ましさの偏りや調査員効果をいままでのようにもたらすことになり，従来の調査員方式に比べてウェブ方式の有利である点をいくらか弱めている可能性もある．インターフェース上に，動きがあって話せるような顔を表示することがもつ潜在的な欠点については，第7章で再び議論する．しかし，動きのある，質問を行う人間に似た顔を用いたオンライン調査票をリサーチャーが設計する，いくつかの理由がある．たとえば，以下の理由が挙げられる．

1) 調査への注意力の喚起（increased engagement）： 顔が動いたり，話したりすることが回答者の注意を引き，回答者が調査票の最後まで回答し，さらに注意深く回答作業を行う可能性を高める．
2) 質問の理解（question comprehension）： 回答者は，質問を発した話者の顔がみえると，口頭で行われた質問をより容易に理解できると感じるかもしれない．さらに，ビデオ録画の調査員が口頭で質問を行い，それに文字情報が加わると，単一の伝達経路だけで表示した場合に比べて，回答者の理解が向上する可能性がある（Fuchs and Funke, 2007, p. 66）．
3) 選択（choice）： 原則として，回答者は「調査員」を選択できる．バーチャル調査員を用いる場合，さまざまな選択肢があるため，回答者は自分の仕様に合わせてバーチャル調査員を設定することができる．回答者自らが選んだ「調査員」とやりとりすることで，回答者自身が制御できない設計によるインターフェースで回答する場合と比べ，いっそう意識して回答し，微妙な内容の質問にも回答するといったように，回答者の回答への意欲を喚起するかもしれない．

こうした人間に似せた顔をインターフェースに組み込むことの利点についていくつ

か証拠がある．まず，「注意力の仮説」（engagement hypothesis）について考えると，より本物に近いバーチャル調査員が表示されると，あまり本物らしくみえないバーチャル調査員が表示された場合よりも，回答者の注意力が高まった．しかしこれは，質問を行うバーチャル調査員がいないと，回答者の注意力が低下することを示しているわけではない．Conrad, Schober, Jans, Orlowski, Nielsen, Levenstein (2015) は，応答的であるバーチャル調査員の現実感をうまく処理して，モデルとした本物の俳優の顔の動きを忠実に再現したバーチャル調査員と，それよりも現実感の乏しい顔の動きを示すバーチャル調査員とを比較した．より現実感のあるバーチャル調査員とやりとりした回答者では，言葉や視覚による相槌が多かった（たとえば，「うんうん」というとか，バーチャル調査員が話しているときにうなずく）．さらに，バーチャル調査員が話している間は微笑んでいることが多く，その時間も長かった．このような「相槌」は，聞き手が話者に注意を払っていて，話者の話していることを理解している証拠であると，大抵は解釈されている（たとえば，Clark and Schaefer, 1989; Duncan and Fiske, 1977; Goodwin, 1981; Schegloff, 1982）．また，聞き手側の微笑は，意思の疎通が行われていることを示している（例：Brunner, 1979）．それでもなお，こうした知見は，バーチャル調査員が完了率を高めるという仮説をただちに検証することにはなっていない．Conrad と同僚の実験室における調査研究では，中断が起こることはまれであるとしているが，この研究ではバーチャル調査員のないインターフェースとの比較は行っていなかった．

さて，バーチャル調査員によって回答者の「調査質問の理解」は高まったのだろうか？ Conrad と同僚（Conrad et al., 2008）は，回答者が混乱していることを察知し，明確な説明を提供できるバーチャル調査員は，質問をただ繰り返すだけで，しかもあまり変化のないはっきりしないプロービングを行うバーチャル調査員と比べると，回答者の回答がよりいっそう正確になったと報告している．こうした技術を自動化するには，言語認識設計と対話設計の問題に取り組むことが関連するので，筆者らは「オズの魔法使い」手法[20]（例として，Oviatt and Adams, 2000）を用いて，これらの適用可能性を模擬的に実験した．この実験では，人工知能とではなく人間とやりとりするために，生身の人間である実験者が回答者の発話を観察し，その回答者の発話に関連したバーチャル調査員のビデオ録画を表示した．それにもかかわらず，回答者は自分が自律型ソフトウェアのエージェントとやりとりしているのだと思い込んでいた．この調査質問の理解を促すという利点は，目には見えないが話すことはできるエージェントであるからもたらされるのか，あるいは（Conrad, Schober, Coiner, 2007 の報告にあるような）文字情報だけのブラウザにもとづく設計でももたらされるのかは，ま

---

[20] 訳注：「オズの魔法使い」手法（"Wizard of Oz" approach：WOz 法）とは，John F. Kelley が命名したとされる方法．実験時に，人間（Wizard）がコンピュータ・システムのふりをして（模擬・擬態システム），被験者と対話することにより，実際のシステムとの対話に近いデータを取得する手法．人工知能，インターフェース研究，言語学研究などで用いる．

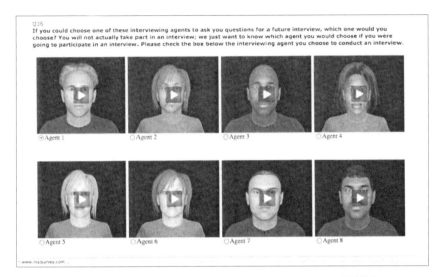

図 6.6 バーチャル調査員の選択. 回答者に対して, それぞれのバーチャル調査員をクリックし, 調査内容の紹介を見聞きするように求めた (Conrad, Schober, Nielsen, 2011). Conrad, Schober, Nielsen (2011) の許可を得て転載した. [口絵 5 参照]

だわかっていない.

　回答者が「調査員を選べること」の利点はなにか？ Conrad, Schober, Nielsen (2011) は, 回答者に 8 人のバーチャル調査員を並べて表示してみせた (図 6.6 参照). 調査の最後に, 架空の調査を将来に受けるときに, どのバーチャル調査員かよいかクリックしてもらった. なおここで, 各回答者はすでに各自に無作為に割り当てられた 1 人のバーチャル調査員との面接を終えている. この実験結果が, コンピュータで動画化されたバーチャル調査員に対して, 回答者にははっきりした好みがあることを示唆している. 好みのバーチャル調査員を選んだ後に, 回答者に対して, そのバーチャル調査員を選んだ理由を尋ねる質問を行った. ここで回答者が共通して挙げた理由が, バーチャル調査員の声や容姿である. バーチャル調査員の人種に触れることはほとんどなかったが, それも 1 つの要因であると思われた. たとえば, 黒人の回答者の 80％が黒人のバーチャル調査員を選択した. 一方, 白人の回答者では, 選択したバーチャル調査員の人種は, より均等に分かれた.

　動いたり話したりできる顔を調査票に組み込むことは利点となり得るが, それは欠点にもなり得る. 第 1 に, インターフェース内のすべての動きが, 回答者の注意を散漫にさせることになり, 回答者が自分の回答を用意するときに, 調査質問の内容をしっかりと考える意欲を妨げることがある. 第 2 に, 設計者が, 人間らしさの手がかりをたくさん用いると, 調査回答時に他の誰かがそこにいるという感じ, つまり「社会的存在感」が作られることである (Short, Williams, Christie, 1976；Tourangeau, Couper,

図 6.7 Fuchs と Funke (2007) による，ビデオ録画された調査員．Fuchs and Funke (2007) から許可を得て編集した．

Steiger, 2003)．この後者はとくに懸念されることである．それは，微妙な内容の質問を自記式で回答することの利点を損ねてしまう可能性があるからである（Kreuter, Presser, Tourangeau, 2008; Tourangeau and Yan, 2009）．かりに調査員がその場にいるように感じると，ちょうど生身の調査員が質問を行うときのように，回答者は他人にいうのが恥ずかしい情報を開示することを躊躇するであろう．

ビデオに録画された調査員とバーチャル調査員による調査では，回答者が生身の調査員と対面面接との場合と同じような反応をすることを，これまでに得られた証拠が示唆している．たとえば，Fuchs (2009) は，ビデオ調査員の性別に起因する影響を見つけている．女性回答者は，男性のビデオ調査員より同性である女性のビデオ調査員に対して，性感染症にかかったことがあると報告する傾向があった（女性 26% に対し男性 17%）．しかし，男性回答者ではその傾向が逆転していた．つまり，回答者が女性のビデオ調査員に性感染症にかかったことを報告する割合は，ビデオ調査員が男性の場合よりも低かった（女性 2% に対して男性 7%）．同様に，Krysan と Couper (2003) は，人種に関連する質問を，生身の調査員とビデオ録画の調査員が行った場合の回答を比較した．ここでは，ビデオ録画の調査員はオンラインではなく，ラップトップ・コンピュータ上に表示された．この研究では，オンラインによる生身の調査員による実況映像であってもビデオ録画であっても，黒人の回答者は白人の調査員に対して進歩的な回答をしていたこと，また白人の回答者は，黒人の調査員に比べると白人の調査員に対して保守的な回答をした（Conrad, Schober, Nielsen, 2011 も参照）．これを最後の例とするが，Lind, Schober, Conrad, Reichert (2013) の研究では，回答者が調査員から声だけで質問を聞いたときに比べて，バーチャル調査員のほうが，微

妙な内容の質問に対する回答が，より社会的に望ましいものになってしまったと報告している．

それにもかかわらず，ビデオ録画の調査員とバーチャル調査員に対する強い社会的反応[21]が常に観測されるとはかぎらない．FuchsとFunke（2007）は，回答者の社会的存在感の感じ方を，いくつかの質問を尋ねることで測定した．ここでは，前のほうに置かれた質問に回答した経験について，いくつかの質問を行った．「ビデオ・エンハンス型」（video-enhanced）のウェブ調査票（図6.7参照）よりも，文字情報からなるウェブ調査票のほうが，よりいっそうの社会的存在感を感じたと回答者は報告していた．ここでのビデオ・エンハンス型ウェブ調査では，ビデオ録画の調査員が質問を行い，回答者は自分の回答をマウスとキーボードで入力した．

6.4 この章のまとめ

筆者らがここで概説した研究のほとんどが，ウェブに回答するときに，回答者はなにかしらの方法でできるだけ労力を省こうとしていることを示唆している．ウェブ調査の回答者が説明を活用することに関する筆者らの研究が，この点をあきらかにしている．ウェブ調査においては，回答者が説明を得るために必要とする労力は非常に少ない．たとえば，ほんのわずかマウスをクリックすることや，ロール・オーバーを行うことで事足りるのである．調査員に助けを求めることや明確な説明を求めることに比べれば，ウェブ上で助けを求めるほうがずっと楽なはずである．しかし，ウェブ調査の回答者は電話調査の回答者ほど助けを要求していない．Conradと同僚が報告した室内実験では（Conrad et al., 2007），SchoberとConrad（1997）が実施した電話聴取の質問と説明をそのまま用いている．ウェブ調査では，複雑なシナリオ[22]に対する質問であっても，説明が得られるとだけ知らせた場合に，クリックにより説明を求めた人の割合は23%にとどまった．これに対して，説明を読むことは質問を理解するうえで重要だと伝えられた場合は（これは電話聴取で説明を提供する場合に対応しているが），説明を求めた回答者の割合は83%であった．ウェブ調査の設計者にとっての大きな課題は，たとえ回答者が回答に気乗りがしなくても，データの質を改善できそうな双方向的な機能を，うまく使ってもらう気にさせることである．

設計者にとっての朗報は，双方向的な機能がもつ有効性を高め回答者の労力を低減する技術があることである．質問文に対する明確な説明に関していうと，ロール・オー

---

[21] 訳注：ここで「社会的反応」(social reaction)とは，下に続く文にあるように，回答者が感じる社会的な存在感とその程度のこと．

[22] 訳注：原文は"complicated mappings"であり，直訳すると「複雑なマッピング」だが，ここでは「複雑なシナリオ」とした．なお第3章の訳注[37]に，マッピングについての説明がある．ここでの実験では，単純な状況と複雑な状況を提示して，その後，ベッドルームが何部屋あるか，何人が住んでいるかなどを質問している．

バーと混合主導型により回答者の労力を減らし，回答者が説明を求めることを増加させることができる（たとえば，Conrad et al., 2006; Conrad et al., 2007）．一定和または集計に関する質問においては，算術的な計算をこちらで行えば，回答者が自分自身で計算を行う場合よりも適切な回答の割合が増え，回答の正確さも高まった（Conrad et al., 2005, 2009）．そして，応答的に陰影を変化させる双方向的なグリッドは，ナビゲーション（操作指示）を容易にし，欠測データが低減する（Galešic et al., 2007; Couper, Tourangeau, Conrad, Zhang, 2013）．

しかし，あらゆる双方向的な機能がデータの質を向上させるわけではない．プログレス・インジケータは，それが朗報（good news）を伝える場合には完了率の増加につながるが，そうではない場合には，プログレス・インジケータがないときに比べて中断が増加する（Conrad et al., 2010; Yan et al., 2011）．プログレス・フィードバックが回答者にどのように解釈されるかがあきらかではないときは，プログレス・インジケータの進行状況を断続的に示すことが，利点を活かすことになると同時に，調査経費の削減となる可能性もある（Conrad et al., 2010）．視覚的アナログ尺度は，ほとんどの状況下では測定の改善とはならないようである．これはむしろ，中断，項目無回答，回答時間の増加につながり，データの質を損なうことさえある（Couper et al., 2006; Funke, Reips, Thomas, 2011）．

回答者の手抜きを防いで，データの質を改善するように設計された双方向的な機能が有効なようである．DeRouvray と Couper（2002）は，質問の意図に合った実質的な回答を提供するよう，回答者に対して自動的に指示を出すことで，「わからない（Don't know）」とする回答が減らせることを実証した．Christian と同僚（Holland and Christian, 2009; Oudejans and Christian, 2010）の研究では，自由回答において，他に回答がないかどうかを回答者に対して自動的に指示を出すことで，回答が長くなった．Conrad と同僚（Conrad et al., 2009; Conrad et al., 2011）の研究では，回答者の回答速度が速かったときに指示を出すことにより，速度違反とそれに続いて起こるストレートライニングが減少した．こうした手法は期待できそうだが，その一方で，何度もの指示が回答者をいらだたせることになるのか，あるいは社会的存在感を生むのかということをあきらかにするためには，今後の研究が必要である．

すべての回答者がウェブ調査だけで回答する場合には，データの質がもっとも高まるように双方向的な機能を設計できることは，あきらかに魅力的である．しかし，ウェブ調査以外の調査方式と組み合わせて調査するときには，双方向的な機能を使うことによる影響はそれほどあきらかではない．かりに調査設計の方針が，各調査方式の違いによる影響を最小限に抑えることにあるならば，さまざまな調査方式で調査票をできるだけ似せて作るべきである（これを統合化手法[23]（ユニモード手法ともいう）．

---

[23] 訳注："unimode approach" あるいは "unified mode" については Dillman et al. (2009, 2014) を参照するとよい．また，de Leeuw (2005) に "unified mode" を含む混合方式全般についての紹介がある．

しかしこの方針は，他の調査方式には組み込めない双方向的な機能を用いることとは相反する．一方，各調査方式において，可能なかぎり最善となる調査票を作成することが目標である場合には，各調査方式の長所を利用して（つまりベスト・プラクティス手法；best practice approach にもとづいて），ウェブ調査票に利用可能なすべてのツールを用いて，データの質の改善に努めることが妥当であろう．この問題については，あらためて 8.3 節で議論する．

7 ウェブと他のデータ収集方式における測定誤差

ウェブ調査と従来のデータ収集方式との間の，いくつかの差違については，すでにこれまでの章で取り上げてきた．第2章では，ウェブ調査と他の調査方式で行う調査との間のカバレッジの違いについて検証した．第3章では，ウェブ調査と他の調査方式（とくに郵送調査）との間にみられる回答率の違いについて重点的に述べた．本章では，ウェブ調査と他の調査方式との測定の差違に焦点をあてた研究について調べる．本章は，測定における調査方式の差違を考察するために必要ないくつかの枠組みを系統的に示し，続いて，ウェブ調査で得られた回答が，他のデータ収集方法で得られた回答とどのように異なるかについての知見を再検証する．

7.1 調査方式効果を理解するための概念的枠組み

「調査方式効果」（mode effect）とは，データ収集に用いた方法によって生じる調査結果の違いを意味する．調査方式間でみられる差違を，すべて測定誤差によるものと考えるリサーチャーもいる．しかし筆者らは，調査方式間の差違は，調査誤差発生源のすべて，つまり，標本抽出，カバレッジ，無回答，測定誤差といった調査誤差のすべてによる総効果とみなすほうが望ましいと考えている．たとえば，郵送調査と並行して行われたウェブ調査から得た推定値の差違は，こうした調査方法間にみられる2つの根本的な相違点を反映している，というのが筆者らの見解である．第1に，回答率が異なり，標本抽出技法が異なり，母集団のカバレッジが異なることで，2つの調査方式のもとでは，属性の異なるさまざまな人びとが質問に回答することになる．たとえば，ウェブ調査は郵送調査に比べて，若い世代や高学歴の人びとを過大に代表する可能性があり，回答のあった標本の構成におけるこうした差違が，調査方式による回答分布の違いとなって現れる可能性がある．第2に，まったく同じ人が同じ質問内容に回答するときでさえも，質問をどのように提示するかの違いによって，ウェブ調査と郵送調査で異なる回答となることがあり得る．すでに，第2章と第3章では，標本抽出，カバレッジ，無回答に起因する差違について検討した．本章では，上の第2の場合である異なる調査方式に起因する測定の差違に的を絞って議論する．

長年にわたって，リサーチャーは，種々のデータ収集方法においてこうした測定

7.1 調査方式効果を理解するための概念的枠組み

の差違を説明するさまざまな概念的枠組みを提案してきた．Tourangeau と Smith (1996) は，こうした枠組みの先がけとなる 1 つを提案した．Tourangeau と Smith によると (Tourangeau, Rips, Rasinski, 2000 も参照)，データ収集の主な手法は，以下に挙げる 4 つの点でその特徴に重要な違いがある[1]．

- 質問が自記式によるものか，それとも調査員方式によるものか
- どのように回答者に接触するか（例：直接か，あるいは電話か）
- 調査票はコンピュータ支援によるものか，それとも質問紙上に示されるものか
- 質問が，回答者に視覚的に伝えられるか，聴覚的に伝えられるか

ウェブ調査では，質問は自記式で行われ，通常はコンピュータを用いて視覚的に示される．回答者との接触方法は電子メールであることが多いが，郵送もあり得る．Tourangeau と Smith は，こうしたデータ収集方式の客観的な特性が，主に 3 つの媒介変数に影響すると主張している．つまり，回答者が質問に回答するときに 1 人きりになれると感じるかそれとも周りに誰かがいると感じるか，回答時の認知的負担の程度，調査の重要性または正当性を理解することの 3 つであるという．たとえば，調査員が写真つき身分証明バッジなどの身分証明書を見せて回答者に直接接触すると，そうでなかった場合に比べ，回答者は，その調査がより重要であると思い，結果として別の異なる回答を行うことがあり得ることを，Tourangeau と Smith は示唆している．これらの 3 つの媒介変数は，たとえば，回答の信頼性，欠測データの程度あるいは微妙な内容の情報を打ち明けてもよいという回答者の気持ちなど，さまざまな結果に影響する．

調査方式間の測定の違いを理解するために，別の枠組みを提案してきたリサーチャーもいる．Groves, Fowler, Couper, Lepkowski, Singer, Tourangeau (2009) は，さまざまなデータ収集方式の違いを，次の 5 つの特性に分類している．

1) 調査員の関与の程度： 郵送調査またはウェブ調査のような調査員の関与がない方式から，対面面接の場合のように調査員が高度に関与する方式，そしてそれらの中間的な方式（はじめに調査員が回答者に接触し，その後自動データ収集システムで回答してもらうといった，オーディオ・コンピュータ支援の自答式や音声自動応答方式 (IVR) などのデータ収集方式）と，広範囲にわたっている．
2) 回答者とのやりとり（つまり相互行為）の程度： たとえば，行政記録からデータを抜粋する場合は，ほとんどこのやりとりがなく，電話聴取ではそれは中程度であり，回答者の自宅で行われる面接でのやりとりは最大限の程度となる．
3) プライバシーの程度： たとえば，調査員や他の人が面接時にそばにいる場合のような低いプライバシーから，回答者が 1 人で面接に回答する場合の高いプ

---

[1] 訳注：この 4 つの区分は，調査方式を分類するときの重要な判断基準となる．巻末の用語集に調査方式の要約表を用意した．

ライバシーまである．
4) 情報伝達の手段（コミュニケーション・チャネル）： 視覚，聴覚，またはこれら2つの組み合わせがある．
5) 科学技術の利用度： 紙と鉛筆による質問紙型調査（paper-and-pencil survey）では科学技術の利用度が低く，コンピュータ支援の個人面接方式（CAPI）のように調査機関がコンピュータを回答者に提供する場合は，中程度の利用度となる．また，通常はコンピュータ，インターネット接続，ブラウザなどを回答者が用意するウェブ調査では，科学技術の利用度は高い．

以上の枠組みは，Tourangeau と Smith（1996）が提供したモデルをさらに詳しく説明している．さまざまなデータ収集方式で異なる主要な特性は，このモデルによると，種類の違いというよりも，程度の違いの問題である．

de Leeuw（1992, 2005）は，データ収集方式の違いによって異なる3つの要因を区別している．この3つの要因とは，情報媒体に関連する要因，情報伝達に関連する要因，調査員効果（interviewer effect）である．de Leeuw が提唱する第1の要因は，「調査方法で用いる情報媒体にかかわる社会慣習や決まりごと」と関係している（de Leeuw, 2005, p.244）．たとえば，調査員方式の調査では，調査員の側から回答者とのやりとりが始まるので，質問の順番や聴取の進み具合の管理は調査員が行う．一方，質問紙による自記式調査では，それらの管理は回答者が行う．またウェブ調査では，ウェブ上でのやりとりで用いる慣習や決まりごと（たとえば，複数のウィンドウを開いて，それらのウィンドウを切り替えるなど）が，そのまま調査に回答するときの環境（survey setting）にも引き継がれるので，回答者がどのように調査票とやりとりするかに影響するかもしれない．de Leeuw の提唱する2つ目の要因である「情報伝達」には，情報を示す伝達経路（例：視覚や聴覚）と，伝達経路からさまざまな形で伝わる伝達情報（たとえば，文字情報，非言語的な手がかり，話し方や間のとり方といったパラ言語的情報）が含まれる．視覚的な調査では，文字情報の特性（ボールド体の使用など）は，口頭で行う聴覚的な調査におけるパラ言語的な手がかり（口調を強めるなど）と同じように機能する（Redline and Dillman, 2002 を参照）．残る1つの要因である「調査員効果」とは，調査員がどのように質問を行ったかで生じる差違，または人種や性別など調査員の個人的特徴によって生じる差違といった，伝統的な問題に関連することである．バーチャル調査員を調査に取り入れた場合は別として，おそらくウェブ調査ではこうした影響は小さくなるか，またはなくなるのである（第6章参照）．

Couper と Bosnjak（2010）は，ウェブ調査を議論するにあたって，データ収集方式の備える5つの特性に注目している．つまりウェブ調査は，自記式であって，コンピュータ化されており，双方向的で，分散型であり，豊かな視覚性を備えている．Couper と Bosnjak は，こうした特性のほとんどが，従来型のデータ収集方法と比較すると，ウェブ調査の利点であると考えている．たとえば，自記式であることは，デー

タ収集の費用の低減となり，社会的望ましさの偏りを抑制し，誤差発生源としての調査員変動を取り除いてくれる．それでもなお，Couper と Bosnjak が言及しているように，回答者に回答する動機を与え，しかも不明瞭な質問を回答者にわかりやすく説明するときに，調査員は重要な役割を果たしているのである．ウェブ調査が分散型であるということは（つまり，回答者のインターネット接続を通じて，回答者本人のコンピュータ上で回答を行うことには），一長一短がある．それは，回答者が用いているオンライン環境に備わる多くの特性が，調査内容がどのように表示されるかに影響する可能性があるからである．Couper と Bosnjak（2010, p.541）は，これを以下のように記している．

> 「インターネット調査では，……ある特定の回答者における調査環境のルック・アンド・フィールに影響し得る要素がたくさんある．これらには，ブラウザの種類やそのバージョン（たとえば，インターネット・エクスプローラ（IE）なのか，それとも Mozilla Firefox なのか），オペレーション・システム（OS）（たとえば，Windows, Mac, Linux），ディスプレイの解像度，ブラウザのセキュリティ設定（JavaScript が有効か，クッキーは有効か，など），インターネット接続方法（たとえば，ダイヤルアップなのか，それともブロードバンドなのか），用いるフォントの大きさやブラウザ上での表示設定などが含まれる．インターネットはマルチ・プラットフォーム[2]で機能するよう設計されている一方，程度の差こそあれ，こうした違いが回答者の調査体験を変えることになるかもしれず，起こり得る無回答誤差（あるいは中断）と測定誤差（データの質）のいずれにも影響する．」

従来のコンピュータ支援によるデータ収集方式では，調査機関のコンピュータや環境設定を利用しているので，上に述べたようなばらつきが回答者全体にわたって生じることはない．

本章では，ここまでの章では扱ってこなかったウェブ調査の2つの重要な特性に焦点をあてる．つまり，質問に自記式を用いること（調査員の関与をなくし，高水準のプライバシーを提供すること）と，認知的負担の度合いを低く抑えること（回答者が調査の進み具合を自分で管理できて，しかも画面上の質問文を容易に読み返せること）である．もちろん，低学歴で読解力に支障があったり，コンピュータ技能が不足した回答者にとっては，ウェブは認知的負担を増すことになるだろう．

7.2 自記式手法としてのウェブ調査

微妙な質問と回答報告の誤差　調査における測定誤差の主な原因の1つは，回

---

[2] 訳注：コンピュータのソフトウェアや周辺機器が，異なる機種や，種類の違う基本ソフト（OS）下でも利用できること．

答者が面目を保とうとして,あるいは恥ずかしい思いをしないように,意図的に回答を歪曲することである.調査では,妊娠中絶,違法薬物の使用,または投票行動といった,微妙な内容の話題,あるいは回答に戸惑うおそれのある内容の話題を回答者に質問することがよくある.こうした話題に関する質問に対して,回答者は正確な回答を行わないことが多いという証拠がたくさんある.たとえば,Fu, Darroch, Henshaw, Kolb (1998) による研究では,「家族の成長についての全国調査」(NSFG: National Survey of Family Growth) の回答者が,実際にあった妊娠中絶の件数の半数程度しか報告していないだろうと推定している.この過小報告の程度を示す推定値は,NSFGにおける妊娠中絶の総件数の推定値と,妊娠中絶の施術者側に対して行った全国調査から得た推定値とを比較することで得られている (Tourangeau, Rasinski, Jobe, Smith, Pratt, 1997 も参照).同様に,Belli, Traugott, Beckman (2001) は,「全米選挙調査」(ANES: American National Election Studies) において,非投票者のうちの約20%が投票を行ったと主張していると推定している.この推定値は,選挙投票記録による調査報告と比較した結果にもとづいている.こうした研究が,調査の回答者は,さまざまな社会的に望ましくない行動 (socially undesirable behavior) に関しては一貫して過小報告となり,同じようにいろいろな種類の社会的に望ましい行動 (socially desirable behavior) については過大報告となることをはっきりと示している (最近の総合研究報告については,Tourangeau and Yan, 2007 を参照).

調査では,微妙な内容の情報についての回答報告を改善するために,さまざまな方法が用いられる.質問を自記式とした場合,ボーガス・パイプライン[3]やランダム回答法などがこれに含まれる.ボーガス・パイプラインとは,ウソは探知されるものだと回答者が信じているような装置や手続きのことをいう.たとえば,喫煙に関する質問を行う調査において,呼気や唾液の試料を提供するよう回答者に求めることがある (例:Bauman and Dent, 1982)*1).ランダム回答法では,回答者が無作為化する道具,たとえば,スピナー (1~6などの数値を付与した,指で回すこま) または硬貨投げなどにより,複数ある質問のいずれに回答するかを決める.回答者に対して,微妙な内容の話題に関する2つの質問文 (たとえば,「A:私は妊娠中絶をしたことがあります」"I have had an abortion",「B:私は妊娠中絶をしたことがありません」"I have never had an abortion") を示し,そのいずれか1つを事前に定めた確率で無作為に選ぶ.回答者は,スピナーまたは硬貨投げによって選ばれた質問文について,「はい」か「いいえ」を回答報告するが,それがどちらの質問文に対する回答であっ

---

[3] 訳注:「ボーガス・パイプライン」(bogus pipeline, 偽のパイプライン) とは,測定における反応の歪みを最小限にとどめることを意図した態度測定の一技法.被験者の「真の態度」に至る方法(パイプライン) があると被験者に偽って伝えることから名づけられている (中島ほか編, 1999, p.796から一部引用).

*1) 原書注:呼気と唾液の試料は両方とも最近喫煙したかどうかを判断するために使用されるので,これは偽のパイプラインというよりはむしろ「真の」パイプラインである.

たかまでは調査員には知らせない．ボーガス・パイプライン（例：Murray, O'Connell, Schmid, Perry, 1987）とランダム回答法のいずれもが，調査の回答報告時の社会的望ましさの偏りの低減に有効であることを示す証拠はたくさんある（これらのメタ分析については，Lensvelt-Mulders, Hox, van der Heijden, Maas, 2005 を参照）．

自記式によって得られる利点 ボーガス・パイプラインとランダム回答法の利用は，実用上の難しさがあるために，こうした手法を用いて微妙な内容の情報を収集している全国規模の調査はほとんどない．しかし，多くの全国調査では，コンピュータの画面上に質問を表示し，回答者には録音した質問をイヤフォンで再生して聞かせるオーディオ・コンピュータ支援の自答式（audio-CASI，ACASI）形式を用いることが多い．たとえば，「家族の成長についての全国調査」（NSFG）と「薬物使用と健康に関する全国調査」（NSDUH: National Survey of Drug Use and Health）では，いくつかの質問でこの ACASI を使用している．Tourangeau と Yan（2007, pp. 863-867）は，質問紙型調査票を用いた自答式と ACASI のようなコンピュータ化した自答式の双方を用いて，自記式では微妙な内容への回答報告が増加するという主張を支持する有力な証拠があると報告している．ここで重要な疑問は，他の自記式手法を用いたときにみられる利点を，ウェブ調査がそのまま保っているかどうかである．

この問題については，少なくとも 14 編の論文が検証している．ここでは，質問をウェブで実施する場合と，別の複数の実施方法とを比較している．表 7.1 に，こうした研究の主要な特徴を示した．これらの研究のうちのいくつかで，ウェブ調査と質問紙型調査とを比較している（たとえば，Denniston, Brener, Kann, Eaton, McManus, Kyle, Roberts, Flint, Ross, 2010; Denscombe, 2006）．このうち 4 つの研究では（Chang and Krosnick, 2009; Denniston et al., 2010，および Eaton, Brener, Kann, Denniston, McManus, Kyle, Roberts, Flint, Ross, 2010; Link and Mokdad, 2005a, 2005b; McCabe, 2004，および McCabe, Couper, Cranford, Boyd, 2006）大規模な標本を対象としており，また実際の調査条件下で実施されていることから，筆者らはここで，この 4 つの研究についてさらに詳しく調べることにする．

選挙調査の比較 Chang と Krosnick（2009）は，オハイオ州立大学の調査研究センター（CSR: Center for Survey Research）が実施した 2 つの電話調査と，これに類似したウェブ調査とを比較した．このウェブ調査は，ナレッジ・ネットワークス社（KN: Knowledge Networks）とハリス・インタラクティブ社（HI: Harris Interactive）の 2 大ウェブ調査パネルの登録会員を対象として行った調査であった．はじめの調査は 2000 年の 6 月と 7 月に実施され（つまり，その年に行われた大統領選の直前），2 回目の調査は 11 月（大統領選の直後）に行われた．選挙前の調査に回答した回答者には，選挙後の調査への参加も依頼した．選挙調査の回答率は，CSR の電話調査で 43%，KN パネルでは 25% であった．HI パネルはボランティアからなる標本だったため，回答率は算出できなかった．選挙後調査での再調査率は，CSR の電話標本の回答者で 80%，KN 標本で 82%，HI 標本では 45% であった．これらの

表 7.1 ウェブ調査と微妙な内容の話題についての報告に関する研究

研 究	目標母集団	調査方式別の標本の大きさ（回答者数：人）	主な研究成果
Balter et al. (2005)	スウェーデンのある地域の成人	郵送調査 188 ウェブ調査 295	報告された喫煙状況に調査方式間で有意差はなかった。
Bason (2000)	ある大学の学生	電話調査 161 IVRによる調査 128 郵送調査 204 ウェブ調査 115	報告された薬物使用や過度の飲酒状況に調査方式間で有意差はなかった。ウェブはIVRと比べてアルコールの非使用を報告した回答者が有意に多かった。
Bates and Cox (2008)	ある大学の学生	質問紙による調査 73 ウェブ調査 64	調査方式間で報告された飲酒あるいは性行動に差はなかった。
Chang and Krosnick (2009)	一般母集団	〈選挙前〉 電話調査 1506 ウェブ調査：ハリス・インタラクティブ社 (HI) 2306 ウェブ調査：ナレッジ・ネットワークス社 (KN) 4933 〈選挙後〉 電話調査 1206 ウェブ調査：ハリス・インタラクティブ社 (HI) 1028 ウェブ調査：ナレッジ・ネットワークス社 (KN) 3416	ウェブ調査は、人種問題に対する態度についての項目で、社会的望ましさの偏りが少なかった。
Denniston et al. (2010)：9学年および10学年の生徒 同様の研究が Eaton et al. (2010) によっても報告されている		教室内での質問紙調査 1729 教室内でのウェブ調査（分岐なし）1735 教室内でのウェブ調査（分岐あり）1763 教室外でのウェブ調査 559	教室内で実施された調査の場合、「質問紙調査に比べウェブ調査のほうが、プライバシーの点で有意に低いとみられた。
Denscombe (2006)	ある学校の15歳の生徒	教室内での質問紙 220 教室内でのウェブ調査 69	調査方式間に有意な差があったのは23項目中1項目だけであった。
Eaton et al. (2010)：上述の Denniston et al. (2010) を参照	9学年および10学年の生徒	教室内での質問紙調査 1729 教室内でのウェブ調査（分岐なし）1735 教室内でのウェブ調査（分岐あり）1763	ウェブ版と質問紙版の調査では、報告された74項目の危険行動のうち、7項目で有意差があった。7項目すべてにおいて、報告はウェブにより多かった。

表 7.1 ウェブ調査と微妙な内容の話題についての報告に関する研究（続き）

研 究	目標母集団	調査方式別の標本の大きさ（回答者数：人）	主な研究成果
Knapp and Kirk (2003)	ある大学の学生	質問紙調査 174 IVR による調査 121 ウェブ調査 57	58項目の微妙な内容の質問のすべてについて，有意差はなかった．
Kreuter, Presser, Tourangeau (2008)	ある大学の同窓生	電話調査 320 IVR による調査 363 ウェブ調査 320	ウェブの回答者は電話調査（CATI）の回答者と比べて，学業問題を報告する可能性が有意に高かった．ウェブの回答者では4つの学業問題についての偽陰性率がもっとも低かった．肯定的な学業成績に関する報告については，調査方式間では有意な差はなかった．
Link and Mokdad (2005a)；下の Link and Mokdad (2005b) と同じ研究	4つの州の成人	郵送調査：836 電話調査：2072 ウェブ調査：1143	ウェブの回答者は電話調査の回答者と比べ，過度の飲酒の報告日数が有意に多かった（詳細な結果については，表 7.2 を参照）．
Link and Mokdad (2005b)	4つの州の成人	郵送調査 836 電話調査 2072 ウェブ調査 1143	健康状態に関する8項目の質問のうち6項目で，有意差があった（ウェブの回答者は電話の回答者と比べて，糖尿病，高血圧，肥満，過度の飲酒の報告率が有意に高かったが，喫煙と性感染症予防についての報告率は低かった．詳しくは表 7.2 を参照）．
McCabe et al. (2002)；後述の McCabe (2004) および McCabe et al. (2006) と同じ研究	ある大学の学部生	郵送調査 1412 ウェブ調査 2194	報告された飲酒および喫煙習慣について，調査方式間で有意な差はなかった．
McCabe (2004)；後述の McCabe et al. (2006) と同じ研究	ある大学の学部生	郵送調査 1412 ウェブ調査 2194	32項目の比較中，2項目について有意差が，調査方式間に認められた．男女とも，ウェブによる報告ではコカインの生涯使用率が高かった．
McCabe et al. (2006)	ある大学の学部生	郵送調査 1412 ウェブ調査 2194	報告のあった薬物使用の結果について，調査方式間に有意差はなかった．

調査間の比較結果は，測定における差違のほかに，カバレッジと無回答の差違もあきらかに示している．なお，これら3つすべての調査から得たデータについて，それぞれの標本の人口統計学的構成の違いを調整するために，加重調整を行った．

ここで取り上げたい重要な結果は，アフリカ系アメリカ人への支援を増やすべきか，支援を減らすべきか，それとも現状のままとするか，という質問に対する白人回答者の回答であった．ChangとKrosnickは，「支援を減らすべき」と唱えることは，白人にとっては社会的に望ましくないことになると論じている．電話調査の回答者では，この回答を選択した人は（17.0%），ウェブ・パネルの構成員より（KNパネルでは35.8%，HIパネルでは42.5%）有意に少ない．つまり，標本全体にわたる人口統計学的構成[4]の差違を調整するためにデータに加重調整を行い，共変量を用いた場合でも，こうした標本全体にわたる差違がなくなることはない．

青少年危険行動調査（YRBS）の実験　大規模な比較研究として第2に紹介する調査は，Dennistonと同僚（2010；Eaton et al., 2010も参照）によって行われた．彼らは青少年危険行動調査（YRBS：Youth Risk Behavior Survey）の調査票への回答を詳しく調べた．彼らの研究では，1）学生に教室内で質問紙型調査票に回答してもらう（これはYRBSで通常行われている手順），2）教室内で分岐処理（スキップ処理）のないウェブ調査を実施する（質問紙型調査票により似せるため，分岐処理がない形でプログラムされている），3）教室内で，分岐処理を含んだウェブ調査を実施する，4）回答者が自分で選んだ場所で，分岐処理のないウェブ調査に回答する，という4種のデータ収集条件で比較している．参加者は，15の州の85校に在籍する9年生および10年生からなる便宜的標本[5]である．各校で4つの学級を選択し，用意した4つの実験条件のいずれかに1学級を無作為に割り当てた．ほとんどの学校で，ウェブ調査は校内のコンピュータ実習室で実施した．

調査票には2007年のYRBSから引用した77の質問項目からなり，ここには「不慮のけがおよび暴力，喫煙，飲酒およびその他の薬物使用，性行動，体重管理行動，身体活動」について尋ねた微妙な内容の質問が70項目含まれている（Eaton et al., 2010, p.141）．また，12項目の追加質問では，調査自体についての質問を行った．5000人以上の生徒が上の1）～3）の3つの教室内条件に参加し，追加で500人以上の生徒が教室外でウェブ調査に回答した．この研究者らは，教室内で行う2つのウェブ条件では，ほとんど差がないことがわかったので，これら2つの集団の結果を1つにまとめた．残る1つのウェブ条件下での集団は，その集団内での回答率が低かったことから，分析から除外したようである（この条件下での回答率は28%，それに対して残りの3つの条件下での回答率は90%以上であった）．学校内で実施したウェブ調

---

[4] 訳注：原文は"background characteristics"だが，ここは人口統計学的特性とほぼ同じ意味と考えた．ただここで，白人とアフリカ系アメリカ人という語句を用いているので，この属性を示すために，あえてこの"background"を用いたのかもしれない．

[5] 訳注：非確率標本を用いたということ．

査の回答者は，質問紙型調査票に回答した回答者と比べると，74項目中7項目の危険行動についての回答報告が有意に高かった（飲酒した運転者と同乗した，学校に武器を持ち込んだ，デートの相手に殴られた，学校の敷地内でマリファナを使用した，校内で噛みタバコを使用した，セックスの前の飲酒または薬物の使用，禁煙の努力をしていない，の7項目）．さらに，教室内で行ったウェブ調査では，質問紙型調査票の調査と比べてプライバシーの程度や匿名性が有意に低いと思われたのだが，それでもなお，ウェブ版の調査票を用いた回答者は，質問紙型調査票による回答者よりも多くの危険行動を回答報告していた，とDennistonと同僚（2010）は述べている．

行動危険因子監視システム（BRFSS）の実験　LinkとMokdad（2005a, 2005b）による2編の論文では，上とは別の大規模調査について報告している．ここでは行動危険因子監視システム（BRFSS：Behavioral Risk Factor Surveillance System）で用いた電話版，郵送版，ウェブ版のそれぞれの調査票の比較が行われた．BRFSSは，従来から電話で実施されている．しかし，電話調査の回答率は減少し続けており（Curtin, Presser, Singer, 2005），リサーチャーたちはデータ収集の代替方法を模索していた．LinkとMokdadは，2003年の秋に，2つの実験調査を4つの州で行った．1つ目の実験では，調査対象となる標本構成員を公募しオンラインで調査に回答してもらい，2つ目の実験では，標本構成員に調査票を郵送した．両実験とも，回答は同月に同じ州で実施された現行のBRFSSのコンピュータ支援の電話聴取方式（CATI）の回答と比較を行った．電話調査用の標本はランダム・ディジット・ダイアリング（RDD）で選び，住所と適合する電話番号のみを標本として残した．郵送およびインターネットの集団のうち，返信のなかった対象者に対しては，電話による事後のフォローアップ調査を行った（しかし，電話でフォローアップ調査を行ったこれらの人びとは，ここで説明する分析からは除外した）．こうして全体として，6000人以上の回答者がこの調査に回答した．

LinkとMokdad（2005a, 2005b）は，さまざまな健康状態や飲酒行動に関する回答報告を検証した．ここでは，州やさまざまな人口統計学的変数について，3つの調査方式の集団内で，自己報告発生率[6]を調整した．表7.2は，この2編の論文から得た主な結果を示している．電話聴取と比較すると，ウェブ方式によるデータ収集では，飲酒およびいくつかの健康状態の項目について自己報告発生率が高かった．大部分の結果で，人口統計学的変数を各モデルに取り入れた後であってもなお，回答報告にはこうした差違が観察された．

大学生を対象とした実験　McCabeと同僚（McCabe, 2004；McCabe, Boyd, Couper, Crawford, D'Arcy, 2002；McCabe, Couper, Cranford, Boyd, 2006）は，大学の学部生から

---

[6] 訳注：質問文で問われた内容で，たとえば上にあるように健康状態や飲酒行動について「ある行動について条件に当てはまる」と報告された割合のことをいう．なおここでは，疾病の発生率（prevalence rate of a disease）と区別するために，あえて「自己報告発生率」（reported prevalence）といういい方をしている．

表 7.2 行動危険因子監視システム (BRFSS) 実験における条件別の発生率推定

健康状態	CATI	ウェブ調査	郵送調査	ウェブ対 CATI 調整済みオッズ比
喘息 (Asthma)	11.7 (%)	11.9 (%)	12.0 (%)	1.06
糖尿病 (Diabetes)	9.5	10.2	11.9	1.30*
高血圧 (High blood pressure)	31.1	33.2	38.1	1.30*
BMI が 30 以上 (BMI greater than 30)	21.6	25.6	26.5	1.31*
現在喫煙者である (Current smoker)	22.8	17.3	16.9	0.77*
過度の飲酒 (Binge drinking)	14.4	21.6	12.3	1.87*
性感染症予防 (STD prevention)	8.2	3.3	4.3	0.51*
HIV の検査を受けた (Tested for HIV)	38.8	32.1	30.8	0.85

飲酒行動				有意確率と判定
過去 30 日で 1 杯以上飲酒した平均日数 (Mean number of days had 1+ drinks)	4.5	4.7	5.2	$p<0.01$
1 杯以上飲酒した日における 1 日あたりの平均飲酒回数 (Mean number of drinks per day on days with 1+drinks)	2.1	2.1	2.2	有意差なし
5 杯以上飲酒した平均日数 (Mean number of days had 5+drinks)	1.0	1.2	1.9	$p<0.001$
過去 30 日間の飲酒者の割合(%) (Percent had a drink in last 30 days)	55	52	60	有意差なし

注:表の下の段落における有意確率は,異なる調査方式の集団間での人口統計学的変数の差違を調整していない.記号 (*) は,調整済みオッズ比が 1.0 から有意に異なる場合を示している.

なるある大規模な標本を用いた実験調査を行い,郵送とウェブによるデータ収集方式を比較した.郵送条件に割り当てられた学生には,調査への参加の依頼状と質問紙型調査票とを送った.ウェブ条件に割り当てられた学生には,オンラインで調査に回答するように電子メールによる依頼状を送付した.McCabe と同僚は,2001 年度の「学生生活調査」(The 2001 Student Life Survey) の質問の一部を作り替えて用いた.これらの質問には,薬物使用や飲酒に関する質問項目がある.学生たちは,8 種類の違法薬物の生涯使用状況および昨年の使用状況を回答報告した.McCabe (2004) は,2 つの標本における人口統計学的変数の差違を調整しながら,16 通りの比較を行ったが,このうちの 1 件のみで統計的に有意であることに気づいた.男女ともウェブ調査票では,郵送版の質問紙型調査票よりもコカインの生涯使用経験率 (rate of lifetime cocaine use) が有意に高かった.なお,ある追跡調査研究 (McCabe et al., 2006) では,調査票にある別の 10 項目の微妙な内容の質問への回答には,差違はみられなかった.

メリーランド大学同窓生の調査 Kreuter, Presser, Tourangeau (2008) が実施したもう 1 つの研究は,詳細に説明する価値がある.その理由は,この調査では,リサーチャーたちが調査回答のいくつかの項目と大学の記録とを照合することができたから

7.2 自記式手法としてのウェブ調査

である[7]．Kreuter と同僚は，メリーランド大学の同窓生に調査員による電話での接触を試みた．回答者に，いくつかのスクリーニング質問に答えた後，学部在学中の経験に関する質問を含む調査票に回答するよう依頼した．およそ1/3の回答者が，電話による本調査に無作為に割り当てられ，次の別の1/3が本調査に回答する際に音声自動応答方式（IVR）に切り替え，残りの回答者にはオンラインで質問に回答するように指示を与えた．調査票には，優等賞を授与されたとか，あるいはある課程で落第点をとったなど，回答者の学部在学時における学業面での成功と失敗を問う質問が含まれていた．Kreuter と同僚は，これらの質問に対する調査回答と，その回答者である同窓生の実際の成績証明書とを比較したのである[8]．

表7.3に，この研究の主な結果を示してある．表の最上段部分は，この調査から得た9つの微妙な内容の質問に対する自己報告発生率[9]（rates of reporting）であり，これらについては実際の記録データが入手可能である．表の下のほうの2つの段落は，望ましくない項目（たとえば，教科課程でDやFをとるなど）に対する偽陰性率と，望ましい項目（たとえば，GPA[10]で高得点を得た）に対する偽陽性率を示している[*2]．ウェブによる回答者は，CATIの回答者と比べて，社会的に望ましくない項目を少なくとも1つ以上報告する可能性が著しく高かった．またウェブによる回答者は，CATIの回答者と比べて社会的に望ましい方向に回答報告を偽る傾向が有意に低かった．こうした調査方式の違いは，望ましいとされる学業成績の項目に比べ，望ましくない学業成績の項目で大きかった．これは，望ましいとされる学業成績の項目は，望ましくないとする学業成績の項目と比べて内容が微妙ではなかったからかもしれない．ウェブと電話との間にみられる回答報告の差違は，4つの望ましくない質問項目

---

[7] 訳注：この例にみるように，ある質問項目について調査から得た推定値と，これとは別にその質問項目に関連する別の外部情報源を照合して，調査回答の信頼性を確保することが重要である．

[8] 訳注：訳注 [6] と同様に，ウェブ調査の結果と，それに対応する正確な（真値に近い）いわゆる外部情報源から得た統計情報とを照合することは意味がある．大隅監訳（2011）を参照．

[9] 訳注：訳注 [6] で記した「自己報告発生率」に同じ指標で，質問のある特定の回答の報告率（%）のこと．つまり，CATIで「GPAが2.5以下」と回答報告した人の割合は1.8%であるということ．ここでは「発生率」（prevalence rate）を用いていない．なぜならば，「発生率」は通常，医療や健康状態に関連する用語として用いるからである．しかし，ある回答を報告した割合，という点で考え方は同じである．

[10] 訳注：GPA (grade point average) とは，各科目の成績からある特定の方式により算出した学生の成績評価値のこと．通常，A（4ポイント）～F（0ポイント）の5段階で評価する．

[*2] 原書注：ある疾患を見つけ出すための医学の検査においては，「偽陰性率」（false negative rate）はその疾患に実際にはかかっている人の中で検査が陰性となる割合をさし，「偽陽性率」（false positive rate）はその疾患に実際にはかかっていない人の中で検査が陽性となる割合をさす．ここでいう「偽陰性率」とは，社会的に望ましくないとされる特徴をもつ個体（たとえば，落第した人）の中で，それを報告しない割合である．また，「偽陽性率」とは，社会的に望ましいとされる特徴をもたない個体（たとえば，GPAが3.5以上ではない人）の中で，それを不正に報告する割合である．

表 7.3 メリーランド大学同窓会会員調査における条件別の望ましい特徴と望ましくない特徴についての報告率と誤報告率(%)

	CATI	IVR	ウェブ
報告率			
望ましくない特徴(Undesirable Characteristic)			
GPA が 2.5 以下(GPA lower than 2.5)	1.8	3.7	6.2
D または F を少なくとも 1 回はとった(At least one D or F)	42.2	44.3	50.7
落第した(Dropped a class)	46.7	45.6	50.6
学業不振のため警告を受けた,あるいは仮進級扱いになった(Received warning or placed on academic probation)	10.2	13.4	13.8
望ましい特徴(Desirable Characteristic)			
GPA が 3.5 以上(GPA higher than 3.5)	23.8	23.8	24.2
優等賞を受けた(Received honors)	16.3	19.9	15.5
同窓会基金に寄付したことがある(Ever donated to alumni fund)	42.1	40.5	41.3
昨年寄付を行った(Donated in last year)	44.2	41.9	40.5
同窓会の会員である(Member of Alumni Association)	24.8	21.5	23.6
偽陰性率(False Negative Rate)			
GPA が 2.5 以下(GPA lower than 2.5)	83.3	69.2	61.5
D または F を少なくとも 1 回はとった(At least one D or F)	33.0	28.3	19.9
落第した(Dropped a class)	34.3	34.2	31.6
学業不振のため警告を受けた,あるいは仮進級扱いになった(Received warning or placed on academic probation)	33.3	33.3	25.0
偽陽性率(False Positive Rate)			
GPA が 3.5 以上(GPA higher than 3.5)	7.4	1.9	6.0
優等賞を受けた(Received honors)	5.2	5.7	6.4
同窓会基金に寄付したことがある(Ever donated to alumni fund)	24.3	19.2	20.3
昨年寄付を行った(Donated in last year)	25.6	25.9	23.3
同窓会の会員である(Member of Alumni Association)	10.7	10.1	8.1

注:Kreuter, Presser, Tourangeau(2008)の論文の表 6,表 9 からデータを得た.

のうちの 2 つと,4 つすべてにもとづく合成指標[11]について有意となった.

メタ分析の結果 回答に戸惑うような情報を収集する手段について,上に見たようなウェブに関する研究にもとづいてなんらかの一般的な結論は導けるのだろうか? 筆者らは,表 7.1 に要約した 10 種類の調査方式研究についてメタ分析を行い,その結果に一般的な傾向があるかどうかを検証した.なおこれらは,筆者らが以下の 3 つの基準を満たしていることを確認したうえで集めた調査研究を示してある.

---

[11] 訳注:ここで合成指標(composite)とは,4 つの質問項目に対する「はい(Yes)」の回答の単純な和である."composite score" とは主成分分析などから得られた加重平均のことをいう場合があるが,ここはそうした処理は行っていない.詳しくは Kreuter, Presser, Tourangeau(2008)を参照のこと.

- 第1に，無作為割りつけの実験[12]（いずれかのデータ収集方式に回答者を無作為に割りつけた実験），もしくは無作為化実験に準じるような擬似実験（たとえば，Chang and Krosnick, 2009）であること．つまりここでは，回答者が自分で回答方式を選んだような調査研究は除外した．
- 第2に，あきらかに社会的望ましさの偏りが生じる質問を扱っており，かつ，それらの質問が心理学的な測定ではなく社会調査の質問であること．つまり，社会的望ましさによる回答傾向を測定するための心理学的尺度のように，調査項目とはいえないものについて調べた研究は除外した．
- 第3に，「効果の大きさ」[13]という標準的な指標に変換が可能な定量的な推定値（たとえば，平均や割合といった）を報告している研究であること．

これらの研究では，合わせて223件の調査方式の比較を報告しており，このうちの160件では，ウェブ調査票と質問紙型調査票を比較している．表7.4は，それぞれの研究の効果の大きさの平均（つまり，各研究で示される推定値の対数オッズ比の平均）と，その標準誤差を示している．効果の大きさが正の値となっている研究では，他の調査方式のもとで得た値と比べて，ウェブ調査のほうが，微妙な特徴や行動を報告した回答者の割合が高かったことを示している．たとえば，Bälterと同僚による研究から得られた効果の大きさの平均0.054は，平均すると，その研究におけるウェブでの回答者が，郵送調査の回答者よりも微妙な情報を提供する割合が高いことを示している．各研究の平均は，それぞれの効果の大きさの推定値をその標準誤差の2乗の逆数で重みづけした加重平均である（Lipsey and Wilson, 2001）．

筆者らは効果の大きさの推定値を1研究ごとに1つにまとめて，これら10件の研究から得たデータを分析した．メタ分析の結果，2つの重要な結論が裏づけられた．第1に，調査員方式の電話調査と比べて，ウェブによるデータ収集は，より多くの微妙な内容の情報を引き出すようである（Chang and Krosnick, 2009; Kreuter, Presser, Tourangeau, 2008; Link and Mokdad, 2005a, 2005b. しかし，あきらかな例外としてBason, 2000を参照のこと）．5件の研究について2つの調査方式を比較したところ，全体的な効果の大きさは0.088だったが，その大きさはゼロからみて有意には違っていない（自由度がd.f.=4のt分布としたときのt値がt=1.69，有意確率で0.167）．有意とならなかった原因の1つは，Basonの報告にみられる大きな逆転現象である．Basonの研究を除外すると，電話調査とウェブ調査とを比較した効果の大きさの平均は，0.105にまで増える（このときの標準誤差は0.052）．以上の研究のうちの少なくとも1件の研究（Kreuter et al., 2008）では，社会的に望ましくないことへの回答報告の割合が

---

[12] 訳注：原文は"true experiment"だが，ここは回答者に対して条件を無作為に割りつけた実験のことをいう．

[13] 訳注：「効果の大きさ」（effect size）は「効果量」ともいう．これについては第5章に説明がある（図5.6および第5章の訳注［7］を参照）．

表 7.4　取り上げた研究と調査方式別にみた効果の大きさの平均と標準誤差

研　究	調査方式と標本の大きさ （人）	効果の大きさの平均	標準誤差
「ウェブ」対「郵送／質問紙」			
Bälter et al. (2005)	郵送 188 ウェブ 295	0.054	0.309
Bason (2000)	郵送 204 ウェブ 115	−0.168	0.129
Bates and Cox (2008)	郵送 73 ウェブ 64	−0.014	0.180
Eaton et al. (2010)	郵送 1729 ウェブ 3498	0.070	0.012
Denscombe (2006)	郵送 267 ウェブ 69	−0.256	0.120
Knapp and Kirk (2003)	郵送 174 ウェブ 57	−0.077	0.119
Link and Mokdad (2005a, 2005b)	郵送 836/804〜820 ウェブ 1143/948〜1139	0.068	0.039
McCabe (2004；McCabe et al., 2002, 2006)	郵送 1412 ウェブ 2194	0.006	0.019
「ウェブ」対「電話」			
Bason (2000)	電話 161 ウェブ 115	−0.503	0.132
Chang and Krosnick (2009)	電話／選挙前 1456 ウェブ／選挙前 　HI 2313 　KN 4914 電話／選挙後 1206 ウェブ／選挙後 　HI 1040 　KN 3408	0.172	0.035
Knapp and Kirk (2003)	電話 121 ウェブ 57	0.193	0.126
Kreuter et al. (2008)	電話 320 ウェブ 363	0.157	0.060
Link and Mokdad (2005a, 2005b)	電話 2072/2066〜2070 ウェブ 1143/948〜1139	0.026	0.031
「ウェブ」対「音声自動応答方式（IVR）」			
Bason (2000)	IVR：128 ウェブ：115	0.108	0.143
Kreuter et al. (2008)	IVR：320 ウェブ：363	0.081	0.060

注：標本の大きさは項目無回答数に応じて増減がある．効果の大きさの平均は，ウェブ調査から得られた報告と他のデータ収集方式によって得られた報告とを比較した対数オッズ比の加重平均となる．

多いほど，その割合は推定値として正確である（表7.4の下のほうにある2つの結果を参照のこと）．以上の知見は，回答に戸惑うような情報を引き出すには自記式が有利である，という前出の分析と一致している（Tourangeau and Yan, 2007）．

　第2に，質問紙による自記式と比べて，オンラインの自記式による回答報告には，ほんのわずかしか利点がないようにみえる．ウェブと質問紙とを比較したとき，効果の大きさの総平均は，全体で0.030，標準誤差は0.023である．先行的にTourangeauとYan（2007）が行ったメタ分析においても，微妙な内容に関する情報の回答報告の増加に対して，コンピュータ化された調査票が（必ずしもオンライン調査票とは限らないが）質問紙型調査票よりも著しく優れた利点があることにはならなかった（これについては，コンピュータ方式では，質問の種類によっては社会的に望ましい回答が増減することがあり得ることに気づいた，Richman, Kiesler, Weisband, Drasgow, 1999の報告も参照してほしい．ただし，ここで検討してきたような，微妙な行動に関する質問項目については，コンピュータ化によって社会的に望ましい回答が増加するようであったが，まだはっきりとした結論は出ていない）．

　データ収集の環境の影響　　大学などの学校からなる母集団は，ウェブ調査にとって魅力的な調査対象である．なぜかというと，高校生や大学生はインターネットへのアクセスが多いことから，これらの母集団ではウェブ調査の回答率が比較的高くなる傾向があるからである．実際，McCabeが学生からなる標本を用いて行った実験では，ウェブ調査の回答率が郵送調査の回答率よりも有意に高くなり（McCabe, 2004; McCabe et al., 2006），通常の集団とは逆の傾向となった（Lozar Manfreda, Bosnjak, Berzelak, Haas, Vehovar, 2008; Shih and Fan, 2008；第3章参照）．表7.1に要約したこれとは別のいくつかの研究でも，微妙な内容の情報を収集する場合にウェブが有効であることを検証するために，学生からなる標本を用いている．

　学生からなる母集団を用いるときに，当然のように生じる1つの問題として，データを学校内で収集するか（たとえば，教室やコンピュータ実習室），それとも自宅や学校外のどこかで収集するかがある．いままでリサーチャーらは，若者たちから，違法薬物の使用状況に関するデータを集めるには，自宅よりも学校のほうがよいと主張してきた（Fendrich and Johnson, 2001; Fowler and Stringfellow, 2001）．いくつかの研究では，データ収集の環境がおよぼす効果について実験的に詳しく調べてきた．Brener, Easton, Kann, Grunbaum, Gross, Kyle, Ross（2006）は，危険行動（risk behavior）に関連する質問項目について，教室内および学校外で（通常は回答者の自宅で行う），コンピュータまたは質問紙による自記式で実施し，比較した．彼らが調べた55項目のうちの30項目で，データ収集の設定環境について効果が有意であった．つまり，すべての場合において，自宅よりもむしろ学校で回答したときに危険行動の回答報告が多かった（このことは，自宅でのデータ収集に比べて，学校内でのデータ収集では，微妙な内容についての行動の回答報告が多いというFendrich and Johnson, 2001，およびFowler and Stringfellow, 2001による予想を裏づけることにつ

ながる). そのうち7つの質問項目では, コンピュータで実施した場合, 質問紙を用いた場合よりも, 回答報告の頻度が有意に高くなり, さらに, 55項目中5つの質問項目で, 環境つまり調査場所と調査方式との間の交互作用がみられた. ほとんどの場合, 学生が調査票に自宅で回答した場合よりも, 学校内で回答した場合に, コンピュータ方式と質問紙方式の差違は大きくなるようにみえた. Beebe と同僚 (Beebe, Harrison, McRae, Anderson, Fulkerson, 1998) が, 学校内で行った調査では, コンピュータ方式と質問紙方式との間で, 全体としてはほとんど差がみられなかった. しかし, 学生が互いに近接して着席し, おそらくはプライバシーの程度が低いときには, 質問紙方式に比べてコンピュータ方式のほうが, 回答報告の割合が減少した.

Brener と共著者, および Beebe と同僚は, いずれもコンピュータ方式と質問紙方式について考察したのだが, ウェブによるコンピュータ方式については調べていない. Bates と Cox (2008) は, ウェブ方式と質問紙方式で実施する微妙な内容の質問を, 3つの異なる環境で詳しく調べた. ここで3つの環境とは, 教室内の集団への実施, 個室における個別実施, 回答者自身が選んだ場所での個別実施である. ここで5項目中2つの質問項目で, 環境による効果が有意であったが (自分自身で選んだ場所で個別に質問に回答した場合が, それ以外の環境での回答に比べて, 微妙な行動についてより多くの回答者が報告した), 環境とデータ収集方式の交互作用はみられなかった. Denniston と同僚 (Denniston et al., 2010) は, 教室内で行われるウェブ方式のデータ収集は, 同じ環境における質問紙方式のデータ収集よりも守秘性が低いと回答者は思っているが, それでもなおウェブ方式のほうがより多くの微妙な内容の情報を回答報告していた, と記している.

それゆえ, 全体としては, 高校生から微妙な内容の情報を収集する場合には, 自宅よりも学校のほうが調査場所として適しているようだが, 調査場所と調査方式との交互作用はないようである. 学生からなる母集団では, 質問紙方式よりもコンピュータによる自記式で実施するほうが (ここには, 質問をウェブで実施する調査も含む), 微妙な情報の報告の度合いを高めるようである.

インターフェースに人間らしさをもたせること　ウェブ調査において, インターフェースに人間らしさをもたせることの賛否については, 第6章で論じた. たとえば,「バーチャル調査員」に質問を任せるといったことである. こうした人間らしさをウェブ調査に加えると, 自記式によるデータ収集が備える利点を弱めるか, とくに社会的望ましさの偏りを低減したり調査員効果を減らすといった利点を弱めるかどうかに関する知見を手短に概説する.

Naas と同僚, および Kiesler と同僚による研究は, ごくわずかな人間らしさを示す特性 (たとえば, インターフェースで使用される音声など) さえもが, ちょうど生身の人の役者が示す反応と同じように, 利用者からの反応を誘発する可能性があることを指摘している (たとえば, ジェンダーをめぐる固定観念; Nass, Moon, Green, 1997; Sproull, Subramani, Kiesler, Walker, Waters, 1996 を参照). Tourangeau, Couper, Steiger

(2003) は，調査で，人間らしさの手がかりを加えることが，健康にかかわる行動，違法薬物の使用など微妙な話題に関する情報を，回答者が開示してもよいと思う気持ちにどう影響をおよぼすかをあきらかにするために，ウェブ・インターフェースの特性を系統的に変えて行った一連のウェブ実験を報告している．これらの研究では，男性または女性の調査員の写真をウェブ調査に含めること，回答者の回答にもとづいて個々の状況に合わせた双方向的なフィードバックを用意すること，個別に対応した言葉を用いること（たとえば，回答者を名前でよぶなど）の効果を，詳しく調べた．彼らの研究では，こうした人間らしさの特性を調査に取り入れても，回答者が，微妙な行動に関する質問への回答を変えるということを示す証拠はほとんど見つからなかった．彼らが見つけた証拠は，調査員の写真が，男女の性役割[14]に関する一連の質問に対する回答に影響をおよぼしたことであった．つまり，ウェブ調査で女性調査員の写真を表示したときには，男性調査員の写真を表示したときと比べて，回答者は女性のほうを支持する回答をしていた．この効果は小さいものであったが統計的には有意であり，生身の男女調査員で行った場合の知見と類似の傾向を示していた（Kane and Macaulay, 1993）．

より最近の研究では，コンピュータ支援の調査にバーチャル調査員を取り入れることが，Tourangeau, Couper, Steiger が見つけた効果よりも大きな効果を回答にもたらすことを示唆している．Krysan と Couper（2003）は，生身の調査員と，同じ調査員が質問を読み上げたビデオ録画とを比較した．また彼らの実験では，調査員の人種を系統的に変えてみた．実験は比較的小規模であり（回答者数は合計で 160 人），得られた知見のほとんどは，統計的に有意ではなかった．それでもなお，黒人の回答者では，調査員による人種の効果（race-of-interviewer effect）が若干，有意となった（たとえば，黒人の回答者は，白人の調査員より黒人の調査員に対して，白人への否定的な態度を回答報告することが多かった）．これらの効果は，生身の調査員とバーチャル調査員で類似の傾向を示しており，これは，生身の調査員による対面面接における黒人の回答者についての，Schuman と Converse（1971）による有名な研究結果を再現する傾向があった．Fuchs（2009）は，男性と女性のバーチャル調査員が質問を読み上げる 2 種のバーチャル調査員のビデオ録画と，文字情報のみという条件を比較した（Krysan と Couper の研究では，オンライン調査ではなくラップトップ・コンピュータによるコンピュータ支援の調査を用いた）．Fuchs の研究で行われた 4 種の比較実験のうちの 3 つで，女性回答者は，微妙な性的な内容についての情報を（たとえば，性感染症にかかったことがあるかどうかなど），男性のバーチャル調査員より女性のバーチャル調査員に打ち明ける傾向が有意に高かった．男性の回答者ではこの傾向はそれほどあきらかではなく，4 種の比較実験では調査員の性別による効果に有意な差

---

[14] 訳注:「性役割」（sex role）とは，性に対して社会的に振り分けられている役割のこと．たとえば，紋切り型にいえば，社会の中で「男性的・女性的」「男とはこうあるべきもの」「女とはこうあるべきもの」など男女に期待された性格や行動のこと．

があったのは1項目だけであった．ここでの最後の例になるが，Conrad, Schober および同僚（Conrad, Schober, Nielsen, 2011; Lind, Schober, Conrad, Reichert, 2013）は，人種問題への意識に関する質問（Conrad et al., 2011）について，バーチャル調査員の人種の効果があることを示し，さらに，質問を行っているときに表情が変化するバーチャル調査員では，微妙な行動に関する質問に対して，社会的に望ましい回答が増えることを示した（Lind et al., 2013）．バーチャル調査員を用いるウェブ調査は，いくつかの質問項目で，対面面接調査と同様の結果となった項目もあれば，対面面接調査とオーディオCASI（ACASI）による面接調査の中間的な結果となった項目もあった（Lind et al., 2013）．

以上を総合すると，最近の研究成果では，バーチャル調査員が次第に実物そっくりになってきており，今後，バーチャル調査員の効果は生身のそれにますます似るであろうことを示唆している．意識に関する質問への回答におよぼす調査員の人種や性別による効果，また，微妙な行動に関する質問項目に対しては社会的に望ましい回答を行う傾向などが，次第に大きくなることを示唆している．

この節のまとめ　ウェブ方式による調査にも，従来からある自記式の方法と同じ長所があるようにみえる．また，筆者らのメタ分析が，微妙な内容の情報を入手するには，どちらかといえば質問紙方式よりもウェブ方式が優れていることを示している．Kreuter, Presser, Tourangeau（2008）による実験は，調査員が行う電話調査に比べると，ウェブ方式のデータ収集のほうが，（少なくとも社会的に望ましくない項目に関しては）報告の正確さを改善することを示している．ウェブによる情報収集は，学生からなる母集団では（少なくとも，データ収集をプライバシーが高い環境で行う場合には）とくに有効であろう．ウェブ調査におけるインターフェースに人間らしさをもたせる実験は，とくにバーチャル調査員を用いることで，微妙な行動に関する回答報告の減少，人種や性別にかかわる意識についての質問項目における調査員の人種や性別の効果を生じること，生身の調査員がもたらすことと同じような欠点をバーチャル調査員がもたらすことがあり得ることを示唆している．それでもなお，第6章で言及したように，たとえば回答者の調査への注意力を高めるような場合，バーチャル調査員を用いる利点があるかもしれない．微妙な質問や，人種，性別，あるいは見てすぐわかるような調査員の特徴に関連した質問では，標準的なインターフェースのほうが，人間らしさの手がかりを組み込んだインターフェースよりも優れている可能性が高い．

7.3　ウェブ調査と認知的負担

主に質問の視覚的表現に頼る他の自記式手法と同様に，ウェブ調査も，調査員方式のデータ収集方式，とくに（電話聴取調査のような）聴覚に依存する方式と比べて，認知的負担を低減するかもしれない．もちろん，読み書き能力の低い回答者では，こ

の関係は逆になる．つまり，読み書き能力の低い回答者の場合，電話調査と比べてウェブ調査のほうが認知的負担が大きくなることがある．ウェブ調査の場合，回答者は自分の好きなときに，自分に合った回答速度で，質問に回答することができる．さらに，質問を読み返すことも容易にできる．ウェブ調査の場合，回答者は質問を読み返すために頻繁に後戻りしていることを，アイトラッキングによる研究が示している．これとは対照的に，電話調査では，回答者が調査員に対して質問を繰り返し読み上げるように頼むことはめったにない．電話調査と比べて，ウェブ調査のほうが認知的負担を低減し，したがってよりよいデータを提供し得ることを示唆する証拠として次の2種類のものがある．

知識を問う質問　　回答者の知識の程度を評価するために行った，ウェブ調査と電話聴取を比較した研究が2つある．1つ目の研究は，Fricker, Galešic, Tourangeau, Yan（2005）が行ったもので，米国科学財団（National Science Foundation）が定期的に米国民の科学的リテラシーを評価するために用いている基礎的な科学知識を問う一連の質問を使って実験を行った（Miller, 1998）．Fricker と同僚は，RDD で選んだ成人からなる全国標本に対して，これらの質問で調査を実施した．回答者は数問のスクリーニング質問に回答した後，インターネットにアクセスできる人には，（科学知識を問う質問を含む）本調査に回答してもらうために，電話あるいはオンラインのいずれかに無作為に割り当てた．電話に割り当てられた調査対象者は，ウェブに割り当てられた調査対象者に比べて，調査に回答する傾向が非常に高かった（ほぼ98%が電話を切らずに科学知識についての質問に回答したが，これに対して，ウェブの条件下では52%であった）．しかし，2つの回答者集団間での，人口統計学的特性や学歴に有意な差はなかった．オンラインの回答者は，電話で回答した回答者よりも知識の得点が高かった．ウェブ調査では平均正答率が70%であったのに対し，電話回答者の平均正答率は64%であった．調査方式による差違は，正誤問題よりも自由回答質問のほうで大きくなった．このことは，認知的負担が大きい質問項目では，ウェブがいっそう役に立ったことを示唆している．また，Fricker と共著者らは，ウェブの回答者は電話の回答者よりも回答完了までの時間が長いこと，そして，それらの違いは，主にウェブ調査のほうが自由回答に長く時間を費やしていることが原因であることを示した．

Strabac と Aalberg（2011）は，Fricker と同僚と同様の研究結果を報告している．彼らは，米国とノルウェーにおいて，ウェブ・パネルの構成員と電話調査の回答者に対して，政治的知識を問う6つの質問につき調査を行った．なお，ギャラップ社がこの両国における電話調査を実施した．また，この研究のウェブ調査では，この2国それぞれで異なるウェブ・パネルを使用した．標本構成員を無作為に電話またはウェブによるデータ収集に割り当てるのではなく，ウェブ調査を行う群に既存のウェブ・パネルを用いたことから，この研究は無作為化実験ではない．回答者は3人の政治的指導者（例：ロバート・ムガベ）と3つの国際組織（例：OPEC）を特定するよう尋ね

られた．加重調整を行わなかった12項目中の5項目を比較すると，正答率の割合に有意な差があり，その有意な5項目のすべてにおいてウェブのほうが正答率が高かった．回答者の年齢，性別，教育，それぞれの分布の違いを調整するため，データに加重補正を行ったとき，結果はいっそう明確なものとなった．12件の比較のうち11件で，正しい答えを出した回答者の割合は，ウェブの回答者がより高く，これらの差違の6件が統計的に有意であった．

以上の2つの研究のいずれも，ウェブ回答者が調査に回答する際に，質問の回答をオンラインで調べられないように工夫している．StrabacとAalberg (2011)では，ウェブの回答者に対して，いずれの質問も回答を記入する時間を30秒しか与えなかった．Frickerと同僚は，回答をオンラインで容易に調べることができる質問項目よりも，オンラインで調べることが難しかった質問項目のほうで（たとえば，対照群を用いる研究は，対照群のない研究よりも優れている理由はなぜかを問う質問），ウェブによる回答者のほうがずっと正答率が高かったと報告している．

尺度にもとづく回答　ウェブのほうが，認知的負担が軽減され，質問をよく考えて回答するようになる．その結果，回答の信頼性や妥当性[15]も増すかもしれない．ウェブ方式と質問紙方式で同一の質問を調査し，比較した研究がいくつかある．たとえば，Ritter, Lorig, Laurent, Matthews (2004) は，この方針に沿って行った実験の1つを報告している．彼らの研究は，インターネットまたは郵送で16項目の健康に関する質問群（そのいくつかは1項目だけからなる質問）を尋ね，これに397名が回答した．また，30名のウェブ回答者からなる小規模の副標本も，2回目の質問に回答した．質問紙方式（とくに郵送方式）は，おそらくはウェブ方式と同様に，自分に合った回答速度で回答し，質問文を読み直す機会が与えられている．全体として，Ritterと同僚は，16個の尺度の平均には有意な差はなく，それら尺度の信頼性（クロンバックのα係数による推定）にも違いを見出せなかった．これらの研究結果は，同一の複数項目からなる尺度について，ウェブ方式と質問紙方式とを比較している多くの研究を代表しているようにみえる．

データ収集について，ウェブで行う場合と電話で行う場合とを比較すると，この状況は変わる．ChangとKrosnick (2009) は，いくつかの比較結果を報告している．この研究では，電話調査に比べて2つのウェブ・パネルのほうが，ランダムに起こる測定誤差が少なかったことを示している．すなわち，3種の標本について，質問項目に対する信頼性や予測的妥当性の推定値がもっとも低かったのは電話標本であった．たとえば，2000年の米国大統領選における投票選択行動（vote choice）は，質問を電話で行った場合に比べて，オンラインで実施したときのほうが，投票選択行動を予

---

[15] 訳注：一般に，ある尺度で安定した結果が得られるかが「信頼性」(reliability)，測定したいことが測定されているか（つまり当たっているか，真値と考えられるか）が「妥当性」(validity)．

測する一連の説明変数[16]となる質問項目と密接に関連していた.

　電話での回答者は，郵送やウェブによる回答者と比べて，もっとも極端な回答選択肢を選ぶ傾向があると主張するリサーチャーもいる[17]（例：Christian, Dillman, Smyth, 2008; Dillman and Tarnai, 1991）．こうしたもっとも極端な回答を選択するという傾向を減らすことで，ウェブ方式は，電話聴取方式と比べて回答の妥当性を高めることができるかもしれない．Ye, Fulton, Tourangeau（2011）によるメタ分析によると，調査方式によっては回答分布に系統的な差違が生じるが，尺度の肯定的な側の端点で，その差違がより顕著であることに気づいた．つまり，電話による回答者は，郵送やウェブの回答者に比べて，肯定的な側のもっとも端にある回答を選択する傾向があることに彼らは気づいたのである．Yeと同僚は，重要な要因は，視覚的か聴覚的かという違いではなく，むしろ調査員の存在にあると主張している．尺度のもっとも肯定的な側にある回答選択肢が選ばれることは，電話で聴取を受けた回答者よりも対面面接を受けた回答者で多かった．また，音声自動応答方式（IVR）による電話聴取は，調査員方式の電話調査の場合よりも，尺度のもっとも肯定的な側にある回答選択肢が選ばれることが少なかった．なお，Yeと共著者が検証を行った調査は，ほとんどが顧客満足度評価を集めたものであった．

　ウェブ調査では，回答入力の方法（たとえば，視覚的アナログ尺度とせずにラジオ・ボタンとする）や，画面上にある回答選択肢の視覚的配置（たとえば，垂直的配置または水平的配置）により，尺度の信頼性や妥当性は影響を受ける．第6章では，スライダー・バーや他の視覚的アナログ尺度の利用法について議論しており，これらを推奨する証拠がほとんどないことがわかっている．第5章では，態度尺度の回答選択肢の空白設定や配置のあり方で起こる問題を詳しく調べた．そこで再吟味された研究から浮かび上がった明白な1つの結論は，尺度とした回答選択肢の見た目は，その判断のもととなる尺度の幅の構造に似せるべきということである．たとえば，尺度の視覚的中間点は，その尺度の幅の概念的な中間点に一致させるべきであり，各尺度点が等間隔を表すことを意図しているときには，各回答選択肢も等間隔に配置すべきである（Tourangeau, Couper, Conrad, 2004）．

　ウェブと対面面接によるデータ収集　　ウェブ調査を他の調査方式と比較した研究のほとんどが，インターネットによるデータ収集であるウェブ調査と，郵送調査あるいは電話調査との比較である（たとえば，表7.4を参照）．しかし，HeerweghとLoosveldt（2008）による研究は1つの例外である．彼らは，ウェブ調査と対面面接によるデータ収集を比較する無作為化実験を行った．HeerweghとLoosveldtは，次のような結果を報告している．彼らは，ウェブ調査は対面面接調査に比べて非識別

---

[16] 訳注：原文は"predictor"．呼称は，予測子，説明変数，独立変数などいろいろあるが，ここは説明変数とした．
[17] 訳注：たとえば，新近性効果のような場合をいうのだろう．

化[18]の傾向が多く，中間的な回答選択肢を選びやすいことに気づいた．また，ウェブ調査の回答者は，対面面接調査を受けた人びとよりも「わからない（DK）」を選びやすいことに気づいた．これらを選ぶという傾向は，ウェブ調査の回答者が調査において最低限の条件で済まそうとする「労働最小化行動」を示唆している．ウェブ調査はまた，平均すると，対面面接調査と比べて回答記入が速かった．

さらなるいくつかの実験では，仮想評価法（CV: contingent valuation）によるデータについて，ウェブ調査と面接調査との比較を行っている．この仮想評価研究では通常，ある環境財（environmental good）について詳細情報を回答者に提示した後，回答者がその環境財を保護するためにいくら払うつもりがあるかを聞き出す．Lindhjem と Navrud（2011a）は，対面面接とウェブによる仮想評価調査を比較した6つの研究を再吟味したが，2つのデータ収集方式間に一貫した差違は見出せなかった（Lindhjem and Navrud, 2011b; Marta-Pedroso, Freitas, Domingos, 2007; Nielsen, 2011 も参照）．一般に，こうした研究全般にわたり，支払い意思額（willingness to pay）の平均にはデータ収集方式による違いはみられず，しかもウェブ調査の場合はデータの質の低下を示すあきらかな証拠は得られなかった．

7.4　この章のまとめ

ウェブ調査には，他のデータ収集方法と比べて，測定誤差を減らせるいくつかの重要な特性がある．

1) 質問は，調査員ではなくコンピュータが実施する．この特性により，回答時の社会的望ましさの偏りを減らし，調査員効果を取り除く可能性がある．
2) 質問を提示する主な情報伝達経路は視覚的であり，写真，ビデオ・クリップなどを組み込むことができる．
3) 調査が双方向的になるので，回答者にさまざまな種類のヘルプ（助け）を提供し，また適切な質問に回答者を導くことができる．
4) 回答者は調査質問の回答進捗を自ら管理し，質問を容易に読み返すことができる．こうした特性により，回答時の認知的負担を減らすことができる．

こうしたウェブ調査の特性のいずれもが，回答者がいかに容易に回答できるか，そしていかに正確に質問に回答できるかに影響する．第5, 6章では，ウェブ調査の備える視覚的な表現と双方向的な機能の影響を詳細に論じた．本章では，上に挙げたウェブ調査の1番目と4番目の特性，つまり，調査員を必要としないことによる効果と，認知的負担におよぼす効果に焦点をあてた．もちろん，これらの4つの特性だけでな

---

[18] 訳注：「非識別化」（non-differentiation）については第4章の表4.1にある訳注を，また「労働最小化行動」については第1章の訳注［17］を参照のこと．なお，「識別化」「非識別化」「労働最小化行動」については，巻末の用語集を参照．

く，ウェブ調査は自動化されており，自動データ収集が備える通常の利点はすべて提供している（たとえば，事前に読み込んでおいた情報あるいは前のほうにある質問への回答結果にもとづいて，その後に続く質問文を調整できること，質問の省略や自動ルーティング，回答が事前に決められたある範囲内におさまっているかを確かめるエディット・チェック，質問や回答選択肢の並び順の無作為化など）[19]．こうした特性は，ウェブ調査が高度に複雑な調査票を扱えることを意味している．

　従来の自記式の長所は，微妙な情報を回答者から収集することに適していることである．ウェブ方式にも，従来からある自記式の方法と同じく，このような長所があるようにみえる．表7.4に要約したメタ分析は，正直に答えることに戸惑うような回答を聞き出すような場合は，少なくとも郵送調査あるいは他の質問紙による自記式と同程度には，ウェブ調査が優れていることを示している．またこうした研究結果は，薬物使用，性的行動などの微妙な話題となり得るような情報を集めるときには，調査員方式の電話聴取よりもウェブ調査のほうが優れていることも示唆している．ウェブによるデータ収集方式のこうした利点は，若い回答者の場合にとくに高まる可能性がある．そして，質問に回答するときの環境のプライバシーが高くはない場合，またはバーチャル調査員をインターフェースに用いている場合，あるいはこれとは別の人間らしさの手がかりが組み込まれている場合には，こうした利点が損なわれることもあり得る．

　ウェブ調査では，回答者自らが回答時の時間調整や時間配分を管理できる．また回答者が質問を容易に読み返すことができる．このことから，回答者は知識を問う質問に対してより正確な回答を提供する．また，自分の態度を評価する，あるいは他の心理的特性を評価する質問群に対しては，より信頼できる妥当な回答を行う．ウェブ調査では，誤解を招くおそれのある方法で回答選択肢を配置した場合には，こうした利点が相殺されることもあり得る．そして読解力の低い，あるいはコンピュータ技能が劣る人からなる母集団を用いると，ウェブ調査の備えるいかなる認知上の長所も失われるか，あるいは逆効果となることもあるだろう．

---

[19]　訳注：回答者の回答行動を電子的に追跡捕捉して得られるデータを「パラデータ」という．パラデータの分析で，ここに挙げたような事象を具体的な統計指標として測ることができる．

8 要約と結論

　本章では,ここまでの章で検討した結果から得た主な結論をまとめる.そして,ウェブ調査の長所と短所を通常の調査誤差の概念に沿って,つまり,標本誤差,カバレッジ誤差,無回答誤差,測定誤差の観点から論じる.調査結果における誤差発生源を分類するためのこうした枠組みは,少なくとも Deming (1944) によるきわめて重要な論文にまで遡る (Groves, 1989, および Lessler and Kalsbeek, 1992 も参照)[1].Kish (1965) はより基本的な分類として,関心のある母集団のすべてを観測しないことで生じる誤差と,観測(すなわち測定)の過程で生じる誤差とを区別している.ここで第1の種類の誤差は,本書で扱ってきたように,さらに,標本誤差,カバレッジ誤差,無回答誤差に分類することができる.第2章および第3章で言及したように,たいていのウェブ調査では,他の調査方式と比べてかなり大きい非観測誤差が生じる傾向にある.このことから,政府や学術機関の多くの調査主体では,単独で用いるデータ収集方法としてウェブ調査を採用することを避けてきた.第2の種類の誤差,つまり観測誤差は,実際に調査に参加した母集団の構成員を測定する際の問題にかかわることである.第4章から第7章までの各章で論じてきたように,ウェブ調査には測定上のたくさんの魅力的な特性があり,従来のデータ収集方法と比べると,観測誤差の観点からは,おおむねうまく利用できる(たとえば,第7章のメタ分析の結果を参照のこと).

　また本章では,ウェブ調査で得られる推定値に対して,上に指摘したようないくつかの誤差発生源がおよぼす全体的な影響を把握するための数学的モデルについて述べる.さらに2種類以上のデータ収集方法を用いて集めたデータを結合することに関する賛否両論を,このモデルを用いて詳しく調べる.筆者らのモデルでは,オンラインで収集したデータと従来の手法で収集したデータとを結合して用いることに焦点をあてているのだが,このモデルは,どのような2つのデータ収集方式から得られたデータを結合した場合にも起こる問題点をあきらかにするために役に立つ.

　本章の最後に,本書を通じて示された(時にはそれとなく示されただけの場合もあるが)さまざまな提案をまとめ,ウェブ調査(およびその誤差特性)が今後どのよう

---

[1] 訳注:Groves and Lyberg (2010) を含め,誤差発生源について総調査誤差 (TSE) の観点から議論した特集記事が "*Public Opinion Quarterly*" (2010年,74巻5号) にある(9編の論文).また,これの紹介記事については大隅・鳰 (2012) を参照.

に展開し得るかについて論じることで結びとしたい．

8.1 ウェブ調査における非観測誤差

標本抽出とカバレッジの問題　第2章では，ウェブ調査における標本誤差について，筆者らの考える主な結論を示した．そこでの重要な問題点は，全体としては，ウェブの利用者からなる一般母集団あるいは世帯母集団のいずれの場合にも，確率標本を選ぶ簡単な方法がないことである．ウェブ調査では，一般母集団（あるいはインターネット母集団）を代表する標本を募集しようと努めてきた．こうしたウェブ調査では，従来の標本抽出技法（たとえば，エリア確率標本抽出，ランダム・ディジット・ダイアリング（RDD），電話番号簿の住所にもとづく標本抽出[2] など）を用いて標本を選び，また場合によっては，ウェブ調査に参加できない標本の構成員に対しては，コンピュータあるいはウェブ（またはその両方）へのアクセス権[3] を提供する方法をとってきた．こうした方法は，米国のナレッジ・ネットワークス社（Krotki and Dennis, 2001）およびオランダの「社会科学のための縦断的インターネット調査研究」（LISS: Longitudinal Internet Studies for the Social Sciences）パネルで用いている手法である．

　従来のデータ収集方法は，多くの場合，それぞれで固有の標本抽出方法を用いてきた．たとえば，対面面接調査はエリア確率標本抽出と組み合わせることが多く，電話調査はRDD標本と組み合わせることが多い．しかし，ウェブ調査にはこれに対応する標本抽出方法がない．つまり，ウェブ調査用に特別に設計された標本抽出方法はないのである．このように，標本抽出にかかわる難しさがあることから，多くのウェブ調査では，確率標本ではなく自己参加型のボランティアからなる標本を用いている．こうしたオプトイン型のウェブ・パネルを用いると，その標本は2つの時点で選択バイアス[4] の影響を受けるだろう．その2つの時点とは，新たな参加者が，初めてそのパネルに加わるかどうかを判断するときと，パネルの構成員としてある特定の調査に回答するかどうかを判断するときである．ある特定のウェブ・パネルに参加するよう勧誘の接触があった人びとは，この時点ですでにインターネット利用者という代表性のない標本となっているだろう．また，ほとんどのパネルの構成員が，ほんの一部のウェブサイトを経由して訪問しているかもしれない．たとえばChangとKrosnick（2009）は，ハリス世論調査オンライン・パネル（Harris Poll Online Panel）の構成員

---

[2] 訳注：「住所にもとづく標本抽出」（ABS: address-based sampling）については，第2章の原書注*3），第3章の訳注 [19] に簡単な説明をつけた．巻末の用語集も参照．

[3] 訳注：原文では"access"であるが，ここでは単にアクセスできるという意味だけではなく，アドレスなどの保有や，コンピュータやインターネットなどの環境を利用できること，また調査に参加できるという意味で「アクセス権」とした．

[4] 訳注：第2章の2.3節も参照．

の90%以上が，元は2つのウェブサイトにいる人びとであると報告している．そしてもちろん，こうしたパネルには，インターネットにアクセスできない人びとは含まれてはいない．さらに，ウェブ・パネルの登録者は複数のオンライン・パネルに所属していることが多い[5](Stenbjerre and Laugesen, 2005; Vonk, van Ossenbruggen, Willems, 2006)．その結果，ウェブ・パネルから得られるデータのかなり高い割合が，少数の非常に積極的なボランティアから得られている可能性がある（Couper and Bosnjak, 2010, p. 535)．

パネルによっては，データに対して統計的に加重調整を行うことで，こうした抽出による偏りを補正することもある．たとえば，データに加重調整を行うことで，回答者の標本を，インターネットにアクセス可能な要素からなる母集団に，あるいは一般母集団に，より近づけるようにすることがある．こうした加重調整の評価を行う諸研究は，この種の試みがごく一部に対してのみ有効であることを示している（第2章，表2.4を参照）．

このような制約があるにもかかわらず，単発調査用あるいはパネル調査用のいずれであれ，ボランティアの参加者を募り，ウェブ標本への自発的な参加・登録を行うことの利点はいくつかある．オンラインによる募集では，市場調査の調査で用いられるモール・インターセプト型の標本[6]や，社会心理学や認知心理学の分野の研究で多くみられる心理学専攻の学生を被験者要員とするといった，別の種類の非確率標本と比べて，規模がより大きく，しかもより多様な標本を用意することができる．さらにウェブ・パネルでは，構成員に関する詳細情報を収集していることが多い．このことは，リサーチャーが，比較的まれな部分集団の構成員を特定し，調査対象者を絞り込めることを意味している[7]．状況によっては，標本として選ばれた回答者が確かに関心のある母集団の構成員であるかどうか（たとえば，ある製品の潜在市場の一員であるかどうか）が，彼らがその母集団を代表する標本を構成しているのか，ということよりも重要になる．こうした利点に加えて，ボランティア標本の維持経費が比較的安価であることから，ウェブ・パネルはさまざまな目的で幅広く利用されている．たとえば，Couper（2007）の研究では，社会的不安障害から潰瘍性大腸炎まで，広範な範囲に

---

[5] 訳注：日本国内でも，類似の傾向にあることがわかっている（大隅，2010）．

[6] 訳注：モール・インターセプト型の調査で用いる標本（mall intercept sample）のこと．調査実施者が，人が集まるショッピング・モールや公共の場などに場所を用意し，事前に決められた選出方法で，通りすぎる人たちに声をかけて調査への参加協力を依頼して集める標本のこと．詳しくは巻末の用語集を参照．

[7] 訳注：たとえば，人口統計学的変数の特定の層や，登録個客者の中から特定の条件を満たす人を選んで調査を行うことが比較的容易にできる．たとえば，以下のような調査例がある．ここでは，特定の条件を満たす親子（母子）の集団を選び，食生活などの実態を調べている．また，登録者数がかなり異なる2つのウェブ・パネルを比較する実験調査にもなっている．
健康・体力づくり事業財団（2007）：「親と子の生活行動と健康に関する調査（平成18年度）」事業報告書（平成19年3月），福祉医療機構．
http://www.health-net.or.jp/tyousa/houkoku/h18_oyatoko.html

わたる健康状態を調査するために，ウェブ標本を用いた数多くの健康調査研究を引用している．

一般母集団のウェブ調査における第2の重要な問題点は，標本構成員に対してインターネットへのアクセス権を与えないかぎりは，彼らをどのように選び，勧誘したかにかかわりなく，母集団のかなりの部分が脱落することである．米国や欧州連合諸国のように比較的豊かな国々においてさえも，誰もがインターネットにアクセスできるというには程遠い状況にある．インターネットにアクセスできない世帯の割合は減少し続けてはいるが，それでもなお，インターネットにアクセスできる人とできない人との間には顕著な違いがある（表2.2および表2.3，Bethlehem, 2010も参照）．

一般母集団から標本を抽出する際にみられるこうした欠点は，ある学校の生徒やある特定の会社の従業員といった，特定の部分母集団を用いるときは，多くの場合，問題にはならない．このような母集団については，標本の抽出に適した抽出枠が存在しているだろう．また，調査に回答してもらうために，その母集団の構成員に接触し勧誘を行うための1つの方法として，電子メール・アドレスが入手できるだろう．もちろん，こうした母集団でウェブ調査を行う場合，無回答が主要な問題になり得る．

一般に，ウェブ調査で扱う標本は，代表性のない自己参加型の標本として始めることが多く，しかもカバレッジに関する諸問題があるため，目標母集団のかなりの部分が除外されるだろう．インターネットにアクセスできる人びとは，全体として母集団の無作為な部分集合とはなっていないので，インターネットにアクセスできない人びととは系統的に異なっている．米国では，ウェブにアクセスできない母集団と比べて，インターネット母集団は若年層や高学歴層の代表性が過大となり，また黒人やヒスパニックの代表性が過小となる（表2.2参照）．また，インターネットにアクセスできる集団とアクセスできない集団とは，多くの面でかなり異なっていることもあり得る．たとえば，インターネットにアクセスする人びとは，アクセスしない人びとに比べて，いろいろな意味でより健康的であるようにみえる（表2.3参照）．こうした違いは，ウェブ調査の結果から，一般母集団における健康度を評価したり，さまざまな病状の罹患状況を推定したりする場合に影響をおよぼすだろう．これとは別の話題に関しては，インターネットにアクセスできない集団が除外されることで生じる偏りは少ないかもしれない．なお，第2章で示したように，統計的な修正に関する方法（たとえば，標本整合つまりサンプル・マッチング）は，抽出やカバレッジの問題がウェブ調査に持ち込む偏りのごく一部を取り除くにすぎない．

無回答誤差　代表性のない標本から始めるという問題に加えて，ウェブ調査は従来のデータ収集方法と比べて無回答率が高い傾向にあることから，ウェブ標本の代表性がさらに減少することがあり得る．第3章で調べたように，最近行われた2つのメタ分析（Lozar Manfreda et al., 2008; Shih and Fan, 2008）によると，ウェブ調査における無回答率と他のデータ収集法における無回答率を比較したところ，いずれの研究でも，回答率の差は平均しておよそ11%であり，郵送や電話でデータを収集した調査

よりもウェブ調査の回答率が低くなるという点で一致していた．またこれらのメタ分析では，ウェブ調査の回答率と他のデータ収集方法の回答率との差は，調査のいくつかの特性に左右されることも示している．たとえば，回答率の差は，パネル調査（9%の差；Lozar Manfreda et al., 2008 を参照）よりも単発調査のときに大きくなった（平均で 28% の差）．また，Shih と Fan（2008）は，ウェブ調査と郵送調査の回答率の差は，調査対象とする母集団[8]によって，またその標本構成員に送った督促（リマインダー）の回数とによって変わることを見つけている．ウェブ調査と郵送調査の差違は，大学生からなる母集団では比較的小さいが（ウェブ調査が郵送調査を 3% 上回った），専門職を対象にした調査ではこの差違が大きくなった（ウェブ調査の回答率が，郵送調査の場合を平均で 23% 下回った）．郵送調査のほうが，ウェブ調査よりも回答率に関して有利であるということは[9]，その標本の構成員に少なくとも 1 回以上の督促を送った場合にはさらに高くなる．他の種類の調査とは異なり，ウェブ調査では何回も接触を行うことが回答率の増加にはつながらないのである．

　他のデータ収集方法と同様に，ウェブ調査の回答率[10]（および非確率的なウェブ・パネルにおける参加率）も，徐々に減少しているようである（Couper and Bosnjak, 2010）．こうしたパネルの回答率にみられる減少は，パネルの構成員が多数の調査依頼を毎月受けていることを示している可能性がある．多くの調査では，たとえば，オンライン調査と従来の方法による調査のいずれもが，回答率の低下を食い止めるために謝礼を取り入れている．しかしさまざまな理由から，この謝礼方式は，ウェブ調査の場合，他のデータ収集方法を用いた調査における謝礼方式ほど効果的ではないようである（Göritz, 2006a）．1 つの問題として，ウェブ調査では多くの場合，もっとも効果が小さい謝礼の方法を用いていることが挙げられる．ウェブ調査では，金銭以外の謝礼（たとえば，抽選方式の景品）を回答が完了したときに提供している．他のデータ収集方式では，景品をあげたり抽選への応募資格を与えたりするよりも，金銭の謝礼のほうが効果的であり，また謝礼を後払いとするよりも前払いにするほうが，より効果的であることを，いままでの研究が示している（Singer, 2002; Singer, Van Hoewyk, Gebler, 1999）．事前に現金を送ることが，ウェブ調査の回答率を上げるためにもっとも効果的だろうが，ほとんどのウェブ調査ではこの方法を用いていない．

　通常みられる形の無回答だけでなく，ウェブ調査では比較的新しい形の無回答が生

---

[8] 訳注：原文は "survey population" で「調査母集団」のことだが，ここは上のように訳した．なお，調査母集団については，第 2 章の訳注［19］および巻末の用語集を参照．

[9] 訳注：ここでは，ほぼ一貫して，郵送調査がウェブ調査の場合よりも回答率が「高い」傾向にあるとしている．しかしこれは扱う調査課題にも依存することで，一概に共通した傾向と断定はできないだろう．たとえば，共通の調査課題，調査票を用いて行った，以下の郵送調査とウェブ調査（3 つのウェブ・パネルを利用）の比較実験調査では，一貫してウェブ調査のほうが回答率が高かった．林・大隅・吉野（2010），林・吉野編（2011）を参照．

[10] 訳注：ここでは，無回答率（nonresponse rate），回答率（response rate）が使われているが，ウェブ・パネル（とくに非確率的なボランティア・パネル）では，回答率の算定が難しく，通常は参加率（participation rate）を用いる．第 1 章の訳注［15］を参照．

8.1 ウェブ調査における非観測誤差

じる（あるいはより生じやすい）傾向がある．あるウェブ調査にとっての潜在的回答者つまり回答者の候補となり得る人が，他のなんらかの方法（たとえば，電話など）により勧誘を受けた場合，そのウェブ調査は「調査方式の切り替え」（モード・スイッチ；mode switch）による無回答の影響を受けやすい（Sakshaug, Yan, Tourangeau, 2010）．Sakshaugと共著者らは，回答者への最初の接触を電話で行った調査について詳しく調べた．ウェブ上で調査票に記入するように割り当てられた人びとのうちの約40%は，オンラインで調査に回答することに同意したが，実際には回答を行わなかった．Sakshaug, Yan, Tourangeauは，調査方式の切り替えによる無回答が，ウェブ調査の推定値に占める総誤差の重要な一因であったことを示している．音声自動応答方式（IVR）を使用した調査にも，類似の現象がみられる．つまり，最初に生身の調査員が電話で接触した後に，ときには自動化した電話調査による追加質問に回答することに同意することはあるものの，その音声自動応答方式に切り替わる際に回答者が電話を切ってしまう．また，中断率においても，ウェブ調査は，回答者が電話聴取や対面面接調査といった従来型のデータ収集で調査を開始したときに比べて，オンライン調査票で調査を開始した場合の中断率が高くなり得る．おそらくは，調査員がいないことで，回答者が調査を容易に中断しやすくなるのだろうと筆者らは考えている．

以上の無回答に関する考察を要約すると，ウェブ調査の回答率は郵送調査よりも低くなる傾向があり（平均すると11%ほど），調査方式の切り替えによる無回答や中断といった，従来のデータ収集方法では比較的まれな，あるいはまったく起こり得ない形の無回答になる傾向があるようである．ウェブ以外の調査と同様に，ウェブ調査の回答率も低下しつつあるようである．最近では（少なくとも米国においては），謝礼を調査で用いることがかなり増加しつつある．しかしウェブ調査では，その効果は限定的である（Göritz, 2006a）．おそらくこれは，ほとんどのウェブ調査では比較的効果のない種類の謝礼が用いられていることが原因であろう．

総効果 したがって，ウェブ調査は主として3つの種類の非観測誤差の影響を受けやすい．かりに確率標本を用いれば，ウェブ調査による推定値は（あらわる確率標本にもとづいた推定値のように），ランダムな標本誤差の影響を受ける．さらなる懸念要素は，完全な自己参加型のボランティアからなる非確率標本を使用した結果として生じる標本抽出の偏り[11]である．インターネット母集団には適切な標本抽出枠がなく，しかもインターネット母集団は，米国でも他の国々でも，完全な成人母集団を対象としてはいないことから，ほとんどのウェブ調査は，大きなカバレッジの偏り（coverage bias）が生じる危険性もある．さらに，インターネット調査では，郵送調査や従来のデータ収集方法を用いる他の調査よりも回答率が低くなる．はじめに確率標本から募集した構成員から作られた最良のウェブ・パネルでさえも，パネルの構成

---

[11] 訳注：この標本抽出の偏り（sampling bias）は，選択バイアス（selection bias）にほとんど同じ意味だが，原文に合わせて訳を使い分けた．

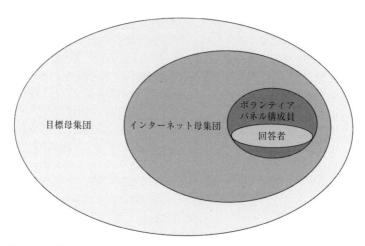

図 8.1 一番大きな楕円は，目標母集団を示している．一番小さな楕円は，ある特定のウェブ調査の回答者を示している．中間の楕円は，ウェブにアクセスできる目標母集団の部分集合と，回答者を抽出したウェブ・パネルに参加した母集団の構成員を示している．目標母集団とインターネット母集団のずれが，カバレッジ誤差となる．インターネット母集団とボランティアからなる構成員あるいはパネル構成員とのずれは，選択バイアスになる．ボランティア構成員あるいはパネル構成員と調査回答者とのずれが，無回答誤差となる．

員に接触し，調査依頼を行うために必要となる複数の段階において生じる，高い無回答率に悩まされている．図 8.1 は，こうした 3 種類の非観測誤差を図で示したものである．

　これら 3 種の誤差はウェブ調査から得られる推定値に対してどのような影響を与えているだろうか？　いくつかの研究では，ある所与の調査の標本の代表性に非観測誤差がおよぼす総効果の測定を試みている．Chang と Krosnick (2009) は，ある RDD 方式の全国調査における回答者の人口統計学的特性と，2 つのウェブ・パネル調査とを比較した．ウェブ・パネル調査のうちの 1 つは，ハリス・インタラクティブ社 (HI) のもので，自己参加型のボランティアから構成される．もう 1 つは，ナレッジ・ネットワークス (KN) 社のもので，RDD による標本抽出によって選ばれている．なお，ハリス・インタラクティブ社のパネル構成員は，一般母集団の人口統計学的特性に釣り合うように (to match) 選出された（したがって，その標本は，前出のようなサンプル・マッチングの限界を説明する例となっている）．3 つの標本の回答者はすべて，同じ調査質問群に回答した．Chang と Krosnick は，「最新人口動態調査」(CPS) を基準としてこれらの標本の人口統計学的な構成を調べた．統計的な加重調整を行う前は，新しい RDD 標本は 2 つのウェブ・パネルよりも CPS における構成の特徴により近かった．さらに，ナレッジ・ネットワークス社の標本は，おおよそハリス・イン

表 8.1 学歴と年齢区分別の標本構成の比較（「加重調整を行った推定値」対「加重調整を行っていない推定値」）

	加重調整を行っていない推定値			
	RDD 標本	ナレッジ・ネットワークス社	ハリス・インタラクティブ社	CPS (2000年3月)
学歴				
高校中退	7.0%	6.7%	2.0%	16.9%
高校卒業	31.3	24.4	11.8	32.8
大学中退	19.6	32.3	36.6	19.8
大学卒業以上	42.1	36.6	49.5	30.5
標本の大きさ	1504（人）	4925（人）	2306（人）	—
年齢区分				
18～24歳	10.0%	7.8%	8.0%	13.2%
25～34歳	17.9	19.1	21.2	18.7
35～44歳	24.5	25.8	21.5	22.1
45～54歳	20.7	23.0	27.9	18.3
55～64歳	12.1	12.4	15.5	11.6
65歳以上	14.9	11.9	5.8	16.1
標本の大きさ	1496（人）	4923（人）	2306（人）	—
	加重調整を行った推定値			
	RDD 標本	ナレッジ・ネットワークス社	ハリス・インタラクティブ社	CPS (2000年3月)
学歴				
高校中退	17.1%	12.3%	7.9%	16.9%
高校卒業	32.7	33.5	36.5	32.8
大学中退	19.8	28.5	26.9	19.8
大学卒業以上	30.3	25.6	28.8	30.5
標本の大きさ	1504（人）	4925（人）	2250（人）	—
年齢区分				
18～24歳	13.5%	9.8%	6.7%	13.2%
25～34歳	15.3	19.1	24.4	18.7
35～44歳	22.7	22.8	32.3	22.1
45～54歳	17.8	19.8	36.6	18.3
55～64歳	12.4	13.4	10.4	11.6
65歳以上	18.3	15.2	14.5	16.1
標本の大きさ	1496（人）	4923（人）	2250（人）	—

注：ある調査における標本の大きさは，欠測データにより項目ごとに変動がある．Chang と Krosnick (2009) から引用．

タラクティブ社のパネルよりも CPS における構成により近かった．

　この研究から得た代表的な知見のいくつかを，表 8.1 に示してある．表の上段には，学歴および年齢区分別に見た標本分布の加重調整を行わない場合の結果を示してある．表の下段には，それらの数値に対して，非観測誤差による偏りを低減するため

に加重調整を行った後の数値を示してある[12]．3つの標本すべてについて，学歴が高校中退以下の人の代表性が過小であり，大学卒業以上の人の代表性が過大であった．このようなCPSの数値からのずれは，ハリス・インタラクティブ社の標本がもっとも大きく，RDD標本では最小であった．同様に，標本は年齢区分層の分布の両端の選択肢で代表性が過小となり，また35〜64歳の年齢区分では代表性が過大となっている．ここでも，偏りはハリス・インタラクティブ社の標本が最大となり，RDD標本が最小となっている．加重調整を行うことによりこの問題はかなり改善し，3つの標本すべての数値がCPSの数値に近い値に調整されている．Tourangeau, Groves, Kennedy, Yan (2009) は，ChangとKrosnickが示した結果と類似した分析を報告している．彼らは，インターネット母集団における年齢，性別，人種，学歴の分布を調べるために，ウェブ標本（2つの自己参加型のウェブ・パネルから抽出）と「アメリカン・コミュニティ調査」（ACS: American Community Survey）とを比較した．最新人口動態調査（CPS）と同様に，この「アメリカン・コミュニティ調査」（ACS）は米国国勢調査局によって実施されているが，標本の大きさはずっと大きい．Tourangeauと同僚は，ウェブ標本と米国の成人からなる母集団とのずれを報告しているが，これは，ChangとKrosnickが見つけた結果と類似の内容であった．たとえば，彼らの調査研究における回答者もまた，一般母集団と比べ大学以上の高学歴の人びとで代表性がかなり過大となっていた．

　第2章で述べたように，ウェブ・パネルの推定値を調整するために，ウェブ・パネルでは「加重」をよく用いる．このとき，事後層化法やレイキング法により母集団特性値に合わせるように加重を調整する．また，偏りを減じるために，より高度な加重調査法が使われることもある．残念ながら，加重調整後にも（ChangとKrosnick (2009) が調べたように）かなりの偏りが残ることが多い．

8.2　観　測　誤　差

　筆者らがここで最後に扱う誤差の形態は，観測誤差（つまり測定誤差）である．ウェブ調査には，測定誤差を他のデータ収集方法よりも低減する可能性のある重要な特徴がいくつかある[13]．

---

[12] 訳注：ここでの加重調整法は，表内にある3つの調査で，わずかに異なる方法を用いているので，それを念頭に内容を読む必要がある．①RDD調査では，最新人口動態調査（CPS）にもとづいた事後層化調整の推定量を使用している．②KNパネルでは，抽出確率の加重調整を用い，その後CPSを用いたリム加重（一種の事後層化法）を行う．③HIパネルでは，同時に行った電話調査にもとづく傾向スコア調整法（PSA）とCPSの推定値にもとづく事後層化法とを用いている．ただし，いずれの場合も，通常はある種の事後層化調整を行っている．

[13] 訳注：原書のここにある4項目は，第7章の7.4節にある内容にほぼ同じであるが，並び順が異なる．そろえるほうがよいと考え，ここでは第7章にある並び順と内容をそのまま記した．

1) 質問は，調査員ではなくコンピュータが実施する．この特性により，回答時の社会的望ましさの偏りを減らし，調査員効果を取り除ける可能性がある．
2) 質問を提示する主な情報伝達経路は視覚的であり，写真，ビデオ・クリップなどを組み込むことができる．
3) 調査を双方向的にすることができるので,回答者にさまざまな種類のヘルプ（助け）を提供し，また適切な質問に回答者を導くことができる．
4) 回答者は調査質問の回答進捗を自ら管理し,質問を容易に読み返すことができる．こうした特性により，回答時の認知的負担を減らすことができる．

ウェブ調査のこうした特徴のいずれも，回答者がどれだけ容易に，どれだけ正確に質問に回答できるかに影響することがあり得る．

視覚的表現　　望ましいと思われるウェブ調査の特性の1つは，静止画や動画を含む視覚的な情報を回答者に提示できることである．調査によっては，調査に関連する視覚的な刺激を回答者に示すことが，その調査の目的にとって不可欠であることもあり得る．他のデータ収集方式でも，回答者に対して視覚的な情報を提示できることもある．たとえば，対面面接調査員は，情報を視覚的に示すために「提示カード」を用いることが多い．

第5章で述べたように，画像は回答者の注意を引きつけることが多い．画像を質問文と一緒に提示する場合，回答者がその質問をどのように解釈するか，あるいはどのような基準を用いて判断するかに影響する．写真に写っている対象の区分（たとえばショッピングの写真に写っている商品の種類）が異なると回答者の見方も変わることがあることを実証した，実験から得た証拠を Couper, Tourangeau, Kenyon (2004) が示している．Couper, Conrad, Tourangeau (2007) がその後に行った調査でも，回答者が自分自身の健康状態を判断する場合に，視覚的な文脈効果があることを示している．写真の使用は,質問にとって必要不可欠ではないかぎりは（たとえば, Couper, Tourangeau, Kenyon (2004) のいう「タスク」要素[14] ではない場合には），おそらく避けるほうがよい．

回答選択肢の間に置く空白や，その他の視覚的な手がかりも，回答者が，どう回答するか，回答尺度の問いたい意味をどのように解釈するかに影響をおよぼし得る．筆者ら（Tourangeau, Couper, Conrad, 2004, 2007）は，ウェブ調査で，回答者がいくつかの経験則を回答尺度にあてはめてその意味を解釈しているという説を提唱している．

---

[14] 訳注：調査を開始し回答を終わりまで完了するために，回答者（参加者）の動機づけや回答意欲に影響する調査票特性を2種類に分けることがある．1つが「タスク要素」(task element) であり，もう1つが「スタイル要素」(style element) である．タスク要素には，回答者が調査票に取り組む方法に影響する要素（たとえば，質問の言い回し，回答選択肢，指示，ナビゲーションの手がかり）が含まれる．スタイル要素は，調査票の見栄えに関連する要素（文字書体，背景色，ロゴなど）の集まりをいう．

その経験則とは，以下の5つである[15]．

1) 中間は，「普通」「基準」「中心」であることを意味する（Middle means typical or central）
2) 左および最上部は，「最初であること」を意味する（Left and top mean first）
3) 近くにあるものは，「関連があること」を意味する（Near means related）
4) （外見の）類似は，「（意味において）近いこと」を意味する（Like (in appearance) means close (in meaning)）
5) 上昇・上へ，は「よいこと」を意味する（Up means good）

第1の経験則によると，ある尺度について目で見てちょうど中間に位置する点は，尺度点の意味を設定する際に重要な役割を果たす．この経験則によれば，両極尺度の視覚的な中間点は判断のもととなる範囲[16]の概念的な中間点，つまり中立点を示すか，あるいは確率尺度においては半々の確率を示しているとみなされる．判断のもととなる範囲が単極性の場合，回答者は，視覚的な中間点がもっとも標準的な値（たとえば，集団の中央値や最頻値）とみなすかもしれない．第2の経験則「左および最上部は，『最初であること』を意味する」は，回答選択肢がなんらかの論理的順序に従っているだろうと回答者が予想することをいう．回答選択肢を水平に配置すると，回答者は，左端の回答選択肢が片方の端にあり，右端の回答選択肢がもう片方の端にあり，そして残りの回答選択肢は左から右へ概念的な順序に従って配置されているだろう，と予想する．回答選択肢が上下に垂直に表示される場合には，回答者は一番上と一番下の回答選択肢が両端を示し，残りの回答選択肢は上から下に向かって順に配置されているものと予想する．「近くにあるものは，『関連があること』を意味する」という第3の経験則は，回答者が，2つの項目間の概念的な関係性を，物理的な近接性（目で見た画面上の配置）にもとづいて類推する傾向にあることをいう．たとえば，複数の質問項目が1つのグリッド内におさめられていると，それが別々の画面に分けて表示されている場合よりも意味において密接な関連があるとみなすかもしれない（Tourangeau et al., 2004, 実験6）．第4の経験則「（外見の）類似は，『（意味において）近いこと』を意味する」は，回答者が，2つの質問項目間や2つの選択肢間の概念的な類似性を，見た目の類似性にもとづいて類推する傾向があることをいう．たとえば，回答尺度の両端を同系色とした場合，両端が異なる色合いの場合よりも，両端が概念的により近いと類推するかもしれない．こうした推論により，回答者が本来考えてい

---

[15] 訳注：これらの経験則は，すでに第5章で述べたことを，再度ここで要約している．表現がわずかに異なるが，ここは第5章に合わせた．

[16] 訳注：原書では，ここらで "dimension of judgment"，"underlying dimension" とあるが，これは5.1節および図5.1にある "underlying dimension of judgment"（判断のよりどころとする範囲）のことをいう．ここでは「判断のもととなる範囲」とした．第5章の訳注［5］を参照．また，第7章も参照のこと．

た回答と異なる回答を選ぶことがあるかもしれない (Tourangeau et al., 2007). 最後の第5の経験則「上昇・上へ，は『よいこと』を意味する」は，回答者は，画面の上部に表示された項目のほうを下のほうにある項目よりも，好意的に評価する傾向があることをさしている．つまり，画面上の物理的な位置によって肯定的に評価するかどうかが変わり，そのことが回答者の対象の評価に影響をおよぼすことを意味する (Meier and Robinson, 2004; Tourangeau, Couper, Conrad, 2013).

質問をコンピュータで行うこと 調査員が質問を行い，回答の記録も行うかどうかが，調査方式間のもっとも重要な差違の1つである．調査員が関与することなく，回答者自身が質問紙に記入する場合，あるいはコンピュータ上に表示された質問文に直接回答する場合には，回答者は，回答に困惑するような秘密事項でも嫌がらずに答える，かなりの証拠がある (Tourangeau and Yan, 2007). 自記式は，コンピュータ，質問紙のいずれを用いても，一般に，違法薬物の使用状況やアルコール消費量，投票行動といった，回答者が社会的望ましさにかかわるような質問について，正確な回答を引き出すことができる．もちろん，オンライン調査の重要な特徴の1つは，調査員が関与しないことである．

Kreuter, Presser, Tourangeau (2008) の行った調査では，他のデータ収集方法と比べたときのウェブ調査の利点をあきらかにしている．Kreuterと同僚は，CATI，音声自動応答方式 (IVR)，オンライン調査という3つのデータ収集方式により，回答報告の誤差 (reporting error) を比較した．彼らはいくつかの調査項目について，回答を外部の記録データと照合することができた．彼らが調査した4つの社会的に望ましくない行動（たとえば，学級内で成績がよくなかった，仮進級になった，など）のいずれも，ウェブ調査の報告誤差率 (rate of reporting error) がもっとも低かった．またこれは，CATI（調査員方式）とIVR（調査員方式ではない）のどちらよりも低かった．ウェブ調査の中には，「アバター」[17]（たとえば，画面上で調査員またはリサーチャーを表現したもの）や「人間らしさ」の感触（"humanizing" touch）をもたせたものもある．これまでのところ，こうした機能は社会的望ましさの偏りを大きくするようにはみえない (Tourangeau, Couper, Steiger, 2003; Conrad, Schober, Nielsen, 2011; Lind, Schober, Conrad, Reichert, 2013 も参照)．それでもなお，こうした調査員のアバターなどを用いて質問文を強調することは，社会的望ましさがかかわる場合には避けるべきであろう．さらに，「性差がはっきりとわかる」インターフェース（"gendered" interface），たとえば，女性調査員の写真を表示したウェブ調査票は，性別が関連する話題を扱う質問の回答に影響することもあり得る（例：職場における女性のあり方についての質問；Tourangeau et al., 2003; また Fuchs, 2009 も参照）．

ウェブ調査は，社会的望ましさの偏りを減らし，調査員効果を低減するだけでなく，

---

[17] 訳注：ウェブ上のインターネット・コミュニティや仮想空間で，自分の分身となるキャラクターのこと．

コンピュータ化に共通した利点を提供し,しかも非常に複雑な調査票を扱うこともできる.

双方向性　ウェブ調査の2つ目の利点は,回答者とのやりとりが同時進行的にできることである.この機能は,前述のコンピュータ化という魅力的な特性にとっては必須である.たとえば,ウェブ調査では,調査票の前のほうに置かれた質問に対する回答者の回答結果を考慮して,その回答者には当てはまらない質問項目を迂回するよう回答者を誘導することもできる.しかしこれができるのは,調査を管理しているアプリケーション・ソフトウェアが,回答者が提供した情報を同時進行的に処理できる場合に限られる.ウェブ調査では,「静的な」設計を推奨するリサーチャーもいる.つまり,質問紙型調査票をそっくりそのまま真似て,スクロール可能な HTML 形式の単一のページ内にまとめた調査票を勧めるリサーチャーもいる.しかし,こうした設計はコンピュータが提供し得る効力をほとんど捨てていることになる.

ウェブ調査が備える双方向的な機能により,回答者が質問に回答する際に,ヘルプや回答時の励みになることを回答者に示すという機能をウェブ調査票に組み入れることはおおむね可能である.この後者の機能(つまり回答の励みになることを回答者に示す機能)を期待して,ウェブ調査の場合,コンピュータを利用した他の調査方式と同様に,プログレス・インジケータを組み込んで回答中断を思いとどまらせようとすることもある.しかし,筆者らが行った一連の調査(Conrad, Couper, Tourangeau, Peytchev, 2010)では,プログレス・インジケータが回答の励みになるような情報を与えるのでなければ,中断の減少とはならず,むしろ増加させてしまうことがわかっている(この研究についてのより詳細な要約は,第6章を参照).筆者らの研究では,通常の速度一定で進むプログレス・インジケータと,調査票の開始部分では進度を早めにし,そして終わりのほうではゆっくりと進むようにみせるように設計した速–遅型プログレス・インジケータとを比較した.これとは逆に,調査票の開始部分の表示進度は遅いのだが,終わりのほうでは進度が速くなる遅–速型プログレス・インジケータについても調べた.開始部分のフィードバックをより速くした(速–遅型プログレス・インジケータの)場合,回答者が途中で中断する割合はもっとも低かった.しかし,回答の励みとなるようなプログレス・インジケータ(速–遅型プログレス・インジケータ)であっても,プログレス・インジケータをまったく表示しなかった場合と比べて,中断の割合を低減することはなかった.どうやら,場合によっては,プログレス・インジケータを使って,よい情報を伝えることは,まったくなにも知らせないときと同じようである.

筆者らはまた,質問文の理解を高めるために回答者に質問文の重要な語句を説明することが有効であるかどうかを調べる研究を進めた(Conrad, Couper, Tourangeau, Peytchev, 2006;6.2節の考察を参照).こうした研究から得られた主な教訓は,回答者は,説明を利用することが少しでも難しくなると(たとえば,何回ものクリックを必要とすると),説明をわざわざ読もうとはしない,ということである.説明を得るため,

語句の上にマウスを動かすことだけで済むロール・オーバーの場合は，説明を見るためにクリックやスクロールといったより面倒な動作を必要とする場合に比べて，回答者は説明をより多く求める傾向があった．回答者は，回答時にある説明を参考にした場合，その説明をしっかりと考慮しているようで，質問への回答にも影響をおよぼしていた．

ウェブ調査は，回答者の行動に応答的に対応できる．たとえば，回答者が回答した時点で，質問項目の見た目を変えたり，回答者が数値で回答した総計を更新したりできる．筆者らが Galešic と行った調査では (Galešic, Tourangeau, Couper, Conrad, 2007)，応答的なグリッド設計の利点について詳しく調べた．ウェブ調査では，一連のまとまった類似の質問項目の回答選択肢を回答者に選んでもらうとき，グリッド形式がよく用いられる．通常，グリッドの各行に対して1つの質問項目を表示し，また各列に対しては回答選択肢を配置する．グリッド形式の質問は，回答者にとっては扱いにくいようで，グリッド形式以外の質問入力形式よりも欠測データ（および回答中断率）の度合いが高くなる．筆者らが Galešic と行った調査では，標準的なグリッド形式と，応答的なグリッド形式（回答者が評価を終えた後にその質問項目を灰色に変えて表示する形式）とを比較した．応答的なグリッド形式では，標準的なグリッド設計よりも欠測データの割合が低くなった．ウェブ調査の双方向的な機能の有効性を示すもう1つの例がある．DeRouvray と Couper (2002) は，ある質問項目を読み飛ばした回答者に対して「この質問への回答を是非お願いいたします．ここに示した回答選択肢から1つを選んでいただけるようでしたら，〈戻る〉を選んでください」("We would very much like to have your answer to this question. If you would like to choose one of the proposed answers, please select 'Back.'") という指示を出すウェブ調査を検証した．このような入力指示（プロンプト）により，欠測データの度合いは減少した．ウェブ調査の双方向的な機能のさらに1つの例として，筆者ら (Conrad et al., 2009) は，食事に関する一連の質問について，回答があまりにも速い回答者に対して指示を出すという調査を計画した．この調査では，質問について十分に考えてくれたかを回答者に尋ねる文言をコンピュータに表示した．こうした指示があると，回答者がそれ以降の質問への回答を急いで済ませようとする傾向が減った．

認知的負担 画像や視覚的な手がかりが，意図しない結果となることもあり得るのだが，それでもなおウェブが視覚的表現に頼る利点もある．その1つが，ウェブ調査では，回答者に対して質問や自分の回答結果を見直す機会を与えられることである．電話聴取では，調査員が質問を読み上げ，もう一度，聞きたい場合には回答者はその質問を再度読み上げるように調査員に頼まなければならない．これとは対照的に，ウェブ調査では，回答者は好きなだけ質問を読み返すことができる．さらに一般には，他の自記式データ収集方式のように，ウェブ調査では，回答者は自分にあった回答速度で，自分の都合のよいときに，調査に回答することができる．ウェブ調査や他の自記式手法が備えるこうした特徴，つまり，容易に質問を読み返し，自分自身の回答速度

で，自分にとって都合のよいときに調査に回答できるという特徴は，質問の回答に必要な認知的負担[18]を減らせるだろう．

ウェブ調査では，電話調査と比べて認知的負担をずっと減らせることを示唆する研究成果がいくつかある．Fricker, Galešic, Tourangeau, Yan（2005）によると，科学知識を問う「基礎科学に関する調査」の質問に正答したウェブ調査の回答者の割合は，電話調査で同じ質問に正答した回答者の割合よりも多かったことがわかった．またウェブ調査の回答者のほうが，これらの質問に多くの時間を費やしていた．電話聴取のほうが回答速度が速かったのだが，そのことにより正答率が低くなったのだろう．ChangとKrosnick（2009）は，ウェブ調査による回答者のほうが電話調査の回答者よりも，態度に関する質問群に対して，非識別化の傾向が弱いことに気づいた．また，ウェブ調査の回答者から得た回答は，電話回答者から得た回答よりも信頼できて，併存的妥当性と予測的妥当性が高かった．これとは対照的に，Frickerと同僚（2005）は，電話回答者と比べて，ウェブ調査の回答者では回答選択肢の選び方に非識別化の傾向があること[19]に気づいた．おそらくこれは，このウェブ調査では1つのグリッド内に複数の質問項目をまとめて配置して回答を集めたためである．したがって，調査方式が認知的負担におよぼす影響には，調査方式そのものの影響だけではなく，調査票の設計のような他の要因も関係しているのかもしれない．

この節のまとめ　全体として，ウェブ調査には，電話聴取のような他のデータ収集方式と比較すると，観測誤差を低減できる数多くの特性がある．ウェブ調査は，自記式であり，自動化されており，応答的であり，視覚的に表現し，認知的負担を軽減するといった利点がある．データ収集方式に関するいくつかの実験的な比較研究が（たとえば，Chang and Krosnick, 2009；Fricker et al., 2005；Kreuter et al., 2008），ウェブ調査を用いると，電話聴取よりも正確で事実にもとづく情報が得られただけでなく，妥当な態度測定となることを示していた．

8.3　調査方式効果を表すモデル

調査経費節減のため，あるいは回答率の向上のため，またはその両者のために，複数のデータ収集方式[20]（多重調査方式；multiple mode）を用いる調査がますます増

---

[18] 訳注：原文は"cognitive effort"とあるが，ここは直下にもある認知的負担（cognitive burden）と同じ意味とした．

[19] 訳注：ここで原文は"less differentiation"とある．これは，「識別化」（differentiation）の傾向がさほどみられず，「非識別化」（non-differentiation）の傾向があるということ．たとえばここにあるように，1つのグリッド内に質問項目をまとめて配置すると，労働最小化行動の1つであるストレートライニングなどが生じやすいということ．「非識別化」については，第4章の表4.1の訳注を参照．また「識別化」「非識別化」「労働最小化行動」については巻末の用語集を参照．

[20] 訳注：すでに「まえがき」の訳注[2]で指摘したように，これは「混合方式」（mixed mode, multimode, mixing mode）に同じ意味．

8.3 調査方式効果を表すモデル

えている (de Leeuw, 2005). このことは必然的に, 異なる調査方式の調査票は, 調査方式間の差違を最小限に抑えるように設計すべきかどうか, さらには異なる方法で集めたデータは結合できるのかどうか, といった問題を提起する. 実際に生じる調査方式間の違いの典型例として, Dillman と Christian (2005) は, 電話調査では尺度点 (回答選択肢) の端だけにラベルをつけた評価尺度を用いる傾向がある一方で, 郵送調査やウェブ調査では, すべての尺度点に言語ラベルをつけることが多いと指摘している. 同様に, Dillman と Christian によると, 郵送調査とウェブ調査では, 当てはまるものをすべて選ぶ「複数回答形式」(check-all-that-apply format) を用いることが多いが, 電話調査では, 各質問項目を「はい／いいえ」で回答させることが多い, としている.

調査で複数の調査方式を用いる場合に, 適用可能な設計方法が2つある. 1つは, 調査方式間の食い違いをできるだけ少なくしようとする方法である (これを統合化手法という). もう1つは, 異なる調査方式で異なる質問を用いるとして, そこで用いるそれぞれの調査方式内で生じる誤差をできるだけ小さく抑えるよう努める方法である (これをベスト・プラクティス手法という).

調査方式の影響　これら2つの方法の優劣を理解するには, 調査推定値における総誤差のモデルで, 観測誤差と非観測誤差に分けて考えるのが都合がよい. まず, 単一のデータ収集方式ある調査から得られる推定値の誤差を考えてみよう. 具体性をもたせるため, ここからしばらくは, 一般母集団におけるある危険行動の割合, たとえば, 過度の飲酒を行った人の割合の推定を行うと仮定しよう. いま, ある単一のデータ収集方式を, A で表すこととする. またこの調査で得られる推定値を, 次のように $\hat{\theta}_A$ で表そう.

$$\hat{\theta}_A = \mu_A + b_A + \bar{e}_A \tag{8.1}$$

式(8.1) において, 推定値 ($\hat{\theta}_A$) は3つの項で示される. すなわち, その調査方式の各回答者に対する真のスコアを, その調査方式で集めた回答者群全体で平均したもの (μ_A), そのデータ収集方式が回答におよぼす系統的な影響 (つまり偏り) (b_A), その調査方式に固有の偶然誤差の平均 ($\bar{e}_A$) である. b_A と $\bar{e}_A$ は, 合わせてその推定値に関する観測誤差 (すなわち測定誤差) の総合的な影響を表している.

非観測誤差は, 回答者群における真のスコアの平均と, それに対応する母数との差 ($\mu_A - \mu$) を示している. この一般母集団における真のスコアの平均は, 当該関心のある母数でもある (つまり $\mu = \theta$). 第2章で調べたように, この差には次のように2つの項が含まれる.

$$\mu_A - \mu \simeq P_{A0}(\mu_{A1} - \mu_{A0}) + \frac{Cov(P_{A1i}, \mu_i)}{\bar{P}_{A1}} \tag{8.2}$$

右辺の最初の項 ($P_{A0}(\mu_{A1} - \mu_{A0})$) は, ある特定の調査方式で行った調査から, 母集団のある部分を完全に削除したときの影響を表している. ウェブ調査の場合は, これはインターネットが利用できない人びとに相当する. この非観測誤差の偏りを示す項は,

標本には含まれない母集団構成員の影響,つまり参加確率[21] (P_{A1i}) がゼロである母集団構成員の影響を示している.偏りの第2の項は,参加する確率がゼロではない母集団の構成員の中にも,他の人びとよりも進んで回答に参加する,すなわち回答する確率が高い人びとがいることを考慮している.参加傾向の確率 (P_{A1i}) の違いが,関心のある調査変数の真値 (μ_i) と関連しているかぎり,推定値には非観測の偏りがさらに加わることになる.その上乗せされた誤差は,式(8.2) の共分散項 ($Cov(P_{A1i}, \mu_i)/\bar{P}_{A1}$) に反映されている.

調査方式の併用　混合方式の調査においては,全体の推定値は,2つ(またはそれ以上)のデータ収集方式によって得られた推定値を組み合わせた指標である.ここでは,調査が2つの調査方式を使用した場合を中心に話を進める.

$$\hat{\theta}_{AB} = w\hat{\theta}_A + (1-w)\hat{\theta}_B \\ = w(\mu_A + b_A + \bar{e}_A) + (1-w)(\mu_B + b_B + \bar{e}_B) \qquad (8.3)$$

ここで $\hat{\theta}_A$ は,ある1つの調査方式 A (たとえば,電話調査) への回答から得た推定値であり,$\hat{\theta}_B$ はこれとは別の調査方式 B (たとえば,ウェブ調査) への回答から得た推定値である.また,w は最初の調査方式 A の推定値に与えた重みである (この重みには,全回答者において調査方式 A の回答者が占める割合を用いることが多い).

通常の仮定では,調査方式を併用することにより,単一の調査方式のみによる場合と比べて,カバレッジあるいは回答率(またはその両方)が改善される.つまり,母集団において,回答時にいずれかの調査方式でしか回答できない人の場合に比べて,2つの調査方式を併用した調査に回答できる人の割合のほうが高くなる.このモデルに関しては,調査方式 A, B のいずれにも回答できない人の割合 (P_{AB0}) は,調査方式 A で回答できない人の割合 (P_{A0}) と調査方式 B に回答できない人の割合 (P_{B0}) のいずれよりも,必ず小さくなる.

$$P_{AB0} \leq P_{A0} \\ \leq P_{B0}$$

それでもなお,このカバレッジ率 (coverage rate) を改善することが,非観測誤差を低減することを保証しているわけではない.同様に,回答率の増加が,無回答の偏りの減少を保証してはくれない (Keeter, Kennedy, Dimock, Best, Craighill, 2006; Keeter, Miller, Kohut, Groves, Presser, 2000).ほとんどのリサーチャーは,混合方式は回答率を高める (ここで考えているモデルでいえば $\bar{P}_{AB} \geq \bar{P}_A$ および $\bar{P}_{AB} \geq \bar{P}_B$ となる) と述べているが,そのことを完全に裏づける証拠があるわけでもない.調査方式の選び方が加わることで,場合によっては回答率が減少するという矛盾した結果が生まれることもある (Brøgger, Nystad, Cappelen, Bakke, 2007; Griffin, Fischer, Morgan, 2001;これの詳述は3.5節を参照).

---

[21] 訳注:原文では "participation propensity" とあるが,第2章にある「参加確率」(probability of participation, participation probability) と同じ意味なので「参加確率」とした.

8.3 調査方式効果を表すモデル

しかし,調査方式を併用する際にもっとも懸念されることは,測定誤差への影響があり得ることである（たとえば,de Leeuw, 2005).ある混合方式による調査から得た推定値の総誤差は,式(8.3)から得られる.

$$\hat{\theta}_{AB} - \theta = ([w\mu_A + (1-w)\mu_B] - \mu) + [w(b_A + \bar{e}_A) + (1-w)(b_B + \bar{e}_B)] \quad (8.4)$$

第1の誤差項は,(wを重みとする）μ_A と μ_B の加重和と,一般母集団における真のスコアの平均（μ）との差であり,非観測誤差が推定値（$\hat{\theta}_{AB}$）におよぼす効果を表している.第2の項は,観測誤差を示している.ここで,b_A と b_B は2つの調査方式の系統的な偏りを示し,$\bar{e}_A$ と $\bar{e}_B$ は偶然誤差の平均を示す.$\bar{e}_A$ と $\bar{e}_B$ の期待値はゼロであるので,この混合方式とした調査から得られる推定値 $\hat{\theta}_{AB}$ における観測誤差の期待値は以下となる.

$$wb_A + (1-w)b_B \quad (8.5)$$

式(8.5)における数量が,それに対応するある単一の調査方式から得た推定値の測定誤差よりも大きくなるか,それとも小さくなるかは,b_A と b_B の相対的な大きさ,および2つの調査方式における誤差が同じ向きか,それとも反対を向くか,などのいくつかの要因に左右される.

いまここで,その調査の従来の調査方式,あるいは,ほとんどの回答者が調査時に回答に用いる主要な調査方式を A と仮定しよう.ここで問題となるのは,$wb_A + (1-w)b_B$ が b_A より大きいか,同じか,それとも小さいかである.つまり,2つ目の調査方式 B を追加することにより,単一の調査方式と比べて観測誤差が増加するか,減少するか,それとも変わらないか,である.この2つの調査方式における誤差が同じ向きであるとき（たとえば,回答者はどちらのデータ収集方式においても,過度の飲酒を過小に報告する傾向であるとき）,$|b_B| < |b_A|$ であれば,組み合わせた推定値の全体的な正確さの程度は,混合方式に調査方式 B を追加することで改善されるだろう.第7章で示した結果によると,主に電話調査によるデータ収集に依存している調査に,ウェブ調査という選択肢を追加することで,少なくとも微妙な内容の行動を問う回答については,おそらくは系統的な観測誤差を減らすことができるであろう.一方,かりに第2のデータ収集方式に,第1の調査方式よりも大きな誤差があれば,その第2のデータ収集方式を加えたことにより,観測誤差の全体的な度合いが増えることになる.

2つの調査方式における誤差が正反対の向きを示す場合,話はやや複雑になる.そのような場合,2番目の調査方式が最初の調査方式における誤差を相殺し,観測誤差の全体は $|b_B - w_1(b_B - b_A)| < |b_A|$ であるときには減少する.しかし一般には,なんらかの行動や事実が関与する推定値全体の正確さが問題となっている場合は,ベスト・プラクティス手法は（つまり,各調査方式内の誤差をなるべく小さくする手法は），統合化手法よりも全体的に見て優れた推定値を提供してくれるだろう.

このモデルが意味することを説明する具体例を考えてみよう.いま,従来の調査方式としてコンピュータ支援の電話聴取方式（CATI）を用いた調査に対して,混合方

式とするためにウェブによるデータ収集方式を追加したとしよう.さらに,対象とする主要な質問項目は,過度の飲酒について尋ねるものと仮定する (たとえば,「すべてのアルコール飲料について考えてみて下さい.あなたは最近30日間に,一度に5杯以上の飲酒は何回ありましたか?」 "Considering all types of alcoholic beverages, how many times during the past 30 days did you have five or more drinks on an occasion?").このとき,どのような調査方式であっても,回答者は過度の飲酒を過小報告するのだが,その過小報告は電話方式のほうが悪くなるだろうと筆者らは予想している (Link and Mokdad, 2005a).いま,この例において,CATI (b_{CATI}) の調査方式効果はマイナスで -0.15,つまり約15%の過小報告であることを示している.ウェブのデータ収集方式では,これを5%にまで削減できるかもしれない (つまり,$b_{Web} = -0.05$).かりにここで,回答者のうちの70%がCATI方式で回答し,30%がウェブ方式によりその調査に回答するとした場合,(8.5)式から以下が得られる.

$$w_{CATI}b_{CATI} + (1 - w_{CATI})b_{Web} =$$
$$[0.7 \times (-0.15)] + [0.3 \times (-0.05)] = -0.12$$

この例の場合は,ウェブ方式を追加の調査方式として混合利用することにより,想定される過小報告の度合いが15%から12%に減少する.もちろん,なんらかの理由により,ウェブのデータ収集で回答者が過度の飲酒を過大に報告することになった場合には (たとえば,$b_{Web} = +0.05$ となったとしよう),ウェブ方式を追加した混合方式を用いることで,下のように,推定値全体はさらに改善されるだろう.

$$w_{CATI}b_{CATI} + (1 - w_{CATI})b_{Web} =$$
$$[0.7 \times (-0.15)] + [0.3 \times (+0.05)] = -0.09$$

この例のように,かりに誤差が反対の向きを示していて全体の推定値が改善したとしても,各調査における回答の質は,調査方式を混合方式にしても必ずしも改善されない.さらにいえば,リサーチャーは,この例のように誤差が互いに相殺しあうことを期待するのは誤りである!

推定の正確さと比較可能性　前節では全体的にみた点推定値について述べた.しかし,混合方式を用いる多くの調査にとって重要な推定は,点推定値ではなく,むしろさまざまな種類の推定値を比較することであろう.たとえば,「医療提供者と医療制度に対する病院利用者による評価」[22] (HCAHPS: Hospital Consumer Assessment of Healthcare Providers and Systems) では,さまざまな病院における患者の満足度の比較に用いるデータを収集している.HCAHPS調査では,合わせて4つの調査方式 (郵送,電話,音声自動応答方式 (IVR) への切り替え,電話によるフォローアップのある郵送) を用いているが,患者の評価は調査方式間でかなり異なっていた (Elliot, Zaslavsky, Goldstein, Lehrman, Hambarsoomians, Beckett, Giordano, 2009 を参照).Elliot

---

[22] 訳注:HCAHPSについては,以下のサイトから情報が得られる.
http://www.hcahpsonline.org

8.3 調査方式効果を表すモデル

と同僚は，4つの調査方式を比較する無作為化実験を行い，その結果，HCAHPS の回答者は，電話および IVR による聴取では，郵送調査または郵送／電話の組み合わせよりも，病院の評価が高くなる傾向があることに気づいた．彼らは，この評価にみられる差違が，異なる調査方式で回答した患者の種類の違いから生じているわけではなく，回答報告時に用いた調査方式の違いによるという証拠を示している．

筆者らのモデルについていえば，2つの病院間の平均満足度評価 (average satisfaction rating) の差は3つの項からなる．つまり，2つの病院における実際の患者の満足度の差，非観測誤差の差（たとえば，無回答によるもの），観測誤差の差である．

$$\begin{aligned}
\hat{\theta}_1 - \hat{\theta}_2 &= (\mu_{1r} + b_1 + \bar{e}_1) - (\mu_{2r} + b_2 + \bar{e}_2) \\
&= (\mu_{1r} - \mu_{2r}) + (b_1 - b_2) + (\bar{e}_1 - \bar{e}_2) \\
(\mu_{1r} - \mu_{2r}) &= [\mu_1 + (\mu_{1r} - \mu_1)] - [\mu_2 + (\mu_{2r} - \mu_2)] \\
&= (\mu_1 - \mu_2) + [(\mu_{1r} - \mu_1) - (\mu_{2r} - \mu_2)] \\
E(\hat{\theta}_1 - \hat{\theta}_2) &= (\mu_{1r} - \mu_{2r}) + (b_1 - b_2) \\
&= (\mu_1 - \mu_2) + [(\mu_{1r} - \mu_1) - (\mu_{2r} - \mu_2)] + (b_1 - b_2)
\end{aligned} \tag{8.6}$$

この最後の式の中の $(\mu_1 - \mu_2)$ の項は，2つの病院における満足度の実際の母集団の差を表している．また角括弧内の項は，2つの病院に対して行った調査でみられる無回答誤差の差を表し，$(b_1 - b_2)$ は調査方式の効果の差を示している．この式 (8.6) は複雑ではあるが，平均の推定における偏りという単純な例のみを扱っている．調査方式間でみられる偶然誤差の分散に違いがあると，ここで見た平均値とは別の種類の推定値（たとえば偏回帰係数や相関係数など）における偏りを生むことがある．

式 (8.6) の意味をもう少しはっきりさせるために数値例を挙げよう．患者の満足度評価を，2つの病院（病院 A と病院 B）の患者から，5段階尺度で（5がもっとも満足度が高い）収集すると仮定しよう．そしてこれらの評価は，病院 A では郵送調査により，病院 B ではウェブ調査で集めたとしよう．また，実際は，病院 A の患者のほうが病院 B の患者よりも満足度が高いと仮定しよう（たとえばここで，母集団の平均評価はそれぞれ 4.2 と 3.7 としよう）．しかし，満足度の高い患者は満足度の低い患者より調査に回答する可能性が高い（これにより，ここでは病院 A の回答者の平均は 4.4，病院 B では 4.1 になったとしよう．つまり，病院 B のほうが無回答の偏りがわずかに多く，病院 A と病院 B の無回答による偏りの差は -0.2 であるとする）．最後に，回答報告における調査方式の差違が 0.4 だと想定しよう．つまり，平均すると，ウェブ調査のほうが郵送調査に比べて約 0.4 だけ評価を低く回答したとしよう．これらを式 (8.6) に当てはめると，以下のようになる．

$$\begin{aligned}
E(\hat{\theta}_A - \hat{\theta}_B) &= (\mu_A - \mu_B) + [(\mu_{Ar} - \mu_A) - (\mu_{Br} - \mu_B)] + (b_{Mail} - b_{Web}) \\
&= (4.2 - 3.7) + [(4.4 - 4.2) - (4.1 - 3.7)] + (0.2 - (-0.2)) \\
&= 0.5 - 0.2 + 0.4 = 0.7
\end{aligned}$$

最後の行で，0.5 は2つの真の母集団の差（真値の差），-0.2 は2つの病院の調査に

おける無回答の偏りの差，0.4は調査方式間の回答報告の差をそれぞれ示している．この場合，調査方式の違いにより，2つの病院間の差は過大推定となる（推定値は0.7だが，真値の差は0.5である）．

式(8.6)の最後の項 (b_1-b_2) をできるだけ小さくする方法，すなわち調査方式効果の差を小さくする方法が3つある．第1の方法は，両方の病院の患者から満足度評価を集めるときに，同じ調査方式を用いることである．第2の方法は，データを集めるために2つ以上の調査方式を用いるなら（たとえば，ウェブと郵送の組み合わせを用いるなら），これらの調査方式を同じ割合で混合して両病院で用いることである．つまり，両病院で各調査方式で質問に回答する回答者の割合をまったく同じにする（たとえば，いずれの病院でも，ウェブを40%，郵送を60%とする）．これら2つの方法のいずれの条件でも，b_1 と b_2 は2つの病院で同じになるので，この両者の差は，おそらくゼロになるはずである．第3の方法は，上述の方法が使えないとき，つまり，同一の調査方式，調査方式を同じ割合で混合する方式のいずれもが使えないときには，統合化手法を使うことである（つまり，調査方式の差違を最小に抑えるような質問を設計することである）．

一般に，調査の主目的が全体的な推定を行うこと，とくに事実に関する事柄について全体的な推定を行うことにあるとき，通常は混合方式のベスト・プラクティス手法がもっとも優れている．これは（式(8.5)で示したように），基本的には，推定値全体について，調査方式の測定誤差が加法的[23]だからである．したがって，最良の点推定値を得るためには，通常は各調査方式の誤差を最小にすることが一番である．対照的に，調査の主目的が回答者から得た評価得点を比較することにある場合は，統合化手法のほうが適している．その理由は，調査方式による誤差の大きさの差が比較における偏りとなるからである（式(8.6)を参照）．比較における偏りをできるだけ小さくするには，多くの場合，それぞれの調査方式における誤差を均質化することが最善である．推定値の絶対的な大きさが重要ではない場合は（たとえば，調査のほとんどの変数が，意見を問う質問項目であり，それらが絶対的な基準のない尺度にもとづくような場合は），調査方式間の比較可能性がきわめて重要な検討事項であり，統合化手法とすることが理にかなっているであろう．以上の結論は，偏りを検討することだけを考えている[24]．調査方式ごとの分散の違いが大きく，そのことにより偏りを検討することよりも，各調査方式内の分散をなるべく低減する方向を重視するときは，やむをえず，ベスト・プラクティス手法をリサーチャーが採用することもあり得る．

---

[23] 訳注：測定誤差は加法的な（additive）に増える，つまり複数の誤差が和の関係で増えるということ．
[24] 訳注：この部分の見出しが「正確さ」に触れているように，ここまでは推定の偏り（不偏かそうでないか）について議論している．推定値の当たり具合をいっているが，推定値としてはその変動（分散）も評価せねばならない，ということをその後に説明している．たとえば，推定量の不偏性と有効性を考えてみればよいだろう．

8.4 ウェブ調査への提言

　本書では，ウェブ調査から得た推定値に対してよい影響や悪い影響をおよぼし得る設計特性について論じてきた．こうした問題についてほとんどの場合，筆者らはあきらかな提言を行うことを避けてきた．それは，実務家たちはなにをすべきかの特別な指針を用意することよりも，こうした提言の拠りどころとなっている原則や知見を理解することのほうが，実務家たちには役立つだろうと筆者らは信じているからである．調査はそれぞれが異なり，どの調査にも同じように適した指針はない．それでも，筆者らの議論から，いくつかの提言を拾い集めることができる．本節では，これらの提言を系統立てて，以下にまとめて示すことにしよう．

　非観測誤差の低減　　インターネット利用がこれからも成長を続けるということは，もはや間違いない．しかし，ここしばらくの間は，一般母集団の推論に役立つための能力の面で，ウェブ調査には深刻な制約がいくつかあり得る．こうした制約をなるべく小さく抑えるために，筆者らが推奨することを以下に挙げてみよう．

1) 調査の目標が，ある既知の母集団に対して一般化することである場合は，確率標本から始めること．たとえ回答率が低い場合でも，自己参加型の標本に比べて，確率標本のほうが，その標本を抽出した母集団をかなりうまく代表すると思われる（たとえば，Chang and Krosnick, 2009 から編集した前述の表 8.1 を参照）．
2) ウェブ調査の結果を，それと並行して行った電話調査を基準にして校正しても，ウェブ方式の推定値にはかなりの偏りが残り，しかもその推定値の分散は大きくなる（Bethlehem, 2010; Lee and Valliant, 2009）．できることなら，この方法により非観測の偏りを修正することは避ける（2.3 節における筆者らの議論を参照）．
3) それでも，ウェブ標本の欠陥を修正するために，重みづけや加重調整といったなんらかの方法を利用することは役に立つ．しかし，重要な調査変数と密接に関連する共変量を含めるほうが，正確な加重調整法（exact weighting method）を用いることよりも重要である（第 2 章の表 2.4 および式 (2.4) を参照）．
4) 回答傾向[25]を高めるための手段や，異なる部分集団間で回答傾向を均質化させるための手段を用いて，無回答の偏りをなるべく小さくするようにする．電子メール以外のなんらかのやり方で事前告知することにより，ウェブ調査の回答率が高まるようである．また，そのあとでウェブ調査の URL へのリンクを記した電子メールを送ればよい（3.5 節における議論を参照）．
5) できることなら，謝礼は事前払いの現金とする．くじの謝礼を用いる場合には，標本構成員に対してすみやかに当選結果を知らせる（Tuten, Galešic, Bosnjak,

---
[25] 訳注：ここで「回答傾向」(response propensity) とは，ある標本構成員が回答に参加してくれる確率（参加確率）のこと．詳しくは，8.3 節や第 3 章を参照のこと．

2004).謝礼により,調査の回答を始める標本構成員の割合が増加し,中断率も減少する(前述の3.5節を参照).

6) 回答者にとって不愉快な予期せぬ事柄,たとえば,予想外に進度が遅いこと,当初の約束よりも長い調査,予想外に難しい質問(複雑なグリッドや,やたらに長い回答を要求するテキスト・ボックスなど)は,中断につながる(3.6節および6.2節の議論を参照).こうした不愉快な予期せぬ事柄は最小限にとどめるように努める.

7) 回答漏れとなった人にプロービングを行うことで,中断率に大きく影響することなく項目無回答を減らせるようだ.調査にとって重要な質問項目がある場合,欠測データの度合いを減らすために,フォローアップ用(事後の確認用)のプロービングを含めておくこと(上に同じ6.2節を参照).

観測誤差の低減 筆者らは,観測誤差(あるいは測定誤差ともいう)をできるだけ小さくするための推奨事項を,次の4つの種類に分けている.すなわち,(1) 基本的な設計にかかわる問題,(2) 調査設計の視覚的側面,(3) 双方向的特性,(4) 自記式という特徴と認知的負担,である.重ねていうが,これらの推奨事項の依拠する理論的または経験的な根拠は,本書のここまでの節で示した.

基本的な設計にかかわる問題:
1) 一般に,ページング形式の設計のほうが,スクローリング形式の設計よりも望ましい.しかも,このページング形式を採用すれば,調査においてウェブがもつ双方向的な機能を利用できる(4.3節参照).
2) ウェブ調査では,白または淡色(ライトブルーなど)を画面の背景に使用する.また,背景にグラフィックの使用は避ける(4.4節参照).
3) グリッド形式は,中断,欠測データ,非識別化(つまりよく考えずに回答選択肢を選ぶこと)を助長することがある.グリッド形式の利用は控えめにし,グリッドの設計は極力単純にすべきである.複数の分岐質問を1つのグリッド内におさめることは避ける.1行おきに陰影をつけて色調を変える,または回答の済んだ項目はグレーで表示し入力・選択を抑制することで,欠測データを低減できる(4.7節および6.2節を参照).
4) 調査全体を通じて,従来の調査方式で用いてきた標準的な作法にならう.たとえば,質問文には太字の書体を用い,回答選択肢は標準の書体とし,強調箇所は大文字やイタリック体[26]を使用する(4.4節参照).
5) 入力ツールが,調査の意図する機能に合っていることを確かめる(たとえば,単一選択の場合はラジオ・ボタンを使用する;4.6節参照).
6) ウェブページの左上部分が視覚的にもっとも目立つので(5.3節で述べた),一

---
[26] 訳注:日本語の場合は,イタリック体(斜体)の文字は読みにくいので,用いないほうがよい.

番重要な情報はここに表示する.
7) 質問文は左端でそろえ，1ページに複数の質問を表示する調査では，各質問に通し番号をつける．番号をつけることにより，質問がいくつあるのかが回答者にとってわかりやすくなる（4.4節参照）.
8) 回答選択肢用の入力欄（ラジオ・ボタンやチェック・ボックス）は，その回答選択肢に対応するラベル（語句）の左側に設ける（4.4節参照）．できるだけ，すべての回答選択肢が1つの列内（または1つの行内）におさまるよう表示する．回答選択肢を複数の列に配置することは避ける．これは回答者を混乱させ，複数の回答を選ぶ結果となり得る.
9) 各ページの一番下に，「次へ」ボタンや「前に戻る」ボタンを置く．できれば，「前に戻る」ボタンは「次へ」ボタンよりも，わずかに目立たないようにする（4.5節参照）.

視覚的側面：
1) 回答者は画像には注目する．画像は強力な文脈刺激となるので，注意深く選ぶべきである（または使用を避ける；5.2節の筆者らの議論を参照）.
2) 画像は必ずはっきりした具体的なものでなければならない．画像は回答者の分類に対する解釈（たとえば，どのような商品を買うことをショッピングとみなすか）を狭める可能性がある（5.2節参照）．これが，画像を注意深く選び，また画像の代わりに言葉による表示例を用いる，もう1つの理由である.
3) 視覚的な手がかりは，評価尺度が意図する使い方に一致しているべきである．尺度点を概念的に等間隔に配置したいとするならば，ブラウザおよびデバイス上で，視覚的にも等間隔に配置しなければならない．中間の選択肢は，中立点，50/50（五分五分の見込み）などにするべきである．つまり，尺度の概念的中間点と視覚的中間点は一致しなければならない（5.1節参照）.
4) 実質的ではない回答選択肢（たとえば，「わからない（DK: Don't know）」や「どちらともいえない（No opinion）」）の表示を避ける．しかし，こうした回答選択肢が必要であるなら，本来尋ねたい実質的な回答選択肢から視覚的に離れた位置に置く（5.1節参照）.
5) 不要な推測を招きかねない色や数字などの機能は使用しない（5.1節参照）．かりに数字が必要な場合には，自然数を使う（たとえば，1からnまでの数字）.
6) すべての尺度点に言語ラベルをつける（5.1節参照）.

双方向的特性：
1) 専門用語には説明を用意し，しかも回答者がアクセスしやすいようにする．おそらく，最善の方法は，回答者が回答に苦慮していると思われるときに（たとえば，回答に時間を費やしているとき），説明を自動的に表示すること，または質問文と一緒にしっかりと説明を表示することである（6.2節参照）.

2) 回答がとんでもなく速い回答者に対しては，もう少し時間をかけて回答するように頼むことで，回答者が回答速度を落とすようにさせることができる．しかし，これは回答が異常に速い回答者[27]，いわゆる「速度違反者」のごく一部にのみ当てはまるようである．またこの手法は，後に続く質問項目に対して最小限の労力で回答しようとする「労働最小化行動」[28]を低減するようである（6.2節参照）．
3) プログレス・インジケータは回答中断を減らすが，それはプログレス・インジケータが示す情報が，回答の励みになるときに限られる．どんな形式であれ，プログレス・インジケータを用いた場合よりも，まったく用いなかった場合のほうが回答中断率は低くなることが多い（6.3節参照）．
4) 集計機能などの双方向的な機能は，特定の条件を満たすように回答しなければならない場合などに，それがないと骨が折れる質問に回答者が回答するのを助ける．人間よりもコンピュータのほうがうまくやってくれる作業は，コンピュータを用いること（6.4節参照）．
5) 人間らしい動作をするインターフェースを使って，回答者の調査への関心を高めることはできるかもしれない．しかしこのことが，社会的望ましさの偏りやバーチャル調査員の人種や性別の影響を助長させることもあり得る．こうした人間らしいインターフェースで得られる利益が，それを用いる不利益に勝るかどうかは，あきらかではない（6.4節参照）．

自記式という認知的負担：
1) ウェブ調査は，内容が微妙な情報の収集に適した手段と思われる．ウェブによるデータ収集のこうした利点は，データ収集時の設定環境のプライバシーの程度が高くはない場合（たとえば，データ収集を学校のコンピュータ実習室で行うとき）や人間に近い感覚のインターフェースを用いた場合，その効果は定かではない（7.2節参照）．
2) ウェブ調査は，回答者の知識を評価したり，標準化された心理測定尺度からなる項目群を用いる調査を実施したりする場合には，優れた調査方式である．なお，回答者の知識を評価する場合，回答者が質問の回答をオンラインで調べられないようにする対策を講じることが重要である（7.3節参照）．

　この種のガイドラインがすべてそうであるように，ただやみくもにガイドラインに従うよりも，その推奨事項の根幹をなす原則を理解することがより重要である．どの調査にも欠点や複雑さがあり，ときにはここに挙げた推奨事項を無視するほうが理に

---

[27] 訳注：第6章の6.3節を参照．「筋金入りの速度違反者」（hard-core speeder）には，回答速度の指示は効果がないことをいっている．
[28] 訳注：「労働最小化行動」（satisficing behavior）については，第1章の訳注［17］，第5章の5.1節も参照のこと．

かなうこともあるであろう．それでもなお，ここまでの章で検討してきたように，筆者らは，ガイドラインの1つ1つを支持する十分な証拠があると信じている．

8.5 ウェブ調査の将来

ウェブ調査の重要な問題は，誰もがインターネットにアクセスできるわけではないことにある．多くのリサーチャーにとって，ウェブ調査の魅力を素直に受け入れられない主な理由は，目標母集団となる母集団（たとえば，一般世帯の母集団など）を調べるときに，ウェブ調査ではかなりのノンカバレッジが生じることである．一方，インターネットそれ自体もインターネットを利用することの意味も，急速に変化を遂げつつある．なぜ人びとはインターネットを利用するのか，そしてどのようにオンラインに接続するのかが，急速に変化しつつある．

われわれはインターネットをどのように使っているか，を考えてみよう．最近のピュー・リサーチ・センターの「インターネット＆アメリカ生活プロジェクト[29] (Internet & American Life Project)」(Purcell, 2011) によると，情報をオンラインで検索することや電子メールの送受信がインターネットの主な利用方法であるが（インターネット・ユーザーの 90% 以上がこうした活動を回答報告している），Facebook がオンラインに登場した 2004 年以降，ソーシャル・ネットワーキング[30]が爆発的に成長している．ピュー・リサーチ・センターの調査によると，今ではインターネット人口の 65% がソーシャル・ネットワークのサイトを利用している．推定値に差はあるが，米国成人母集団の約 40% が Facebook のアカウントをもっている（本書執筆時）．e コマース，ブログ，音楽や動画のダウンロード，双方向的なバーチャル・ワールドへの参加，その他の形態のオンライン・エンターテインメントが，電子メールや情報検索を主とするインターネットの利用にとってかわりつつある（または，追いついてきている）．人びとのインターネット利用におけるこうした変化が，オンラインで調査に参加する人びとの意欲に，あるいは人びとがどのように質問に回答するかに，どのように影響するかはあきらかではない．

同時に，ウェブにアクセスする方法が，過去 10 年近くの間に発展してきており，多くの（もしかするとほとんどの）利用者が携帯電話やタブレット型コンピュータからオンラインにアクセスするようになった．ピュー・リサーチ・センターの別の調査研究によると，「米国の全成人の約半数（47%）が，少なくともいくつかの地元ニュー

---

[29] 訳注：ピュー・リサーチ・センターが登録者パネルを用いて，その時々の話題を取り上げて行っている調査．
http://www.pewresearch.org/methodology/u-s-survey-research/american-trends-panel/
http://www.pewresearch.org/2010/03/11/how-does-the-pew-internet-american-life-project-choose-the-topics-that-it-researches/

[30] 訳注：ここは，いわゆる SNS（ソーシャル・ネットワーキング・サービス）のこと．

スや情報を携帯電話やタブレット・コンピュータで得ていると回答している」ことを確認している(Purcell, Rainie, Rosenstiel, Mitchell, 2011)．これは，人びとがインターネットにアクセスする方法の大転換の具体的な徴候そのものである．インターネットへのアクセスの新たな形態やインターネットの新たな利用法は，ウェブ調査の適用範囲を様変わりさせ，またデジタル・ディバイドの性質を変えることもあり得る．

　筆者らの知るかぎり，ウェブ調査に関するほぼすべての研究が，ラップトップ型やデスクトップ型のコンピュータ上のブラウザを通じてアクセスする調査にもとづいている．ウェブ調査が，ますます電話やタブレットを含む携帯型の機器で回答を行うようになると，ここで述べた結論の多くは，おそらくは，変更修正や拡張が必要となるであろう．考えられるいくつかの違いを挙げると，ウェブ調査にスマートフォンで回答する回答者は，おそらく，着信テキスト・メッセージや周囲の騒音で，デスクトップ・コンピュータで回答する回答者よりも注意が散漫になることがあるだろう．その結果，回答を行うために必要な労力は，従来の電話調査の回答に必要な労力を下回るどころか，むしろ大きくなるかもしれない（第7章における筆者らの議論を参照）．いくつかの問題は，たとえばコンピュータの画面上で情報を置く位置を決めるような問題は，回答者が非常に限られた大きさの画面領域の通信機器の上でウェブ調査に回答するような場合に，よりいっそう重要となることがあるかもしれない．インターネットは依然として急速に変化しており，今後の展開がウェブ調査にどのように影響をおよぼすかは，さらに時間が経ってみないとわからない．

参 考 文 献

AAPOR (2010). *AAPOR Report on Online Panels*. Deerfield, IL: American Association for Public Opinion Research.

AAPOR (2011). *Standard Definitions: Final Dispositions of Case Codes and Outcome Rates for Surveys* (7th ed.). Deerfield, IL: American Association for Public Opinion Research.

Albaum, G., Roster, C. A., Wiley, J., Rossiter, J., & Smith, S. M. (2010). Designing Web surveys in marketing research: Does use of forced answering affect completion rates? *Journal of Marketing Theory and Practice, 18*, 285-293.

Alexander, G. L., Divine, G. W., Couper, M. P., McClure, J. B., Stopponi, M. A., Fortman, K. K., Tolsma, D. D., Strecher, V. J., & Johnson, C. C. (2008). Effect of incentives and mailing geatures on recruitment for an online health program. *American Journal of Preventive Medicine, 34*, 382-388.

Alvarez, R. M., Sherman, R. P., & VanBeselaere, C. (2003). Subject acquisition for web-based surveys. *Political Analysis, 11*, 23-43.

Atrostic, B. K., Bates, N., Burt, G., & Silberstein, A. (2001). Nonresponse in U. S. government household surveys: Consistent measures, recent trends, and new insights. *Journal of Official Statistics, 17*, 209-226.

Baker, R. P., & Couper, M. P. (2007). The impact of screen size and background color on response in Web surveys. Paper presented at the General Online Research Conference (GOR'07). Leipzig, March.

Bälter, K. A., Bälter, O., Fondell, E., & Lagaross, Y. T. (2005). Web-based and mailed questionnaires: A comparison of response rates and compliance. *Epidemiology, 16*, 577-579.

Bandilla, W., Blohm, M., Kaczmirek, L., & Neubarth, W. (2007). Differences between respondents and nonrespondents in an Internet survey recruited from a face-to-face survey. Paper presented at the European Survey Research Association conference, Prague, June.

Bason, J. J. (2000). Comparison of telephone, mail, Web, and IVR surveys of drugs and alcohol use among University of Georgia students. Paper presented at the 55th Annual Conference of the American Association for Public Opinion Research, Portland, OR, May.

Bates, N. (2001). Internet versus mail as a data collection methodology from a high-coverage population. Paper presented at the 56th Annual Conference of the American Association for Public Opinion Research, Montreal, Quebec, May, 2001.

Bates, S. C., & Cox, J. M. (2008). The impact of computer versus paper-pencil survey, and individual versus group administration, on self-reports of sensitive behaviors.

Computers in Human Behavior, 24, 903-916.
Bauman, K., & Dent, C. W. (1982). Influence of an objective measure on self-reports of behavior. *Journal of Applied Psychology, 67*, 623-628.
Beebe, T. J., Harrison, P. A., McRae, J. A., Anderson, R. E., & Fulkerson, J. A. (1998). An evaluation of computer-assisted self-interviews in a school setting. *Public Opinion Quarterly, 62*, 623-632.
Bell, D. S., Mangione, C. M., & Kahn, C. E. (2001). Randomized testing of alternative survey formats using anonymous volunteers on the World Wide Web. *Journal of the American Medical Informatics Association, 8*, 616-620.
Belli, R. F., Traugott, M. W., & Beckmann, M. N. (2001). What leads to voting overreports? Contrasts of overreporters to validated voters and admitted nonvoters in the American National Election Studies. *Journal of Official Statistics, 17*, 479-498.
Belson, W. A. (1981). *The Design and Understanding of Survey Questions*. Aldershot: Gower.
Benway, J. P. (1998). Banner blindness: The irony of attention grabbing on the World Wide Web. In *Proceedings of the Human Factors and Ergonomics Society 42nd Annual Meeting*, pp. 463-467.
Benway, J. P., & Lane, D. M. (1998). Banner blindness: Web searchers often miss 'obvious' links. *ITG Newsletter*, 1(3). http://www.internettg.org/newsletter/dec98/banner_blindness.html
Berrens, R. P., Bohara, A. K., Jenkins-Smith, H., Silva, C., & Weimer, D. L. (2003). The advent of Internet surveys for political research: A comparison of telephone and Internet surveys. *Political Analysis, 11*, 1-22.
Bethlehem, J. G. (2002). Weighting nonresponse adjustments based on auxiliary information. In R. Groves, D. Dillman, J. Eltinge, & R. Little (Eds.). *Survey Nonresponse* (pp. 275-288). New York: John Wiley.
Bethlehem, J. (2010). Selection bias in Web surveys. *International Statistical Review, 78*, 161-188.
Birnholtz, J. P., Horn, D. B., Finholt, T. A., & Bae, S. J. (2004). The effects of cash, electronic, and paper gift certificates as respondent incentives for a Web-based survey of technologically sophisticated respondents. *Social Science Computer Review, 22*, 355-362.
Boltz, M. G. (1993). Time estimation and expectancies. *Memory and Cognition, 21*, 853-863.
Bosnjak, M., Neubarth, W., Couper, M. P., Bandilla, W., & Kaczmirek, L. (2008). Prenotification in Web-based access panel surveys: The influence of mobile text messaging versus e-mail on response rates and sample composition. *Social Science Computer Review, 26*, 213-223.
Bosnjak, M., & Tuten, T. L. (2002). Prepaid and promised incentives in Web surveys—an experiment. *Social Science Computer Review, 21*, 208-217.
Brener, N. D., Eaton, D. K., Kann, L., Grunbaum, J. A., Gross, L. A., Kyle, T. M., & Ross, J. G. (2006). The association of survey setting and mode with self-reported risk behavior among high schools students. *Public Opinion Quarterly, 70*, 354-374.
Brennan, M. (2005). The effect of a simultaneous mixed-mode (mail and Web) survey on

respondent characteristics and survey responses. Paper presented at the ANZMAC 2005 Conference.
Brick, J. M., Brick, P. D., Dipko, S., Presser, S., Tucker, C., & Yuan, Y. (2007). Cell phone survey feasibility in the U. S.: Sampling and calling cell numbers versus landline numbers. *Public Opinion Quarterly, 71*, 23-39.
Brick, J. M., Waksberg, J., Kulp, D., & Starer, A. (1995). Bias in list-assisted telephone surveys. *Public Opinion Quarterly, 59*, 218-235.
Brøgger, J., Nystad, W., Cappelen, I., & Bakke, P. (2007). No increase in response rate by adding a Web response option to a postal population survey: A randomized trial. *Journal of Medical Internet Research, 9*, e40.
Brunner, L. J. (1979). Smiles can be backchannels. *Journal of Personality and Social Psychology, 37*, 728-734.
Burris, J., Chen, J., Graf, I., Johnson, T., & Owens, L. (2001). An experiment in Web survey design. Paper presented at the 56th Annual Conference of the American Association for Public Opinion Research, Montreal, Quebec, May, 2001.
Callegaro, M., & DiSogra, C. (2008). Computing response metrics for online panels. *Public Opinion Quarterly, 72*, 1008-1032.
Callegaro, M., Shand-Lubbers, J., & Dennis, J. M. (2009). Presentation of a single item versus a grid: Effects on the Vitality and Mental Health Subscales of the SF-36v2 Health survey. Paper presented at the 64th Annual Conference of the American Association for Public Opinion Research, Hollywood, FL, May.
Callegaro, M., Villar, A., & Yang, Y. (2011). A meta-analysis of experiments manipulating progress indicators in Web surveys. Paper presented at the 66th Annual Conference of the American Association for Public Opinion Research, Phoenix, AZ, May.
Callegaro, M., & DiSogra, C. (2008). Computing response metrics for online panels. *Public Opinion Quarterly, 72*, 1008-1032.
Cantor, D., Brick, P. D., Han, D., & Aponte, M. (2010). Incorporating a Web option in a two-phase mail survey. Paper presented at the 65th Annual Conference of the American Association for Public Opinion Research, Chicago, May.
Carbonell, J. (1983). Derivational analogy in problem solving and knowledge acquisition. In R. S. Michalski (Ed.), *Proceedings of the International Machine Learning Workshop* (pp. 12-18). Urbana, IL: Department of Computer Science, University of Illinois at Urbana-Champaign.
Casady, R. J., & Lepkowski, J. M. (1993). Stratified telephone survey designs. *Survey Methodology, 19*, 103-113.
Catania, J. A., Binson, D., Canchola, J., Pollack, L. M., Hauck, W., & Coates, T. J. (1996). Effects of interviewer gender, interviewer choice, and item wording on responses to questions concerning sexual behavior. *Public Opinion Quarterly, 60*, 345-375.
Chang, L., & Krosnick, J. A. (2009). National surveys via RDD telephone interviewing versus the Internet: Comparing sample representativeness and response quality. *Public Opinion Quarterly, 73*, 641-678.
Childers, T. L., & Jass, J. (2002). All dressed up with something to say: Effects of typeface semantic associations on brand perceptions and consumer memory. *Journal of*

Consumer Psychology, 12, 93-106.
Christian, L. M., & Dillman, D. A. (2004). The influence of graphical and symbolic language manipulations on responses to self-administered questions. *Public Opinion Quarterly, 68*, 57-80.
Christian, L. M., Dillman, D. A., & Smyth, J. D. (2007). Helping respondents get it right the first time: The influence of words, symbols, and graphics in Web surveys. *Public Opinion Quarterly, 71*, 113-125.
Christian, L. M., Dillman, D. A., & Smyth, J. D. (2008). The effects of mode and format on answers to scalar questions in telephone and Web surveys. In J. Lepkowski, C. Tucker, M. Brick, E. de Leeuw, L. Japec, P. Lavrakas, M. Link, & R. Sangster (Eds.), *Advances in Telephone Survey Methodology* (pp. 250-275). New York: John Wiley.
Christian, L. M., Parsons, N. L., & Dillman, D. A. (2009). Designing scalar questions for Web surveys. *Sociological Methods and Research, 37*, 393-425.
Church, A. H. (1993). Estimating the effect of incentives on mail survey response rates: A meta-analysis. *Public Opinion Quarterly, 57*, 62-79.
Clark, H. H., & Schaefer, E. F. (1989). Contributing to discourse. *Cognitive Science, 13*, 259-294.
Clark, H. H., & Schober, M. F. (1991). Asking questions and influencing answers. In J. M. Tanur (Ed.), *Questions about Questions: Inquiries into the Cognitive Bases of Surveys* (pp. 15-48). New York: Russell Sage Foundation.
Clark, R. L., & Nyiri, Z. (2001). Web survey design: Comparing a multi-screen to a single screen survey. Paper presented at the 56th Annual Conference of American Association for Public Opinion Research, Montreal, Quebec, May.
Conrad, F. G., Couper, M. P., Tourangeau, R., Galešic, M., & Yan, T. (2009). Interactive feedback can improve the quality of responses in Web surveys. Conference of the European Survey Research Association. Warsaw, Poland, July.
Conrad, F. G., Couper, M. P., Tourangeau, R., & Peytchev, A. (2005). Effectiveness of progress indicators in web surveys: First impressions matter. Proceedings of *SIGCHI 2005: Human Factors in Computing Systems*, Portland, OR.
Conrad, F. G., Couper, M. P., Tourangeau, R., & Peytchev, A. (2006). Use and non-use of clarification features in web surveys. *Journal of Official Statistics, 22*, 245-269.
Conrad, F. G., Couper, M. P., Tourangeau, R., & Peytchev, A. (2010). Impact of progress indicators on task completion. *Interacting with Computers, 22*, 417-427.
Conrad, F. G., & Schober, M. F. (2000). Clarifying question meaning in a household telephone survey. *Public Opinion Quarterly, 64*, 1-28.
Conrad, F. G., Schober, M. F., & Coiner, T. (2007). Bringing features of human dialogue to web surveys. *Applied Cognitive Psychology, 21*, 165-188.
Conrad, F. G., Schober, M. F., Jans, M., Orlowski, R., Nielsen, D., & Levenstein, R. (2015). Comprehension and engagement in survey interviews with virtual agents. *Frontiers in Psychology: Cognitive Science, 6*: 1578. doi: 10.3389/fpsyg.2015.01578
Conrad, F. G., Schober, M. F., & Nielsen, D. (2011). Race of virtual interviewer effects. Paper presented at the 66th Annual Conference of the American Association for Public Opinion Research, Phoenix, AZ, May, 2011.

Conrad, F. G., Tourangeau, R., Couper, M. P., & Kennedy, C. (2009). Interactive interventions in Web surveys increase respondent conscientiousness. Paper presented at the 64th Conference of the American Association for Public Opinion Research, Hollywood, FL, May, 2009.

Conrad, F. G., Tourangeau, R., Couper, M. P., & Zhang, C. (2011). Interactive intervention to reduce satisficing in web surveys can increase response accuracy. Paper presented at the Annual Conference of the American Association for Public Opinion Research, Phoenix, AZ.

Conrad, F. G., Tourangeau, R., Couper, M. P., & Zhang, C. (2017). Reducing speeding in web surveys by providing immediate feedback. *Survey Research Methods*, *11*(1), 45-61.

Cooley, P. C., Miller, H. G., Gribble, J. N., & Turner, C. F. (2000). Automating telephone surveys: Using T-ACASI to obtain data on sensitive topics. *Computers and Human Behavior*, *16*, 1-11.

Couper, M. P. (2000). Web surveys: A review of issues and approaches. *Public Opinion Quarterly*, *64*, 464-494.

Couper, M. P. (2007). Issues of representation in eHealth research (with a focus on Web surveys). *American Journal of Preventive Medicine*, *32*, S83-S89.

Couper, M. P. (2008a). *Designing Effective Web Surveys*. New York: Cambridge University Press.

Couper, M. P. (2008b). Technology and the survey interview/questionnaire. In M. F. Schober, & F. G. Conrad (Eds.), *Envisioning the survey interview of the future* (pp. 58-76). New York: John Wiley.

Couper, M. P., Baker, R. P., & Mechling J. (2011). Placement and Design of Navigation Buttons in Web Surveys. *Survey Practice*, *4*(1). http://www.surveypractice.org/article/3054-placement-and-design-of-navigation-buttons-in-web-surveys

Couper, M. P., & Bosnjak, M. (2010). Internet surveys. In P. V. Marsden, & J. D. Wright (Eds.), *The Handbook of Survey Research* (2nd ed., pp. 527-556). Bingley, UK: Emerald.

Couper, M. P., Conrad, F. G., & Tourangeau, R. (2007). Visual context effects in web surveys. *Public Opinion Quarterly*, *71*, 91-112.

Couper, M. P., Kapteyn, A., Schonlau, M., & Winter, J. (2007). Noncoverage and nonresponse in an Internet survey. *Social Science Research*, *36*, 131-148.

Couper, M. P., Kennedy, C., Conrad, F. G., & Tourangeau, R. (2011a). Designing input fields for non-narrative open-ended responses in web surveys. *Journal of Official Statistics*, *27*, 65-85.

Couper, M. P., Tourangeau, R., & Conrad, F. G. (2009). Improving the design of complex grid questions. Paper presented at the Internet Survey Methodology Workshop, Bergamo, Italy.

Couper, M. P., Tourangeau, R., Conrad, F. G., & Crawford, S. (2004a). What they see is what we get: Response options for Web surveys. *Social Science Computer Review*, *22*, 111-127.

Couper, M. P., Tourangeau, R., Conrad, F. G., & Singer, E. (2006). Evaluating the effectiveness of visual analog scales: A web experiment. *Social Science Computer Review*, *24*, 227-245.

Couper, M. P., Tourangeau, R., Conrad, F. G., & Zhang, C. (2013). The design of grids in web surveys. *Social Science Computer Review*, 31(3), 322-345.
Couper, M. P., Tourangeau, R., & Kenyon, K. (2004b). Picture this! Exploring visual effects in Web surveys. *Public Opinion Quarterly*, 68, 255-266.
Couper, M. P., Traugott, M., & Lamias, M. (2001). Web survey design and administration. *Public Opinion Quarterly*, 65, 230-253.
Cox, S., Parmer, R., Tourkin, S., Warner, T., Lyter, D. M., & Rowland, R. (2007). *Documentation for the 2004-05 Teacher Follow-up Survey*. Washington, D. C.: National Center for Education Statistics, NCES 2007-349.
Crawford, S., Couper, M. P., & Lamias, M. (2001). Web surveys: Perception of burden. *Social Science Computer Review*, 19, 146-162.
Crawford, S. D., McCabe, S. E., & Pope, D. (2003). Applying Web-based survey design standards. *Journal of Prevention and Intervention in the Community*, 29, 43-66.
Crawford, S. D., McCabe, S. E., Saltz, B., Boyd, C. J., Freisthler, B., & Paschall, M. J. (2004). Gaining respondent cooperation in college Web-based alcohol surveys: Findings from experiments at two universities. Paper presented at the 59th Annual Conference of the American Association for Public Opinion Research, Phoenix, AZ, May.
Curtin, R., Presser, S., & Singer, E. (2005). Changes in telephone survey nonresponse over the past quarter century. *Public Opinion Quarterly*, 69, 87-98.
de Leeuw, E. D. (1992). *Data Quality in Mail, Telephone, and Face-to-face Surveys*. TT-Publikaties, Amsterdam.
de Leeuw, E. D. (2005). To mix or not to mix data collection modes in surveys. *Journal of Official Statistics*, 21, 233-255.
de Leeuw, E. D., & de Heer, W. (2002). Trends in household survey nonresponse: A longitudinal and international comparison. In R. Groves, D. Dillman, J. Eltinge, & R. Little (Eds.). *Survey Nonresponse* (pp. 41-54). New York: John Wiley.
Delavande, A., & Rohwedder, S. (2008). Eliciting subjective probabilities in Internet surveys. *Public Opinion Quarterly*, 72, 866-891.
Deming, W. E. (1944). On errors in surveys. *American Sociological Review*, 9, 359-369.
Denniston, M. M., Brener, N. D., Kann, L., Eaton, D. K., McManus, T., Kyle, T. M., Roberts, A. M., Flint, K. H., & Ross, J. G. (2010). Comparison of paper-and-pencil versus Web administration of the Youth Risk Behavior Survey (YRBS): Participation, data quality, and perceived privacy and anonymity. *Computers in Human Behavior*, 26, 1054-1060.
Denscombe, M. (2006). Web-based questionnaires and the mode effect: An evaluation based on completion rates and data contents of near-identical questionnaires delivered in different modes. *Social Science Computer Review*, 24, 246-254.
Denscombe, M. (2009). Item non-response rates: A comparison of online and paper questionnaires. *International Journal of Social Research Methodology*, 12, 281-291.
DeRouvray, C., & Couper, M. P. (2002). Designing a strategy for reducing No Opinion responses in web-based surveys. *Social Science Computer Review*, 20, 3-9.
Dever, J. A., Rafferty, A., & Valliant, R. (2008). Internet surveys: Can statistical adjustments eliminate coverage bias. *Survey Research Methods*, 2, 47-62.
Dillman, D. A. (2000). *Mail and Internet Surveys: The Tailored Design Method*. New York:

John Wiley.
Dillman, D. A. (2007). *Mail and Internet Surveys: The Tailored Design Method* (2nd ed.). New York: John Wiley.
Dillman, D. A., & Christian, L. M. (2005). Survey mode as a source of instability in responses across surveys. *Field Methods, 17*, 30-52.
Dillman, D. A., Sinclair, M. D., & Clark, J. R. (2003). Effects of questionnaire length, respondent-friendly design, and a difficult question on response rates for occupant-addressed census mail surveys. *Public Opinion Quarterly, 57*, 289-304.
Dillman, D. A., Smyth, J. D., & Christian, L. M. (2009). *Internet, Mail, and Mixed-mode Surveys: The Tailored Design Method* (3rd ed.). New York: John Wiley.
Dillman, D. A., & Tarnai, J. (1991). Mode effects of cognitively designed recall questions: A comparison of answers to telephone and mail surveys. In P. P. Biemer, R. M. Groves, L. E. Lyberg, N. A. Mathiowetz, & S. Sudman (Eds.). *Measurement Errors in Surveys* (pp. 73-93). New York: John Wiley.
DiSogra, C., Callegaro, M., & Hendarwan, E. (2009). Recruiting probability-based Web panel members using an address-based sample frame: Results from a pilot study conducted by Knowledge Networks. In *Proceedings of the Joint Statistical Meetings, Survey Research Method Section* (pp. 5270-5283).
Duncan, S., & Fiske, D. W. (1977). *Face-to-face interaction*. Hillsdale, NJ: Erlbaum.
Eaton, D. K., Brener, N. D., Kann, L., Denniston, M. M., McManus, T., Kyle, T. M., Roberts, A. M., Flint, K. H., & Ross, J. G. (2010). Comparison of paper-and-pencil versus Web administration of the Youth Risk Behavior Survey (YRBS): Risk behavior prevalence estimates. *Evaluation Review, 34*, 137-153.
Ehlen, J., & Ehlen, P. (2007). Cellular-only substitution in the United States as lifestyle adoption: Implications for telephone survey coverage. *Public Opinion Quarterly, 71*, 717-733.
Elliott, M. N., Zaslavsky, A. M., Goldstein, E., Lehrman, W., Hambarsoomians, K., Beckett, M. K., & Giordano, L. (2009). Effects of survey mode, patient mix, and nonresponse on CAHPS® Hospital Survey scores. *Health Services Research, 44*, 501-518.
ESOMAR (2005). *ESOMAR Guideline on conducting marketing and opinion research using the Internet*. Amsterdam: ESOMAR. http://www.esomar.org/index.php/research_using_the_internet.html
Fendrich, M., & Johnson, T. P. (2001). Examining prevalence differences in three national surveys of youth: Impact of consent procedures, mode, and editing rules. *Journal of Drug Issues, 31*, 615-642.
Flemming, G., & Sonner, M. (1999). Can Internet polling work? Strategies for conducting public opinion surveys online. Paper presented at the 54th Annual Conference of the American Association of Public Opinion Research, St. Petersburg Beach, Florida, May.
Fowler, F. J., & Stringfellow, V. L. (2001). Learning from experience: Estimating teen use of alcohol, cigarettes, and marijuana from three survey protocols. *Journal of Drug Issues, 31*, 643-664.
Fricker, S., Galešic, M., Tourangeau, R., & Yan, T. (2005). An experimental comparison of Web and telephone surveys. *Public Opinion Quarterly, 69*, 370-392.

Fu, H., Darroch, J. E., Henshaw, S. K., & Kolb, E. (1998). Measuring the extent of abortion underreporting in the 1995 National Survey of Family Growth. *Family Planning Perspectives, 30*, 128-133 & 138.
Fuchs, M. (2009). Gender-of-interviewer effects in a video-enhanced web survey: Results from a randomized field experiment. *Social Psychology, 40*, 37-42.
Fuchs, M. (2009). Asking for numbers and quantities: Visual design effects in paper and pencil surveys. *International Journal of Public Opinion Research, 21*, 65-84.
Fuchs, M., & Funke, F. (2007). Video Web survey—Results of an experimental comparison with a text-based Web survey. In M. Trotman (Ed.). *Challenges of a Changing World. Proceedings of the Fifth International Conference of the Association for Survey Computing* (pp. 63-80). Berkeley: Association for Survey Computing.
Funke, F., Reips, U.-D., & Thomas, R. K. (2011). Sliders for the smart: Type of rating scale on the Web interacts with educational level. *Social Science Computer Review, 29*, 221-231.
Galešic, M. (2006). Dropouts on the Web: Effects of interest and burden experienced during an online survey. *Journal of Official Statistics, 22*(2), 313-328.
Galešic, M., Tourangeau, R., Couper, M. P., & Conrad, F. G. (2007). Using change to improve navigation in grid questions. Paper presented at the General Online Research Conference (GOR'07). Leipzig, March.
Galešic, M., Tourangeau, R., Couper, M. P., & Conrad, F. G. (2008). Eye-tracking data: New insights on response order effects and other cognitive shortcuts in survey responding. *Public Opinion Quarterly, 72*(5), 892-913.
Gentry, R., & Good, C. (2008). Offering respondents a choice of survey mode: Use patterns of an Internet response option in a mail survey. Paper presented at the annual meeting of the American Association for Public Opinion Research, New Orleans, May.
Gibson, J. J. (1979). *The Ecological Approach to Visual Perception*. New York: Harper and Row.
Goodwin, C. (1981). *Conversational Organization: Interaction between Speakers and Hearers*. New York: Academic Press.
Göritz, A. S. (2006a). Incentives in Web studies: Methodological issues and a review. *International Journal of Internet Science, 1*, 58-70.
Göritz, A. S. (2006b). Cash lotteries as incentives in online panels. *Social Science Computer Review, 24*, 445-459.
Göritz, A. S. (2010). Using lotteries, loyalty points, and other incentives to increase participant response and completion. In S. D. Gosling, & J. A. Johnson (Eds.). *Advanced methods for behavioral research on the Internet* (pp. 219-233). Washington, D. C.: American Psychological Association.
Gray, W. D., & Fu, W. (2004). Soft constraints in interactive behavior: The case of ignoring perfect knowledge in-the-world for imperfect knowledge in-the-head. *Cognitive Science, 28*, 359-382.
Griffin, D. H., Fischer, D. P., & Morgan, M. T. (2001). Testing an Internet response option for the American Community Survey. Paper presented at the 56th Annual Conference of the American Association for Public Opinion Research, Montreal, Quebec, May.

Groves, R. M. (1989). *Survey Costs and Survey Errors*. New York: John Wiley.
Groves, R. M. (2006). Nonresponse rates and nonresponse error in household surveys. *Public Opinion Quarterly, 70*, 646-675.
Groves, R. M., & Couper, M. P. (1998). *Nonresponse in Household Interview Surveys*. New York: John Wiley.
Groves, R. M., Couper, M. P., Presser, S., Singer, E., Tourangeau, R., Acosta, G. P., & Nelson, L. (2006). Experiments in producing nonresponse bias. *Public Opinion Quarterly, 70*, 720-736.
Groves, R. M., Fowler, F. J., Couper, M. P., Lepkowski, J. M., Singer, E., & Tourangeau, R. (2009). *Survey Methodology* (2nd ed.). New York: John Wiley.
Groves, R. M., & Lyberg, L. (2010). Total survey error: Past, present, and future. *Public Opinion Quarterly, 74*, 849-879.
Groves, R. M., & Peytcheva, E. (2008). The impact of nonresponse rates on nonresponse bias: A meta-analysis. *Public Opinion Quarterly, 72*, 167-189.
Guéguen, N., & Jacob, C. (2002). Solicitations by e-Mail and solicitor's status: A field study of social influence on the Web. *CyberPsychology and Behavior, 5*, 377-383.
Hammen, K. (2010). The impact of visual and functional design elements in online survey research. Paper presented at the General Online Research conference, Pforzheim, Germany, May.
Harmon, M. A., Westin, E. C., & Levin, K. Y. (2005). Does type of pre-notification affect Web survey response rates? Paper presented at the 60th Annual Conference of the American Association for Public Opinion Research, Miami Beach, May.
Hays, R. D., Bode, R., Rothrock, N., Riley, W., Cella, D., & Gershon, R. (2010). The impact of next and back buttons on time to complete and measurement reliability in computer-based surveys. *Quality of Life Research, 19*, 1181-1184.
Healey, B. (2007). Drop downs and scroll mice: The effect of response option format and input mechanism employed on data quality in Web surveys. *Social Science Computer Review, 25*, 111-128.
Healey, B., Macpherson, T., & Kuijten, B. (2005). An empirical evaluation of three web survey design principles. *Marketing Bulletin, 16*, Research note 2.
Heerwegh, D. (2003). Explaining response latencies and changing answers using client-side paradata from a Web survey. *Social Science Computer Review, 21*, 360-373.
Heerwegh, D. (2005). Effects of personal salutations in e-mail invitations to participate in a Web survey. *Public Opinion Quarterly, 69*, 588-598.
Heerwegh, D., & Loosveldt, G. (2002). An evaluation of the effect of response formats on data quality in Web surveys. *Social Science Computer Review, 20*, 471-484.
Heerwegh, D., & Loosveldt, G. (2006). An experimental study on the effects of personalization, survey length statements, progress indicators, and survey sponsor logos in web surveys. *Journal of Official Statistics, 22*, 191-210.
Heerwegh, D., & Loosveldt, G. (2008). Face-to-face versus Web surveying in a high-Internet-coverage population. *Public Opinion Quarterly, 72*, 836-846.
Heerwegh, D., Vanhove, T., Matthijs, K., & Loosveldt, G. (2005). The effect of personalization on response rates and data quality in Web surveys. *International*

Journal of Social Science Methodology, 8, 85-99.
Heinberg, A., Hung, A., Kapteyn, A., Lusardi, A., & Yoong, J. (2010). *Five Steps to Planning Success.* Report to the Social Security Administration. Santa Monica, CA: Rand Corporation.
Heuer, R., Kuhr, B., Fahimi, M., Curtin, T. R., Hinsdale, M., Carley-Baxter, L., & Green, P. (2006). *National Study of Postsecondary Faculty (NSOPF: 04) Methodology Report* (NCES 2006-179). U. S. Department of Education. Washington, D. C.: National Center for Education Statistics.
Holbrook, A. L., Krosnick, J. A., Moore, D., & Tourangeau, R. (2007). Response order effects in dichotomous categorical questions presented orally: The impact of question and respondent attributes. *Public Opinion Quarterly, 71,* 325-348.
Holland, J. L., & Christian, L. M. (2009). The influence of topic interest and interactive probing on responses to open-ended questions in Web surveys. *Social Science Computer Review, 27,* 196-212.
Holmberg, A., Lorenc, B., & Werner, P. (2010). Contact strategies to improve participation via the Web in a mixed-mode mail and Web survey. *Journal of Official Statistics, 26,* 465-480.
Hoogendoorn, A., & Daalmans, J. (2009). Nonresponse in the recruitment of an Internet panel based on probability sampling. *Survey Research Methods, 3,* 59-72.
International Organization for Standardization (2009). *ISO 26362: 2009 Access panels in market, opinion, and social research-Vocabulary and service requirements.* Geneva: ISO.
International Telecommunication Union (2007). *Yearbook of Statistics.* Geneva, Switzerland: ITU.
Israel, G. (2009). Obtaining responses by mail or Web: Response rates and data consequences. *Survey Practice,* June 2009.
Iyengar, S. S., & Lepper, M. (2000). When choice is demotivating: Can one desire too much of a good thing? *Journal of Personality and Social Psychology, 76,* 995-1006.
Jenkins, C. R., & Dillman, D. A. (1997). Towards a theory of self-administered questionnaire design. In L. Lyberg, P. Biemer, M. Collins, E. de Leeuw, C. Dippo, N. Schwarz, & D. Trewin (Eds.). *Survey Measurement and Process Quality* (pp. 165-196). New York: John Wiley.
Joinson, A. N., & Reips, U.-D. (2007). Personalized salutation, power of sender and response rates to Web-based surveys. *Computers in Human Behavior, 23,* 1372-1383.
Joinson, A. N., Woodley, A., & Reips, U.-D. (2007). Personalization, authentication and self-disclosure in self-administered Internet surveys. *Computers in Human Behavior, 23,* 275-285.
Kaczmirek, L. (2009). *Human-survey Interaction: Usability and Nonresponse in Online Surveys.* Cologne: Herbert von HalemVerlag.
Kaczmirek, L. (2011). Attention and usability in Internet surveys: Effects of visual feedback in grid questions. In M. Das, P. Ester, & L. Kaczmirek (Eds.). *Social and Behavioral Research and the Internet* (pp. 191-214). New York: Taylor and Francis.
Kalton, G., & Flores-Cervantes, I. (2003). Weighting methods. *Journal of Official Statistics,*

19 : 81-97.

Kane, E. W., & Macaulay, L. J. (1993). Interviewer gender and gender attitudes. *Public Opinion Quarterly, 57*, 1-28.

Kaplowitz, M. D., Hadlock, T. D., & Levine, R. (2004). A comparison of Web and mail survey response rates. *Public Opinion Quarterly, 68*, 94-101.

Kaplowitz, M. D., Lupi, F., Couper, M. P., & Thorp, L. (2012). The effect of invitation design on Web survey response rates. *Social Science Computer Review, 30*, 339-349.

Keeter, S., Kennedy, C., Dimock, M., Best, J., & Craighill, P. (2006). Gauging the impact of growing nonresponse on estimates from a national RDD telephone survey. *Public Opinion Quarterly, 70*, 259-279.

Keeter, S., Miller, C., Kohut, A., Groves, R. M., & Presser, S. (2000). Consequences of reducing nonresponse in a large national telephone survey. *Public Opinion Quarterly, 64*, 125-148.

Kent, R., & Brandal, H. (2003). Improving email response in a permission marketing context. *International Journal of Market Research, 45*, 489-506.

Kish, L. (1965). *Survey Sampling.* New York: John Wiley.

Knapp, H., & Kirk, S. A. (2003). Using pencil and paper, Internet and Touch-Tone phones for self-administered surveys: Does methodology matter? *Computers in Human Behavior, 19*, 117-134.

Kreuter, F., Presser, S., & Tourangeau, R. (2008). Social desirability bias in CATI, IVR and web surveys: The effects of mode and question sensitivity. *Public Opinion Quarterly, 72*, 847-865.

Krosnick, J. (1991). Response strategies for coping with the cognitive demands of attitude measures in surveys. *Applied Cognitive Psychology, 5*, 213-236.

Krosnick, J. A. (1999). Survey research. *Annual Review of Psychology, 50*, 537-567.

Krosnick, J. A., & Alwin, D. (1987). An evaluation of a cognitive theory of response order effects in survey measurement. *Public Opinion Quarterly, 51*, 201-219.

Krosnick, J. A., Ackermann, A., Malka, A., Yeager, D., Sakshaug, J., Tourangeau, R., DeBell, M., & Turakhia, C. (2009). Creating the face-to-face recruited Internet survey platform (FFRISP). Paper presented at the Third Annual Workshop on Measurement and Experimentation with Internet Panels, Santpoort, The Netherlands, August.

Krotki, K., & Dennis, J. M. (2001). Probability-based survey research on the Internet. In *Proceedings of the 53rd Conference of the International Statistical Institute*, Seoul, Korea, August.

Krysan, M., & Couper, M. P. (2003). Race in the live and the virtual interview: Racial deference, social desirability, and activation effects in attitude surveys. *Social Psychology Quarterly, 66*, 364-383.

Kwak, N., & Radler, B. T. (2002). A Comparison between mail and Web surveys: Response pattern, respondent profile, and data quality. *Journal of Official Statistics, 18*, 257-273.

Lebrasseur, D., Morin, J.-P., Rodrigue, J.-F., & Taylor, J. (2010). Evaluation of the innovations implemented in the 2009 Canadian census test. *Proceedings of the American Statistical Association Survey Research Methods Section*, pp. 4089-4097.

Lee, S. (2006a). An evaluation of nonresponse and coverage errors in a prerecruited probability Web panel survey. *Social Science Computer Review, 24,* 460-475.

Lee, S. (2006b). Propensity score adjustment as a weighting scheme for volunteer panel Web surveys. *Journal of Official Statistics, 22,* 329-349.

Lee, S., & Valliant, R. (2008). Weighting telephone samples using propensity scores. In J. M. Lepkowski, C. Tucker, J. M. Brick, E. D. de Leeuw, L. Japec, P. J. Lavrakas, M. W. Link, & R. L. Sangster (Eds.). *Advances in Telephone Survey Methodology* (pp. 170-183). Hoboken, New Jersey: Wiley.

Lee, S., & Valliant, R. (2009). Estimation for volunteer panel Web surveys using propensity score adjustment and calibration adjustment. *Sociological Methods and Research, 37,* 319-343.

Lenhart, A., Horrigan, J., Rainie, L., Allen, K., Boyce, A., Madden, M., & O'Grady, E. (2003). *The Ever-shifting Internet Population: A New Look at Internet Access and the Digital Divide.* Washington, D. C.: The Pew Internet and American Life Project.

Lensvelt-Mulders, G. J. L. M., Hox, J., van der Heijden, P. G. M., & Maas, C. J. M. (2005). Meta-analysis of randomized response research. *Sociological Methods and Research, 33,* 319-348.

Lepkowski, J. M. (1988). Telephone sampling methods in the United States. In R. M. Groves, P. Biemer, L. Lyberg, J. Massey, W. Nicholls, & J. Waksberg (Eds.). *Telephone Survey Methodology.* New York: John Wiley.

Lesser, V. M., Newton, L., & Yang, D. (2010). Does providing a choice of survey modes influence response? Paper presented at the 65th Annual Conference of the American Association for Public Opinion Research, Chicago, May.

Lessler, J. T., & Kalsbeek, W. D. (1992). *Nonsampling Error in Surveys.* New York: John Wiley.

Lind, L. H., Schober, M. F., Conrad, F. G., & Reichert, H. (2013). Why do survey respondents disclose more when computers ask the questions? *Public Opinion Quarterly, 77*(4), 888-935.

Lindhjem, H., & Navrud, S. (2011a). Using Internet in stated preference surveys: A review and comparison of survey modes. *International Review of Environmental and Resource Economics, 5,* 309-351.

Lindhjem, H., & Navrud, S. (2011b). Are Internet surveys and alternative to face-to-face interviews in contingent valuation? *Ecological Economics, 70,* 1628-1637.

Link, M. W., & Mokdad, A. H. (2005a). Effects of survey mode on self-reports of adult alcohol consumption: A comparison of mail, Web, and telephone approaches. *Journal of Studies on Alcohol, 66,* 239-245.

Link, M. W., & Mokdad, A. H. (2005b). Alternative modes for health surveillance surveys: An experiment with Web, mail, and telephone. *Epidemiology, 16,* 701-709.

Lipsey, M. W., & Wilson, D. B. (2001). *Practical Meta-analysis.* Thousand Oaks, CA: Sage Publications.

Little, R. J., & Rubin, D. B. (2002). *Statistical Analysis with Missing Data* (2nd ed.). New York: John Wiley.

Little, R. J., & Vartivarian, S. L. (2004). Does weighting for nonresponse increase the variance of survey means? (April 2004). *The University of Michigan Department of*

Biostatistics Working Paper Series. Working Paper 35.
Lozar Manfreda, K., Bosnjak, M., Berzelak, J., Haas, I., & Vehovar, V. (2008). Web surveys versus other survey modes: A meta-analysis comparing response rates. *International Journal of Market Research, 50,* 79-104.
Lynch, P. J., & Horton, S. (2001). *Web Style Guide: Basic Design Principles for Creating Web Sites* (2nd ed.). New Haven: Yale University Press.
MacElroy, B. (2000). Measuring response rates in online surveys. Modalis Research Technologies, unpublished paper. www.modalis.com
Marcus, B., Bosnjak, M., Lindner, S., Pilischenko, S., & Schütz, A. (2007). Compensating for low topic interest and long surveys: A field experiment on nonresponse in Web surveys. *Social Science Computer Review, 25,* 372-383.
Marta-Pedroso, C., Freitas, H., & Domingos, T. (2007). Testing for the survey mode effect on contingent valuation data quality: A case study of Web based versus in-person interviews. *Ecological Economics, 62,* 388-398.
Matzat, U., Snijders, C., & van der Horst, W. (2009). Effects of different types of progress indicators on drop-out rates in web surveys. *Social Psychology, 40,* 43-52.
McCabe, S. E. (2004). Comparison of Web and mail surveys in collecting illicit drug use data: A randomized experiment. *Journal of Drug Education, 34,* 61-72.
McCabe, S. E., Boyd, C. J., Couper, M. P., Crawford, S., & D'Arcy, H. (2002). Mode effects for collecting alcohol and other drug use data: Web and U. S. mail. *Journal of Studies on Alcohol, 63,* 755-761.
McCabe, S. E., Couper, M. P., Cranford, J. A., & Boyd, C. J. (2006). Comparison of Web and mail surveys for studying secondary consequences associated with substance abuse: Evidence for minimal mode effects. *Addictive Behaviors, 31,* 162-168.
McCarthy, M. S., & Mothersbaugh, D. L. (2002). Effects of typographic factors in advertising-based persuasion: A general model and initial empirical tests. *Psychology and Marketing, 19,* 663-691.
Meier, B. P., & Robinson, M. D. (2004). Why the sunny side is up: Associations between affect and vertical position. *Psychological Science, 15,* 243-247.
Millar, M. M., & Dillman, D. A. (2011). Improving response to Web and mixed-mode surveys. *Public Opinion Quarterly, 75,* 249-269.
Miller, J. (2006). Online marketing research. In R. Grover, & M. Vriens (Eds.). *The Handbook of Marketing Research* (pp. 110-131). Thousand Oaks, CA: Sage.
Miller, J. D. (1998). The measurement of civic scientific literacy. *Public Understanding of Science, 7,* 203-223.
Muñoz-Leiva, F., Sánchez-Fernández, J., Montoro-Ríos, F., & Ibáñez-Zapata, J. A. (2010). Improving the response rate and quality in Web-based surveys through the personalization and frequency of reminder mailings. *Quality and Quantity, 44,* 1037-1052.
Murray, D., O'Connell, C., Schmid, L., & Perry, C. (1987). The validity of smoking self-reports by adolescents: A reexamination of the bogus pipeline procedure. *Addictive Behaviors, 12,* 7-15.
Nass, C., Moon, Y., & Green, N. (1997). Are machines gender neutral? Gender-stereotypic

responses to computers with voices. *Journal of Applied Social Psychology, 27,* 864-876.
Nielsen, J. (2000). *Designing Web Usability.* Berkeley, CA: New Riders.
Nielsen, J. (2005). Guidelines for visualizing links. http://www.useit.com/alertbox/20040510.html
Nielsen, J. (2006). F-shaped pattern for reading Web content. Alert Box, April 17, 2006. Available at http://www.useit.com/alertbox/reading_pattern.html.
Nielsen, J., & Loranger, H. (2006). *Prioritizing Web Usability.* Berkeley, CA: New Riders.
Nielsen, J., & Pernice, K. (2010). *Eyetracking Web Usability.* Berkeley, CA: New Riders.
Nielsen, J. S. (2011). Use of the Internet for willingness-to-pay surveys: A comparison of face-to-face and web-based inteviews. *Resource and Energy Economics, 33,* 119-129.
Norman, D. A. (1988). *The Design of Everyday Things.* New York: Doubleday.
Norman, K. L., Friedman, Z., Norman, K., & Stevenson, R. (2001). Navigational issues in the design of online self-administered questionnaires. *Behaviour and Information Technology, 20,* 37-45.
Norris, P. (2001). *Digital Divide: Civic Engagement, Information Poverty, and the Internet Worldwide.* Cambridge: Cambridge University Press.
Novemsky, N., Dhar, R., Schwarz, N., & Simonson, I. (2007). Preference fluency in choice. *Journal of Marketing Research, 44,* 347-356.
Nyiri, Z., & Clark, R. L. (2003). Web survey design: Comparing static and dynamic survey instruments. Paper presented at the 63rd Annual Conference of the American Association for Public Opinion Research, Nashville, May.
O'Muircheartaigh, C., Gaskell, G., & Wright, D. B. (1995). Weighing anchors: Verbal and numeric labels for response scales. *Journal of Official Statistics, 11,* 295-307.
Oudejans, M., & Christian, L. M. (2010). Using interactive features to motivate and probe responses to open-ended questions. In M. Das, P. Ester, & L. Kaczmirek (Eds.). *Social Research and the Internet: Advances in Applied Methods and Research Strategies* (pp. 215-244). New York: Routledge.
Oviatt, S., & Adams, V. (2000). Designing and evaluating conversational interfaces with animated characters. In J. Cassell, J. Sullivan, S. Prevost, & E. Churchill (Eds.). *Embodied Conversational Agents* (pp. 319-346). Cambridge, MA: MIT Press.
Pagendarm, M., & Schaumburg, H. (2001). Why are users banner-blind? The impact of navigation style on the perception of Web banners. *Journal of Digital Information, 2.* http://journals.tdl.org/jodi/index.php/jodi/article/viewArticle/36/38
Page-Thomas, K. (2006). Measuring task-specific perceptions of the World Wide Web. *Behaviour and Information Technology, 25,* 469-477.
Pearson, J., & Levine, R. A. (2003). Salutations and response rates to online surveys. Paper presented at the Association for Survey Computing Fourth International Conference on the Impact of Technology on the Survey Process, Warwick, England, September.
Peytchev, A. (2005). How questionnaire layout induces measurement error. Paper presented at the 60th Annual Conference of the American Association for Public Opinion Research, Miami Beach, FL, May.
Peytchev, A. (2009). Survey breakoff. *Public Opinion Quarterly, 73,* 74-97.
Peytchev, A., Conrad, F. G., Couper, M. P., & Tourangeau, R. (2010). Increasing respondents'

use of definitions in Web surveys. *Journal of Official Statistics, 26,* 633-650.
Peytchev, A., Couper, M. P., McCabe, S. E., & Crawford, S. D. (2006). Web survey design: Paging versus scrolling. *Public Opinion Quarterly, 70,* 596-607.
Pope, D., & Baker, R. (2005). Experiments in color for Web-based surveys. Paper presented at the FedCASIC Workshops, Washington, D. C., March.
Porter, S. R., & Whitcomb, M. E. (2005). E-mail subject lines and their effect on Web survey viewing and response. *Social Science Computer Review, 23,* 380-387.
Purcell, K. (2011). Search and email still top the list of most popular online activities. http://www.pewinternet.org/~/media/files/reports/2011/pip_search-and-email.pdf
Purcell, K., Rainie, L., Rosenstiel, T., & Mitchell, A. (2011). How mobile devices are changing community information environment. http://www.pewinternet.com/~/media/Files/Reports/2011/PIP-Local%20mobile%20survey.pdf
Reber, R., & Schwarz, N. (1999). Effects of perceptual fluency on judgments of truth. *Consciousness and Cognition, 8,* 338-342.
Redline, C. D., & Dillman, D. A. (2002). The influence of alternative visual desings on respondents' performance with branching instructions in self-administered questionnaires. In R. M. Groves, D. A. Dillman, J. L. Eltinge, & R. J. A. Little (Eds.), *Survey Nonresponse* (pp. 179-193). New York: John Wiley.
Redline, C. D., Dillman, D. A., Dajani, A. N., & Scaggs, M. A. (2003). Improving navigational performance in U. S. Census 2000 by altering the visually administered languages of branching instructions. *Journal of Official Statistics, 19,* 403-419.
Redline, C. D., Tourangeau, R., Couper, M. P., & Conrad, F. G. (2009). Formatting long lists of response options in demographic questions. Paper presented at the Annual Federal Conference on Survey Methodology.
Richman, W. L., Kiesler, S., Weisband, S., & Drasgow, F. (1999). A meta-analytic study of social desirability distortions in computer-adminstered questionnaires, traditional questionnaires, and interviews. *Journal of Applied Psychology, 84,* 754-775.
Ritter, P., Lorig, K., Laurent, D., & Matthews, K. (2004). Internet versus mailed questionnaires: A randomized comparison. *Journal of Medical Internet Research, 6,* e29.
Rivers, D. (2006). Web surveys for health measurement. Paper presented at Building Tomorrow's Patient-Reported Outcome Measures: The Inaugural PROMIS Conference, Gaithersburg, MD, September.
Rivers, D., & Bailey, D. (2009). Inference from matched samples in the 2008 U. S. national elections. Paper presented at the 64th Annual Conference of the American Association for Public Opinion Research, Hollywood, FL, May.
Rookey, B. D., Hanway, S., & Dillman, D. A. (2008). Does a probability-based household panel benefit from assignment to postal response as an alternative to Internet-only? *Public Opinion Quarterly, 72,* 962-984.
Rosenbaum, P. R., & Rubin, D. B. (1984). Reducing bias in observational studies using subclassification on the propensity score. *Journal of the American Statistical Association, 79,* 516-524.
Sakshaug, J., Tourangeau, R., Krosnick, J. A., Ackermann, A., Malka, A., DeBell, M., &

Turakhia, C. (2009). Dispositions and outcome rates in the 'Face-to-Face Recruited Internet Survey Platform' (the FFRISP). Paper presented at the 64th Annual Conference of the American Association for Public Opinion Research, Hollywood, FL, May.

Sakshaug, J., Yan, T., & Tourangeau, R. (2010). Nonresponse error, measurement error, and mode of data collection: Tradeoffs in a multi-mode survey. *Public Opinion Quarterly, 74,* 907-933.

Schegloff, E. A. (1982). Discourse as an interactional achievement: Some uses of "uh huh" and other things that come between sentences. In D. Tannen (Ed.). *Georgetown University Roundtable on Languages and Linguistics 1981*: *Analyzing Discourse*: *Text and Talk* (pp. 71-93). Washington, D. C.: Georgetown University Press.

Scherpenzeel, A., & Das, M. (2011). "True" Longitudinal and Probability-Based Internet Panels: Evidence from the Netherlands. In M. Das, P. Ester, & L. Kaczmirek (Eds.). *Social Research and the Internet* (pp. 77-104). New York: Taylor and Francis.

Schneider, S. J., Cantor, D., Malakhoff, L., Arieira, C., Segal, P., Nguyen, K.-L., & Tancreto, J. G. (2005). Telephone, Internet, and paper data collection modes for the Census 2000 short form. *Journal of Official Statistics, 21,* 89-101.

Schober, M. F., & Conrad, F. G. (1997). Does conversational interviewing reduce survey measurement error? *Public Opinion Quarterly, 61,* 576-602.

Schober, M. F., Conrad, F. G., & Fricker, S. S. (2004). Misunderstanding standardized language in research interviews. *Applied Cognitive Psychology, 18,* 169-188.

Schonlau, M., van Soest, A., & Kapteyn, A. (2007). Are 'Webographic' or attitudinal questions useful for adjusting estimates from Web surveys using propensity scoring? *Survey Research Methods, 1,* 155-163.

Schonlau, M., van Soest, A., Kapteyn, A., & Couper, M. P. (2009). Selection bias in web surveys and the use of propensity scores. *Sociological Methods and Research, 37,* 291-318.

Schonlau, M., Zapert, K., Simon, L. P., Sanstad, K. H., Marcus, S. M., Adams, J., Spranca, M., Kan, H., Turner, R., & Berry, S. H. (2004). A comparison between responses from a propensity-weighted web survey and an identical RDD survey. *Social Science Computer Review, 22,* 128-138.

Schriver, K. A. (1997). *Dynamics of Document Design*. New York: John Wiley.

Schuman, H., & Presser, S. (1981). *Questions and Answers in Attitude Surveys*. New York: Academic Press.

Schwartz, B. (2000). *The Paradox of Choice*: *Why More is Less*. New York: Harper Collins.

Schwarz, N. (1996). *Cognition and Communication*: *Judgmental Biases, Research Methods, and the Logic of Conversation*. Mahwah, NJ: Lawrence Erlbaum.

Schwarz, N., Grayson, C. E., & Knäuper, B. (1998). Formal features of rating scales and the interpretation of question meaning. *International Journal of Public Opinion Research, 10,* 177-183.

Schwarz, N., & Hippler, H.-J. (1987). What response scales may tell your respondents: Information functions of response alternatives. In H.-J. Hippler, N. Schwarz, & S. Sudman (Eds.). *Social Information Processing and Survey Methodology* (pp. 163-178).

New York: Springer-Verlag.
Schwarz, N., Knäuper, B., Hippler, H.-J., Noelle-Neumann, E., & Clark, F. (1991). Rating scales: Numeric values may change the meaning of scale labels. *Public Opinion Quarterly, 55,* 618-630.
Scott, J., & Barrett, D. (1996). *1995 National Census Test: Image optimization test final report.* Washington, D. C.: U. S. Census Bureau, unpublished report.
Shih, T.-H., & Fan, X. (2008). Comparing response rates from Web and mail surveys: A meta-analysis. *Field Methods, 20,* 249-271.
Short, J., Williams, E., & Christie, B. (1976). *The Social Psychology of Telecommunications.* London, England: John Wiley.
Simon, H. A. (1956). Rational choice and the structure of the environment. *Psychological Review, 63,* 129-138.
Singer, E. (2002). The use of incentives to reduce nonresponse in household surveys. In R. M. Groves, D. A. Dillman, J. L. Eltinge, & R. J. A. Little (Eds.). *Survey Nonresponse* (pp. 163-177). New York: John Wiley.
Singer, E., Van Hoewyk, J., & Gebler, N. (1999). The effect of incentives on response rates in interviewer-mediated surveys. *Journal of Official Statistics, 15,* 217-230.
Singer, E., Van Hoewyk, J., & Maher, M. P. (2000). Experiments with incentives in telephone surveys. *Public Opinion Quarterly, 64,* 171-188.
Smith, R. M., & Kiniorski, K. (2003). Participation in online surveys: Results from a series of experiments. Paper presented at the Annual Conference of the American Association for Public Opinion Research, Nashville, TN, May.
Smith, T. W. (1995). Little things matter: A sampler of how differences in questionnaire format can affect survey responses. In *Proceedings of the American Statistical Association, Survey Research Methods Section* (pp. 1046-1051). Alexandria, VA: American Statistical Association.
Smith, T. W. (2003). An experimental comparison of Knowledge Networks and the GSS. *International Journal of Public Opinion Research, 15,* 167-179.
Smyth, J. D., Dillman, D. A., Christian, L. M., & McBride, M. (2009). Open-ended questions in Web surveys: Can increasing the size of answer boxes and providing verbal instructions improve response quality. *Public Opinion Quarterly, 73,* 325-337.
Smyth, J. D., Dillman, D. A., Christian, L. M., & O'Neill, A. C. (2010). Using the Internet to survey small towns and communities: Limitations and possibilities in the early 21st century. *American Behavioral Scientist,* 53(9): 1423-1448.
Song, H., & Schwarz, N. (2008a). If it's hard to read, it's hard to do: Processing fluency effort prediction and motivation. *Psychological Science, 19,* 986-988.
Song, H., & Schwarz, N. (2008b). Fluency and the detection of misleading questions: Low processing fluency attenuates the Moses illusion. *Social Cognition, 26,* 791-799.
Spiekermann, E., & Ginger, E. M. (2003). *Stop Stealing Sheep and Find out How Type Works* (2nd ed.). Berkeley, CA: Adobe Press.
Sproull, L., Subramani, R., Kiesler, S., Walker, J. H., & Waters, K. (1996). When the interface is a face. *Human-Computer Interaction, 11,* 97-124.
Stenbjerre, M., & Laugesen, J. M. (2005). Conducting representative online research: A

summary of five years of learnings. Paper presented at ESOMAR Worldwide Panel Research Conference, Budapest, April 17-19.

Stern, M. J. (2008). The use of client-side paradata in analyzing the effects of visual layout on changing responses in web surveys. *Field Methods, 20*, 377-398.

Strabac, Z., & Aalberg, T. (2011). Measuring political knowledge in telephone and Web surveys: A cross-national comparison. *Social Science Computer Review, 29*, 175-192.

Sudman, S., Bradburn, N., & Schwarz, N. (1996). *Thinking about Answers: The Application of Cognitive Processes to Survey Methodology*. San Francisco: Jossey-Bass.

Suessbrick, A., Schober, M. F., & Conrad, F. G. (2000). Different respondents interpret ordinary questions quite differently. In *Proceedings of the American Statistical Association, Survey Research Methods Section* (pp. 907-912). Alexandria, VA: American Statistical Association.

Szoc, R. Z., Thomas, R. K., & Barlas, F. M. (2010). Making it all add up: A comparison of constant sum tasks on self-reported behavior. Paper presented at the 65th Annual Conference of AAPOR, Chicago, IL.

Taylor, H., Bremer, J., Overmeyer, C., Siegel, J. W., & Terhanian, G. (2001). The record of Internet-based opinion polls in predicting the results of 72 races in the November 2007 US elections. *International Journal of Market Research, 43*, 127-135.

Thomas, R. (2010). Visual effects: A comparison of visual analog scales in models predicting behavior. Paper presented at the 65th Annual Conference of the American Association for Public Opinion Research, Chicago, IL.

Thornberry, O., & Massey, J. (1988). Trends in United States telephone coverage across time and subgroups. In R. Groves, P. Biemer, L. Lyberg, J. Massey, W. Nicholls, & J. Waksberg (Eds.). *Telephone Survey Methodology* (pp. 41-54). New York: John Wiley.

Toepoel, V., Das, M., & van Soest, A. (2008). Effects of design in Web surveys: Comparing trained and fresh respondents. *Public Opinion Quarterly, 72*, 985-1007.

Toepoel, V., Das, M., & van Soest, A. (2009a). Design of Web questionnaires: The effect of layout in rating scales. *Journal of Official Statistics, 25*, 509-528.

Toepoel, V., Das, M., & van Soest, A. (2009b). Design of Web questionnaires: The effects of the number of items per screen. *Field Methods, 21*, 200-213.

Toepoel, V., Das, M., & van Soest, A. (2009c). Relating question type to panel conditioning: Comparing trained and fresh respondents. *Survey Research Methods, 3*, 73-80.

Toepoel, V., & Dillman, D. A. (2008). *Words, Numbers, and Visual Heuristics in Web Survey: Is There a Hierarchy of Importance?* Unpublished paper. Tilburg University.

Tourangeau, R. (2007). Incentives, falling response rates, and the respondent-researcher relationship. *Proceedings of the Ninth Conference on Health Survey Research Methods* (pp. 244-253). Hyattsville, MD: National Center for Health Statistics.

Tourangeau, R., Conrad, F., Arens, Z., Fricker, S., Lee, S., & Smith, E. (2006). Everyday concepts and classification errors: Judgments of disability and residence. *Journal of Official Statistics, 22*, 385-418.

Tourangeau, R., Conrad, F. G., Couper, M. P., & Ye, C. (2011). The effects of providing examples in survey questions. Unpublished manuscript.

Tourangeau, R., Couper, M. P., & Conrad, F. G. (2004). Spacing, position, and order:

Interpretive heuristics for visual features of survey questions. *Public Opinion Quarterly, 68,* 368-393.

Tourangeau, R., Couper, M. P., & Conrad, F. G. (2007). Color, labels and interpretive heuristics for response scales. *Public Opinion Quarterly, 71,* 91-112.

Tourangeau, R., Couper, M. P., & Conrad, F. G (2013). "Up means good": The effect of screen position on evaluative ratings in Web surveys. *Public Opinion Quarterly, 77,* 69-88.

Tourangeau, R., Couper, M. P. & Galešic, M. (2005). Use of eye-tracking for studying survey responses processes. Paper presented at the ESF Workshop, Dubrovnik, Croatia, September.

Tourangeau, R., Couper, M. P., & Steiger, D. M. (2003). Humanizing self-administered surveys: Experiments on social presence in Web and IVR surveys. *Computers in Human Behavior, 19,* 1-24.

Tourangeau, R., Groves, R. M., Kennedy, C., & Yan, T. (2009). The presentation of a Web survey, nonresponse, and measurement error among members of Web panel. *Journal of Official Statistics, 25,* 299-321.

Tourangeau, R., Groves, R. M., & Redline, C. D. (2010). Sensitive topics and reluctant respondents: Demonstrating a link between nonresponse bias and measurement error. *Public Opinion Quarterly, 74,* 413-432.

Tourangeau, R., & Rasinski, K. A. (1988). Cognitive processes underlying context effects in attitude measurement. *Psychological Bulletin, 103,* 299-314.

Tourangeau, R., Rasinski, K., Jobe, J., Smith, T., & Pratt, W. (1997). Sources of error in a survey of sexual behavior. *Journal of Official Statistics, 13,* 341-365.

Tourangeau, R., Rips, L. J., & Rasinski, K. (2000). *The Psychology of Survey Response.* New York: Cambridge University Press.

Tourangeau, R., & Smith, T. W. (1996). Asking sensitive questions: The impact of data collection mode, question format, and question context. *Public Opinion Quarterly, 60,* 275-304.

Tourangeau, R., Steiger, D. M., & Wilson, D. (2002). Self-administered questions by telephone: Evaluating interactive voice response. *Public Opinion Quarterly, 66,* 265-278.

Tourangeau, R., & Yan, T. (2007). Sensitive questions in surveys. *Psychological Bulletin, 133,* 859-883.

Tourkin, S., Parmer, R., Cox, S., & Zukerberg, A. (2005). (Inter) net gain? Experiments to increase response. Paper presented at the annual meeting of the American Association for Public Opinion Research, Miami Beach, FL, May.

Trouteaud, A. R. (2004). How you ask counts: A test of Internet-related components of response rates to a Web-based survey. *Social Science Computer Review, 22,* 385-392.

Tuten, T. L., Bosnjak, M., & Bandilla, W. (2000). Banner-advertised Web surveys. *Marketing Research, 11,* 17-21.

Tuten, T. L., Galešic, M., & Bosnjak, M. (2004). Effects of immediate versus delayed notification of prize draw results on response behavior in Web surveys: An experiment. *Social Science Computer Review, 22,* 377-384.

Vehovar, V., Lozar Manfreda, K., & Batagelj, Z. (1999). Design issues in WWW surveys. Paper presented at the 54th Annual Conference of the American Association for Public Opinion Research, Portland, OR, May.

Vonk, T., van Ossenbruggen, R., & Willems, P. (2006). The effects of panel recruitment and management on research results: A study across 19 panels. *Proceedings of ESOMAR World Research Conference, Panel Research 2006*, Barcelona, Spain, pp. 79-99 [CD].

Ware, C. (2004). *Information Visualization: Perception for Design* (2nd ed.). Burlington MA: Morgan Kaufmann.

Werner, P. (2005). *On the Cost-efficiency of Probability Sampling Based Mail Surveys with a Web Response Option*. Department of Mathematics, Linköping University, Sweden: Ph. D. dissertation.

White, J. V. (1990). *Color for the Electronic Age*. New York: Watson-Guptill.

Wolfe, E. W., Converse, P. D., Airen, O., & Bodenhorn, N. (2009). Unit and item nonresponses and ancillary information in Web- and paper-based questionnaires administered to school counselors. *Measurement and Evaluation in Counseling and Development, 42*, 92-103.

Wroblewski, L. (2008). *Web Form Design: Filling in the Blanks*. Brooklyn, NY: Rosenfeld Media.

Yan, T. (2005). *Gricean Effects in Self-administered Surveys*. College Park, MD: University of Maryland, unpublished doctoral dissertation.

Yan, T., Conrad, F. G., Tourangeau, R., & Couper, M. P. (2011). Should I stay or should I go: The effects of progress feedback, promised task duration, and length of questionnaire on completing web surveys. *International Journal of Public Opinion Research, 23*, 131-147.

Ye, C., Fulton, J., & Tourangeau, R. (2011). More positive or more extreme? A meta-analysis of mode differences in response choice. *Public Opinion Quarterly, 75*, 349-365.

Yeager, D. S., Krosnick, J. A., Chang, L., Javitz, H. S., Levendusky, M. S., Simpser, A., & Wang, R. (2011). Comparing the accuracy of RDD telephone surveys and Internet surveys conducted with probability and non-probability samples. *Public Opinion Quarterly, 75*, 709-747.

Yoshimura, O. (2004). Adjusting responses in a non-probability Web panel survey by the propensity score weighting. In *Proceedings of the Survey Research Methods Section* (pp. 4660-4665). Alexandria, VA: American Statistical Association.

Zhang, C., & Conrad, F. G. (2018). Intervening to reduce satisficing behaviors in web surveys: Evidence from two experiments on how it works. *Social Science Computer Review, 36*(1): 57-81.

日本語版付録

補章：日本におけるインターネットによる世論調査，統計調査の現況
用　語　集
国　内　文　献
海　外　文　献
関連する学会および機関の一覧

補章：日本におけるインターネットによる世論調査，統計調査の現況

〔井田潤治〕

　日本国内でも，面接調査，電話調査，郵送調査いずれの調査方式も質の高いデータを得るうえで多くの課題や困難がある中，情報通信の技術革新により急速に社会に普及したインターネットが，調査の手段として利用されるようになってきている．ここでは国内の世論調査，統計調査の手段としてのインターネットの現況について，はじめに一般個人，企業・法人のインターネット利用状況，次に一般個人対象の世論調査の調査方式と実施主体の現況，主な実施主体である地方自治体，政府，大学・マスメディアによる調査について述べる．マーケティング・リサーチの分野では今日，オンライン・パネルが広く用いられている．日本マーケティング・リサーチ協会が会員社を対象に行う「経営業務実態調査」の結果によれば，調査会社のアドホック調査における調査手法別の売上構成比で訪問面接・留置，郵送，電話の比率は低下傾向で，イ

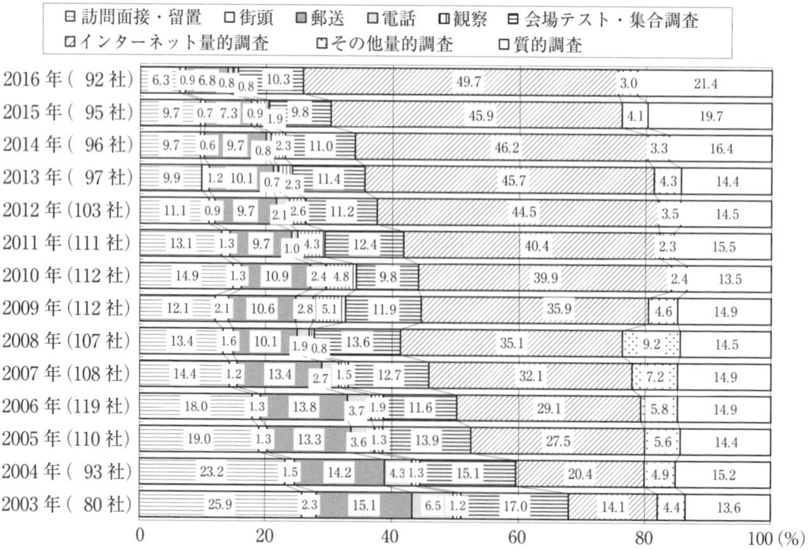

年 (社数)	訪問面接・留置	街頭	郵送	電話	観察	会場テスト・集合調査	インターネット量的調査	その他量的調査	質的調査
2016年(92社)	6.3	0.9	6.8	0.8	0.8	10.3	49.7	3.0	21.4
2015年(95社)	9.7	0.7	7.3	0.9	1.9	9.8	45.9	4.1	19.7
2014年(96社)	9.7	0.6	9.7	0.8	2.3	11.0	46.2	3.3	16.4
2013年(97社)	9.9	1.2	10.1	0.7	2.3	11.4	45.7	4.3	14.4
2012年(103社)	11.1	0.9	9.7	2.1	2.6	11.2	44.5	3.5	14.5
2011年(111社)	13.1	1.5	9.7	1.0	4.3	12.4	40.4	2.3	15.5
2010年(112社)	14.9	1.3	10.9	2.4	4.8	9.8	39.9	2.4	13.5
2009年(112社)	12.1	2.1	10.6	2.8	5.1	11.9	35.9	4.6	14.9
2008年(107社)	13.4	1.6	10.1	1.9	0.8	13.6	35.1	9.2	14.5
2007年(108社)	14.4	1.2	13.4	2.7	1.5	12.7	32.1	7.2	14.9
2006年(119社)	18.0	1.3	13.8	3.7	1.9	11.6	29.1	5.8	14.9
2005年(110社)	19.0	1.3	13.3	1.3	3.6	13.9	27.5	5.6	14.4
2004年(93社)	23.2	1.5	14.2	4.3	1.3	15.1	20.4	4.9	15.2
2003年(80社)	25.9		2.3	15.1	6.5	1.2	17.0	14.1	4.4	13.6

図1　調査手法別売上構成比（日本マーケティング・リサーチ協会「経営業務実態調査」）アドホック調査の内訳．縦軸の括弧内は回答社数．

ンターネット量的調査の占める割合が高まってきている（図1）．オンライン・パネルは利用が拡大する一方で，パネル登録者の回答頻度の低下などの課題が指摘（村上，2017）されているが，標本抽出理論にもとづいて行われる世論調査，統計調査以外の，オンライン・パネルに登録された回答者を対象とする調査については，ここでは言及しない．

I. 一般個人のインターネット利用状況

　固定電話，携帯電話の普及状況が，それらが調査の手段としてよく機能することと同等ではないように，調査の手段としてインターネットを考えるとき，重要なことは調査対象者がインターネットを利用可能であるかに加えて，その利用度合いである．インターネットを利用できる環境はあるが利用頻度の低い人に，データを収集する側の都合で「インターネットによる回答」を依頼しても，多くの場合，結局は協力してもらえず，データの質を落とす結果となるだろう．

　内閣府が毎年行う「国民生活に関する世論調査」では，インターネットの利用について 2016 年まで続けて質問している（表1）．2016年7月調査の結果によれば，「ほぼ毎日利用」（45.9%）と「たまに利用」（12.5%）をあわせた利用者は成人の58.4%で，「ほとんど・全く利用していない」が 41.4% である．「国民生活に関する世論調査」は訪問面接法で実施され，インターネット利用率の高い男女 20 代，男性 30〜40 代の回答率はほかの年代と比べて低く，単純集計結果の表1は，年代別の回答率の差の影

表1 インターネットの利用頻度（内閣府「国民生活に関する世論調査」）
〔質問文〕あなたは，日常，仕事・私的利用を問わずホームページ（Web（ウェブ））の閲覧や電子メール送受信など，インターネットを利用しますか．

| 調査実施年月 | 回収標本の大きさ(n) | ア）+イ）比率 | ← 利用者 → | | ウ）ほとんど利用していない | エ）全く利用していない | わからない |
			ア）ほぼ毎日利用している(%)	イ）たまに利用している(%)			
2016年7月	6,281	58.4%	45.9	12.5	3.0	38.4	0.3
2015年6月	5,839	60.8%	47.4	13.4	3.8	35.0	0.4
2014年6月	6,254	58.9%	43.2	15.7	4.2	36.5	0.3
2013年6月	6,075	54.0%	38.7	15.3	3.7	42.0	0.3
2012年6月	6,351	55.4%	40.1	15.3	4.5	39.9	0.2
2011年10月	6,212	(1)50.4%	(1)34.5	(1)15.9	(1)3.7	(1)45.2	(1)0.7
		(2)51.2%	(2)39.2	(2)12.0	(2)5.3	(2)42.8	(2)0.6
2010年6月	6,357	(1)47.5%	(1)32.6	(1)14.9	(1)4.2	(1)47.5	(1)0.8
		(2)48.8%	(2)37.3	(2)11.5	(2)5.8	(2)44.7	(2)0.8

注：2010, 2011 年は（1）パソコンなど固定端末，（2）携帯電話など移動端末．

響を受けていると思われる．この項目の年代別の結果は公表されていないが，2018年9月実施の内閣府「インターネットの安全・安心に関する世論調査」では，インターネットの利用頻度をきく質問文ではないものの，インターネット非利用者は27.9%という全体の結果と，性・年代別の結果が公表されている（表2）．この「インターネットの安全・安心に関する世論調査」の結果に対して，2018年1月現在の住民基本台帳年齢階級別人口の比率にもとづき，人口統計学的変数の性別・年代を用いて事後層化法により，加重調整を行ったところ，全体の割合は「インターネットは利用していない」が25.5%となった．高齢者の比率が高い日本では，18歳以上の全体でみると，2018年では約2割5分がインターネットは利用していない，という回答となる．表1「国民生活に関する世論調査」でのインターネットの非利用率と表2「インターネットの

表2 インターネットを安全・安心に利用するための対策（内閣府「インターネットの安全・安心に関する世論調査」2018年9月調査実施）

〔調査対象者に示す説明資料〕「インターネットの利用」とは，パソコン，スマートフォン，携帯電話，タブレットなどの機器を使い，ホームページ・ブログの閲覧，電子メールの送受信，インターネットショッピング，動画共有サイトの閲覧などをすることです．スマートフォン用のアプリを使って情報をやりとりする場合や，エアコンなどの家電製品を外出先から操作する場合も，これにあたります．
〔質問文〕あなたは，インターネットを安全・安心に利用するために，何らかの対策を行っていますか．

	回収標本の大きさ (n)	アイウエ (小計) (%)	ア) 行っている (%)	イ) 行っているが，十分かどうかわからない (%)	ウ) 行いたいが，できていない (%)	エ) 行っていない (%)	オ) インターネットは利用していない (%) 非利用者	わからない (%)
総数	1,666	70.0	19.7	33.4	6.1	10.8	27.9	2.1
男性	769	75.0	23.0	34.3	5.3	12.4	23.5	1.4
18～29歳	86	96.5	15.1	52.3	12.8	16.3	3.5	-
30～39歳	100	98.0	24.0	54.0	12.0	8.0	1.0	1.0
40～49歳	131	95.4	32.1	44.3	3.8	15.3	4.6	-
50～59歳	106	90.6	29.2	39.6	7.5	14.2	8.5	0.9
60～69歳	147	73.5	32.7	26.5	2.7	11.6	25.2	1.4
70歳以上	199	33.7	9.5	13.1	0.5	10.6	62.8	3.5
女性	897	65.7	16.8	32.7	6.7	9.5	31.7	2.7
18～29歳	88	96.6	15.9	38.6	14.8	27.3	2.3	1.1
30～39歳	107	97.2	16.8	52.3	11.2	16.8	2.8	-
40～49歳	152	96.7	23.7	61.8	5.9	5.3	2.6	0.7
50～59歳	150	86.0	26.7	44.0	8.7	6.7	12.7	1.3
60～69歳	168	48.8	14.3	21.4	5.4	7.7	47.0	4.2
70歳以上	232	18.1	8.2	3.0	1.7	5.2	76.3	5.6
加重調整後	1,666	72.6	19.9	34.8	6.5	11.4	25.5	1.9

安全・安心に関する世論調査」のインターネット非利用率の差は，質問文のちがい，約2年の調査時期のちがい，2018年の実施結果である表2は18〜19歳を調査対象に含むことなどによるものと思われる．スマートフォンが急速に普及した2010〜2016年の6年間に表1では，利用者比率は50%弱から58.4%への増加で，急増というほどではなく，今後のインターネット利用率の伸びはゆるやかな増加と予想される．インターネットを利用可能な機器をもつ，あるいは利用可能な環境にある人びとの比率の高さと，利用されること，調査の手段として機能することとは別である．一般個人対象調査の手段として，インターネットが郵送，電話，世帯訪問による調査方式に単独で置き換わることは，まだ難しいだろう．

II. 企業・法人のインターネット利用状況

「平成28年経済センサス活動調査」の企業等に関する集計結果によれば，日本の会社企業，個人経営の事業所，会社以外の法人（社団・財団法人，学校法人，医療法人，社会福祉法人など）の総数は約385万6000で，国内従業者数は約5521万人である（表3）．常用雇用者100人以上の企業等は全体の1.5%で，従業者数では全体の54%を占める．

全国の常用雇用者規模100人以上の企業を対象とする総務省「通信利用動向調査」の2010〜2017年度の結果では，インターネットを利用する企業の比率は98〜99%台が続いている．常用雇用者100人以上の企業には，全体に普及している（表4）．

一方，個人経営の企業数は全国に約197万9000，従業者数は約568万2000人で，企業等の全体の51.3%，従業者数では全体の10.3%である（表3）．

総務省「個人企業経済調査」は，全国の個人経営の事業所のうち，製造業，卸売業・小売業，宿泊業・飲食サービス業，サービス業の約4000事業所を対象としている．これら調査対象4業種の個人企業数は，個人企業全体の約60%を占める．4業

表3 経営組織・常用雇用者規模別の企業数と従業者数（総務省・経済産業省「平成28年経済センサス活動調査」）

	総数				個人経営		会社企業		会社以外の法人	
	企業等数	比率 (%)	国内従業者数	比率 (%)	企業等数	国内従業者数	企業等数	国内従業者数	企業等数	国内従業者数
総　数	3,856,457	100.0	55,210,357	100.0	1,979,019	5,681,972	1,629,286	41,350,303	248,152	8,178,082
常用雇用者										
0〜4人	2,853,123	74.0	7,344,497	13.3	1,805,934	3,874,700	915,963	3,076,021	131,226	393,776
5〜9人	448,946	11.6	3,787,435	6.9	124,469	959,104	284,990	2,470,193	39,487	358,138
10〜29人	357,828	9.3	6,681,867	12.1	46,236	728,209	269,663	5,139,777	41,929	813,881
30〜99人	137,023	3.6	7,561,868	13.7	2,268	99,360	112,515	6,193,878	22,240	1,268,630
100〜299人	41,474	1.1	7,110,217	12.9	100	16,261	32,069	5,471,098	9,305	1,622,858
300〜999人	13,680	0.4	7,171,034	13.0	11	4,337	10,392	5,488,075	3,277	1,678,622
1,000〜4,999人	3,762	0.1	7,528,738	13.6	1	1	3,150	6,384,697	611	1,144,040
5,000人以上	621	0.0	8,024,701	14.5	—	—	544	7,126,564	77	898,137

表4 企業のインターネット利用率(総務省「通信利用動向調査」)

2010年末 ($n=2,119$)	2011年末 ($n=1,905$)	2012年末 ($n=2,086$)	2013年末 ($n=2,216$)	2014年末 ($n=2,136$)	2015年末 ($n=1,845$)	2016年9月末 ($n=2,032$)	2017年9月末 ($n=2,592$)
98.8%	98.8%	99.1%	97.8%	98.7%	99.9%	99.5%	99.5%

表5 個人企業の事業におけるパソコン使用・インターネット接続の有無(総務省「個人企業経済調査」)

		パソコンを事業で使用している		パソコンを事業で使用していない(%)			パソコンを事業で使用している		パソコンを事業で使用していない(%)
		インターネットに接続している(%)	インターネットに接続していない(%)				インターネットに接続している(%)	インターネットに接続していない(%)	
製造業	2017年	35.8	3.6	60.6	卸売業・小売業	2017年	40.6	3.5	55.9
	2016年	33.9	3.5	62.6		2016年	41.5	3.3	55.2
	2015年	35.4	5.6	59.0		2015年	41.7	3.9	54.4
	2014年	30.9	4.8	64.3		2014年	39.5	4.1	56.4
	2013年	34.3	5.1	60.1		2013年	38.3	3.9	57.8
	2012年	31.7	4.2	64.1		2012年	36.7	4.0	58.7
	2011年	29.1	3.0	67.8		2011年	34.1	4.0	61.9
宿泊業・飲食サービス業	2017年	23.7	3.5	72.2	サービス業	2017年	23.7	2.3	73.7
	2016年	17.5	2.5	79.9		2016年	21.6	2.9	75.4
	2015年	18.8	2.8	78.4		2015年	22.5	1.5	75.9
	2014年	18.4	1.7	79.7		2014年	22.1	3.1	74.4
	2013年	17.5	1.0	81.1		2013年	19.4	2.7	77.5
	2012年	19.0	1.8	79.2		2012年	22.6	3.1	73.9
	2011年	17.2	2.8	79.7		2011年	19.9	3.1	76.5

種のパソコン・インターネット利用率は表5のとおりで,インターネットの利用率は,2017年に製造業で35.8%,卸売業・小売業で40.6%,宿泊業・飲食サービス業23.7%,サービス業23.7%となっている.製造業と卸売業・小売業では利用率が増加傾向だが,宿泊業・飲食サービス業とサービス業では2011〜2017年の間,利用率は20%程度にとどまっている.常用雇用者4人以下が90%以上を占める個人経営の企業でのインターネット利用率は,100人以上の企業とは大きく異なっている.零細な企業・事業所では,業種によっては,今後経営者の世代交代が進んだ後も,事業にインターネットを利用しないところが一定数は残るだろう.

III. 世論調査の調査方式と実施主体

インターネットを用いた調査の実態を網羅的に示す公的な資料はなく,既存の調査結果などを手がかりに調べることになる.内閣府政府広報室では,国内の世論調査の現況を把握するために,毎年「全国世論調査の現況」調査を実施している.調査対象

は政府機関，地方自治体，大学，新聞社・放送局，一般企業・団体など，千数百機関である（表6）．報告の対象は，「インターネット調査およびあらかじめ登録されたモニターに対する調査を除く」とされ，ここではオンライン・パネルを用いた調査は報告の対象外である．しかし，報告される調査の一部に，郵送などの補完的な方法と

表6 「全国世論調査の現況」調査（内閣府政府広報室）

調査目的	我が国の世論調査の現況を把握し，一般の利用に供する
調査周期	年1回実施
調査方法	郵送法
調査対象 (2018年版)	1. 政府機関及び政府関係機関　　　　　　　　　　　107 2. 都道府県・同教育委員会・同選挙管理委員会等　　47 3. 市・同教育委員会・同選挙管理委員会等　　　　814 4. 大学　　　　　　　　　　　　　　　　　　　　149 5. 新聞社・通信社・放送局　　　　　　　　　　　113 6. 一般企業・団体・専門・広告業※　　　66（計1296機関）
対象範囲	1. 調査主体として企画，実施したものであること 2. 個人を対象とする調査であること 3. 調査対象者の範囲が明確に定義されていること 4. 意識に関する調査であること 5. 標本数500以上，質問数10問以上（属性質問も数える），調査票を用いていること 　（電話調査も可．インターネット調査及びあらかじめ登録されたモニターに対する調査は除く）

※　一般企業は従業員5000人以上，団体・専門・広告業は原則JAPOR及びJMRA会員社．

表7 世論調査の調査方式別件数（内閣府「全国世論調査の現況」）

	総数			政府機関・ 政府関係機関			都道府県 および市			大学・ マスメディア		
	2015 年度	2016 年度	2017 年度	2015 年度	2016 年度	2017 年度	2015 年度	2016 年度	2017 年度	2015 年度	2016 年度	2017 年度
総　数	1,901	2,050	1,772	40	37	33	1,612	1,835	1,480	213	159	240
（うちインターネット併用）	(62)	(79)	(101)	(1)	(3)	(3)	(55)	(66)	(86)	(2)	(6)	(9)
個別面接聴取法	82	89	71	19	13	15	31	48	33	21	22	20
訪問留置法	53	53	24	5	3	2	34	38	12	8	7	6
（うちインターネット併用）	(—)	(1)	(1)	(—)	(—)	(—)	(—)	(1)	(1)	(—)	(—)	(—)
郵送法	1,353	1,534	1,235	8	11	9	1,301	1,489	1,193	38	28	25
（うちインターネット併用）	(57)	(73)	(86)	(1)	(3)	(3)	(52)	(63)	(78)	(—)	(3)	(2)
その他個別記入法	159	134	123	2	4	3	120	108	90	34	22	30
（うちインターネット併用）	(5)	(5)	(14)	(—)	(—)	(—)	(3)	(2)	(7)	(2)	(3)	(7)
電話法	76	49	125	2	1	1	1	—	—	68	46	122
集団記入法	108	67	74	4	2	1	65	40	43	37	25	29
2つ以上併用，その他	70	124	120	—	3	2	60	112	109	7	9	8

してインターネットで回収された回答を含むものが2013年頃から出始め，2015年度分の調査では「インターネットによる回答の可否」が調査項目に加わった．2016年度インターネットで回答可能だったのは，報告された調査全体2050件のうち79件（3.9％）で，内訳は郵送法1534件のうち73件，個別記入法134件のうち5件，訪問留置法53件のうち1件であった（表7）．2017年度インターネットで回答可能だったのは，全体1772件のうち101件（5.7％）で，郵送法で1235件のうち86件と増加し，個別記入法は123件のうち14件，訪問留置法は24件のうち1件であった．

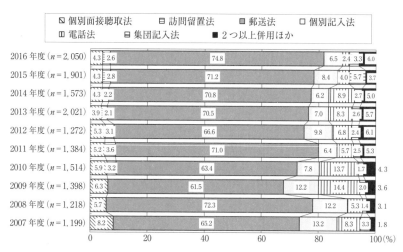

図2 世論調査の調査方式（内閣府政府広報室「全国世論調査の現況」）

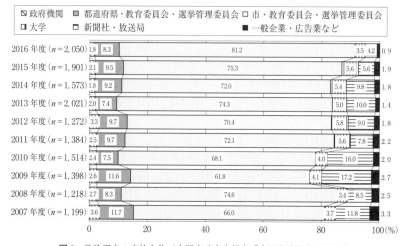

図3 世論調査の実施主体（内閣府政府広報室「全国世論調査の現況」）

「全国世論調査の現況」調査の結果によると，2007～2016年度に用いられた調査方式は，郵送法が60～75%を占め，面接法・訪問留置法が10%以下である（図2）．表6のように，各機関に調査票1部を郵送して回答を依頼するため，規模の大きな大学と企業での把握もれが予想され，官公庁の回答が調査結果により強く反映されていると思われるが，実施主体は地方自治体の比率が高い（図3）．都道府県・市など地方自治体が各年度の報告件数の70～80%以上を占め，新聞社・放送局が10%程度，大学と政府機関がそれぞれ数%である．以下，これらの実施主体別に調査でのインターネットの利用傾向を調べる．

IV. 地方自治体の調査とインターネット

(1) 都道府県政・市政世論調査

地方自治体の主要な世論調査である，都道府県政世論調査，政令指定都市の市政世論調査，東京23区の区政世論調査の調査方式と回答率の推移を，各自治体の公開情報にもとづき2001～2018年の間，2～3年程度の間隔でみると，図4～9のようになっている．調査方式は，2000年代に入ってから訪問面接と留置（郵送留置）法が郵送法に置き換わってきている．近年2010年代後半では，都道府県政世論調査，政令市市政世論調査，23区区政世論調査は，郵送法が主流である．ただし2013年頃から，各種の行政手続がインターネットを通じてできる電子申請システムを世論調査の回答の回収に利用する自治体，調査の回答専用ウェブサイトを設ける自治体が一部に出てきた．それらの自治体では，電子申請システムやウェブでの回答用の識別番号などを調査票とともに郵送し，調査対象者が回答方法を選択できるようになっていて，回収票全体の1割程度をインターネット経由の回答が占めている．

県政・市政世論調査の回答率は，面接・留置法は横ばいからやや下降傾向，郵送法はおおむね横ばいである（図5, 7, 9）．訪問調査から郵送調査への変更が起こっている理由は，費用節減，調査対象者への訪問による接触が困難になってきたためと思わ

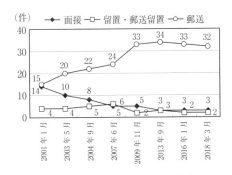

図4　都道府県政世論調査の調査方式

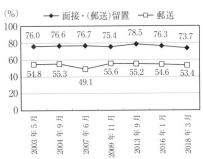

図5　都道府県政世論調査の回答率（平均）

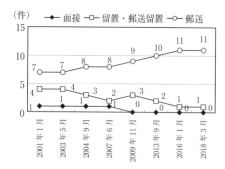

図6　12 政令市市政世論調査の調査方式
比較の便宜上，2003 年以降（さいたま市以降）の政令市を除く．

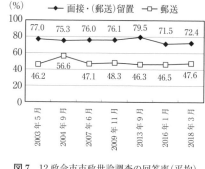

図7　12 政令市市政世論調査の回答率（平均）
比較の便宜上，2003 年以降（さいたま市以降）の政令市を除く．

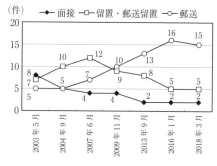

図8　23 区区政世論調査の調査方式

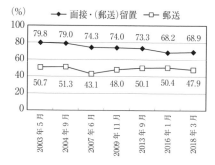

図9　23 区区政世論調査の回答率（平均）

れる．訪問から郵送へ調査方式の移行が進む県政・市政世論調査であるが，住民基本台帳または選挙人名簿，すなわち住所・氏名のリストを標本抽出枠とする限りは，調査依頼をインターネットで行うことにはならない．今後，回答の回収手段としてインターネットが利用されるようになるかについては，一部の自治体では電子申請を利用するなどして行われてはいるが，調査対象者の側からすれば，郵送された調査票で回答せずわざわざウェブサイトを使う動機は乏しい．郵送とウェブの併用は，2つの調査方式に対応する調査票作成とデータ処理が，コスト増加の要因となる．財政上も人的にも状況が厳しい中，郵送法の回収率はおおむね横ばいの現状である．すべての世帯がいずれかの方法で調査票を提出することが法で定められ，オンライン回答が導入された国勢調査と地方自治体の世論調査では，事情が異なる．インターネットを利用した回答方式は，補完的な手段として地方自治体では用いられることが予想される．

(2) 都道府県政・市政モニター調査

　地方自治体が住民の意見や要望を把握する方法として，無作為抽出で選んだ住民を

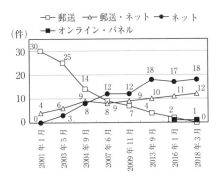
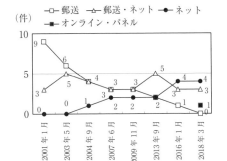

図10　都道府県政モニター対象の調査方式

図11　12政令市市政モニター対象の調査方式
比較の便宜上，2003年以降（さいたま市以降）の政令市を除く．

対象に行う標本調査のほかに，あらかじめ募集して登録した数百名程度のモニターの住民を対象にした調査が広く行われている．2001年時点から2018年までの間の，都道府県と政令指定都市での，都道府県政・市政モニターに対する調査方式の移り変わりは，図10，11のようになっている．2001年には，30道府県でモニターへの調査が郵送で行われていたが，2018年には「郵送」はなくなり，「郵送またはインターネット」や「ネット（インターネット）」のみに置き換わっている．この場合，モニター募集の段階から，インターネットを利用できることを登録の条件にする自治体が増え，その登録されたモニターを対象に調査を行うことから，インターネットの利点を生かすことがあらかじめ意図されている．住民基本台帳または選挙人名簿から住民の住所・氏名を標本抽出して得られる確率標本を用いて行う，都道府県政・市政世論調査と大きく異なる点である．なお近年，地方自治体が自ら登録モニターを管理・運営する方式に代え，都道府県政・市政モニターという名称ではないが，民間企業のオンライン・パネルを利用する自治体が一部にみられるようになってきている．

V. 政府の調査とインターネット

(1) 一般個人を対象とする調査

政府機関による一般個人を対象とする調査の一部には，「全国世論調査の現況」で報告されているものも含め，住民基本台帳などから標本抽出した調査対象者に郵送で調査への協力を依頼し，回答者が郵送またはウェブを選択して回答する場合，訪問留置が難しい調査対象者への補完的な方法としてウェブで回答を回収する場合がある．2018年の時点では，これらは全体からみれば，一部にとどまっている．1回限りの調査での，郵送とウェブの併用，訪問とウェブの併用は，調査票作成やデータ処理コストの点で不利なため，併用することによる回答率の相当の向上など，混合方式のメリッ

トがあるかどうかが今後の広がりに関係するだろう．

　地方自治体があらかじめインターネット利用者を県政・市政モニターとして登録し，調査対象者パネルとして活用する事例と同様に，調査対象がインターネット利用者であることがわかっている場合，既存のリストから調査対象者の電子メール・アドレスが把握されている場合など，郵送や電子メールで調査依頼し，ウェブで回答を回収する方法は，インターネットの利点を生かせることから，郵送法にとって代わりつつある．調査対象のほぼ全体がインターネット利用者である場合は，今後は郵送法からの転換が進むことが予想される．しかしこれらの具体的な実施件数，調査主体などの全体的な状況を把握することは，現時点では難しいと思われる．

(2) 公的統計調査

　2007年に全面改正された統計法にもとづいて策定された「公的統計の整備に関する基本的な計画」の2014年度を始期とする第II期基本計画では，正確で効率的な統計の作成を図るため，調査方式におけるオンライン調査の推進が明記された．2018年度からの第III期基本計画では，オンライン調査の利用率の向上，調査システムの利便性の向上など，引き続きオンライン調査の推進が掲げられている．

　政府は，「統計調査等業務の業務・システム最適化計画」（2006年3月31日各府省情報化統括責任者（CIO）連絡会議決定，2012年9月7日改定）の中で「統計調査のオンライン化」を掲げ，「郵送調査にあっては原則すべて，調査員調査にあっては調査対象者の特性，円滑な事務の遂行及び費用対効果の観点からオンライン化がなじまないものを除き，各統計調査の実施周期に応じて，現行の調査方式と併用又は代替が可能なオンライン調査を順次導入するものとする」としている．オンライン（インターネット）での回答の推進は，回答者の利便性向上，業務の効率化，記入精度の向上などのためである．基幹統計調査のオンラインによる回答状況は，「2016年度統計調査等業務の業務・システム最適化実施評価報告書」によると，文部科学省が学校を対象に行う調査，厚生労働省が行う人口動態調査では，すでにオンライン回答率が90%以上と高いが，総務省が行う世帯対象の調査（就業構造基本調査，全国消費実態調査，社会生活基本調査）では10%程度である（表8）．しかし世帯を対象とする調査でもオンラインによる回答が推進され，2010年国勢調査では，東京都がインターネットによる回答提出のモデル地域となり，8.3%，約53万世帯がインターネット経由で回答した．2015年国勢調査では，対象範囲を拡げ，全国でインターネットによる回答の回収が実施され，36.9%，約1972万世帯がインターネット経由で回答した．世帯を対象とする公的統計調査でも，今後インターネットでの回答の普及が図られるであろう．

　「統計調査等業務の業務・システム最適化計画」では，「統計調査のオンライン化」とともに「外部資源の活用」を掲げ，可能な業務は民間事業者への外部委託を進めることとしている．日本マーケティング・リサーチ協会の公的統計基盤整備委員会では，

V. 政府の調査とインターネット

表8 基幹統計調査のオンラインによる回答状況

省庁 (計51件)	調査名	報告者	周期	調査客体数	オンライン 回答客体数	オンライン 回答率
総務省(13)	国勢調査	世帯	5年	2015年度 53,403,226	2015年度 19,722,062	2015年度 36.9%
	経済センサス基礎調査	事業所・企業	5年	2014年度 4,480,753	2014年度 247,450	2014年度 5.5%
	住宅・土地統計調査	住戸・世帯	5年	2013年度 3,496,560	2013年度 234,640	2013年度 6.7%
	労働力調査	世帯	月	40,000	—	—
	小売物価統計調査	事業所	月	564	564	100.0%
	家計調査	世帯	月	9,000	—	—
	個人企業経済調査	事業所	年・4半期	4,000	—	—
	科学技術研究調査	事業所・企業	年	15,798	6,114	38.7%
	地方公務員給与実態調査	地方公務員	5年	2013年度 115	2013年度 115	2013年度 100.0%
	就業構造基本調査	世帯	5年	2012年度 956,564	2012年度 14,721	2012年度 4.2%
	全国消費実態調査	世帯	5年	2014年度 56,352	2014年度 3,100	2014年度 5.5%
	社会生活基本調査	世帯	5年	194,960	19,856	10.2%
総務省・ 経済産業省	経済センサス活動調査	事業所・企業	5年	3,856,000	—	—
財務省(1)	法人企業統計調査	企業	半年・ 4半期	126,299	29,829	23.6%
国税庁(1)	民間給与実態統計調査	事業所	年	21,330	3,739	17.5%
文部科学省 (4)	学校基本調査	学校・教育委員会	年	59,547	59,484	99.9%
	学校保健統計調査	学校	年	7,755	7,214	93.0%
	学校教員統計調査	学校	3年	53,637	52,779	98.4%
	社会教育調査	社会教育施設等	3年	2015年度 67,882	2015年度 64,635	2015年度 95.2%
厚生労働省 (7)	人口動態調査	市区町村	月	3,208,894	3,121,921	97.3%
	毎月勤労統計調査	事業所	月・年	463,319	121,549	26.2%
	薬事工業生産動態統計調査	製造・販売事業所	月・年	11,635	3,059	26.3%
	医療施設調査	医療施設	月・3年	22,182	22,182	100.0%
	患者調査	医療施設	3年	2014年度 13,573	2014年度 —	2014年度 —
	賃金構造基本統計調査	事業所	年	78,000	—	—
	国民生活基礎調査	世帯	年・3年	331,000	—	—
農林水産省 (7)	農林業センサス	全数	5年	2015年度 140,152	2015年度 1,393	2015年度 1.0%
	牛乳乳製品統計調査	事業所	月・年	945	422	44.7%
	作物統計調査	農家・事業所	年	10,356	82	0.8%
	海面漁業生産統計調査	水揚機関・漁業経営体	年	7,000	—	—
	漁業センサス	事業所・漁業経営体・世帯・集落	5年	2013年度 94,550	2013年度 —	2013年度 —
	木材統計調査	事業所	月・年	4,853	177	3.6%
	農業経営統計調査	農家・農家事業体	月・年	7,104	26	0.4%

表8 基幹統計調査のオンラインによる回答状況（続き）

省庁 (計51件)	調査名	報告者	周期	調査客体数	オンライン 回答客体数	オンライ ン回答率
経済産業省 (9)	工業統計調査	事業所	年	2014年度 208,029	2014年度 2,303	2014年度 1.1%
	経済産業省生産動態統計 調査	事業所・企業	月	14,297	8,595	60.1%
	商業統計調査	事業所	5年	2014年度 1,719,616	2014年度 —	2014年度 —
	ガス事業生産動態統計調査	事業所	月・4半期	1,696	558	32.9%
	石油製品需給動態統計調査	事業所	月	285	138	48.4%
	商業動態統計調査	事業所・企業	月	5,870	2,559	43.6%
	特定サービス産業実態調査	事業所	年	2015年度 51,579	2015年度 3,827	2015年度 7.4%
	経済産業省特定業種石油等 消費統計調査	事業所	月	1,264	986	78.0%
	経済産業省企業活動基本 調査	企業	年	37,605	10,592	28.2%
国土交通省 (9)	港湾調査	事業所	月・年	2,465	2,465	100.0%
	造船造機統計調査	事業所	月・4半期	8,920	384	4.3%
	建築着工統計調査	都道府県	月	47	9	19.1%
	鉄道車両等生産動態統計 調査	事業所	月・4半期	740	38	5.1%
	建設工事統計調査	事業所・企業	月・年	162,197	11,350	7.0%
	船員労働統計調査	船舶所有者	年	2,088	162	7.8%
	自動車輸送統計調査	自動車使用者	月・半年	57,095	1,214	2.1%
	内航船舶輸送統計調査	事業所	月・年	1,775	1,057	59.5%
	法人土地・建物基本調査	企業	5年	2013年度 316,922	2013年度 9,073	2013年度 2.9%

2016年度統計調査等業務の業務・システム最適化実施評価報告書などから作成.
2016年度に実施がない統計調査は，2015年度以前の「統計調査等業務の業務・システム最適化実施評価報告書」に掲載のオンラインによる回答状況または府省ホームページの調査概要の記載を示した．一部にオンライン回答客体数，オンライン回答率の記載がなく，資料からあきらかでない場合がある．

公的統計調査の民間委託の状況を，総務省政策統括官（統計基準担当）「統計法令にもとづく統計調査の承認及び届出の状況」（統計月報）から，民間委託が行われている統計調査を整理することなどによって把握している．同委員会の「公的統計市場に関する年次レポート2017」によれば，2017年度の民間事業者を活用した公的統計調査は，全体105本のうち，調査手法別では，「郵送・オンライン（併用）調査」が54本で51.4%ともっとも多くを占めている（表9）．複数手法の併用型（混合方式）でオンライン調査を含むタイプは71本で，全体の67.6%を占める（図12）．民間委託されている公的統計調査では，郵送調査をオンライン調査で補完するかたちが主流である．

表9 民間事業者を活用した公的統計の調査手法別の状況（本数，構成比）（日本マーケティング・リサーチ協会公的統計基盤整備委員会，2018）

	2011 年度	2012 年度	2013 年度	2014 年度	2015 年度	2016 年度	2017 年度
調査員調査	6(7%)	7(7%)	6(6%)	5(6%)	9(10%)	6(6%)	7(7%)
郵送調査	25(30%)	28(26%)	33(34%)	20(22%)	18(19%)	17(18%)	18(17%)
オンライン調査	2(2%)	5(5%)	2(2%)	2(2%)	2(2%)	3(3%)	6(6%)
調査員・オンライン調査	0(0%)	0(0%)	0(0%)	1(1%)	1(1%)	1(1%)	0(0%)
郵送・調査員調査	7(8%)	6(6%)	6(6%)	7(8%)	4(4%)	5(5%)	3(3%)
郵送・オンライン調査	34(40%)	47(44%)	38(39%)	40(45%)	43(46%)	47(50%)	54(51%)
郵送・FAX 調査	1(1%)	1(1%)	2(2%)	1(1%)	0(0%)	0(0%)	0(0%)
郵送・オンライン・FAX 調査	5(6%)	7(7%)	7(7%)	7(8%)	10(11%)	7(7%)	7(7%)
郵送・オンライン・調査員調査	1(1%)	0(0%)	0(0%)	3(3%)	4(4%)	5(5%)	7(7%)
郵送・調査員・オンライン・FAX 調査	1(1%)	2(2%)	2(2%)	2(2%)	2(2%)	3(3%)	2(2%)
オンライン・電話・FAX 調査	1(1%)	1(1%)	1(1%)	1(1%)	0(0%)	0(0%)	0(0%)
郵送・調査員・オンライン・電話・FAX 調査	0(0%)	0(0%)	0(0%)	0(0%)	1(1%)	1(1%)	1(1%)
その他	1(1%)	2(2%)	0(0%)	0(0%)	0(0%)	0(0%)	0(0%)
合　計	84(100%)	106(100%)	97(100%)	89(100%)	94(100%)	95(100%)	105(100%)

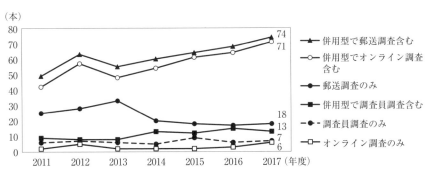

図12　民間事業者を活用した公的統計の調査手法別の本数
日本マーケティング・リサーチ協会公的統計基盤整備委員会（2018）から作成．

VI. 大学・マスメディアの調査とインターネット

大学による調査のうち，学生を対象とする生活実態調査，授業評価調査などは，内閣府「全国世論調査の現況」調査で個別記入法，集団記入法によるものが把握されている．大学の学生対象調査は，学生の電子メール・アドレスを調査対象者名簿として，ウェブ上で回答を回収する方法で行われていることが推測されるが，その実施件数などの実態を把握することは難しい．

大学や研究機関が行う一般個人を対象とする学術研究調査は，「日本人の国民性調査」（統計数理研究所）をはじめ多くの場合，選挙人名簿または住民基本台帳から標本抽出して調査対象者を選んできた．近年，訪問調査への協力が得にくくなってきているが，過去のデータとの比較のうえでも，標本抽出方法，調査方式を簡単に変更することはできない．住民基本台帳は2006年の法改正で原則非公開となったが，市町村長が住民基本台帳の一部の写しを閲覧させることができる場合として，「統計調査，世論調査，学術研究その他の調査研究のうち，総務大臣が定める基準に照らして公益性が高いと認められるものの実施」のための活動が法に掲げられている．選挙人名簿の閲覧についても2006年，閲覧を認める場合の明確化や限定などの制度改正が行われた．住民基本台帳は，2006年の法改正でマーケティング・リサーチでの利用は閉ざされたが，条件を満たす世論調査や学術研究のためなら閲覧することができる．この状況が続く限りは，研究者は一般個人を対象とする調査を計画するとき，まず選挙人名簿または住民基本台帳から調査対象者を標本抽出することを考える．それは調査対象者の住所を抽出して接触を図ることであり，調査依頼を訪問か郵送で行うことを意味する．訪問留置調査の場合は今後，2015年からの国勢調査のように，ウェブでの回答の回収，さらに郵送を併用する方法もありうる．回答率の向上を図るためには，留置調査票への回答を促すにも，ウェブでの回答を促すにも，住所を訪問して調査相手と接触を図るしかないため，調査員の移動経費を削減することができない．郵送による回答督促は時間を要し，効果は限られる．標本の大きさが数千や1万程度の訪問による学術研究調査では，ウェブで回答を回収することによる調査員の負担軽減，経費削減の規模的な利点は小さく，費用対効果の点で混合方式のメリットがあるかは疑問で，ウェブ回答を導入する動機は大きくない．同じ調査対象者を相手に複数回の調査を行うパネル調査のような場合には，初回の調査で電子メール・アドレスなどの連絡先情報を取得できた相手に対して，その後に続く調査方式としてウェブによる回答を利用することが考えられる．このような例は，学術研究調査のうちでは一部と思われる．マスメディアによる調査のうち，選挙人名簿または住民基本台帳からの標本抽出によって調査対象者を選び，訪問で行ってきた調査についても，学術研究調査と同じことがいえる．

　内閣府「全国世論調査の現況」調査の結果では，マスメディアの行う調査は，電話法の件数が多い（図13）．訪問面接法は2002年度の43件が2016年度は21件となり，地方自治体の県政・市政世論調査（図4, 6, 8）と同様に減少傾向となっている．一方郵送調査は，2000年代はじめから10件未満が続いていたが，2015，2016年度は10件を超えている．新聞社，放送局の行う調査で，郵送で協力依頼を行い，郵送またはインターネットで回答を回収する試み（大隈・原田, 2017；齋藤, 2017；星・渡辺, 2018）や，回答回収はインターネットを主たる方法にして郵送回答を補完的方法とする試み（萩原ほか, 2018）が行われている．それらの調査実施面と回答率をみると，Iで述べた一般個人のインターネット利用状況の影響と，調査全般の課題である

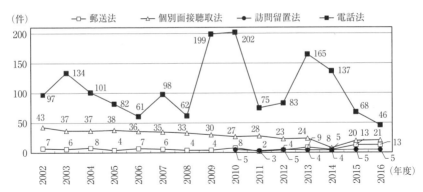

図13 新聞社,通信社,放送局による世論調査の調査方式(内閣府政府広報室「全国世論調査の現況」)

若い年代の低い回答率を克服するまでには,いまのところは至らない.マスメディアの調査では,ウェブによる回答と郵送など紙媒体での回答を1つに結合して取り扱うことの問題点などの検証を重ねるためにも,このような取り組みは続けられるだろう.世論調査では郵送法にインターネット回答を併用する調査方式が少しずつ出始めていること(表7),民間委託される公的統計調査の主流が郵送・オンライン方式であること(表9)は,標本抽出理論にもとづく調査では郵送法とインターネットの併用が,今後の1つの焦点であることを示唆している.

かりに将来,学術研究調査,マスメディアによる調査のための選挙人名簿と住民基本台帳の利用がいっそう制限されたり閉ざされる場合,学術研究とマスメディアによる一般個人対象の訪問調査,郵送調査の一部は,住宅地図を用いた抽出などエリア確率標本での無作為抽出に向かい,一部はマーケティング・リサーチがその方向に進んだように,オンライン・パネルの利用を模索することが予想される.その時期がいつ来るかは,学術研究とマスメディアの調査のために選挙人名簿や住民基本台帳が開示されることを,今後も人びとが受け入れるか,名簿を閲覧される側の人びととの意識が大きく影響するのではないかと思われる.

引用データ・文献

1) 日本マーケティング・リサーチ協会「経営業務実態調査」2003〜2016年度
 [http://www.jmra-net.or.jp/activities/trend/investigation/]
2) 村上智章 (2017). ネットリサーチの現状と課題,「Marketing Researcher」, 132:10-13.
3) 内閣府大臣官房政府広報室「国民生活に関する世論調査報告書」2010〜2016年度
4) 内閣府大臣官房政府広報室「インターネットの安全・安心に関する世論調査報告書(2018年9月調査)」
5) 総務省「平成28年住民基本台帳年齢階級別人口(日本人住民)」
6) 総務省・経済産業省「平成28年経済センサス活動調査」企業等に関する集計

7) 総務省「通信利用動向調査」2010〜2017年
 8) 総務省「個人企業経済調査」2011〜2017年
 9) 内閣府大臣官房政府広報室「全国世論調査の現況」2003〜2018年版
10) 都道府県・政令指定都市・東京都特別区ホームページ
11) 総務省「公的統計の整備に関する基本的な計画」
　　〔http://www.soumu.go.jp/toukei_toukatsu/index/seido/12.htm〕
12) 統計調査等業務の業務・システム最適化計画（2012年9月7日改定）
　　〔http://www.stat.go.jp/info/guide/public/index.htm〕
13) 2016年度統計調査等業務の業務・システム最適化実施評価報告書
　　〔http://www.soumu.go.jp/menu_seisaku/gyoumukanri_sonota/jouhouka/〕
14) 日本マーケティング・リサーチ協会公的統計基盤整備委員会（2018）.「公的統計市場に関する年次レポート2017」, p. 98.
15) 大隈慎吾・原田和行（2017）. 郵送とインターネットの複合調査―毎日新聞社と埼玉大学の試み―,「政策と調査」, 13：5-14.
16) 齋藤恭之（2017）. Google Surveysと有権者名簿抽出ネット調査―朝日新聞社の新しい試み―,「政策と調査」, 13：23-30.
17) 星　暁子・渡辺洋子（2018）. 幼児視聴率調査における調査方式改善の検討〜住民基本台帳からの無作為抽出によるインターネット調査の試み〜,「放送研究と調査」, **68**(2)：38-52.
18) 萩原潤治・村田ひろ子・吉藤昌代・広川　裕（世論調査部ミックスモード研究プロジェクト）（2018）. 住民基本台帳からの無作為抽出によるWEB世論調査の検証（1）（2）,「放送研究と調査」, **68**(6)：24-47, **68**(9)：48-79.

用　語　集

E コマース（E-commerce）
　電子商取引（electronic commerce）の略語．インターネットなどのコンピュータ・ネットワーク上で商品やサービスを売買すること．ネットショッピングやオンライン・ショッピングといった，消費者向けに行う BtoC（Business to Consumer），企業間取引を意味する BtoB（Business to Business）などがある．

GfK ナレッジパネル（GfK Knowledge Panel）
　ナレッジ・ネットワークス社（Knowledge Networks Inc.）が構築し，管理運用してきたウェブ・パネルのこと．確率的パネルの 1 つ．RDD 方式により，インターネット利用者，非利用者のいずれも同じように調査対象者を選び，インターネット利用者には自身が保有のコンピュータを用いて回答してもらう．非利用者に対しては調査機器を提供し，それを用いて調査を行う．なお最近は，標本抽出枠として ABS 方式を採用している．ナレッジ・ネットワーク・パネル（KN panel）は米国特許を取得している．Rivers（2007）によると，ナレッジ・ネットワークス社は，2 人の研究者（Norman Nie と Douglas Rivers）によって 1998 年に創設された．最近，ドイツの調査会社（GfK）と合併し，パネル名が「GfK ナレッジパネル」（GfK Knowledge Panel）と変更された．Rivers（2007），Schonlau and Couper（2017）を参照のこと．──→ ランダム・ディジット・ダイアリング，住所にもとづく標本抽出，確率的パネル

LISS パネル（LISS panel）
　──→ 社会科学のための縦断的インターネット調査

RDD 方式による標本抽出（RDD sampling）
　──→ ランダム・ディジット・ダイアリング

アイコン（icon）
　ファイルや実行プログラムの種類，機能などを表すために，コンピュータ画面上に表示する小さな図や記号のこと．アイコンをマウスで選びクリックすると，ファイルを開いて閲覧する，プログラムを起動するなどができる．

アイトラッキング（eye-tracking）
　人の眼球や視線の動きを自動的に追跡し，それを記録・分析すること．「視線追跡調査」ともいう．印刷物やウェブ・サイト画面などを見るときの眼の動きを調べることで，人の判断に与える影響を調べることができるとされる．これに用いる装置を「アイトラッカー」という．視線の動きはゲイズ・プロットで，視線滞留時間はヒートマップで図示することが多い．──→ ゲイズ・プロット

アイトラッキングを用いた調査（eye-tracking study）
　──→ アイトラッキング

アクション・ボタン（action button）
　画面上に置かれた，クリックする（押す）と具体的な動作が生じるボタン類のこと．多くの場合，単なるボタン印だけではなく，それを押すとどういう事象が起こるかを示してある．たとえばもっとも簡単なものは「次へ」「前に戻る」「進む」のボタンなど．その他，「回答はこちらから」「スタートはここ」「資料無料請求はこちら→」「ファイルのダウンロードはここをクリック」などの使い方をする．

アクセス・パネル（access panel）
　「アクセス・パネル」「オプトイン・パネル」のいずれも，自己参加型パネルのことをいう．ボランティア・パネルに同じ意味．──→ 自己参加型パネル

アクティブ・スクリプティング（active scripting）

本来はMicrosoft Windowsやブラウザ（IE：Internet Explorer）で用いるスクリプトを実行するための技術の総称．しかし本書では，広義に考えて，ブラウザ上での視覚効果や応答的な動的操作（たとえば，グリッド，プログレス・インジケータ，ドラッグ・アンド・ドロップ）を行うためのスクリプトを使ったプログラミングという意味で用いている．なお，現在は，スクリプト言語としてはJavaScriptを用いることが多い．また，ウェブ・ページ上の文字の表示，図形などの配置，表組み，入力枠など，主として静的な要素を記述するためにはHTML（HyperText Markup Language）を用いる．HTMLで利用可能な入力形式としては，ラジオ・ボタン，チェック・ボックス，ドロップ・ボックス，テキスト・フィールドやテキスト・エリアなどがある．なお，HTMLもHTML5への移行が進んでいる．現在，視覚効果や応答的な動作の一部はHTML5でも記述できる．

当てはまるものをすべて選ぶ式の質問（check-all-that-apply question）

回答者が，回答選択肢のリストから，複数の回答選択肢を選べるように設定した質問文のこと．郵送調査やウェブ調査のような自記式の場合，通常はチェック・ボックス型の回答選択肢を用意することが多い．
── チェック・ボックス，複数回答

当てはまるものをすべて選ぶ質問項目（all-that-apply item）
── 当てはまるものをすべて選ぶ式の質問

アラインメント（alignment）

文書やページのレイアウトなどで，文字や画像などの要素を領域内のどこに配置するかを指示すること．各要素を領域の左端に配置することを「左寄せ」または「左揃え」といい，右端に配置することを「右寄せ」あるいは「右揃え」という．また，中央に配置することを「中央寄せ」「中央揃え」「センタリング」という．電子調査票では，見栄えをよくするようにこれをうまく使いこなす必要がある．

アルファ係数（alpha coefficient）
── クロンバックの α 係数

アンダーカバレッジ（undercoverage）

標本抽出枠が目標母集団を完全に網羅（cover）しないこと（あるいは調査対象とできないこと）をいう．標本抽出枠に含まれない調査対象があるという状態のこと，こうした調査対象は，標本要素として選ばれることは決してないということ．平易にいうと，調査に含めたい要素であるのに，調査のはじめの段階で脱落あるいは漏れてしまうこと（p. 300の図を参照）．「過小カバレッジ」「調査漏れ」ともいう．── オーバーカバレッジ，調査母集団，目標母集団，枠母集団

威嚇的なおどかすような質問（threatening question）
── 微妙な内容の質問

一般母集団（general population）

たとえば「全米のすべての成人」「日本全国における住民」「日本全体の企業」のように，具体的な抽出対象として意識しない集合のことを示す．単に「一般集団」とすることもある．「特定の母集団」（specific population）とは，「大学生の集団」「医者の集団」「入院中の患者」「ある組織における勤労者の集団」「軍属の軍人の集団」「監獄に留置中の犯罪者」といった集団のことをいう．これに対して，推論したい集団を選ぶための標本抽出を意識した母集団として目標母集団（target population）や枠母集団（frame population）がある．── 調査母集団，目標母集団，枠母集団

依頼メール（invitation email）
── 勧誘

インターセプト型調査（intercept survey）

ウェブ調査の1つの方法として，インターセプト型調査がある（Couper, 2000の8分類の1つ）．あるウェブ・サイトの訪問者がコンテンツを閲覧しているときに，ポップアップで調査依頼の勧誘画面が表示され，これに承諾すると（応諾のボタンをクリックするなど）その調査画面に遷移してウェブ調査に参加するという方法をインターセプト型という．ある特定のウェブ・サイトへの訪問者の中から，特定の時間枠において確率抽出（無

用 語 集　　　257

作為抽出あるいは系統抽出）で得られる確率標本ではあるが，限られた母集団（例：特定の時間枠内の特定のウェブ・サイトへの訪問者，複数のウェブ・サイトへの訪問者）からの標本抽出となる．確率的な標本抽出を行わずに，ある限定した抽出枠から単にある一定数の回答を集める「打ち切り型」のウェブ調査とは異なるものである．　→　インターセプト型標本抽出

インターセプト型標本抽出（intercept sampling）
　ウェブ・パネルを作る際の標本抽出の1つの方式のこと．Couper（2000）による8分類の「第4のタイプ」に相当する．　→　確率抽出，非確率抽出，インターセプト型調査

インターネット・アクセス率（rate of Internet access）
　インターネットやウェブにアクセスし，利用できる人の割合．本書では，この語をインターネット利用度・利用率とほぼ同じ意味に用いている．

インターネット調査（Internet survey）
　インターネットを経由して行う種々のデータ収集方式を示す一般的な用語．「オンライン調査」「オンライン・リサーチ」もほぼ同義で用いられる．典型例が，ウェブ調査と電子メール調査である．調査票と収集データを伝送するためだけにインターネットを用いるデータ収集方式のこともこれに含む．なお，ごくまれに「インターネット・リサーチ」という呼称が用いられることがある．しかし，「インターネット・リサーチ」は「インターネット環境を利用した研究体系」の総称として使われることが多く，インターネット調査とは異なるものである．　→　電子メール調査，ウェブ調査

インターネット母集団（Internet population）
　インターネットが利用できる人を要素とする集団のこと．現時点ではインターネットを利用できない人もいるので，インターネット母集団は目標母集団の一部と考えられる．また，現時点では，誰がインターネットを利用できるかを完全に知ること（インターネット利用者の情報を完全に捕捉すること）はでき

ないので，これは実質的には概念上の母集団である．

インターフェース（interface）
　コンピュータあるいはコンピュータ・プログラムと人間（ユーザ）との間で情報をやり取りするための手順，仕組みを説明するための総称．文字による情報を入出力するインターフェース（CUI: character user interface, TUI: text user interface）もあるが，現在は，アイコンや画像を用いたグラフィカル・ユーザ・インターフェース（GUI: graphical user interface）が主流である．

インフォームド・コンセント（informed consent）
　一般には，詳細な説明を受けたうえで，その内容に合意・同意すること．一時，医療関係で「納得診療」などといわれたが，これでは意が尽くせていない．医学における臨床や臨床試験の場面では，被験者あるいは患者が，医師から提供された詳しい情報を理解し，試験に参加したり，施術を受けることに同意することをいう．社会調査においては，調査対象者が調査者による調査内容の説明を理解し，調査参加に同意することをいう．

ウェブ（The Web）
　ワールド・ワイド・ウェブ（WWW: world wide web）の略称．Fox and Rainie（2014）を参照のこと．

ウェブ調査（Web survey）
　回答者が，ウェブ（WWW: world wide web）上にある電子調査票にインターネット経由で回答を行い，その回答のデータ収集を行う調査方式のこと．通常，電子メールでウェブ・パネルの登録者あてに調査依頼状を送り，回答者はHTMLで記述された電子調査票のあるウェブ・ページにアクセスして回答を行う．
　→　調査方式，ウェブ・パネル，インターネット調査

ウェブ調査によるフォローアップ（follow-up Web survey）
　→　フォローアップ調査

ウェブ・パネル（Web panel）
　「ウェブ・パネル」は，主に2つの意味で

日本語版付録

使われる．1つは，ウェブ調査の対象者として登録されている集団のことをさす場合，もう1つは，その登録者を用いた「パネル調査」をさす場合である．一般には前者の意味で用いることが多く，「オンライン・パネル」「インターネット・パネル」「アクセス・パネル」「オプトイン・パネル」などともいう．後者の場合，事前の募集で集めた登録者集団を相手に，ウェブ経由で調査時点を変えて何度かにわたり調査を行うようなパネル調査 (panel wave) のことをいう．なお，いずれの場合も，登録者は人に限らず，機関，企業，組織体などさまざまである． ⟶ インターネット調査，コンピュータ支援の自記式調査票方式，コンピュータ支援のウェブ調査，コンピュータ支援による調査情報の収集

ウェブ・パネル登録者（Web panelist）
⟶ ウェブ・パネル

ウェルカム画面（welcome page）
　ウェブ調査における「ウェルカム画面」とは，ウェブ調査の開始時に表示される画面とそのメッセージのこと．より一般には，パーソナル・コンピュータの起動時や，アプリケーション・ソフトの起動時に表示される画像とメッセージのこと．Couper (2008a) を参照のこと． ⟶ 調査依頼状

埋め込み（fill, filling）
⟶ 質問の省略

エディット（edit）
⟶ データ・エディティング

エディット・チェック（edit check）
⟶ 質問の省略，データ・エディティング

エディティング（editing）
⟶ データ・エディティング

エビデンス（evidence）
　科学的，客観的な根拠・証拠のあること．証拠・根拠・証言のこと．本書では，一般的な用語として使われている．医学分野で「evidence がある」（evidence-based）といった場合，1つのランダム化比較試験や，複数のランダム化比較試験のメタ分析により，因果的な効果があることが示されていることをさす．本書で「evidence がある」といった場合は，該当の試験や実験の結果で効果があることが示されていることをさしている． ⟶ メタ分析，効果の大きさ

エリア確率抽出（area probability sampling）
　地理的な地域（エリア）の情報にもとづいて確率抽出を行うこと．そこで用いる標本抽出枠をエリア確率枠という．その枠から作られる標本をエリア確率標本という．たとえば，Dillman et al. (2014, pp. 62-64) に説明がある．

エリア確率標本（area probability sample）
⟶ エリア確率抽出

エリア確率枠（area probability frames）
⟶ エリア確率抽出

エリア・コード（**市外局番**）（area code）
　米国の電話番号は，「xxx-yyy-zzzz」という10桁の数値の並びで構成されている．この始めの3桁は，エリア・コード（市外局番）で，続く3桁の数字が「プリフィックス」（またはエクスチェンジ，市内局番）に相当する．残りの4桁が電話を保有する対象を表し，これを「サフィックス」（加入者番号）という．この電話番号を用いて RDD 方式による標本抽出を行う．Dillman et al. (2014, pp. 66-69)，大隅（監訳）(2011, 4.8 節) を参照のこと．
⟶ RDD 方式による標本抽出

エンターテインメント型投票（entertainment poll, poll for entertainment）
　科学的でない非確率的な世論調査の俗称．Couper (2000) の分類（8区分）に従うと，もっとも粗い非確率的パネル，ボランティアからなるパネルを利用する代表性を求めない世論調査のような場合に相当する．ウェブ・サイトに登録している閲覧者，テレビ番組の視聴者などが回答者となる．たとえば，CNN クイック投票，日本国内の日経クイック Vote，Yahoo オンライン投票，NHK（ネットクラブ）の行う時々の話題や番組についてのオンライン投票，パネル登録者から聴き取る調査など． ⟶ 自己参加型パネル，アクセス・パネル

横断的調査（cross-sectional survey）
　ある目標母集団から選出した標本を，ある1つの観測時点を決めて調査を行うこと．その時点における母集団の状態を適切に把握，説明することにある．「アドホック調査」

あるいは「単発調査」とよぶことがある．
──→ 縦断的調査

応答指示のやりとり（turn-by-turn interaction）

調査システムと回答者との間でのやりとりのこと．ウェブ調査は応答的であるので，このやりとりを柔軟に行える．また，電話調査でも，ボタンをプッシュしたり音声で回答すると，システムが応答し，次の質問へと移るシステム（IVR）もある．──→ 応答的で動的な機能，音声自動応答方式

応答的で動的な機能（responsive and dynamic feature）

インターネットの双方向性を活かして，回答者行動に対して，応答的で動的な対応となるような仕組みを取り入れること．たとえば，①回答者が回答に困っているときにヘルプ機能を用意する，②条件つきの分岐質問で，埋め込み（パイピング）を用いて，前の回答に合わせて後続の質問を変える，③「応答的なグリッド形式」とする，④1日のうちどの行動に何時間を費やしたか，といった質問に対して合計時間を表示したり，足して24時間とならない場合にはプロンプトを出す，など．このように回答者行動に応じて応答的で動的に対応することをいう．第6章の図6.3に例がある．──→ 埋め込み，質問の省略，応答的なグリッド

応答的な機能（responsive feature）
──→ 応答的で動的な機能，双方向的特性

応答的なグリッド（responsive grid）

グリッド形式の回答記入欄に回答者が回答したとき，その質問の該当箇所の（行や列の）色を変えること．このような画面処理を用いる理由は，誤入力を防ぐためである．回答者にとってグリッド形式の質問への回答は面倒と感じることが多く，無回答や欠測となりやすい．こうした記入漏れを防ぐために，応答的なグリッドが有効とされる．──→ グリッド

応答的なグリッド形式（responsive grid design）
──→ 応答的なグリッド

「オズの魔法使い」手法（Wizard of Oz approach）

「オズの魔法使い」手法（WoZ法）とは，ソフトウェアを裏で実際に動作させるのではなく，人間（Wizard）がソフトウェアのふりをして（擬態システム），被験者とやりとりすることにより，実験やテストを行いデータを取得する手法のこと．

オッズ（odds）

ある事象の生起確率を p，非生起の確率を $(1-p)$ とする．これらの比 $p/(1-p)$ を「オッズ」という．オッズが1より大きければ生起する確率が非生起の確率を上回ることを意味する．オッズの自然対数を「対数オッズ」あるいは「ロジット」という．2つのオッズの比 $\phi = (p_1/(1-p_1))/(p_2/(1-p_2))$ を「オッズ比」という．また，オッズ比の自然対数（$\ln \phi$）を「対数オッズ比」という．

オッズ比（odds ratio）
──→ オッズ

オーディオ・コンピュータ支援の自答式（ACASI: audio computer-administered self-interviewing, audio computer-assisted self-interviewing）

回答者は，コンピュータを介して録音した音声により質問文を聴く．調査員には回答者の回答内容はわからないように，回答を集める自答式の調査方式のこと．コンピュータ支援の自答式（CASI）に音声による質問の読み上げ機能を加えた方式に相当する．なお本文では，前後の文脈に合わせて「音声利用のCASI」「オーディオCASI」も用いた．
──→ コンピュータ支援の自答式

オーバーカバレッジ（overcoverage）

目標母集団に属さない不適格な単位・要素が標本抽出枠に含まれること．つまり，入ってほしくない要素が標本抽出枠に入ってしまうこと（p.300の図を参照）．「オーバーカバレッジによる誤差」とは，オーバーカバレッジに起因する誤差のこと．──→ アンダーカバレッジ

オーバーカバレッジによる誤差（overcoverage error）
──→ オーバーカバレッジ

オプトイン・ウェブ・パネル（opt-in Web

panel)
　→ アクセス・パネル
オプトイン・パネル（opt-in panel）
　→ アクセス・パネル
音声自動応答方式（IVR: interactive voice response system）

音声を用いたコンピュータ支援による自答式調査方式の1つ．回答者との応答・やりとりをコンピュータにより録音した音声自動応答で行う調査方式のこと．完全な自動化とせずに，調査の開始時に生身の調査員が調査対象者に電話で協力依頼を行い，質問部分になると自動音声応答に切り替えて行う方式もある．IVR は多数の回答を同時的に短時間で集めることに適しているとされる．なお IVR は，電話対応の ACASI（T-ACASI）に類似した方式と考えることもある．しかし，IVR に比べて，T-ACASI は，他のコンピュータ支援システム（例：CATI など）のように，調査員と回答者との間のやりとりを行う調査システムの構成が複雑な調査方式であるとされる（Turner, 1998 を参照）．生身の調査員との対話ではないので，回答者に与える不快感の低減や答えにくい微妙な質問への無回答の減少に有効とされる．一方，回答の中断が増えるという研究報告もある． → 調査方式

オンライン調査（online survey）
　→ インターネット調査
オンライン・リサーチ（online research）
　→ インターネット調査
回答完了時間（completion time）
　→ 完了率
回答経路の指示（routing instruction）
　→ 回答の制御（回答経路の制御）
回答時間（回答所要時間）（response time）

回答者がある調査の質問の回答に要する時間のこと．ウェブ調査では，回答者の回答行動を記録することでこの回答所要時間をパラデータの1つとして取得，分析し，調査設計の改善に役立てることができる．→ パラデータ

回答者が回答に要したと感じた時間（perceived survey times, perceived times）

回答者が調査にどの程度時間がかかったと感じたかという，感覚的な回答所要時間のこと．実際の物理的な時間ではなく回答者が意識として感じた時間のこと．

回答尺度（response scale）
　→ 尺度
回答尺度のグリッド方式（grid versions of the scale）
　→ グリッド
回答者主導型（respondent-initiated）
　→ 混合主導型
回答所要時間の指標（response time measure）
　→ 回答時間（回答所要時間）
回答所要時間の中央値（median response times）

回答所要時間の分布の中央値のこと．
　→ 回答時間（回答所要時間）
回答する意欲をそぐようなこと（discourage, discouraging）
　→ 回答の励みとなること
回答選択肢の2段組，3段組（double banking, triple banking）

回答選択肢を1列に並べず，複数列に折り返して並べること．段組の配列，間隔，並び順や，応答的なグリッド形式とするか否かなどが，回答の選び方に影響するとされる（例：労働最小化行動，ストレートライニング）．
　→ グリッド，労働最小化行動，ストレートライニング
回答入力形式（response format, format）

フォーマットにはさまざまな意味があるが，ここでは主に調査回答を入力するときに用いる「入力形式」のことをいう．ウェブ調査では，チェック・ボックス，ラジオ・ボタン，グリッド形式，テキスト・ボックス，テキスト・フィールド，ドロップダウン・ボックスなどのさまざまな形式がある．これらを回答選択肢や回答記入欄を作るために用いる．
　→ 単一選択，複数回答，自由回答質問
回答の順序効果（response order effect, order effect）

回答者が回答選択肢を選ぶときに，回答選択肢のリストの位置や配置，並びの順序に影

響を受けること，あるいはそれに依存する傾向にあることをいう．なお，回答選択肢の並びの順序の影響（回答選択肢の順序効果）を避けるために，並び順を無作為化する方式を用いることがある．⟶ 文脈効果，初頭効果，新近性効果

回答の制御（回答経路の制御）（route control）

ウェブ調査では，通常，HTML を用いて電子調査票を作成する．このとき，プログラミングにより，回答者が選んだ回答選択肢を判断し，次のようなことが行える．①次に出す質問文や選択肢を制御する，②条件に合わない選択肢をあらかじめ省く，③選択肢を選ばずに先に進むと警告メッセージを示す．このように，調査システム側から回答者に対して，さまざまな条件設定を行うことを「回答制御」という．これを行えることがウェブ調査の特徴の1つである．「回答制御なし」とは，まったく制限を設けない場合で，（回答期限内に）いつでも自由に回答できることをいう．回答制御がない場合には，ページ間の移動（往き来）や回答選択肢の選び方（選ぶ，選ばない）は自由で，回答選択肢（ラジオ・ボタンやチェック・ボックスなど）に応答（クリック）してもしなくてもよい．この点では，回答制御がないウェブ調査は，質問紙による郵送調査や留置自記式の回答に類似している．こうした緩やかな状態から，以下のように段階的に制約を付け加えることで制御の度合いを調整することができる．①回答選択肢を選ばないことを許さない，②ページ間を自由に移動することは許さない，③回答選択肢をクリック（チェック）をしなければ先には進めないようにする，④同一回答者が同じ質問に再回答することを許さない（質問を見直して再回答することを許さない），⑤ページは，一方向にのみ進行可能で（前進のみで戻りを許さず），また，各質問の選択肢のいずれかに必ずチェックを入れないと，先には進めない（分岐質問なども同じように制御する）．回答制御の有無は，無回答（調査不能，項目無回答）や回答中断などに影響する．どのような回答制御条件を設定したかは，のちのデータ分析に影響する．他の調査方式との比較実験調査を行う場合は，とくに注意が必要である．多くの商用ウェブ・パネルは完全な回答制御を行っていると考えられる．⟶ 回答率，無回答，中断，脱落，質問の省略，パラデータ

回答の励みとなること（encourage, encouraging）

回答者が調査に協力的で回答する気になることを「回答の励みになる」（encourage）という．これとは逆に，回答者が回答する気にはならないことを「回答する意欲をそがれる」（discourage）という．調査票のレイアウト，質問文と回答選択肢の内容などによって，回答者が回答に協力的になるかどうかは影響を受ける．質問文が難しい，微妙な質問である，質問数が多いなどがあると，回答者は回答を敬遠するようになる．回答者の回答を促すようなフィードバックを「回答の励みとなるフィードバック」（encouraging feedback）という．ウェブ調査では，回答を促すような工夫として，回答の進度を示すプログレス・インジケータを表示する，質問の意味がわからないときには，助けとなる説明を表示する（マウスでポインターを移動すると説明を表示，クリックすると表示，クリック・アンド・スクロールを用いて表示）などが考えられる．⟶ 回答する意欲をそぐようなこと

回答の励みとなるフィードバック
（encouraging feedback）
⟶ 回答する意欲をそぐようなこと

回答報告の誤差（reporting error）
⟶ 報告誤差

回答ボックス（answer box）
回答となる文字列を書き込む欄のこと．
⟶ テキスト・ボックス，入力ボックス

回答マッピング（response mapping）
回答者が質問に答えるときに，自分の意識や態度を，具体的な数値や評点に移し替えることをいう．たとえば，「この1週間で活発な運動を何回行ったか」との質問に対して，「自分はあまり運動していない」が，これを回数にするとどうなるかと頭の中で数えるような場合をいう．別の例として「感情温度計」

がある．自分の態度，たとえば，「『安倍首相を支持する』程度を，100点法で表すと何点か」の質問に対して「85点」程度と答えるときの意識とそれを数値に移し替える過程のこと．別の例として，自由回答質問で，質問に対して何かの言葉（回答）を想起するような場合もこれに相当する．　→　感情温度計，視覚的アナログ尺度，自由回答質問

回答欄（answer space）
→　回答ボックス

回答率（response rate）
　実際に得られた回答数（適格な標本要素のうち回答に応じた要素数）を，標本の大きさ（適格な全要素数）で割った値のこと．［調査への参加協力の勧誘を受け入れて，さらに調査を回答完了した人数］÷［調査の依頼・勧誘を行った対象者の全員］で求める割合のこと．ここで，分母には「調査不能」を含み，分子には「完答できた人と項目無回答がある人（つまり完全には回答できなかったが，回収できた人）」を含む．なお，AAPOR (2016) では，6種類の回答率（RR1 から RR6 まで）を定義している．回収率といった曖昧ないい方は避けて，実際に，なにが，どのように回答として得られたか（回答数として計量できるか）を，細かい場面に分けて定義している．なお，上の定義からあきらかなように，ウェブ調査，とくにボランティア・パネルを対象とする調査では，厳密な意味での回答率を求めることができない．回答率に代わって「参加率」を利用することが推奨されている．　→　参加率，完了率

外部情報源（external source）
　当該調査には含まれないが，その調査に関連のある情報を提供してくれるデータのこと．とくに真値に近い情報を提供してくれるデータのこと．調査の信頼性を確かめるために，ある質問項目について，調査から得た推定値と，外部情報源から得られた推定値とを照合することが行われる．たとえば，ある調査において，回答者が保有する携帯電話やスマートフォンのキャリアをたずね，キャリア別の保有率を調べたとする．一方，別の統計資料から実際の各社の（調査期間に対応する）契約率を調べたとする．これらを比較すれば，調査から得た回答に偏りがあるかどうかを確認できる．本書の「メリーランド大学同窓生の調査」の説明にも類似の例がある（7章，p.178）．　→　校正に用いる調査

外部情報源とするベンチマーク（external benchmark）
→　外部情報源

外部データ（external data）
→　外部情報源

外部の記録データ（external records data）
→　外部情報源

会話的面接法（conversational interviewing）
　調査員が，必要に応じて（つまり，回答者が説明を求めているときや，説明が役に立つと調査員が判断したとき），調査内容や質問文の内容を，明確に説明する方法．会話的面接法では，回答者が質問文を正しく解釈し，結果的により正確な回答が喚起され，促されることが期待できる．会話的面接法では，質問文の意味をより正確に伝えるために，調査員が自分の言葉を使って，また柔軟に必要な言葉を用いて，質問文の意味を正確に回答者に伝えるようにする．通常の面接方式では，調査員は回答者に対して，指示書に従って質問文を忠実に読み上げる，あるいは非指示的なプローブ（non-directive probe）を行うことが求められる．これを「標準化された面接法」（standardized interviewing）という．Conrad and Schober (1999)，Hubbard et al. (2012) を参照のこと．　→　プロービング

限られた母集団（circumscribed population）
　たとえば，ある特定の時間枠内において，「あるウェブ・サイトに訪問した人」「複数のウェブ・サイトに訪問した人」といったように，範囲を限定した母集団のこと．

確証バイアス（confirmation bias）
　簡単にいえば，先入観や自分に都合のよい情報で，ものごとの判断を行う傾向のこと．自分の意見や考え方を肯定する証拠ばかりに注目し（あるいは主張し），否定する証拠には注目しない傾向のことをいう．こうした人の判断に偏りがあることを「確証バイアス」という．これは「認知バイアス」の一種とも

いえる.「認知バイアス」とは, 思考や判断を歪めるような一種の心理的効果のこと. 箱田ほか (2013), 藤永 (編) (2013, p. 317) を参照のこと.

確率尺度 (probability scale)

何かの事象が起こる確率を示すために用いる尺度の1つ. 連続する直線の始点を「起こりえない」(impossible) つまり確率「0」に対応させ, 終点を「必ず起こる」(certain) つまり確率「1」に対応させたモノサシを作る. この始点, 終点の間に, 確からしさを表す語句標識を配置させたり, 確からしさを数字で示したりする. たとえば,「起こりえない」(impossible),「ほとんど起こりえない」(very unlikely)「起こりそうもない」(unlikely),「五分五分である」(even chance),「起こりそうだ」(likely),「十中八九」(very likely),「必ず起こる」(certain) といった回答選択肢を設ける(図). あるいは,「0%, 20%, 40%, 50%, 60%, 80%, 100%」などの目盛を回答選択肢として設けたり, 視覚的, 連続的に選択できるようにスライダー・バーを設けたりする.「確率尺度」の五分五分であることを示す位置のことを「確率尺度の中間点」という. ⟶ 視覚的アナログ尺度, スライダー・バー

確率尺度の中間点 (midpoint of the probability scale)

⟶ 確率尺度

確率抽出 (probability sampling)

母集団から標本要素を抽出するときに, その要素を無作為に選ぶこと.「無作為抽出」「ランダムサンプリング」ともよぶ. 各要素は, 正の既知の抽出確率をとる必要がある(つまり, ある要素は, 必ず一定の抽出確率で選ばれるということ). とくに, 母集団のすべての要素の抽出確率が等確率であるときを「等確率抽出」(epsem) という. 確率抽出(無作為抽出)で得られた標本のことを「確率標本」または「無作為標本」という.

確率的ウェブ・パネル (probability-based Web panel)

⟶ 確率的パネル

確率的パネル (probability panel, probability-based panel)

「確率的ウェブ・パネル」とは, 確率抽出により作られたウェブ・パネルのこと. 母集団から標本要素(調査対象者)を確率抽出あるいはそれに近い方法で抽出し, その中からウェブ調査に参加できる調査対象者を選びウェブ・パネルとする.「非確率的ウェブ・パネル」とは, 確率抽出ではない方法(非確率抽出)で作られたウェブ・パネルのこと.「確率的なウェブ調査」(probability-based Web survey) とは確率的パネルを利用した調査を,「非確率的ウェブ調査」(non-probability Web survey) とは非確率的パネルを用いて行う調査のことをいう. 確率的パネル(ほぼ確率的パネル)として知られたものとして, GfK ナレッジパネル, LISS パネル, American Trend Panel, NORC AmeriSpeak などがある. かつて日本国内にもこれに近いパネルがあったが, いまはない. 広告月報 (2001, 2005), 大隅ほか (2000), Schonlau and Couper (2017, 2.5節), Callegaro et al. (2014, 1.5節) を参照のこと. ⟶ ウェブ・パネル, 便宜的標本抽出, 非確率的パネル, 自己参加型パネル, GfK ナレッジパネル, LISS パネル

確率標本 (probability sample)

⟶ 確率抽出

加重調整法 (weighting method)

標本抽出における抽出確率が, 母集団から無作為抽出したときの抽出確率と異なる場合

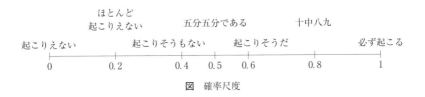

図 確率尺度

には，そのまま単純に平均や割合を求めると偏り（バイアス）が生じる．「加重調整」とは，その偏りを，抽出確率から算出された重み（加重）をもとに調整すること．もっとも簡単な加重調整の例は，調査で得た標本の構成（標本分布の特性）を，元の母集団分布の構成（母集団特性）に合わせるような補正を行う場合である．加重調整法として，事後層化法，レイキング法あるいは反復比例当てはめ（周辺和加重調整法，デミング-ステファン法），傾向スコア法などがある．ウェブ調査の結果を調整することもある．ウェブ調査の調査結果には，多くの場合偏りがある．そこで，別の調査方式，とくに確率標本であって代表性もあるような調査結果をベンチマークとして，ウェブ調査の結果をこのベンチマーク調査の結果に合わせるように補正する．⟶ ベンチマーク調査，校正に用いる調査

過小カバレッジ（under coverage）
⟶ アンダーカバレッジ

過小の代表性（underrepresented）
⟶ 過大の代表性

過大カバレッジ（over coverage）
⟶ オーバーカバレッジ

過大の代表性（overrepresented）
　ある標本において特定の集団が占める割合が，母集団においてその集団が占める割合よりも大きくなっている状態のこと．たとえば，ある母集団において20歳代の割合は10%であるのに，標本ではその割合が40%となった，というような事象のこと．過小の代表性とは，これとは逆の傾向にあること．
⟶ 代表性

偏り（bias）
　ある目標値に対して，得られた結果との「ずれ」（差違）のことを「偏り」（バイアス）という．いくつかの語句（difference, discrepancy, gap, bias departure, deviation）が，ほぼ類似の意味で用いられる．また「バイアス」は，情報バイアス，測定バイアス，選択バイアス，確証バイアス，認知バイアスといったように，さまざまな場面で用いられることが多い．なお，"deviation"は，統計学の用語として「偏差」の意味で用いることもあり，これは個々の測定値とそれらの平均値（期待値）との差を意味する．⟶ 系統的なずれ

カバレッジ（coverage）
　標本抽出における「カバレッジ」（網羅すること），は，通常次の2つの意味で用いられる（たとえば，OECD, 2013を参照）．①標本そのものが網羅する範囲（調査結果が一般化できる範囲のことではなく，標本自体に含まれる個体数に言及すること），②標本抽出によって標本で網羅される母集団要素の範囲．本書では，2番目の意味で用いている．たとえば，「50%のカバレッジ」といった場合は，想定した母集団の半分（50%）が標本として抽出される可能性があることを意味する．この網羅できる割合を「カバレッジ率」（網羅率）という．
　ここで，調査対象としている母集団の要素が標本抽出枠から脱落することを「アンダーカバレッジ」（過小カバレッジ，調査漏れ）という．あるいは逆に母集団にない要素を標本抽出枠に誤って含めてしまったり，要素が重複してしまったりすることを「オーバーカバレッジ」（過大カバレッジ）という．これらをまとめて「カバレッジの偏り」や「カバレッジ誤差」という．「カバレッジ誤差」とは，抽出した標本が，全体として母集団を代表していないときに生じる「ずれ」のことをいう．カバレッジ誤差は，想定したリストと実際のリストの「ずれ」（例：電話調査のシステム上のRDDと実際の番号）で生じることが多い．名簿の陳腐化，パネルの疲労などが起因となることもある．なお，インターネット利用者の割合などを説明するときには，"coverage"を「普及率」と訳したほうがわかりやすい．本書ではインターネット利用者の割合などをさす場合には，「カバレッジ」とせずに「普及率」とした．⟶ カバレッジ誤差，アンダーカバレッジ，オーバーカバレッジ，目標母集団

カバレッジ誤差（coverage error）
⟶ カバレッジ

カバレッジの割合（カバレッジ率，網羅率）
（rates of coverage）

→ カバレッジ
紙と鉛筆による質問紙型調査（paper-and-pencil survey, P&P survey, PAPI: paper and pencil interviewing）
　　　→ 調査材料
紙の用具（paper instrument）
　　　→ 調査材料
喚起指標スコア（arousal index score）
　　　→ 喚起尺度
喚起尺度（arousal scale）
　環境心理学の分野において，回答者の情感がどれくらい喚起されているかを測定する尺度のこと．Toepoel et al. (2009b) を参照のこと．
感情温度計（feeling thermometer）
　意識や態度を測る1つの方法．たとえば，特定の対象に対する感情（きもち）を，0から100までの数値で答えてもらう．実際に，目盛や色をつけた温度計の図を用いることもある．感情温度計で測る値は，間隔尺度であることを想定している．これは視覚的アナログ尺度の1つの例である．　→ 尺度，視覚的アナログ尺度
完全にランダムな欠測（MCAR: missing completely at random）
　欠測になるかどうかが，当該調査で用いているいずれの変数にも依存していない状態のこと．「完全にランダムな欠測」である場合には，統計的推測において，1つでも欠測値や無回答があるデータ行を計算から除外しても偏りは生じない．
観測誤差（observation error）
　観測（測定）において生じる誤差のこと（p.281 の図を参照）．「測定誤差」ともいう．
　　　→ 測定誤差，総調査誤差
勧誘（invitation）
　調査への勧誘や協力依頼を行うことおよびその方式のこと．たとえば，電子メールによると，勧誘メール，案内電子メール，調査依頼メールなどがある．郵送では案内状や依頼状を事前に送るとき，あるいはこれらを調査票や謝礼などと同封にして送るなど，組み合わせによりさまざまな「勧誘方式」(invitation mode) がある．
勧誘方式（invitation mode）
　　　→ 勧誘
完了率（COMR: completion rate）
　調査対象者として「適格」であって回答を始めた人たちのうちで，調査を完了できた人たちの割合を，「完了率」もしくは「完答率」という．完了率は以下のように算出する．
　　完了率（COMR）
　　　= (I+P)/[(I+P) + (R+NC+O)]
ここで，I は質問すべてに回答して調査票を完了できた人数，P は一部に未回答があるが調査票を完了できた人数，R は少なくとも一部に回答をしたが回答拒否に転じた人数，NC は少なくとも一部に回答を始めたが

あなたは今の生活に満足していますか、それとも不満がありますか。
下に示した感情温度計で、「進む」あるいは「戻る」ボタンを押すと、温度が上下します。
上の質問について、ご自分の気持ちにもっとも合った位置の温度を選んでください。

図　感情温度計

　感情温度計は「視覚的アナログ尺度」の1つの例でもある．ここでは，「進む」あるいは「戻る」ボタンを押すと，温度計の右上の数字が変化する．この例では，ボタンを押して，満足度が「58度」としたときを示している．

応答がなくなった人数（たとえば接触できずに調査票が回収不能となったなど），Oはその他の人数である．Callegaro and DiSogra (2008)，Bethlehem and Biffignandi (2012, p.439) を参照のこと．AAPORの定める標準定義条項（AAPOR, 2016）では，これ以外のさまざまな測定指標（中断率，種々の回答率，拒否率，適格率，調査協力率など）が示されている． ⟶ 回答率，参加率，中断

基本項目の質問（baseline question）

「基準調査」（baseline survey）とは，「縦断的調査」で，初回調査（first survey）に実施される調査のことで，この後に続くフォローアップ調査と対比をなすものである．この「基準調査」は，「プロファイル調査」（profile survey）あるいは「登録調査」（registration survey）ともよばれる．この初回調査のパネル構成員は，パネル登録後にすべての項目に記入する（Couper, 2018, 私信）．このときに，基本項目の1つとして人口統計学的特性の情報を集める．

キャリーオーバー効果（carryover effect）

質問に対する回答が，それら質問をたずねる順番によって影響を受けることをいう．これは回答バイアスの要因となる．なお，後ろの質問への回答が前の質問への回答に一致する方向で影響を与える場合のみを"carryover"とし，後ろの質問への回答が前の質問への回答に一致しない方向に影響を与える場合を"backfire"ということがある（Tourangeau and Rasinski, 1988）． ⟶ 同化効果，対比効果

食い違い（gap）
⟶ 偏り

空白（間隔）（space, spacing）

調査票における空白や間隔のとり方のこと．文字間隔，フォント，配列などが回答に影響することが知られている．ウェブ調査は，質問紙型の調査と比べて，空白や間隔のとり方を柔軟に設定できる．たとえば，回答選択肢を，「双方向的なグリッド形式」で配置することができる．この点で質問紙型とは異なる柔軟な設計が可能となる．欠点としては，このようなグリッド形式にすると，たとえば，回答者がすべての（あるいはほとんどすべての）質問項目で同じ回答選択肢を選ぶ「ストレートライニング」を生じやすくなる． ⟶ グリッド，ストレートライニング，労働最小化行動，識別化

クォータ法（quota sampling, quota sample）

特定の補助変数（例：人口統計学的変数）に関して母集団分布と標本分布が一致するように，調査対象者を選択する方法のこと．「割当法」ともいう．有意抽出法の1つ．たとえば，米国におけるクォータ法では，地域の層別，地域の抽出，調査地点のブロックの抽出までは，確率抽出で行う．しかし，調査地点を抽出したあと，人口統計学的項目（性別や人種）など，国勢調査データにもとづく指示された割当情報（quota）に合わせて，決められた人数を満たすように，各調査員が調査対象者を選ぶ．よって，クォータ法によって得られた標本は，確率標本ではない．市場調査などでは緩やかに考えて，リサーチャーの判断にもとづき母集団の副集団を作り，個人の要素を選出することを行う．ウェブ調査では，これを変則的に解釈して，たとえば，国勢調査情報にもとづいて人口統計学的変数について割りつけを行い，その情報に合わせて登録パネル（つまり，標本抽出枠相当）を作り，そこから無作為抽出などで計画標本を作る．これもまた，完全な確率標本とはなってはいない．クォータ法については鈴木・高橋 (1998)，Lohr (2010)，林（編）(2017) を参照のこと．

クッキー（cookie, HTTP cookie）

ウェブ・サーバとウェブ・ブラウザ間の状態を管理するプロトコルの1つ．保存したい情報は，ウェブ・サイト（ウェブ・サーバ）側が指定し，その情報はブラウザに保存される．ブラウザの利用者の識別，利用環境属性に関する情報，サイトを訪れた日時などの記録などが行える．たとえば，ウェブ調査では，調査票のどのページにいつアクセスしたかなどの情報を保存することができる．こうした仕組みをパラデータの取得などに用いることがある． ⟶ パラデータ

グラフィックの手がかり（graphical cue,

graphical hint)

回答者が，回答選択肢を選ぶときに，判断の目安となるような，あるいは誤認を避けることができるようなグラフィカルな標識のこと．たとえば，金額を記入してもらう場合，回答入力ボックスの左横に貨幣単位のマーク（例：ドルマーク（$）や円マーク（¥））をつける，あるいは右横に貨幣単位を示す（例：_____ dollars；_____ 円）．また金額の記入単位がわかるようにカラムを仕切るなどする．なお，回答入力ボックスの欄に，「半角数字で入力」などの回答指示を入れておき，回答者はそれに注意して記入するという方法も使われる．──→ 視覚的な手がかり，ラベル

クリッカブル URL（clickable URL）

電子メールの受信メッセージやウェブ・ページ内に示された URL（uniform resource locator）のうち，クリックすると，その URL の示すリソース（ウェブ・ページや電子メールの宛先）にアクセスし，ウェブ・ページを表示する機能のこと．ウェブ・ブラウザが自動的に起動したり，画面が遷移したりして，指定されている URL のページが表示される．ウェブ調査では，電子メールで調査対象者宛に送った調査依頼状の中に，調査票に誘導するために，クリッカブル URL を用意し，回答者がこれをクリックすると調査票が画面上に開かれ回答が始まるというように用いる．

クリック・アンド・スクロール（click-and-scroll）

コンピュータ用語の「クリック」とは，動作音の擬態語から出た言葉で，マウスのボタンを押すこと．「スクロール」とは，画面内に表示しきれない，あるいは見えない部分を閲覧するために，マウスの操作で表示画面の内容を上下左右に移動させること．「クリック・アンド・スクロール」とは，それら両者の動作を行うこと．またそのためのインターフェースをクリック・アンド・スクロール・インターフェース（click-and-scroll interface）という．

クリックスルー率（CTR: click-through rate）

インターネット広告の効果を測る指標の1つ．ある広告がクリックされた回数を，その広告が表示された回数（露出総回数）で割った割合のこと．「クリック率」「クリックレート」ともいう．

グリッド（grid）

質問に含まれる複数の回答選択肢を，1つのマトリクス（行列）として，同じ枠内にまとめて表した質問群のこと．通常は，質問項目を行側に，回答選択肢を列側に配置する（まれに，逆向きに配置することがある）．これを「マトリクス形式」や「グリッド形式」という．複数の質問を1ページに配置できるので，画面の空白を節約できる．また，同一の回答選択肢なので，質問の関連性を視覚的に強調できる．しかし，ストレートライニングを助長する，行や回答選択肢を見落として項目無回答となる，などの欠点もある．また回答選択肢数が増えることで回答負担が増すこと，中断や無回答が増えることが知られている．グリッド形式は便利ではあるが，こうした欠点を回避できるようなレイアウトの工夫が必要である．第6章の図6.4を参照のこと．──→ 双方向的な入力形式，無回答，中断

グリッド形式の質問（grid question）
──→ グリッド

クロンバックの α 係数（Cronbach's alpha coefficient）

尺度の信頼性，つまり質問項目間の一貫性（internal consistency）を測る指標の1つ．これを単に「α 係数（アルファ係数）」「信頼性係数」ともいう．

いま k 個の質問項目の評点（スコア）の合計を T とする．質問項目の評点間の共分散を s_{ij}，各質問項目の評点の分散を $s_i^2 = s_{ii}$，T の分散を s_T^2 と記す．また，同一対象者について類似した調査環境で，あるいはほぼ同じ時点で測定した別の k 個の質問項目の評点の合計を U で，その分散を s_U^2 と記す．このときクロンバックの α 係数は，T と U の間の相関係数 $\dfrac{Cov(T, U)}{S_T S_U}$ をおおまかに推定した指標である．ここで T は観測されるが，U は

通常は観測されないので，共分散 $Cov(T, U)$ や分散 s_U^2 を計算できない．そこで，以下のような近似の関係を前提として求める．
① $S_U \approx S_T$，つまり，U の分散は T の分散と同じであると仮定する．
② $Cov(T, U) \approx k^2 \frac{\sum_{i \neq j} s_{ij}}{k(k-1)}$，つまり，$U$ を構成する質問項目と T を構成する質問項目との共分散の平均は，T を構成する質問項目間のすべての組み合わせから得た共分散の平均に等しいと仮定する．ここで，平均を求めるとき，同じ質問項目どうしの共分散（すなわち分散）は除外する．

クロンバックの α 係数はこれらの近似を利用して，以下のように定義される．

$$\alpha = \frac{k^2 \frac{\sum_{i \neq j} s_{ij}}{k(k-1)}}{S_T^2} \approx \frac{Cov(T, U)}{S_T S_U}$$
$$= \frac{k}{k-1}\left(1 - \frac{\sum_i s_i^2}{S_T^2}\right)$$

質問項目の評点が標準化されている場合には，$s_i^2 = 1$ であるので，上式は，

$$\alpha = \frac{k}{k-1}\left(1 - \frac{k}{S_{Tz}^2}\right)$$

となる．ここで S_{Tz}^2 は，標準化した質問項目の評点の合計の分散である．クロンバックの α 係数を求める式は，

$$\alpha = \frac{k^2 \frac{\sum_{i \neq j} s_{ij}}{k(k-1)}}{S_T^2} = \frac{k}{k-1}\left(\frac{\sum_{i \neq j} s_{ij}}{\sum_{i,j} s_{ij}}\right)$$
$$= \frac{k}{k-1}\left(\frac{\sum_{i \neq j} s_{ij}}{\sum_i s_i^2 + \sum_{i \neq j} s_{ij}}\right)$$

と表すこともできる．ここで，質問項目の評点が標準化されている場合には，s_{ij} が相関係数 (r_{ij}) となること，$s_i^2 = 1$ となることに注意して上式を変形すると，

$$\alpha = \frac{k}{k-1}\left(\frac{k(k-1)\bar{r}}{k + k(k-1)\bar{r}}\right) = \frac{k\bar{r}}{1 + (k-1)\bar{r}}$$

となる．ここで $\bar{r}$ は $i \neq j$ であるすべての相関係数の平均である．この相関係数の平均 $\bar{r}$ が大きいほど，あるいは質問項目の個数 (k) が多いほど，α は大きくなる．大隅（監訳）(2011, pp.297-298)，Everitt (1999) を参照のこと．

傾向確率（propensity probability）
　→ 傾向スコア

傾向スコア（propensity score）
　「傾向スコア法」は，もともとは，無作為化（ランダム化）が行えないような観察研究において，処置の効果（effect of the treatment）を推定する方法として考えられた．いま処置群と対照群の2群があったときに，その平均の差違（平均差）を偏りなく推定したい．しかし，これらの群が無作為に割りつけられていないと，通常の単純な方法で求めた平均差を処置の効果として扱うと，偏りが生じる．傾向スコア法は，その偏り（処置群と対照群との差違を処置の効果としたときの偏り）を調整する方法の1つとして提案された．そして，観察研究において処置群のほうに属する確率が「傾向スコア」（あるいは傾向確率）である．本書における「傾向スコア」とは，標本のある構成員が当該調査と基準となる調査のいずれか1つに参加するときに，当該調査に参加する確率のことをいう．
　→ 加重調整法

傾向スコアによる調整（PSA: propensity score adjustment）
　→ 傾向スコア

傾向スコア法
　→ 傾向スコア

ゲイズ・プロット（gaze plot）
　アイトラッキング装置を用いた調査の結果を視覚的に表すグラフィカル表現の1つ．視線の位置追跡と注視度，滞留時間などを視覚化した情報．アイトラッキングの調査の結果を用いて，画面内の視線滞留時間の多少を「ヒートマップ」というグラフで表す場合もある．→ アイトラッキング

携帯電話調査（mobile telephone survey, cellar phone survey）
　調査材料として，携帯電話を用いる調査方式のこと．「モバイル調査」「携帯端末調査」などともいう．スマートフォンへの移行が進んで，従来のコンピュータ利用のウェブ調査と同じような設計が行えるようになってきた．しかし，画面の大きさや表示のフォントサイズ，文字数の制約，通信回線の制約な

どがあるため，まったく同じ設計とはならない．米国では従来のCATIやウェブ調査に代わる携帯電話調査やモバイル・オンライン調査の利用上の課題などが議論されている（AAPOR, 2014に詳しい）．また，日本国内でも携帯電話による電話聴取も行われるようになってきた（川本・小野寺，2015；小野寺・塚本，2015）．

系統的なずれ（systematic discrepancy）
　系統的な偏り（バイアス），つまり系統誤差のこと．─→ 偏り，総調査誤差

欠測回答（missing answer）
─→ 欠測値

欠測値（missing data）
　測定が行われず欠測となること．調査であれば，さまざまな理由で調査対象者から回答が得られず「欠測回答」となる．回答者が回答を記入しない，無回答である，回答を拒否するなどの理由で，欠測・欠損が生じる．「回答記入漏れ」「回答漏れ」などともいう．欠測データ率は，欠測が生じる割合のこと．
─→ 項目欠測，項目無回答，調査不能

欠測データ率（missing data rate）
─→ 欠測値

言語的な手がかり（verbal cue）
　回答選択肢の尺度点に「言語ラベル」をつけて，回答者の回答を助ける情報とすること．言語ラベルとは，選択肢の付与情報を言葉で表した標識のこと．また，数値ラベルとは，選択肢の付与情報を数字で示した標識のこと．─→ 視覚的な手がかり

言語ラベル（verbal label）
─→ 言語的な手がかり

現物支給の謝礼（in-kind incentive）
─→ 謝礼

効果の大きさ（effect size）
　効果がどれくらいの大きさであるかを示す指標の一般的な呼称．たとえば，処置群と対照群の「平均差」や，それら2群の「オッズ比」を，「効果の大きさ」や「効果量」とよんでいる．複数の調査研究を比較するメタ分析で用いることがある（第5章の分析例と訳注［7］を参照）．本書で引用したTourangeau et al. (2013) を参照のこと．

効果の大きさの平均（mean effect size）
─→ 効果の大きさ

交互作用（interaction）
─→ 相互作用

交互作用項（interaction term）
─→ 相互作用

校正（calibration）
　一般に，推定量の偏りを減らす計算手順のことをいう．とくに，補助変数（たとえば人口統計学的変数）を用いて，目標変数における推定の偏りを減らす手法をさす．たとえば，推定量の期待値が母集団総和の真値と等しくなるように補助変数によって加重調整を行う．事後層化法は，このような校正の1つである．─→ 補助変数，目標変数，事後層化法

構成概念（construct）
　研究者や調査実施者が調査に先だって抱く，抽象的な構想や概念のことをいう．調査設計や調査票を作成するときには，この構成概念を念頭に，実際に測定できる形へと変換する．構成概念には，抽象度が高いものから，低いものまである．たとえば，「個人の財政状態の今後の見通し」や「個人の幸福度」などはかなり抽象的である．一方，「壁に落書きがあった，その被害世帯は誰か」や「ビールの消費量はどの程度か」は比較的具体的である．Groves et al. (2009), 大隅（監訳）(2011) を参照のこと．

校正に用いる調査（calibration survey）
─→ 校正

校正による加重調整（calibration weighting）
─→ 校正

校正による標本（calibration sample）
─→ 校正

項目欠測（item missing）
　回収した調査票のいくつかの質問項目で回答が得られず，部分的に欠測となること．
─→ 項目無回答，調査不能

項目無回答（item nonresponse）
　回収できた調査票のいくつかの質問にはきちんと回答されているが，質問によっては，無回答となった状態のこと．よって，調査票には，部分的には回答が記入されている．

⟶ 項目欠測，調査不能
個々の状況に合わせた双方向的なフィードバック（tailored interactive feedback）
　回答者の個々の状況に合わせて調整された（あつらえた），双方向的なフィードバックのこと．
誤差発生源（source of error）
　⟶ 総調査誤差
戸籍簿（official family register）
　⟶ 人口登録簿
コミュニケーション・チャネル（communication channel）
　⟶ 情報伝達経路
混合主導型（mixed initiative）
　調査内容の説明を回答者に提示するとき，回答者自身が明確な説明を求めてクリックする場合を「回答者主導型」という．これに対して，回答者がクリックしたときだけでなく，一定の時間以上を経過し，かりに無応答状態になったときにも，明確な説明を提示する場合を「混合主導型」という．
混合方式（mixed-mode, multiple mode, multimode, multi-mode）
　「混合方式による調査」とは，さまざまなデータ収集方式を組み合わせて行う調査のこと．調査時点（同時的か逐次的か）の違い，標本抽出枠（1つか複数か）の違い，調査方式（郵送，電話，ウェブなど）の違いなどの組み合わせ方により，さまざま混合方式が考えられる．「複合方式」（blended, combined），「マルチモード」（multi-mode），「多重モード」（multiple mode），「ハイブリッド」（hybrid），「並行方式」などとよぶこともある．混合方式は，大別して「同時並行的」（concurrently）に相異なる群に異なる調査方式を用いる「同時混合方式設計」と，「逐次的」（sequentially）に複数の調査方式で，調査時点をずらして調査を行う「逐次混合方式設計」がある（de Leeuw, 2005; de Leeuw et al., 2008; Dillman et al., 2014; Bethlehem and Biffignandi, 2012, 7章）．異なるデータ収集方式と，回答者による異なる情報伝達方式を必要とするデータ収集システムのことを「混合方式によるシステム」という．

例1：回答者が，回答時にウェブ調査と郵送調査の回答方式のうち，いずれかを自由に選ぶ（同時混合方式）
例2：回答者群ごとに，別々の収集方式で行う（同時混合方式）
例3：はじめにウェブ調査で回答を依頼し，一定期間後に無回答であった人に対してフォローアップ調査として郵送調査を行う（逐次混合方式）
例4：日本の統計局では，国勢調査で「並行方式」という呼称を用いている
混合方式におけるウェブ方式の選択（web option in mixed-mode）
　ウェブ調査を回答時の調査方式の1つとして選択できるよう提供すること．たとえば，複数の調査方式を用いる混合方式の調査で，回答者がある段階でウェブ方式を選ぶこと．
　⟶ 混合方式
混合方式によるシステム（mixed-mode system）
　⟶ 混合方式
混合方式による調査（mixed-mode survey）
　⟶ 混合方式
コンピュータ支援による調査情報の収集（CASIC: computer-assisted survey information collection）
　コンピュータを利用して調査に関連する情報の収集を行う活動の総称．調査データの準備，収集や取得，およびこれらを行うための処理手順の準備，保守や管理，そしてこれら全体を適切に運用するために調査実施過程の全体を通じてコンピュータを効率的に利用することをいう．電子的データ収集の初期には「コンピュータ支援によるデータ収集」（CADAC）がある（Saris, 1991）．CASICについてはCouper et al. (1998)に詳しい．しかし，この本の刊行時は，インターネットやウェブが現在のようには普及していなかったことから，最近の事情が十分に反映されていない．しかし，この時点からみた将来展望を述べた報告もあるので（Clayton and Werking, 1998, 27章; Blyth, 1998, 28章; Baker, 1998, 29章），当時とちょうど20年を

経過した現在を比べてみることは意味がある．

コンピュータ支援のウェブ調査（CAWI: computer-assisted web interviewing）

回答者が，インターネットを介して調査票に回答する自記式調査．いわゆるウェブ調査のこと． → ウェブ調査

コンピュータ支援の個人面接方式（コンピュータ支援個別面接法）（CAPI: computer-assisted personal interviewing）

調査員によるコンピュータ支援による面接聴取方法の1つ．調査員による調査のうち，（調査員が用意した）コンピュータの画面上に表示された質問文を調査員が読み上げ，それに対する回答者の回答を調査員がコンピュータに入力する方式のこと． → コンピュータ支援の面接聴取法（CAI）

コンピュータ支援の自記式調査票方式（CSAQ: computer-assisted self-administered questionnaire）

コンピュータ支援による自記式調査の総称．通常は調査員を必要としない自記式の電子的データ収集方式のこと．回答者が，自分の見ているコンピュータに表示された調査票に回答を行うデータ収集方式．たとえば，ディスク郵送法（DBM），電子メール調査，ウェブ調査などがこれに含まれる． → コンピュータ支援の自答式（CASI），ウェブ調査，自記式調査票

コンピュータ支援の自答式（CASI: computer-assisted self-interviewing）

回答者が，自らのコンピュータを操作し，画面上に表示された調査票に自分で回答するデータ収集方式．調査員がコンピュータを用意することもある．これから派生したさまざまな調査方式がある．たとえば，「テキスト対応のCASI」（TCASI: Text CASI），「聴覚的なCASI」（ACASI: Audio CASI），「視覚的なCASI」（VCASI: Video CASI）がある．Bethlehem and Biffignandi（2012, p. 184）を参照のこと． → コンピュータ支援の自記式調査票方式，オーディオ・コンピュータ支援の自答式（ACASI）

コンピュータ支援のデータ収集（CADAC: computer-assisted data collection）
 → コンピュータ支援による調査情報の収集

コンピュータ支援の電話聴取方式（コンピュータ支援電話面接法）（CATI: computer-assisted telephone interviewing）

コンピュータを用いた電話聴取で行う調査方式のこと．調査員が電話で調査対象者に接触し，コンピュータの画面上に表示された質問文を読み上げ，それに対する回答者の回答を調査員がコンピュータに入力する方式のこと．コンピュータ支援による電話聴取は，間接的な面接聴取と考えられる．なお，一般に，RDD方式を用いて調査対象者を選び，このCATI方式で調査を行う． → RDD方式による標本抽出，電話調査

コンピュータ支援の面接聴取法（CAI: computer-assisted interviewing）

調査員による「面接聴取」を伴うコンピュータ支援による面接方式の総称．印刷された調査票は用いず，コンピュータ上に示される質問あるいは調査票を用いて聴取（面接）を行う方式．これは聴覚的な情報伝達経路で回答を取得する場合に相当し，調査員は間接的に調査対象者と接触する．たとえば，CAPI，CATI，TDE（touchtone data entry），IVR（interactive voice response；あるいはT-ACASI）などの調査方式がこれに相当する． → コンピュータ支援の個人面接方式（コンピュータ支援個別面接法），コンピュータ支援の電話聴取方式（コンピュータ支援電話面接法），音声自動応答方式

コンピュータでアニメ化したバーチャル調査員（computer-animated virtual interviewer）

「バーチャル調査員」とは，調査実施の状況をコンピュータの画面上やブラウザに，動画として映す仮想的な調査員のこと．生身の調査員のように，特定の年齢，人種，性別といった特徴を備えている． → 生身の調査員

差違（差異）（difference）
 → 偏り

サフィックス（加入者番号）（suffix）
 → エリア・コード（市外局番）

参加確率(probability of participation, chance of participation, participation probability, participation propensity)
⟶ 傾向スコア

参加率(participation rate)
　ウェブ調査，とくにボランティア・パネル（自己参加型パネル）にもとづくウェブ調査では，回答率の算出が難しい場合がある．そこで，回答率に代わる指標として参加率が用いられる．参加率は，おおまかには，［勧誘に応じてその調査に回答し完了した人数］/［その調査に勧誘したパネル・メンバーの人数］で算出される．この参加率は，完了率（完答率）に相当すると考えられる．なお，ISO26362（ISO, 2009）やAAPORでは，非確率的パネルを用いたウェブ調査の場合には，この参加率を用いることを推奨している．
⟶ 回答率，完了率

参照調査(reference survey)
　ある調査から母集団特性値の不偏推定値を得たい場合に，その母集団における補助変数の分布を知るための調査のこと．たとえば，あるウェブ調査の回答者を調べるときに，並行して参照・基準として用いる別の調査方式（たとえばRDD方式の電話調査）による調査を行って，ウェブ調査の結果を調整することがある．このとき，この参照・基準とする調査は，カバレッジ誤差や選択バイアスがないこと（あるいは少ないこと）が前提となる．
⟶ 補助変数，調査変数，校正，ベンチマーク調査

サンプリング・フレーム(sampling frame)
⟶ 枠母集団

サンプル・マッチング(sample matching)
⟶ 標本整合

恣意的抽出(judgement sampling)
⟶ 有意抽出

視覚的アナログ尺度(VAS: visual analog scale)
　回答選択肢の作り方の1つ．図に表した尺度上で回答者が自分の回答に合った位置を選べるようにした回答方式のこと．たとえば，自記式の質問紙の上に，0点から100点まで10点おきに目盛をつけたモノサシの図を用意して，このモノサシのどこに自分の意見が位置するかを回答者にチェックしてもらうという方法がある．ウェブ調査では，「スライダー・バー」を用いてモノサシのスライダーを移動させる，あるいは（モノサシの横に置いた）テキスト・ボックスに数値を入力するとスライダー・バーが回答者の選びたい位置（意見）に移動するなどの方法がある．
⟶ 確率尺度，感情温度計，スライダー・バー

視覚的な手がかり(visual cue, visual hint)
　調査票の質問や回答選択肢に，視覚的な加工をすること．たとえば，選択肢を記す文字色，文字間隔，尺度点の配置（間隔）を変える，グラフィカルなアイコンを使うなどがある．注目すべき箇所を強調したり，入力ミスを回避させるなどの効果が期待される．ウェブ調査では，画像や動画を利用することも可能である．一方，こうした加工を施すと，とくに過剰な修飾は，さまざまな測定誤差が生じる原因となることがある．⟶ 言語的な手がかり

視覚的なデータ収集方式(visual mode of data collection)
⟶ 視覚伝達経路

視覚伝達経路(visual channel)
　調査における情報伝達の経路を「聴覚的」「視覚的」と分けることがある．これに従うと，郵送調査やウェブ調査のような自記式のデータ収集方式では，回答者との情報のやりとりは主に視覚的である．⟶ 情報伝達経路，調査方式，コンピュータ支援の自記式調査票方式，コンピュータ支援の面接聴取法

自記式調査票(SAQ: self-administered questionnaire)
　回答者が自分で回答を記入する調査票のこと（自記式調査で用いる調査票のこと）．質問紙を用いる郵送調査や電子調査票を用いるウェブ調査がこれに該当する．とくに，コンピュータ支援（CA: computer-assisted）の自記式をCSAQという．たとえば，ウェブ調査はこれに該当する．Groves et al. (2009), Smith (2011) を参照のこと．⟶ コンピュータ支援の自記式調査票方式，調査方式，コンピュータ支援の自答式（CASI）

識別化（differentiation）
　"differentiation"に「識別化」の訳を当てた．これは，「非識別化」（non-differentiation）の対比として使われる．「識別化」とは，回答者が質問文や回答選択肢の意味を理解し回答の判断や回答選択肢を選ぶ傾向をいう．これに対して「非識別化」とは，回答の判断や選択に差がなく，同じ回答選択肢を選ぶ傾向をいう．回答の判断に「差が少ないこと」（less differentiation）といった言い方もある．この非識別化は，「労働最小化行動」の1つであり，これの「極端な例」（a very strong form of satisficing）として，「ストレートライニング」（straightlining）がある．→ 労働最小化行動，ストレートライニング

自己参加型の登録者（self-selected panelist）
→ 自己参加型パネル

自己参加型の標本（self-selected sample）
→ 自己参加型パネル

自己参加型のボランティアからなる標本（self-selected sample of volunteers）
→ 自己参加型パネル

自己参加型のボランティア・パネル（self-selected volunteer panel）
→ 自己参加型パネル

自己参加型パネル（self-selection panel）
　オンライン上のバナー（広告），ポップアップ・ウィンドウ，その他のメディア広告（たとえば，ラジオ，TV，新聞）の調査勧誘・募集情報を得て参加する人たちから構成されるウェブ・パネルのこと．「ボランティア・パネル」あるいは「オプトイン・パネル」ともいう．ボランティア・パネルは，非確率的パネルとなる．調査に参加するかどうかを決めるのは，その人たちの個人の意思に任せられる（self-selected, self-selection）．なお，"self-selection"の訳あるいは同義の言葉として，「自己報告」「自己選択」「公募」「公募型」「募集」「募集法」「応募」「応募法」など，いろいろある．「自己参加型調査」とは，こうしたボランティア・ウェブ・パネルを用いて行う調査のこと．なお「公募型」に対して，確率的パネルあるいはそれに近いウェブ・パネルを「非公募型」とよぶことがある（大隅ほか，2007，2008；大隅，2010）．→ アクセス・パネル，プロの回答者，確率的パネル

事後層化法（post-stratification）
　母集団をいくつかの層に分けて，推定値を調整する加重調整法の1つ．各層内のすべての要素に同じ加重を，層ごとに異なる加重を割り当てる．層が等質であれば，精度のよい推定量となる．Gelman and Carlin (2002), Bethlehem and Biffignandi (2012) を参照のこと．→ 加重調整法

事後層化法による推定量（post-stratification estimator）
　事後層化法による加重調整で得られる推定のための統計量（推定量）のこと．

事後調査
→ フォローアップ調査

自己報告のあった発生率（reported prevalence）
→ 発生率

事前公募型のパネル（pre-recruited panel）
　確率抽出を用いて得られる標本にもとづくウェブ・パネルのこと．Couperによる8分類のうちの第7の分類区分に相当する確率的パネルのこと．2つの種類が考えられる．1つは，一般母集団の標本を選ぶ際に，従来の抽出方法にもとづき（例：RDDによる）標本を抽出し，その標本構成員をスクリーニングし，インターネットにアクセスできる人だけをパネルとする．もう1つは，同じように従来の抽出方法で標本を抽出し，一般母集団全体を代表するように，インターネットのアクセス権をもたない人にそのアクセス権を提供する．目標母集団が，前者はインターネット母集団であり，後者は一般母集団である．いずれにしても，標本抽出枠に相当するリストが必要であり，このリストから確率抽出により標本を作る．第2章の表2.1を参照のこと．

実質的ではない回答（non-substantive answer, non-substantive response）
　提示された回答選択肢の中に回答者が選びたい回答がないこと．たとえば，「実質的ではない回答選択肢」とは，「わからない」（DK：Don't know），「おぼえていない」「答えたく

ない」「とくにない,どちらともいえない」(No opinion) のような回答のことをいう.これに対して,「実質的な回答」とは,回答者にとって「自分の意にそった適切な回答選択肢」があることをいう.

実質的ではない回答選択肢(non-substantive option)
⟶ 実質的ではない回答

実質的な回答(substantive answer, substantive response)
⟶ 実質的ではない回答

質的インタビュー(qualitative interview)
⟶ 定性型面接

質問紙（質問紙型調査票）(paper questionnaire)
⟶ 調査材料

質問の順序効果(order effect of items)
⟶ キャリーオーバー効果

質問の省略(skip)
「質問の省略」あるいは「スキップ」とは前に置かれたある質問の回答にもとづいて,それに続く質問文や指定された別の質問文に分岐・移動すること.「自動スキップ」(質問の省略を自動的に行うこと)は,回答者が選んだ回答選択肢に合わせて,次に進むべき質問文や回答選択肢を決めて分岐進行させるような処理を自動的に行うこと.「分岐処理」「スキップ・パターン」は,異なる質問の省略や移動を組み合わせること.「埋め込み」とは,ある質問文の一部に,それより前にある質問に対して回答者が選んだ情報（単語や短い語句,文章など）を,その質問の中に挿入し表示すること.「挿入,穴埋め,差し込み,詰め物」の意味に近い.「埋め込み」は,「パイピング」または「パイピング処理」ということがある.Couper (2008a), Grover and Vriens (2006, pp.138-140) を参照のこと.
⟶ ルーティング,回答の制御（回答経路の制御）

自動的な回答経路設定（automatic routing）
⟶ 回答の制御（回答経路の制御）

自動ルーティング（automated routing）
⟶ ルーティング

社会科学のための縦断的インターネット調査(LISS: Longitudinal Internet studies for the Social Sciences)

LISS および CentERpanel は,オランダの CentERdata が管理運用するウェブ・パネル.いずれもパネル構成員の募集方法は確率標本として集められる.CentERdata とは,オランダのティルブルフ大学の調査機関である.LISS パネルは,CentERpanel とは別に作られた確率的パネルであり（ただし構築方法は類似している）,継続的調査や科学的調査基盤の整備を目的に CentERdata により構築された共有パネルである.LISS パネルはまず,オランダの人口登録簿から無作為に抽出した世帯にもとづき初期の標本を構築する.その抽出した世帯に対して CAPI または CATI でパネルへの参加登録をよびかける.インターネット利用の可否を調べ,インターネット非利用者に対しては,CentERdata が用意したセットトップ・ボックス（TV に接続可能な家庭用通信端末）を

Q11 ではここで,初めの質問「Q1」でおたずねした,最近3ヵ月間にお読みになった「●●●冊」の本についてお聞きします.その中で,「電子書籍」は何冊ありましたか.
（ここで電子書籍とは,専用の電子書籍端末やパソコンで読める本の他,ケータイ小説,ケータイコミックも含みます.）
なおここで,次の3つのいずれかを選んでください.また,はじめの2つのいずれかを選んだ場合は,冊数も記入してください.

○ 1. お答えの ●●●冊 のうち電子書籍は ☐ 冊くらい読んだ
○ 2. 初めの質問（Q1）で「電子書籍」まで考えていなかったが ☐ 冊くらい読んだ
○ 3. 電子書籍はなにも読まなかった

図　分岐,埋め込み処理の例
「●●●」に回答者の記入した数値が入る.

支給して，インターネット・アクセスが可能な環境を用意する．LISS パネルの詳細は，Bethlehem and Biffignandi（2011, pp. 65-66, 127-128），Das et al.（2011, 4.4 節, pp. 87-101），Schonlau and Couper（2017）を参照のこと．──→ GfK ナレッジパネル，確率的パネル

社会的存在感（social presence）
　実際の人間がいることを心に抱く感覚のこと．つまり「相手がそこにいると感じられる程度」のこと．回答者が回答する際に，人間の調査員や調査者が存在していると抱く心理的な感覚のこと．たとえば，ウェブ調査の調査票に，人間らしさの手がかりを取り入れバーチャル調査員を設定することで，回答者はそこに誰かがいることを強く意識するようになる．なお，バーチャル調査員や生身の調査員の人種，表情，態度，言葉づかいなどがきっかけとなって回答者と調査員との間のやりとりに影響が及ぶような状況が生まれること．Groves et al.（2009, 5.1.4 節），大隅（監訳）（2011, 5.1.4 節）を参照のこと．

社会的に望ましい行動（socially desirable behavior）
　──→ 社会的望ましさ

社会的に望ましくない行動（socially undesirable behavior）
　──→ 社会的望ましさ

社会的望ましさ（social desirability）
　回答者が，自分の気持ちに合った本当の回答を答えるのではなく，一般に社会的に好ましいとされている回答を選びやすい傾向のこと．とくに，社会的望ましさによる回答の偏り（「社会的望ましさの偏り（バイアス）」という）は，微妙な質問の場合に起こりやすい．Bethlehem and Biffignandi（2012, p. 118），Grover and Vriens（2006, pp. 97-98），Mick（1996, p. 106），中島ほか（編）（1999, p. 375）を参照のこと．──→ 微妙な内容の質問，黙従傾向

社会的望ましさのある回答（SDR: socially desirable responding）
　──→ 社会的望ましさ

社会的望ましさの偏り（social desirability bias）
　──→ 社会的望ましさ

尺度（scale）
　意識・意見・態度・行動を測る心理的尺度や，人口統計学的特性を測る尺度など，いろいろな「尺度」がある．これを「評価尺度」「評定尺度」などということがある．尺度にもとづき調査対象に対して特定の数値を与えることを「尺度構成」（スケーリング）という．調査票による調査では，たとえばリッカート尺度ならば，「非常にそう思う」「まあそう思う」「どちらともいえない」「そうは思わない」「まったくそう思わない」などの回答選択肢から，回答者にいずれかを選択してもらう．尺度の回答選択肢の位置を示す情報のことを「尺度点」という．標識をつける，数値を付与する，アイコンをつけるなどで尺度点の位置を示す．「どちらともいえない」を「中立点」という．尺度点に付与した数値コードのことを「スコア」（評点）という．これを「評定値」「評定スコア」などともいう．尺度には，大まかに分けると，名義尺度（名目尺度，分類尺度），順序尺度（順位尺度），間隔尺度（区間尺度），比例尺度（比尺度）がある．名義尺度と順序尺度の測定値を「質的データ」，間隔尺度や比例尺度の測定値を「量的データ」とよぶ．なお，質的データは原則として，四則演算の適用は難しい．──→ 単極尺度

尺度点（scale point）
　──→ 尺度

謝礼（incentive）
　ここでは，調査への回答作業に対する対価として，調査実施者側から与えられる謝礼のこと．謝礼には，金銭や現物支給による謝礼（これは前払い制と後払い制がある），抽選による景品配布，宝くじ方式，ポイント制などいろいろある．謝礼を提供する目的は回答率の向上にあるとされる．前払い制の現金あるいはそれに相当する謝礼が効果的とされる．文房具や図書カードなどが用いられることもある．ウェブ調査では事前の現物支給が利用できないので，抽選による景品，宝くじ，ポイント制などが用いられる．とくに，ボランティア・パネルでは，個人を正確に確認する

ために（ポイントに相当する金額の振込先により本人であることを認証するために），ポイント制を用いることが多い．⎯⎯→ プロの回答者

謝礼方式（incentive based）
⎯⎯→ 謝礼

自由回答質問（open question, open-ended question）

　自由回答質問（自由回答型質問，自由記述型質問）とは，質問に対する回答選択肢群がなく，文章，語句，数値などを回答として記入してもらう質問文のこと．選択肢型質問では，一定の選択肢を用意するが，自由回答質問ではそうした選択肢群を設けない．自由回答の質問方式には，いくつかの種類がある．①まったく自由に回答を記述してもらう，②比較的短い文章の中に意図的に空白を作り，その空白部に，文章や言葉などを書き入れてもらい文章を完成させる（文章完成法），③短い文字列，たとえば，日付，所得金額，カード番号，電話番号などをテキスト・ボックス（テキスト・フィールド）に書き入れてもらうなどがある．

　自由回答型質問を用いる利点として，①調査者側が予期していなかった思いがけない意見や回答が得られることがある，②回答者がはじめに思い浮かんだ事象から，つまり記憶の深い内容から記述してもらえることが期待できる，③回答選択肢として示すことが難しいとき，あるいは回答選択肢が回答に影響を及ぼすと考えられるときにそれを回避できる，④本調査の質問文の回答選択肢を作るため，予備調査として自由回答で得た回答文の内容から特徴的な意見を，ポストコーディングで拾い出すために用いるなどがある．

　欠点としては，①得られた自由回答文から重要語句をポストコーディングにより拾い出す作業があり，しかもこれが場合によっては困難である（コーダの判断の違いなどでバラツキが生じる），②質問内容によっては，十分な回答の記入量が得られない，「とくになし」や回答の未記入が多くなるなどがある．これらの欠点を回避するような自由回答の質問文を作成することは難しい．質問紙型調査では，自由回答のポストコーディングや電子的なファイルを作成するなどの手間がかかる．一方，ウェブ調査では，テキスト・ボックスやテキスト・フィールドに記入した回答を電子的に得られるという利点がある．自由回答型質問は，回答者の負担を増やすことから，これの利用は必要最小限にとどめるなど，慎重な対応が必要である．⎯⎯→ 選択肢型質問，予備調査

自由回答質問への回答（open-ended answer, open-ended response）
⎯⎯→ 自由回答質問

習慣維持率（rate of habit retention）

　この呼称のいくつかの指標がある．本書では，特定の習慣（すでに確立した行動を維持する傾向，あるいはすでに確立したライフスタイルの変化に一定の抵抗を示すこと）が続いている割合を「習慣維持率」としている．これとは別に，累積回答率の第2定義（CUMRR2）の計算では，保持率（retention rate）が使われている．これは，標本が抽出されたパネルにおいて最初のコホートから残っている人の割合である．⎯⎯→ 累積回答率（CUMRR）

住所にもとづく標本抽出（ABS: address-based sampling）

　住所（アドレス）を第1次抽出単位とした標本抽出のこと．標本抽出枠として郵便住所に含まれる住所情報を利用する．米国では，近年，RDDによる標本抽出に代わってこのABSを利用することが増えてきたといわれる．米国郵便公社（UPS: U. S. Postal Service）の提供するCDSF（Computerized Delivery Sequence File）を用いることができる（Link, 2010, p.19）．たとえば，世帯番号，居住棟，居住街区，道路情報，郵便番号（ZIP），都市名とコード，州名とコードなど20項目以上の情報がある．地域によって網羅率（カバレッジ）が異なるが，たとえばワシントン州あたりでは約96%の世帯の情報が網羅されている（Dillman, 2014）．AAPORは2016年にABSに関する特別委員会報告 "Task Force Report: Address-based Sampling, January 7, 2016" を発表し

た（AAPOR, 2016）．なお，日本国内では，標本抽出枠として住民基本台帳や選挙人名簿にもとづく抽出が可能である．これらの方法は調査対象への接触段階で住所を用いるという点では ABS に類似する．しかし，住民基本台帳や選挙人名簿を標本抽出枠に使った場合，抽出単位は個人である．一方，ABS の場合は，住所が第 1 次抽出単位となる．

縦断的調査（longitudinal survey）
同じ調査対象者に対して複数の観測時点で継続的に調査を行うこと．「継続的調査」あるいは「継続調査」とよぶことがある．
→ 横断的調査

自由に参加できる自己参加型の調査
（unrestricted self-selected survey）
→ 自己参加型パネル

周辺和重みづけ（rim weighting）
→ レイキング法

周辺和加重調整法（rim weighting）
→ レイキング法

順序尺度による質問（ordinal question）
選択肢型質問文の作り方の 1 つ．質問の回答選択肢として，順序尺度を想定した語句を用いること．たとえば，回答選択肢を「非常に満足」「まあ満足」「あまり満足ではない」「まったく満足ではない」とする．これに対して，「非常に満足」「まあ満足」「やや不満」「まったく不満」としたときは，名義尺度と考える（なお，これを順序尺度とする意見もある）．→ 単極性

順序バイアス（oreder bias）
→ キャリーオーバー効果

条件つき分岐（conditional branching）
→ 質問の省略

条件つきルーティング（conditional routing）
→ ルーティング

情報伝達経路（channel of communication, communication channel）
必要な情報を回答者に伝えるときの媒介となる情報伝達の経路や手段のこと．伝達経路は，「聴覚的なもの」と「視覚的なもの」に大別できる．前者の例として，調査員による面接や電話聴取があり，後者の例としては，調査対象者への郵便による質問紙の送付やオンライン経由による電子調査票の配信などがある．→ 調査方式，視覚伝達経路

初頭効果（primacy, primacy effect）
選択肢型質問で，回答選択肢の一覧の前のほうにある選択肢を回答者が選びやすいという現象のこと．「初頭効果」は，質問紙を用いる郵送調査や，電子調査票を用いるウェブ調査などの視覚的媒体を用いる自記式調査で起こりやすいとされる．一方，調査員の介入がある対面面接調査や電話調査では，後ろのほうにある選択肢を選びやすい「新近性効果」が起こりやすいとされる．→ 新近性効果，選択肢型質問

ショート・メッセージ・サービス（SMS: short message service）**による調査票**
「ショート・メッセージ」を用いた簡便型の調査票のこと．「ショート・メッセージ・サービス（SMS）」とは，携帯電話や PHS 間で短いテキスト（文章）のメッセージを送受信するサービスのこと．「テキスト・メッセージ」ともいう．送受信の単価が安いとされる．

処理誤差（processing error, error of processing）
調査後に収集データに対する加工・処理の諸過程で生じる誤差のこと．たとえば，エディティング，データ入出力・作表処理，コーディング，ポストコーディング，加重調整などの諸過程で生じる．→ データ・エディティング，総調査誤差

新近性効果（recency effect）
回答者が，回答選択肢の一覧内にある最後の選択肢を優先して選ぶ傾向があることを新近性効果（新近効果）という．これは，（聴覚的情報伝達となる質問を聴き取る）電話調査や（提示リストがなく，質問を調査員が読み上げるだけの）対面面接調査で起こりやすいとされる．とくに，質問項目数が多かったり，質問文のレイアウトが複雑な場合，回答者は質問文や回答選択肢の内容をよく確認（理解）せずに，後ろのほうにある回答選択肢を選ぶ傾向がある．→ 初頭効果，ストレートライニング，労働最小化行動，識別化

人口統計学的集団（demographic group）
→ 人口統計学的特性

人口統計学的特性（demographic characteristics）
　調査対象者の，社会的属性，地理的属性などの総称としてこれを用いる．具体的には，性別，年齢，職業，学歴，収入などの基本属性をはじめ，居住地域や居住年数，家族構成などを含む諸要因のこと．加重調整や校正を行う際の補助変数として用いることがある．通常，こうした回答者特性を「フェイスシート」として調査票に付ける．フェイスシートのいわれについて諸説あるが，かつては調査票の最初にこれらの属性項目を確認する「フェイスシート」あるいは「カバーシート」をつけたことから，「フェイス項目」とよぶこともある．現在は，これらの属性項目は調査票の最後に配置するのが一般的である．また，欧米の研究報告や書籍でフェイスシート，カバーシートの語句を用いた例はほとんどみられない．これは，かつては使われたが，CAPI が利用されるようになって，これらの語句はほとんどみられることはなくなったためとされる．Couper（2018，私信），林（編）（2000，p.318）を参照のこと．──→ 目標変数

人口統計学的変数（demographic variable）
──→ 人口統計学的特性

人口登録簿（population register）
　ある国に居住する国民ならびに外国人居住者の登録情報（register）のこと．基本は個人の身分，戸籍などの事項を継続的に記録し追跡することを可能にするための制度．国によって制度や登録内容はさまざまである．一般に，その国に居住する国民ならびに外国人の情報を，その居住地の所轄官庁や自治体などが保管・管理（registry）する．登録情報として，主に出生，婚姻，死亡，親族関係（父母，配偶者，子），国籍などが記録される．オランダや北欧諸国の一部（例：スウェーデン）では，こうした登録情報があるが，国によって登録情報が異なり情報が整っていないこともある（例：米国にはない）．たとえば，単なる住所を登録した住所録とすることもある．日本国内では，戸籍簿がほぼこれに相当するだろう．類似した情報として「住民基本台帳」があるが，これは制度の考え方や意味，定義などが異なる．調査ではこれらの情報を標本抽出枠の構築に用いる．本書では，確率的なウェブ・パネル（LISS パネル）を構築する際にこの人口登録簿を用いる例として説明されている．Das et al.（2011, 4 章），Bethlehem and Biffignandi（2012, p.64）も参照のこと．──→ 住所にもとづく標本抽出（ABS），社会科学のための縦断的インターネット調査（LISS）

真値（true value）
　誤差がまったくない場合に得られる本当の値のこと．たとえば，ある個人の身長を測定する場合を考えたとき，測定機器や測定者などによる誤差が一切ない場合に得られる本当の身長の値のこと．また，各個人に関する測定に関してではなく，母集団分布を特徴づける特性値（母集団特性値）の本当の値のことをいう．この母集団特性値のことを，統計的推測では「母数」（パラメータ）とよぶ．たとえば，母平均，母中央値，母分散，母分散の平方根である母標準偏差などが母数である．一般に，これらの「真値」は未知である．

進捗率（rate of progress）
──→ 進度

進度（progress）
　ある調査への回答がどのくらい進んでいるか，進み具合のことをいう．「進捗率」は，進度を割合で示すこと．プログレス・インジケータやプログレス・バーに進度の割合を数値で示すなどする．──→ プログレス・インジケータ，プログレス・バー

信頼性（reliability）
　かりに似たような（あるいは同一の）調査を時点を変えて反復したとして，現時点で得た推定値と同じような推定値が得られること．これを一貫性（consistency）ともいう．あるいは，同じ調査票を用い，調査方式を変えて比較した場合（たとえば，同じ調査票を用いたウェブ調査と郵送調査を比較した場合），同じような結果が得られるとき，「信頼性が高い調査」であると考える．または，同じ尺度に関するものだが別の質問を複数の時点でかりにしたときに，各時点でそれらの質

問から求められたスコアの相関が高いこと．
　――→ 精度，妥当性，正確さ
信頼性係数（coefficient of reliability）
　――→ クロンバックのα係数
推定誤差（estimation error）
　母集団全体を調べるのではなく，その一部である標本だけを調べることで生じる誤差のこと．Bethlehem and Biffignandi（2012, p.138）を参照のこと．――→ 総調査誤差
推定値（estimate）
　母集団特性値（母数）を標本から推定した値のこと．推定量に関して実際の調査で得られた実現値（つまり，調査データから得た平均，割合，分散，標準誤差など）のこと．
数値入力型の質問（numerical question）
　自由回答質問の1つの方式で，数値による回答入力を行う場合をいう．多くの場合，制限された短い文字列の入力を求める．たとえば，日付，誕生日，金額，電話番号，カード番号など．――→ 自由回答質問，テキスト・ボックス
数値の中間点（numerical midpoint）
　――→ 中間点
数値ラベル（numerical label）
　――→ ラベル
スキップ
　――→ 質問の省略，分岐
スキップ・パターン（skip pattern）
　――→ 質問の省略，回答の制御
スクリーニング面接（screening interview）
　調査において，募集条件を満たす調査対象者を選ぶこと，あるいは条件を満たすかどうかを調べることを「スクリーニング」という．「スクリーニング面接」とは条件を満たす調査対象者を選ぶ面接（選考のための面接）のことをいう．
スクローリング形式（scrolling design）
　画面上に電子調査票の全体あるいは複数の質問項目を配置し，上下にスクロールすることで調査票を閲覧できる方式のこと．巻物方式ともいう．これに対して，1ページに，1つの質問項目（あるいは場合によっては複数の質問項目）を表示する方式を，「ページング形式」（改ページ方式）という．ページング形式では，ページ間の移動を，「次へ」ボタンや「前に戻る」ボタンなどを用いて制御する．ページング形式では，表示ページが閲覧画面内に収まらない場合にはスクロール機能も用いることがある．――→ スクロール・バー，スクロール・マウス
スクロール・バー（scroll bar）
　コンピュータ画面において，表示領域を移動するためのGUI部品の1つ．水平方向に移動させることを「水平スクロール・バー」，垂直方向に移動させることを「垂直スクロール・バー」という．スクロールの操作には，マウスやトラックボールを用いる．
スクロール・マウス（scroll mouse）
　スクロールの操作を行うための機能がついたマウスのこと．スクロール・ボタンやスクロール・ホイールのついたものや，指でマウスの上面をなぞるとスクロールするものもある．
スコア（評点）（score）
　――→ 尺度
筋金入りの速度違反者（hard-core speeder）
　――→ 速度違反
ストレートライニング（straightlining）
　選択肢型質問において，とくに複数の単一選択質問において，どの質問でも同じ回答選択肢を選ぶ傾向のこと．グリッド形式（マトリクス形式）あるいはそれに類似したレイアウトの質問群で，この傾向は顕著で，同じ列にあるすべての回答選択肢を選ぶ傾向がある．郵送調査やウェブ調査のような自記式の調査方式を用いたときに起こりやすい．原語を直訳すると「直線化回答傾向」「一直線回答」といったいい方も考えられるが，選択肢を直線的に選ぶだけでなく，ある一定の形としたり（例：斜めに選ぶ，ジグザグに選ぶ），規則的に選んだり（例：上から，1, 2, 1, 2, …と繰り返す）など，さまざまな応答があることが知られている．質問の意味を読み取らずに，あるいは理解しようとせずに回答する「労働最小化行動」の1つであり，これと同義に用いることがある．――→ 識別化，労働最小化行動
スノーボール・サンプリング（snowball

sampling)
⟶ 電だるま式サンプリング

スピーダー（速度違反者）（speeder）
⟶ 速度違反

スプリット-バロット法（split-ballot experiment, split-ballot method）
　調査対象者を無作為に2つないしは複数の群に分け，それぞれに質問形式を提示する．質問順序やワーディングなどの影響を評価するために，このような実験が行われる．こうした操作が比較的容易に利用できることがウェブ調査の特長である．この実験を行ったとしても，真値がわからない場合には，どの質問の提示方法がより優れているのかは判断できない．つまり，どの方法が実際に誤差を低減するかの明確な判断が難しいことがある．Everitt and Wykes（1999, p. 168），中島ほか（編）（1999, p. 512）を参照のこと．

スライダー・バー（slider bar, graphical slider）
　回答選択肢の視覚的アナログ尺度の1つ．表示された棒状の表示バーの中で，回答者のマウスの動きに同期してポインターが動く（図）．自分が選びたい箇所をポインターでスライダーを動かして選ぶ回答入力ツールのこと．たとえば，自分の生活満足感をスライダー・バー上で80点と示すなどとする．
⟶ 視覚的アナログ尺度

ずれ（discrepancy）
⟶ 偏り

正確さ（accurate, accuracy）
　ここでは"accuracy"に「正確さ」の訳を当てた．これを「精確さ」と訳すこともある．正確さは，「真度」（trueness）と「精度」（precision）という2つの要素に分けて考えることがある．「真度」とは，推定量の期待値が真値（true value）にどれくらい近いかをいう．とくに，推定値の期待値が真値に一致する場合を「不偏である」（unbiased）という．一方，「精度」とは，推定量のばらつきの程度を示す指標のことであり，「有効性（効率性）」（efficiency）ともいう．たとえとして，射撃で的をねらって撃つ場面を想定し，的の中心（真値）への当たり具合のことと考えればよい．正確さとは中心近くに弾が当たることを意味する．また弾のばらつく程度が「精度」である．弾痕の分布の平均が的の中心から外れてしまうことが「偏り」（バイアス）である．かりに精度が高くても，偏りが大きければ不正確な推定となる．また，かりに偏りが小さくても，精度が悪ければ不正確な推定となる．本書においては，「正確さ」はやや曖昧な使い方となっており，「調査で得られた推定値が真値に近い」といった意味で用いている．⟶ 真値，偏り，妥当，信頼性

成績評価値（GPA: grade point average）
　学業の成績を示す指標の1つ．成績評価指標ともいう．GPAとは，各科目の成績からある特定の方式により算出した学生の成績評価値のこと．通常，AAまたはS（4ポイント）〜DまたはF（0ポイント）の5段階で評価する．主に米国で使われている．最近は，日本国内でもこれに類似した評価方式を採用している大学がある．

静的なグリッド形式（static grid format）
⟶ グリッド

精度（precise, precision）
⟶ 正確さ

質問：あなたは，現在のお仕事に満足してますか，あるいは不満があるでしょうか．以下のスライダー・バーで，ご自分のお気持ちに合った位置を示してください．

75%

非常に不満　　　　　　　　　　　　　　　　　　　　　　　非常に満足

図　スライダー・バー

用 語 集 *281*

整列化（alignment）
→ アラインメント

接触回数（number of contact）
調査対象者に「接触」（contact）を試みる回数のこと．「接触」とは，主に調査のはじめに，調査員が家を訪問したり，依頼状を郵便や電子メールで送ったり，電話をかけたりすること．

折半法（split-half method）
→ スプリット-バロット法

セレクト・ボックス（select box）
→ ドロップダウン・ボックス

全項目無回答（unit nonresponse）
→ 調査不能

選択-決断-再考のモデル（sample-decide-reconsider model）
回答者が質問を受けたときに，どのように回答を行うべきか，あるいはさらに先に回答を進めるべきかを考え，どういう行動をとるかをたえず考え直している，と仮定したモデルのこと．当初は予想していなかった困難な場面に遭遇したときに，中断するか，先に進むかを，「選んで試す」（sample），「決断・判断する」（decide），「再考する」（consider）という過程をたどると考えるモデル．

選択肢型質問（closed question）
前もって用意されている複数の回答選択肢の中から，回答者が選択する形式の質問のこと．回答者の意図にあった回答選択肢が用意されていない場合は，無回答となることがある．また，いわゆる微妙な質問のように，回答しにくい質問文や回答選択肢があると，これも無回答の原因となる．→ 自由回答質問，ラジオ・ボタン，チェック・ボックス

選択の影響（selection effect）
ここでの「選択」は，混合方式による調査において，どの調査方式を選ぶかを回答者が選択すること．そのような選択において，集団によって（たとえば，若年層と老年層）どの調査方式を選ぶかが違っていること．Bethlehem and Biffignandi（2012, p. 140）を参照のこと．→ 混合方式

選択バイアス（selection bias）
→ 標本抽出の偏り（抽出の偏り）

総誤差（total error）
→ 総調査誤差

相互作用（interaction）
"interaction"には，複数の意味がある．人文科学系の分野では，「相互行為」「相互作用」などとすることが多い．ここでは，調査対象者あるいは回答者と調査主体側との「やりとり」のこと．さらに，インターネット上で双方向的に情報授受を行うことをいう．もう1つの意味として，統計学的な用語として「相互作用」「交互作用」を意味することがある．本書では，このいずれもが登場する．とくに "interaction term" とは，式に含まれる交互作用項のこと．

総調査誤差（TSE: total survey error）
母集団特性の真の値（母集団特性値）と調査から得た推定値の違い（ずれ）の原因となるすべての誤差のこと（たとえば，Biemer, 2003, pp. 34-36）．つまり，総調査誤差（TSE: total survey error）とは，調査実施過程のさまざまな段階で生じる種々の調査誤差の総称である．調査誤差の全体を総合的に考察することを「総調査誤差（TSE）によるアプローチ」という．「誤差発生源」とは調査における誤差を生じさせている源と考えられるものの総称である．総調査誤差は，誤差発生源に応じてさまざまな誤差要素に分けて考える．

総調査誤差の分類の試みは，大まかな分類から非常に細かい分類までいろいろある（Groves, 1989; Groves and Lyberg, 2010; Groves et al., 2009; Weisberg, 2005）．また，1つの分類方法に限らず，さまざまな意見がある．

これらの分類に共通する特徴は，「標本誤差」（抽出誤差）以外の誤差にも目を向けるという点である．「標本誤差」とは，母集団の全要素を調べるかわりに，その母集団の一部分である標本を調べることで生じる誤差のことをいう．統計学の多くの入門書では，あるいは伝統的な（古典的な）標本抽出理論では，主に（標本のすべての要素は非標本誤差がないことを前提とする）標本誤差，とくに無作為抽出で生じる誤差について述べている．総調査誤差アプローチでは，標本誤差以

日本語版付録

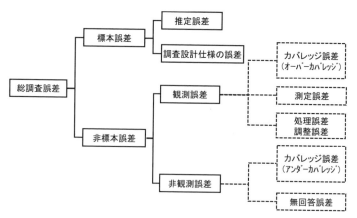

図 総調査誤差の分類例

外の誤差発生源から生じるさまざまな非標本誤差（例：カバレッジ誤差や測定誤差など）にも注目する．

　総調査誤差のもっとも簡単な考え方は「総調査誤差＝標本誤差＋非標本誤差」（Biemer and Lyberg, 2003, p.37）とすることである．また，「総調査誤差＝観測誤差＋非観測誤差＋処理誤差」とすることもある（Couper, 2003）．さらに，図にあるように，細かく分けて考えることもある（Bethlehem, 2010; Bethlehem and Biffignandi, 2012, 4章；大隅・鳰, 2012）．

　いずれにしても，調査実施の各過程において，誤差発生源とその具体的な誤差内容を探し，それらの低減を図る，あるいは最小限に抑えることが調査の質の向上，改善につながると考えて総調査誤差を調べることが総調査誤差によるアプローチの目標である．

　とくに，コンピュータ支援によるデータ収集では（例：CATI，CAPI，そしてウェブ調査），観測誤差と，その発生事象の存在はわかるが，非観測誤差全体の具体的な観測，測定，判別が面倒である．

層別（層化）（stratification）

　いくつかの補助変数や人口統計学的変数を用いて，母集団をいくつかの副母集団（層）に分けること．たとえば，人口統計学的変数である，性別，年齢区分，学歴，職業などの属性や，都市規模，居住地域などの地理的情報を用いて複数の層に分けること．

双方向性（interactivity）
⟶ 双方向的特性

双方向的特性（interactive feature）

　ウェブ調査においては，回答するときの助けや励みになる機能（動的な機能と応答的な機能）を，調査票に組み入れることがある．たとえば次のような機能を組み入れることがある．①プログレス・インジケータを用いて回答者に回答進度を示す，②無回答があったときに回答を促す入力指示（プロンプト）を出す，③回答が速いスピーダー（速度違反者）に対して回答抑制を行ったり，よく質問文を読むように注意を促す説明を示す．このように，さまざまな双方向的な方法で回答者と応答的で動的なやりとりを行える．これがウェブ調査の特長でもある．双方向的特性を活かすことで，観測誤差の低減が期待できる．「双方向的な調査方式」とは，双方向的特性を活かした調査方式のこと．⟶ 応答的で動的な機能，測定誤差，総調査誤差

双方向的な調査方式（interactive mode）
⟶ 双方向的特性

双方向的な入力形式（interactive format）

　回答の入力形式が「双方向的」（インタラクティブ，interactive）であること．回答者の応答に応じて，続く質問や回答選択肢を動

的に変化させること．たとえば，グリッド形式で回答者が回答選択肢を選ぶと，対応する行や列の色を変えること，ポインターの移動に合わせて位置がわかりやすいように色を変えることなどを行う．このことにより，無回答を減らしたり誤回答入力を防ぐことが期待される．こうしたグリッドを「双方向的グリッド」「動的で応答的なグリッド」という．
──→ グリッド

双方向的なバーチャル・ワールド（interactive virtual world）
──→ バーチャル・ワールド

速-遅型プログレス・インジケータ（fast-to-slow progress indicator）
　ウェブ調査では，電子調査票の「進度」を回答者に提示することができる．調査票の前半では実際よりも早く進んでいるように，そして，後半になると実際よりも遅く進んでいるように伝える（表示する）プログレス・インジケータを，「速-遅型プログレス・インジケータ」という．これとは逆に，調査票の前半は実際よりも遅く進んでいるように，後半では実際よりも早く進んでいるように伝えるプログレス・インジケータを，「遅-速型プログレス・インジケータ」という．これらを「前半加速-後半減速型」「前半減速-後半加速型」といういい方もあるだろう．また「定速型プログレス・インジケータ」とは，電子調査票の「進度」を一定の速度で提示する場合をいう．──→ 遅-速型プログレス・インジケータ，プログレス・フィードバック，進度

測定誤差（measurement error）
　回答者が提供する回答と真値（真の回答）との違い（ずれ）により生じる誤差．測定誤差の生じる理由は多岐にわたる．回答者が質問文を理解していない，真値がわからないあるいは真値を回答してくれない，などがある．調査方式の差違の影響，調査員，調査材料（調査票，提示カード，PCなど）の影響，回答選択順の影響（初頭効果，新近性効果），黙従傾向，社会的望ましさ，労働最小化行動などが測定誤差に影響する．このほか，微妙な質問，文脈効果なども影響する．観測誤差（あるいはその一部）を「測定誤差」とすることがある．──→ 観測誤差，非観測誤差

測定の偏り（measurement bias）
──→ 測定誤差

測定の信頼性（reliability of measurement）
──→ 信頼性

速度違反（speeding）
　調査質問への回答速度が異常に速いこと，またそういう行動をとる回答者のこと．回答速度が異常に速い人を「スピーダー（速度違反者）」という．単に速いだけではなく，回答速度を落として質問文をよく確認してゆっくりと回答するように，調査システム側からの警告や指示（プロンプト）があっても，こうした指示を聞き入れず，回答を異常に速く進めてしまう人のことを「筋金入りの速度違反者」という．ボランティア・パネルにはこうした人たちがある割合で存在することが，多くの研究で報告されている．──→ 労働最小化行動，ストレートライニング

第1次包含確率（first-order inclusion probability）
　ある母集団の1つの要素が標本として選ばれる確率（選出確率）のこと．単に「包含確率」といった場合は，「第1次包含確率」のことをいう．この第1次包含確率（あるいは包含確率）は，標本抽出設計で決められる．また，ある2つの要素が，同時に標本に含まれる確率を「第2次包含確率」という．包含確率がゼロとなる要素は，標本に含まれない．このような要素があるとアンダーカバレッジ（過小カバレッジ，調査漏れ）となる．Bethlehem and Biffignandi (2012)，Lohr (2010)，土屋 (2009) を参照のこと．
──→ アンダーカバレッジ

対象を限定した母集団（restricted population）
──→ 限られた母集団

対数オッズ比（log odds ratio）
──→ オッズ

対数線形モデル（log-linear model）
　多元クロス表の形で集計された度数データ表を分析する統計的手法の1つ．詳しくは，Everitt (1992)，Fienberg (1987) を参照のこと．──→ 反復比例当てはめ，レイキング法

対比効果（contrast effect）
　⟶ 同化効果
代表性（representativeness）
　一般に，標本が母集団を適切に表していることを，「代表性がある」という言葉で表す．標本抽出の方法にかかわりなく標本の特性が母集団分布の特性に合っているときにはその標本は代表性があるという．「代表性」の定義はそう明確なものではない．かりに，単純無作為抽出で得られた標本でも，必ずしも代表性があるわけではない．たとえば，ある地域の住民を調査したときに，選ばれた標本が女性ばかりとなった場合，その標本には代表性があるとはいえない．なお，母集団を代表するように標本を意図的に抜き出す方法を「代表抽出」（representative method）とよぶことがある．単純無作為抽出（SRS: simple random sampling）よりは，層別無作為抽出のほうが，設定された層が適切であれば，代表性標本を得る確率は大きいだろう．Cochran（1953），Deming（1950），Hansen et al.（1953），Yates（1949），Kruskal and Mosteller（1980）などを参照のこと．とくに，「代表抽出」については Bethlehem and Biffignandi（2012），Biemer and Lyberg（2003）を参照のこと．⟶ 確率抽出

代表性のある標本（representative sample）
　⟶ 代表性

代表性のある方法（representative method）
　⟶ 代表性

代表抽出（representative method）
　⟶ 代表性

対面面接調査（FTF: face-to-face interviewing, face to face interview）
　調査員が回答者の住居（あるいは，回答者にとって都合のよい別の場所）を訪問し，対面面接により聴取を行う調査方式．あわせて，調査員が回答者とやりとりを行い，回答者の回答を調査員が調査票に記入する．面接法，面接調査法，個人面接法，訪問面接調査法などの呼称がある．Bethlehem and Biffignandi（2012, p. 32）を参照のこと．

対面面接募集によるインターネット調査パネル（FFRISP: Face-to-Face Recruited Internet Survey Panel）
　対面面接方式で募集したインターネット調査用のパネルのこと．ウェブ・パネルに参加してくれる人を（エリア確率抽出などで）無作為抽出し，それらの人を調べる．そして，非インターネット利用者に対しても，インターネットへのアクセス環境やコンピュータを提供する．つまり，ボランティア・パネルによる非確率的パネルとは異なり，なるべく確率的パネルに近い調査対象者を確保しようという試み．Joe et al.（2009）を参照のこと．⟶ GfK ナレッジパネル，社会科学のための縦断的インターネット調査

脱落（attrition）
　パネルの登録者が，その属するパネルから抜け落ちること．「脱落率」は脱落が生じる割合のことで，ある決められた期間に，パネルから脱落する登録者の割合をいう．脱落率はパネルの疲労の程度を表す1つの指標となる．脱落によって偏り（バイアス）が生じる．パネル調査の場合は，この指標を時間軸にそって追跡することが重要である．算出方法の例が，Bethlehem and Biffignandi（2012, pp. 441-442）にある．

脱落により生じる偏り（attrition bias）
　⟶ 脱落

脱落率（attrition rate）
　⟶ 脱落

妥当（valid）
　一般に，心理学などでは，測定したいものを偏りなく適切に測定しているかどうかを意味する．本書においては，やや曖昧な使い方がなされていて，「正確さ」（accuracy）と同じような意味で使われている．⟶ 正確さ，信頼性

妥当性（validity）
　⟶ 妥当

ダブル・バーレル質問（double-barreled question）
　1つの質問文の中に，聞きたい事柄が複数含まれること，あるいは，質問文が，回答者にとっていくつもの意味に解釈できるような記述となっていること．結果として，回答者の正しい意見や態度が測定できず不正確で曖

味な回答となる．

単一選択（single answer）
　用意された質問文の回答選択肢の中から，1つの選択肢しか選べない回答方式のこと．「単一回答」「シングル回答」「単項選択」などともいう．ウェブ調査の電子調査票の場合は，ラジオ・ボタンを用いたレイアウトとすることが多い．→ 複数回答，チェック・ボックス，ラジオ・ボタン

単一の調査方式（単一方式）（single-mode survey）
　1つの調査方式だけを用いてデータ収集を行う調査のこと．→ 混合方式，統合化手法

単極尺度（unipolar scale）
　→ 単極性

単極性（unipolar）
　選択肢型質問で，回答選択肢に与える尺度点の並びが一方向に示される場合を「単極性尺度」あるいは「単極尺度」という．たとえば，「非常に心配」「やや心配」「わずかに心配」「まったく心配ない」のように1つの方向だけに並べるとき．これに対して，「非常に心配」「やや心配」「やや楽しみ」「非常に楽しみ」のように付与の標識を対極させた2つの方向に並べたものを「両極尺度」という．

チェック・ボックス（check box）
　チェック・ボックス（小さな四角の箱）は，従来の質問紙形式の調査票でも，利用されている．ウェブ調査では，グラフィカル・ユーザ・インターフェース（GUI）の1つの部品として利用する．通常，「複数回答」の回答選択肢に用いる（図）．チェック・ボックスを回答選択肢のラベルの横に置き，その箱の中をクリックして選択肢を「選ぶ／選ばない」とする．選んだ回答選択肢のチェック・ボックスは「✓」印で示される．グリッド形式とチェック・ボックスを組み合わせて用いる場合があるが，質問項目の配置が複雑になり，また回答選択肢数が増えて，回答負荷が大きくなるという欠点があるので利用は避けたほうがよい．ウェブ調査では，複数回答をどのような順で，どう選んだか，いくつ選んだかを「パラデータ」として自動的に記録し利用することができるという特長もある．
→ パラデータ，郵送調査

逐次混合方式設計（sequential mixed mode, sequential mixed-mode design）
　混合方式（混合型調査方式）の1つ．ある1つの調査方式で無回答となった人に再び接触し，別の調査方式で回答を求めるような混合方式のこと．つまり調査方式を調査実施の流れの中で，逐次的に（sequential）途中で切り替える場合をいう．これに対して「同時混合方式設計」がある．→ 混合方式

遅-速型プログレス・インジケータ（slow-to-fast progress indicator）
　→ 速-遅型プログレス・インジケータ，プログレス・フィードバック，進度

中間点（midpoint, middle point）

Q23　国の政治や経済の問題に対して、あなたの意見を反映させるにはどうしたらよいと思いますか。いくつでも選んでください。（いくつでも）

☐　1．新聞などに投稿する
☐　2．直接に議員に訴える
☐　3．議員の選挙で意見を反映させる
☐　4．ブログやツイッターなどのソーシャル・メディア（SNS・交流サイト）で発言する
☐　5．役所に訴える
☐　6．仲間といっしょにデモ行進などをして主張する
☐　7．その他（具体的に：　　　　　　　　　　）
☐　8．何によっても意見を反映させることはできない

図　チェック・ボックス

いくつかの段階からなる尺度のちょうど真ん中に位置する箇所を「中間点」あるいは「中立点」という．また，連続的に変化する尺度と考えたとき，そのちょうど中間に位置する箇所のことも示す．

中間の選択肢（middle option）
複数並べた選択肢のうちの順序が中央に位置する選択肢のこと．→ 中間点

中断（break-off, breakoff）
回答者が調査票の質問への回答を途中で止めること，あるいは回答を最後まで完了できないこと．中断が生じる割合（調査を開始しても完了できなかった調査対象の割合）を「中断率」という．回答が途中で中断されると，無回答（つまり項目無回答や調査不能）が生じる．一般に，調査員方式の調査に比べて，ウェブ調査ではこの回答中断が生じやすい．ただし，ウェブ調査では，回答中断の気配があるときに，回答者に対して，回答作業を続けるようメッセージを示したり，警告を出すなどして，応答的に対応できるという特長がある．一方，郵送調査では，回答票が返送されても，質問の一部が回答されていないこと（項目無回答）が生じることがある．中断率の定義はいくつかある（AAPOR, 2016; Bethlehem and Biffignandi, 2011; Galešic, 2006）．たとえば，ウェブ調査では，BOR＝（中断数）／（その調査における完答数＋その調査におけるうまく回答できた部分回答数＋中断数）として算出する．→ 完了率，速度違反

中断の危険性（risk of break-off）
→ 中断

中断率（BOR: break-off rate）
→ 中断

中断率の中央値（median break-off rate）
→ 中断

中立点（neutral midpoint, nutral point）
→ 尺度，中間点

調査依頼状（invitation letter）
調査対象者に対して調査への参加・協力を依頼する書状．「依頼状」「挨拶状」などともいう．調査員による対面面接では，調査員が直接持参することもある．調査実施主体，調査目的，対象者がどのように選ばれたかの説明，プライバシー保護，回答結果の扱い方（統計処理の方法），調査員が調査票の回収に訪問する場合はその日時の記載などの情報が示される．ウェブ調査では，電子メールで依頼状を送ることが多い．ここには，上に記した事項のほか，回答期限の記載，回答方法の要領，回答に要する見込み所要時間，回答に支障が生じたときの連絡先・担当者名，謝礼の扱い方などが記載される．なお，依頼の電子メールの本文は簡単に記し，URL（クリッカブルURL）をクリックしてもらい，調査票に入ってから，詳しい説明を記すといったように段階的に行うこともある．ウェブ・パネルを運用するサイトにより，いろいろな方法が利用されており，こうした調査の入口のインターフェースの設計が回答に影響することも調べられている．Dillman et al. (2014), Couper (2008a) を参照のこと．

調査員効果（interviewer effect）
調査員の存在で生じる影響のこと．調査員がどのように質問を行ったかや，調査員の属性（人種や性別）によって生じる影響のこと．（バーチャル調査員を用いる場合は別として）ウェブ調査や調査員の関与しないコンピュータが質問を行う調査では，調査員効果の影響は低減すると考えられる．

調査員変動（interviewer variance）
調査員が原因で生じる変動のすべてをさす呼称．かりに，それぞれの調査員の違いによって，回答者から得られる回答の特徴や傾向が異なるならば，推定値は調査を繰り返すたびに変動する．調査員が異なると，同じ質問や同じ回答者であっても得られる回答が変わることがあることを示す用語である．

調査員方式の質問（interviewer-administered question, interviewer-administered questionnaire）
調査員自らが質問する方式のこと．たとえば，調査員による対面面接や電話聴取をいう．

調査員方式の電話聴取調査（interviewer-administered telephone survey）
同じ電話聴取でも，調査員が電話を介して聴取を行うCATIもあれば，音声自動応答

方式（IVR）などもある．そのため，あえて「調査員方式」と断りがある．⟶ コンピュータ支援の電話聴取方式（コンピュータ支援電話面接法），コンピュータ支援の個人面接方式（コンピュータ支援個別面接法），音声自動応答方式

調査誤差（survey error）
⟶ 総調査誤差

調査材料（survey instrument, instrument）
　一般には，調査を実施するうえで必要となる用具や機器類の総称．たとえば，調査員が用いる用具には，調査票，調査対象者の名簿，調査地点の地図，指示説明書（インストラクション），提示カード（リスト），身分証明書，謝礼があればその謝礼品などがある．電子的データ収集方式の場合，たとえばCAPIでは，調査員が携帯するコンピュータや関連機器がある．ウェブ調査では，非インターネット利用者に配布するコンピュータやタブレット端末，その説明書などの用具もある．なお，"instrument" は，狭義の意味で，「調査票」そのものをさす場合がある．また，「質問紙を用いる自記式方式」を（コンピュータ支援による方式への対比として）とくにPAPI（P&P）と断る場合がある．

調査設計仕様の誤差（specification error）
　ある推定値を求めるときに用いた抽出確率が，真の抽出確率と異なるときに生じる誤差のこと．⟶ 総調査誤差

調査票（questionnaire, instrument）
⟶ 調査材料

調査不能（unit nonresponse）
　「調査不能」あるいは「全項目無回答」とは，無回答の一種で，抽出した要素が，いかなる情報も提供しないとき，あるいは提供が不可能なときのこと．たとえば，自記式の質問紙型調査で，回収した調査票がすべて空白のままであるようなとき，ウェブ調査や電話聴取調査で回答拒否となったときには，完全な無回答となる．「全項目無回答」ともいう．ウェブ調査では，調査対象者に回答する意思があっても，インターネット環境の不具合などで調査不能となることがある．⟶ 項目無回答

調査変数（survey variable）
　調査で測定対象として取り上げる変数や調査項目のこと．⟶ 目標変数，人口統計学的特性

調査方式（survey mode）
　調査データの収集に用いる測定方法のこと．「調査モード」あるいは単に「モード」ということもある．調査方式はいくつかの要素に従って分類すると理解しやすい（p. 287の表）．たとえば，①情報伝達の経路の種類（聴覚的な情報伝達，視覚的な情報伝達），②コンピュータ支援（CA: computer-assisted）の有無，③調査員の関与の有無，④回答記入の方法（自記式か他記式か），と分類・整理するとわかりやすい．⟶ 情報伝達経路

調査方式効果（mode effect）
　ある質問を，別の異なる調査方式に変えてたずねたときに，異なる回答となる現象のこと．なお，調査方式を変えたときの測定の違いだけではなく，より広い意味で，回答率の違いやカバレッジの差違による影響を含める場合もある．

調査方式の切り替え（mode switch）
　用いている調査方式を切り替えること．ウェブ調査では，この切り替えにより，無回答や中断といった，従来型の調査方式ではあまり観測されなかった事象が生じることがある．これは測定誤差の発生や回答率に影響する．

調査方式の非互換性（incompatible mode）
　調査対象者に複数の調査方式の選択権を与えたときに調査方式間で回答の負担の差違が生まれ，結果として無回答に影響すること．調査対象者が複数の調査方式を選べるとき，たとえば，郵送調査で調査依頼を受けた調査対象者が，オンラインで回答したいとする．このとき，調査方式の切り替えとなり，郵送調査への回答とは異なる負荷・労力が生じる（例：コンピュータに向かう，個人認証用のID番号を覚えておく，URLを入力する）．調査対象者あるいは回答者にとってこうした負荷・労力が大きければ，結果として無回答が生じる．

調査母集団（survey population, covered

表　調査方式の分類

情報伝達経路	調査方式（調査モード）	コンピュータ支援（CA: computer-assisted）の有無			
		CA なし		CA あり（CASIC, CADAC）*	
		調査員の関与		調査員の関与	
		あり	自記式	あり（CAI）	自記式
主に聴覚的な情報伝達	面接	面接（調査員による対面面接）	…	CAPI	CASI Text CASI（TCASI） Audio CASI（ACASI） Video CASI（VCASI）
	電話	電話（コンピュータを用いない電話調査）	ファクシミリ	CATI TDE* IVR/T-ACASI	…
主に視覚的な情報伝達	郵便	…	郵送（調査票） 訪問留置† PAPI（P&P）	…	DBM (Disk by Mail)
	インターネット（オンライン）	…	…	OFG*	ウェブ調査 電子メール調査

† 「訪問留置」（drop-off mode, drop-off/pick-up survey）を入れるべき適当な位置が見つからないので，ここに置いた．

* CASIC: コンピュータ支援による調査情報の収集（computer assisted survey information collection）．
CADAC: コンピュータ支援によるデータ収集（computer assisted data collection）．
TDE: タッチトーン式データ入力（touchtone data entry）．
OFG: オンライン・フォーカス・グループ（online focus group）．

population, sampled population）

　実際に調査が可能な要素からなる集合のこと．「要素」とは，調査対象と考える単位のこと（たとえば，世帯や世帯の構成員など）．当該調査で対象としたい全要素の集合を「目標母集団」（あるいは「対象母集団」）という．標本抽出枠に含まれる要素からなる集合を「枠母集団」という．「調査母集団」は，目標母集団からアンダーカバレッジの要素を除き，枠母集団からオーバーカバレッジとなる要素を除いた集合のこと．なお，接触不能，回答拒否などの調査不能は調査母集団に調査を行った時点あるいは調査後に生じる．目標母集団，枠母集団，調査母集団の関係は，それらの間のカバレッジ（オーバーカバレッジ，アンダーカバレッジ）の状態を把握しておくことが必要である（p.300 の図を参照）．⟶ 目標母集団，枠母集団，一般母集団，アンダーカバレッジ，オーバーカバレッジ，調査不能

調査モード（survey mode）
⟶ 調査方式

調整誤差（adjustment error）
　調査実施後に行う事後調整（post adjustment）で生じる誤差のこと．たとえば，加重調整や補定で生じる誤差のこと．
⟶ 加重調整法，総調査誤差

調整済み加重（adjusted weight）
⟶ 加重調整法

使いやすさの基準（usability standard）
⟶ 使いやすさのテスト

使いやすさのテスト（usability testing）

ソフトウェアなどが使いやすいかどうかをテストすること．ウェブ調査では，回答の入力方法や画面の見た目などの点において，調査票が回答しやすいかどうかをテストすること．検証するときの基準として，調査への回答作業を進める速度（進度），生じた誤りの回数（誤答数），ユーザ・インターフェースの熟知度，操作に対するリテラシーなどがある．Bethlehem and Biffignandi (2012, p. 56) を参照のこと．⟶ 進度

積み上げ型の尺度（stack box shape of a ladder）
⟶ ハシゴ型の回答尺度

提示カード（show card）
調査材料の1つ．対面面接調査では，調査員が回答者に対して，（指示された手順に従って）調査票の質問文を読み上げ，回答を記録する．このとき，調査員が調査対象者に対して提示する質問文と回答選択肢を印刷したカードのこと．「ショー・カード」「カード」「提示リスト（リスト）」「回答項目リスト」「回答票」などの呼称がある．なお，このカードを電子化した調査方式が，「コンピュータ支援の個人面接方式」（CAPI: computer-assisted personal interviewing）となる．
⟶ コンピュータ支援の個人面接方式（コンピュータ支援個別面接法），調査材料

ディスク・バイ・メール方式
⟶ ディスク郵送法

ディスク郵送法（DBM: disk by mail）
電子調査票をフロッピー・ディスク（FD）に保存し，それを調査対象者に郵送する．電子調査票に回答を済ませた回答者は，回答を保存したフロッピー・ディスクを調査主体に対し郵便で返送する．電子的データ収集方式の利用が始まった初期の頃に用いられたが，欧米では，現在はこの調査方式が用いられることはない．また，日本国内でこれを用いた例はほとんどないと思われる．FDとは，情報を保存する磁気記録媒体（外部記憶装置）の1つであるが，現在ではほとんど利用されることはない．

定性型面接（qualitative interview）
調査質問（調査票）に回答記入をさせた回答者に，直接，詳しい対面面接を行うこと．回答が難しい質問項目や扱いにくい面倒な仕事といった利用上の問題をあぶり出すために用いる．Bethlehem and Biffignandi (2012, p. 56) を参照のこと．⟶ 会話的面接法

適格なこと（eligible）
ある標本の要素あるいは単位が，目標母集団に属するための諸条件を満たしているとき，「適している」「適格である」という．たとえば，調査対象となる条件を満たす世帯を「適格な世帯」（eligible households）のようにいう．これに対して，調査対象として目標母集団に属する諸条件を満たさない場合を「不適格である」「不適格な要素あるいは単位」という．⟶ 目標母集団，調査母集団

適格な世帯（eligible household）
⟶ 適格なこと

適格な単位（eligible unit）
⟶ 適格なこと

適格な要素（eligible element）
⟶ 適格なこと

テキスト・エリア（text area）
⟶ テキスト・ボックス

テキスト入力用のボックス（box for text entry）
⟶ テキスト・ボックス

テキスト・フィールド（text field）
⟶ テキスト・ボックス

テキスト・ボックス（text box）
文字情報を表示したり入力するためのGUIの部品．「テキスト・ボックス」は，文字情報の入力や表示のための領域の一般的な呼称．「テキスト・フィールド」は，1行のみあるいは短い文字列の書き込み可能な入力欄．「テキスト・エリア」は，複数行の書き込みが可能な入力欄で，エリアの横にスクロール・バーがつけられる．第4章の図4.2を参照のこと．⟶ スクロール・バー，回答入力形式

テキスト・メッセージ（text message）
⟶ ショート・メッセージ・サービス（SMS: short message service）による調査票

テクスチャ（texture）
画像（の一部，または全体）に特殊な効果

を入れることによって，紙・布・岩などといったものの質感を出すこと．物質の表面の質感・手触り・肌理などをさす．

データ・エディティング（data editing）

一般に，収集データの欠測値や無効値を調べたり，データに矛盾や誤りがないかを確認し，場合によっては加工・調整を行うことをいう．収集データの誤りや論理矛盾などのチェックを規則（エディット・ルール）に従って行う操作のこと．なお，欠測回答や使用不能であった項目（調査項目）に，ある手順に従って値を埋める操作を「補定」（imputation）という．OECD（2013）を参照のこと．

データ収集方式（data collection mode）
⟶ 調査方式

電子調査（electronic survey, electronic surveying）

電子的にデータ収集を行う調査の総称．インターネットやウェブが登場する前から電子的に調査データを収集することは行われていた．たとえば，フロッピー・ディスクを用いた郵送調査の「ディスク郵送法」（DBM）がある．また初期のインターネットを利用した「電子メール調査」がある．これらはウェブが普及する前の技術要素が利用されている．しかし，インターネットやウェブの普及と機能向上で電子調査の実施環境は大きく変化し，最近は多様なウェブ機能を活用したパーソナル・コンピュータを用いる「ウェブ調査」となった．また最近は，携帯端末（スマートフォン，タブレット端末）の普及で，こうした電子機器を調査用具としたモバイル調査が利用されている．Couper et al.（1998, 1章），Couper（2011），Schonlau and Couper（2017）を参照のこと． ⟶ ディスク郵送法，電子メール調査，ウェブ調査，携帯電話調査

電子メール
⟶ 電子メール調査

電子メール調査（EMS: electronic mail survey, E-mail survey, e-mail survey）

電子メールにもとづくデータ収集方式の一般呼称．電子メール調査では，回答者は電子メールの本文として調査票を受信する．その本文にある質問に回答した後，それを返送する．送信時に調査票をファイルとして添付し，回答を書き入れた後その回答票を調査者宛に返信してもらうという方法もあった．現在は，調査への勧誘，依頼時の挨拶状，調査の案内などだけに電子メールを使うことが多い．そして，回答そのものはウェブで行う「ウェブ調査」が一般的である．すなわち，回答者はコンピュータ上でHTML形式の調査票をブラウザで閲覧し回答する．最近は，コンピュータだけでなく，携帯端末（スマートフォンやタブレット端末）が用いられるようになった．
⟶ ウェブ調査

電話対応のACASI（T-ACASI: telephone ACASI）
⟶ 音声自動応答方式

電話調査（telephone survey）
⟶ 電話聴取法（電話面接法）

電話聴取法（電話面接法）（telephone interviewing, telephone interview）

調査員が，抽出した人たちに電話で質問を読み上げて（応答的に）意見を聴取する調査方式のこと．電話の相手が適切な調査対象者（適格者）であり，その人が調査に協力したいと考えるとき，電話による回答の聴取が実施される．最近はほとんどの場合，調査対象の抽出方法としてRDD方式が用いられる．これを含めた「コンピュータ支援による電話聴取方式」がCATIである．なお，迷惑電話受信拒否設定機能，留守番電話設定機能などの普及や固定電話の契約数の減少などで，RDD方式による電話調査の母集団と標本抽出枠との関係が不明確になっている．
⟶ RDD方式による標本抽出，コンピュータ支援の電話聴取方式（コンピュータ支援電話面接法），コンピュータ支援の面接聴取法（CAI）

電話によるフォローアップ調査（follow-up telephone interview）
⟶ フォローアップ調査

電話番号簿にもとづくRDD方式による標本抽出（list-assisted RDD sampling）
⟶ ランダム・ディジット・ダイアリング

動画化された顔（animated face）
⟶ コンピュータでアニメ化したバーチャ

ル調査員
等確率抽出（epsem：equal probability of selection methods）
⟶ 確率抽出
同化効果（assimilation effect）
　調査票の後ろにある質問に対する回答が，それより前にある回答と同じ方向に向かう傾向のこと．「対比効果」とは，調査票の後ろのほうにある質問に対する回答が，それより前に得られた回答とは逆の方向へと動くこと．　⟶ キャリーオーバー効果
統合化手法（unimode approach, unified approach）
　混合方式の調査において，同一の調査票（または同一の調査内容）で異なる調査方式（モード）を用いたときに，調査方式の違いがなるべく生じないように設計すること．調査環境の状況に合わせて，調査設計の諸要素をなるべく統合化し（unified），調査方式の違いによる影響（調査方式効果）が最小になるように，混合方式の調査を設計すること．なお，「統合化手法」とは，1つの調査方式だけを使う単一方式という意味ではない．Dillman et al. (2014), de Leeuw et al. (2008) を参照のこと．⟶ 混合方式，単一の調査方式（単一方式），ベスト・プラクティス手法
同時混合方式設計（concurrent mixed-mode design）
⟶ 混合方式
動的で応答的なグリッド形式（dynamic and interactive grid）
⟶ グリッド
動的な機能（dynamic feature）
⟶ 応答的で動的な機能，双方向的特性
督促回数（number of reminders）
⟶ リマインダー
特定の母集団（specific population）
⟶ 一般母集団
留置法（drop-off mode, drop-off method）
　「留置法」とは，調査対象者に調査票を配布し，調査回答を依頼する調査方式のこと．たとえば，調査対象者に調査票を「調査員」（調査機関，調査実施者）が，配布する．一定の期間をおいて，その回答済みの調査票を再び「調査員」が回収に出向く，あるいは郵便で返送してもらう．なお，調査票の回収方法には，いくつかの方式が考えられる．たとえば，①一定期間の経過の後（例：1週間後），調査員が回答済みの調査票の回収に出向く（drop-off and pick-up），②回収を別の調査方式，たとえば，郵送（drop-off and mail-back）により調査票を送付し，インターネット（オンライン）（drop-off and invitation to a Web survey）を使って回答を行うなど．また，どの回答方式で回答し，回答をどのように提出するかの選択を回答者にゆだねる場合（混合方式の1つ）と，あらかじめ1つの回答方式に固定しておく場合などがある．
⟶ ウェブ調査，混合方式

ドラッグ・アンド・ドロップ（drag-and-drop）
　コンピュータの画面上で，ある位置から別の位置に対象を移動する操作．移動したい対象を，マウス（あるいはポインティングデバイス）のボタンを押し，そのまま離さず，ボタンを押したままポインターを移動先の場所まで動かし（ドラッグ），移動したい目的の位置でボタンを離し（ドロップ），その位置に対象を置くこと．
取り込み率（rate of uptake）
　確率標本にもとづく調査における「回答率」との混乱を避けるために用いる用語．たとえば，あるバナー広告による参加依頼を受け，これに実際にクリックしてパネルに参加した人びとの数とその割合．
ドロップダウン・ボックス（dropdown box）
　GUIのコントロール要素の1つ．リストボックスに類似する．一覧の中から1つの項目をユーザが選択することを可能にする．単一回答を行う回答選択肢の一覧（リスト）のこと（p.291の図）．はじめは，そのリストは視認できない（見えない）．通常，欄の先頭をクリックするとリストが開く．長めのリストは一部分だけ見える．リストの残りの部分は，スクロール・バーを使って閲覧できる．なお，「プルダウン」と「ドロップダウン」は，同じ機能を意味している．
ドロップダウン・リスト（drop-down list）
⟶ ドロップダウン・ボックス

図　ドロップダウン・ボックス

ドロップ・ボックス（drop box）
── ドロップダウン・ボックス

ナビゲーション（navigation）
　回答者に回答の操作方法などの説明や指示を行うこと，あるいは，そうした説明・指示などがある箇所に誘導すること．

生身の演者（live actor）
── 生身の調査員

生身の調査員（human interviewer）
　生身の人の調査員のこと．コンピュータの画面上に表示したバーチャル調査員の対比として用いている．── コンピュータでアニメ化したバーチャル調査員

ナラティブ型の自由回答（narrative open-ended response）
　一般には，対面面接によって得た，人が語った内容のことをいう．本書では，そのような一般的な意味ではなく，所与の質問文に対して「自由に意見を書き込めるような」自由回答質問のことをいう．

ナレッジ・ネットワークス社のパネル（KN panel）
── GfK ナレッジパネル

偽のパイプライン（bogus pipeline）
　人の態度測定を行うための技法の1つ（Jones and Sigale, 1971）．微妙な話題や質問に対して，"真の回答" が得られないことがある，つまり微妙な話題や質問に対して，"不正確な回答" となり，回答に偏りが生じることがある．そこで，回答者に対して "真の回答" が得られる方法（パイプライン）がある

と信じ込ませることで，つまり偽の誤った情報を伝えることで，反応・回答の歪みをなるべく小さく抑えた "真の回答" を得ようとする技法がある．この態度測定法のことを「偽のパイプライン」または「ボーガス・パイプライン」という．たとえば，仮想的な例として「ウソ発見器」を用いるとしよう．この例では，回答者がウソをついた場合はその心理的反応を「ウソ発見器」で測定できると，回答者に思い込ませた後に，質問に回答してもらう．

　別の例をあげる（Tourangeau et al., 2000, p.265）．未成年者に喫煙経験の有無（「最近，タバコを吸ったことがあるか」）をたずねるとする．このとき同時に，唾液の採取や呼気の採取を行う．そして，回答者が本当にタバコを吸ったかどうか，その採取試料の生化学検査で調査者は知ることができると回答者に説明する．こうすることで，微妙な質問を調査でたずねたときに生じる回答の偏りや歪みが減少することが期待される．こういう手順（パイプライン）を組み入れることが，回答結果に影響すると考える．なお，このような偽のパイプラインは調査の倫理上で問題がある．実際に行うときには，回答者を騙すという点で倫理的に問題がないか，慎重に検討すべきである（現在はほとんど使われていないと思われる）．

入力形式（input format）
── 回答入力形式

入力フィールド（input field）

コンピュータ画面上の「入力欄」のこと．HTML言語では，〈input〉タグを用いて，テキスト入力ボックス，パスワード入力ボックス，チェック・ボックス，ラジオ・ボタン，送信やリセットボタンなどを作成する．
入力ボックス（entry box）
　ウェブ調査の場合，自由回答形式で使われるGUIコントロールで，比較的短い文字列を入力する欄のこと．たとえば，この欄には，質問内容に応じて，日付，金額，購入個数，ブランド名などを入力する．具体的には「テキスト・フィールド」がある．⟶ 回答ボックス，テキスト・ボックス
人間的なやりとり（human-like interaction）
　ウェブ調査の双方向性を活かして，電子調査票による回答者とのやりとりを，生身の人の調査員が行うような場面に近づけ模倣すること．⟶ コンピュータでアニメ化したバーチャル調査員，生身の調査員
人間に近い感覚のあるインターフェース（humanized interface）
　人間とのやりとりに近い，双方向的で人間的な特性をもたせたインターフェースのこと．
人間らしさのある調査インターフェース（humanized survey interface）
　⟶ 人間に近い感覚のあるインターフェース
人間らしさの手がかり（humanizing cue）
　生身の調査員のもつ人間らしさや社会的存在感を感じるような要素のこと．単なる文字情報からなる調査票では，こうした人間らしさを表現することは難しい．⟶ 社会的存在感
認知的負担（cognitive burden, cognitive effort）
　調査内容を見た回答者が，認知的な理由（たとえば，面接員の応対が気になる，コンピュータの操作でわからないことがある）により，回答行動に負の影響を生じること．もしくは，そうした理由により，回答者が感じる心理的負担のこと．「認知的コスト，認知的代償」（cognitive cost）とは，認知的負荷によって生じる心理的コスト（または損失，犠牲）のこと．「認知的節約」（cognitive shortcut）とは，こうした認知的負担を避けようとすること．⟶ 確証バイアス
認知バイアス（cognitive bias）
⟶ 確証バイアス
パイピング（piping）
⟶ 質問の省略
パイロット調査（pilot study, field pretest）
⟶ 予備調査
ハシゴ型の回答尺度（response scale in the shape of a ladder）
　視覚的に表示した図形の中に回答選択肢を配置する方法．回答選択肢をハシゴ型に配置する場合を「ハシゴ型の回答尺度」という．また，「ピラミッド型の回答尺度」は，回答選択肢をピラミッド型に配置することをいう（p.293の図）．「積み上げ型（積層型）」とは，引出しを重ねたような図形に回答選択肢を配置した場合のこと．同じ内容の質問選択肢であっても表示の形を変えると回答選択に違いが出るという報告がある．Smith（1995），Schwarz et al.（1998），Couper et al.（2010，私信）を参照のこと．
バーチャル調査員（virtual interviewer）
⟶ コンピュータでアニメ化したバーチャル調査員
バーチャル・ワールド（virtual world）
　一般には，インターネット上で展開される，あるいはコンピュータ上に構築される現実を模した世界のこと．本書では，コンピュータ上やインターネット上で利用できる双方向的な環境のことをさす．たとえば，電子商取引，インターネット・ショッピング，さらにはブログ，ツイッター，フェイスブックなどのソーシャル・ネットワーキング・サービス（SNS）が提供する世界のこと．
バックファイア効果（backfire effect）
⟶ キャリーオーバー効果
発生率（prevalence）
　質問文で問われた内容について，たとえば健康状態や飲酒行動について「ある状態や行動に当てはまる」と回答報告された割合のことをいう．本書では，疾病の発生率（prevalence rate of a disease）と区別する

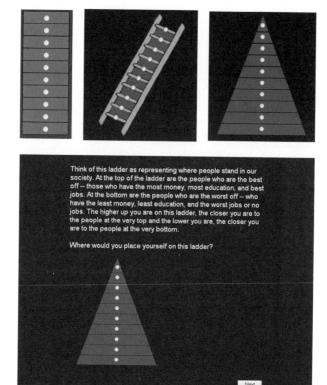

図　ハシゴ型回答選択肢，ピラミッド型回答選択肢（Couper，私信）
(上)左からハシゴ型(積み重ね型)，斜めハシゴ型，ピラミッド型の例．(下)たとえば，質問文に続き，次のように回答選択肢として表示する．「あなたのお気持ちは，このハシゴのどこに該当するでしょうか？　該当する位置のボタンをクリックしてください」（"Where would you place yourself on this ladder?"）．

ために，あえて「自己報告のあった発生率」といういい方をしている．

バナー・ブラインドネス（banner blindness）
　ウェブ・ページ上のバナー画像を見慣れてしまい，次第にバナーの情報を無視するようになること．バナーとは，ウェブ・ページ上(の上部や見出し部)に四角で表示される画像情報のこと．

離れ具合（departure, deviation）
　→ 偏り

パネル登録者（panel member, panelist）
　パネルに登録された構成員，調査対象者のこと．

パラ言語（paralinguistic, paralanguage）
　言葉や音声そのものではなく，話の間，身振り，声色などのこと．非言語的要素（例：ボディランゲージ）をさすことが多い．非言語のはたすコミュニケーション機能のこと．

パラ言語情報（paralinguistic information）
　→ パラ言語

パラデータ（paradata）
　調査対象から得た調査回答データ自体ではなく，調査データの収集過程にかかわるデータの総称（Couper，2017；松本，2017）．「プ

ロセス・データ」ともいう．このパラデータの取得と分析が可能なことがウェブ調査の特長の1つである．電子的データ収集方式を用いる調査方式の場合（例：CATI, CAPI, IVR, ウェブ調査など），回答者と調査員とのやりとりや，回答者の回答行動を電子的に追跡し（トラッキング）記録することができる．とくにウェブ調査の場合，パラデータには「サーバ側パラデータ」と「クライアント側パラデータ」がある．サーバ側パラデータは，調査実施者側サーバに集められログ・データとして保存する．このログ解析から，調査票のダウンロード時間，ウェブ・ページのアクセス時間と回数，回答者の同定，使用ブラウザの確認，回答者の利用コンピュータの基本ソフト（OS）などの情報が得られる．クライアント側パラデータは，回答者側コンピュータから集められるデータである．回答者の回答の組み立て方，質問ページ内の時間の使い方，回答選択肢の選び方を変えたかどうか，回答順はどうか，質問にすべて回答したか，項目無回答はあるか，などの回答行動を記録する．回答者が調査に関心をもち協力的になってくれるように，また，質問を違和感なく理解できるように調査を改善するのに，パラデータの情報は役立つ．パラデータ取得に際して，回答者との合意形成の方法や，プライバシー保護といった倫理的配慮が必要とされる．Heerwegh (2011), Kaczmirek (2009), Singer and Couper (2011), Schonlau and Couper (2017), 大隅ほか (2017) を参照のこと．

反復比例当てはめ（iterative proportional fitting）

　提唱者らの名前をとってデミング-ステファン法とよぶこともある．また，レイキング法とよばれることもある．このアルゴリズムは対数線形モデルなどでも用いられる．詳細は，Kalton and Flores-Cervantes (2003, p. 86), Bethlehem (2002), Everitt (1992, pp. 84-86), Fienberg (1987) を参照のこと．
　⟶　レイキング法

非インターネット母集団（non-Internet population）

　目標母集団のうち，インターネットにアクセスしない，あるいはアクセスできない調査対象者からなる集合のこと．⟶　インターネット母集団，目標母集団

非応答的で動的な特性（nonresponsive dynamic feature）

　回答者との関係が双方向的ではないが，調査システムの応答が動的であること．回答者のとる回答行動に関係なく，なにかしらの動的な対応をすること．⟶　応答的で動的な機能

非確率抽出（non-probability sampling）
　⟶　非確率的パネル

非確率的パネル（non-probability panel）

　非確率抽出で作られたパネルや標本のこと．このようなパネルや標本は，抽出確率が明らかでない．多くのウェブ・パネルは，非確率標本のボランティア・パネルである．⟶　確率抽出，便宜的標本抽出，自己参加型パネル，確率的パネル

非確率標本（non-probability sample）
　⟶　非確率的パネル

非確率標本による調査（non-probability survey）
　⟶　非確率的パネル

非観測誤差（non-observation error）

　調査誤差のうち，測定に直接関与しない誤差をまとめて「非観測誤差」という．たとえば，カバレッジ誤差（とくにアンダーカバレッジ・調査漏れ），無回答誤差，選択バイアスに起因する誤差など．⟶　観測誤差，総調査誤差

非識別化（non-differentiation, nondifferentiation）
　⟶　識別化

ビデオ・ビネット（video vignette）

　ビデオの短い一場面のこと．「ビネット」の語源はフランス語だが，一般には，画像編集の機能の1つで画像の周辺をぼかすこと．本書では，会話形式で示したやりとりの，ある一場面を切り出した動画のこと．ビネットのほか，「ビニェット」「ヴィニイエット」とさまざまな表記がある．

非標本誤差（nonsampling error）

誤差のうち，標本抽出にもとづかない誤差のこと．この非標本誤差は，さらに「観測誤差」と「非観測誤差」に分けられる（p.281の図を参照）．ウェブ調査では，とくに非観測誤差を詳しく調べることが重要である．
→ 標本誤差，観測誤差，非観測誤差，総調査誤差，測定誤差

微妙な内容の質問（sensitive question）
他人には知らせたくない個人的な情報や話題を扱った質問のこと．回答者が回答をためらうような，あるいは正確な回答を避けるような質問のこと．たとえば，妊娠中絶，違法薬物の使用経験，犯罪履歴などの質問がこれに相当する．微妙な質問は，回答の偏りを生じやすく，無回答となりやすい．また，回答率を低くする要因となる．回答を改善する方法として，偽のパイプラインやランダム回答法がある．調査員を必要としない自記式調査（郵送調査やウェブ調査など）が，調査員による対面面接調査よりも，微妙な質問に対する回答の偏りが少ないといわれている．
→ 偽のパイプライン，ランダム回答法，社会的望ましさ

微妙な内容の情報（sensitive information）
→ 微妙な内容の質問

微妙な内容の話題（sensitive topics）
→ 微妙な内容の質問

標本誤差（sampling error）
標本抽出に起因する誤差のこと（p.281の図を参照）．母集団から抽出された一部分の標本から推定値を求める場合，標本が抽出されるごとに，推定値は異なる．この標本誤差は母集団要素を全数調査した場合には生じない．→ 非標本誤差，総調査誤差

標本整合（sample matching）
一般的には，とくに疫学分野において，各ケース（たとえば，特定の疾患をもつ人）に対して，対照群（コントロール群）の中から似たような背景因子をもつ人を抜き出すこと．本書では，ウェブ調査の各回答者と似た属性をもつ回答者を，確率標本の集団（たとえばRDD調査群など，母集団を適切に表している群）の中から抜き出すことを意味する．星野（2009）を参照のこと．

標本抽出の偏り（抽出の偏り）（sampling bias）
一般に，無作為ではない標本抽出において生じる，母集団に対する標本の偏り（バイアス）のこと．とくに，非確率的な抽出で生じる系統的誤差をさす．応募型ウェブ調査の場合は，インターネット母集団とパネル構成員（ボランティアの構成員）とのずれが，この「抽出の偏り」になる．また，目標母集団とインターネット母集団とのずれは「カバレッジ誤差」という．なお，この「標本抽出の偏り」は，実験調査研究（experimental study）において，処理群と対照群の抽出方法が異なることによる影響を説明するために用いることがある（この場合は「選択バイアス」という）．
→ インターネット母集団，カバレッジ

標本抽出枠（sampling frame）
→ 枠母集団，目標母集団

ピラミッド型の尺度（scale in the shape of a pyramid）
→ ハシゴ型の回答尺度

フィードバック（feedback）
ウェブ調査は双方向的であり，回答者の回答行動にもとづく柔軟な対応が可能である．こうした対応を応答的に行うことを「フィードバック」という．また，回答の進捗に合わせて，コンピュータの画面上に表示されるプログレス・インジケータが示す応答情報のことを「プログレス・フィードバック」という．
→ プログレス・フィードバック，応答的で動的な機能

フェイスシート（face sheet）
→ 人口統計学的特性

フォローアップ調査（follow-up survey）
ある調査の後に，その調査を補うために，追加で行う調査研究あるいは調査のこと．以下の例のように，はじめの調査で用いた調査方式と異なる方式でフォローアップ調査を行うことがある．①はじめの調査は対面調査で行い，フォローアップ調査は郵送調査で行う，②はじめは郵送調査を用い，無回答者へのフォローアップ調査を電話聴取方式で行う，③一般の人を対象にRDD方式の電話聴取によるスクリーニング調査を行った後に，イン

ターネットが利用できる（アクセス可能）と回答した人に対して，ウェブ調査でフォローアップ調査を行う．「フォローアップの質問」とは，フォローアップ時に，さらに行う追加質問のこと．→ 混合方式

フォローアップの質問（follow-up question）
→ フォローアップ調査

フォント（font）
　文字の印刷やコンピュータの画面上で用いる文字の書体やデザインのこと．

普及率（coverage）
→ カバレッジ

複数回答（multiple selection, multiple choice, multiple option, multiple answer, multiple response）
　質問項目の選択肢が複数選べること．「多肢選択」「複数選択」「多項選択」などともいう．ウェブ調査で用いる電子調査票では，複数回答に対してはチェック・ボックスを用いることが多い．グリッド形式と組み合わせることもあるが，回答負荷が大きいので利用を控えるほうがよいとされる．→ チェック・ボックス，単一選択，ラジオ・ボタン，グリッド

不適格なこと（ineligible）
→ 適格なこと

不適格な単位（ineligible unit）
→ 適格なこと

不適格な要素（ineligible element）
→ 適格なこと

不等確率抽出法（unequal probability sampling）
　ある補助変数（例：人口統計学的変数）の値に対応した確率で，標本の各要素が選ばれるような標本抽出のこと．この抽出では，標本の各要素の選出確率は一定ではない．
→ 確率抽出，目標変数

プリフィックス（市内局番）（prefix）
→ エリア・コード（市外局番）

プルダウン・ボックス（pull down box）
→ ドロップダウン・ボックス

プルダウン・メニュー（pull-down menu）
→ ドロップダウン・ボックス

プルダウン・リスト（pull-down list）
→ ドロップダウン・ボックス

プログレス・インジケータ（progress indicator）
→ プログレス・フィードバック

プログレス・バー（progress bar）
→ プログレス・フィードバック

プログレス・フィードバック（progress feedback）
　回答者に，調査票への回答記入がどこまで終わったか，回答の「進度」を知らせるフィードバック（応答機能）のこと．これは，完答を促すことを目的としている．しかし，多くの質問文が未回答のまま残っていることを回答者に知らせてしまうおそれもある．結果として中断や無回答を増加させることもある．回答の進度を知らせるには，「プログレス・インジケータ」（図）や「プログレス・バー」を用いる．→ 進度

プロセス・データ（process data）
→ パラデータ

プロの回答者（professional respondent）
　多くのウェブ・パネルに登録し，頻繁に調査回答に参加する回答者のこと．謝礼や現金を提供する調査サイトを探し出して，主に謝礼を目当てとする調査応募者のことをいう場合もある．コンピュータに習熟し回答経験のある調査なれした調査応募者（survey-taker）に多いとされる．Grover and Vriens（2006, pp. 117-118）を参照のこと．→ 自己参加型パネル，謝礼

プロービング（probe, probing）
　回答者が回答を忘れる，あるいはためらったり，つまずくなどのときに，さりげなく回答を促したり，得られた回答の内容に念押しや探りを入れることをいう．俗に「念押し」「押し込み」などともいう．回答者の意見や回答

67%

図　プログレス・インジケータ

内容になるべく影響を及ぼさないように行うことが求められる．ウェブ調査の場合，バーチャル調査員が生身の調査員と同じようなやりとりを行うことができる．また，電子調査票の場合に，回答者に対して入力要求や説明を行う指示（プロンプト）を出すことをプロービングということがある．⎯→ 会話的面接法，プロンプト

プロンプト（prompt）
　一般には，ソフトウェアなどでなにかしらの入力を促すこと．「入力要求」「入力指示」などともいう．ウェブ調査では，欠測や無回答が生じたときに，回答者に対してコンピュータ上に入力指示のメッセージを表示し回答を促すこと．プロンプトを表示することは「プロービング」となる．⎯→ プロービング

分岐（skip）
　⎯→ スキップ，質問の省略

分岐の定型処理（conditional routing）
　⎯→ ルーティング

文脈効果（context effect）
　調査における「文脈効果」とは，質問文や説明文の作り方によって，とくに前後の質問文や調査員の伝え方によって，回答が変化する（影響を受ける）ことをさす．また，マーケティングでは，同じ商品でも，見せ方や説明，環境を変えることで，その商品の価値が変わる効果のことを「文脈効果」ということもある．つまり，与えられた前後の文脈や状況（刺激）によって物事の感じ方や判断が変わる心理的な効果のことをいう．一般的な対話における「文脈効果」については，藤永（編）（2013, p.497）を参照のこと．

平均世帯募集率（mean household recruitment rate）
　「世帯募集率」は，世帯単位で求めた募集率であり，Callegaro and DiSogra（2008）によると，世帯のうちの一人でも含まれていたら分母と分子に数えることとしている．Callegaro and DiSogra（2008）や米国世論調査学会（AAPOR, 2016）では，AAPOR（2016）のRR3に似ている式を募集率（RECR）に採用している．「平均世帯募集率」とは，複数時点で行った調査から得た世帯募集率の平均のこと．⎯→ 回答率

米国世論調査学会（AAPOR：American Association for Public Opinion Research）
　米国世論調査学会の歴史については，Sheatsley and Mitfsky（1992）を参照のこと．同書によると，1946年にNORCのディレクターであったHarry H. Fieldのよびかけにより会議が開かれ，翌1947年に創立された．学術誌 *Public Opinion Quarterly* などを発刊している．米国世論調査協会とよぶこともある．

併存的妥当性（concurrent validity）
　併存的妥当性と予測的妥当性はまとめて，「基準連関妥当性」とよばれている．ある外的基準との一致度や相関が高いときに，問題とする測定の基準連関妥当性が高いとみなす．その外的基準が，問題とする測定と同時期に観察されている場合には「併存的妥当性」といい，将来において観察された場合には「予測的妥当性」という．これらの「妥当性」とは，ある尺度が測定すべきものを正しく測定しているか，計量的な心理測定で問題とされる概念である．藤永（編）（2013, p.502）を参照のこと．また，計量的な心理測定と質的な研究での「妥当性」の違いについては，無藤ほか（2004, pp.59-64），藤永（編）（2013, pp.59-64）を参照のこと．⎯→ 正確さ，信頼性

ペイパル（PayPal）
　商用のプリペイド・システムの1つ．オンラインでの送金やクレジットカード決済サービスなどの電子商取引を行う米国の企業，PayPal Holdings（1998年設立）により運用されている．

ペイン（pane, windowpane）
　原義は窓枠のこと．（1枚の）窓ガラス，碁盤の目などの意味をもつ．コンピュータの操作画面で，ウィンドウの内部を縦横にいくつかに分割した際のそれぞれの領域のことをペインという．「枠」「画面枠」「領域」などと訳されることもある．

ページ・レイアウト（page layout）
　画面上に示した調査票の割りつけや配置の

こと．そのレイアウトの両端の位置調整を行うこと．⟶ アラインメント

ページング形式（paging design）
⟶ スクローリング形式

ベスト・プラクティス手法（best practice approach）
　複数の調査を行うときに，かりにそれらの調査間で異なる質問文や質問形式を用いたとしても，各調査方式内で生じる誤差をできるだけ小さく抑えるよう努める最善の方法のことをいう．⟶ 統合化手法

便宜的標本（convenience sample）
⟶ 便宜的標本抽出

便宜的標本抽出（convenience sampling）
　非確率的な抽出方法を「便宜的標本抽出」といい，抽出された標本を「便宜的標本」という．恣意的標本（purposive sample, judgement sample），クォータ標本（quota sample），スノーボール標本（snowball sample）なども，この非確率標本抽出による標本のこと．⟶ 非確率標本

偏差（deviation）
⟶ 偏り

ベンチマーク調査（benchmark survey）
　複数の調査結果を比較検証するときに，基準とする調査のこと．たとえば，ウェブ調査（の回答者）を評価するために，校正あるいは参照に用いる調査として電話調査（CATI）が有効な基準となると考えられるなら，これをベンチマーク調査（基準とする調査）とする．マーケティング・リサーチで広告効果測定や知名度効果を（時系列的に）測る際に基準とする事前調査のことをさすこともある．
⟶ 校正

包含確率（inclusion probability）
⟶ 第1次包含確率

報告誤差（report error）
　ある調査項目について，なんらかの外部の記録データ（外部情報源）があって，それと調査で得られた回答を比べたときにみられる不一致（ずれ）の程度のこと．たとえば，ある病院の来院者を対象に，来院日数を調べるとする．回答者の報告した来院日数を，その回答者のカルテ（これが外部情報源）と比べたときに，不一致が生じるであろう．別の例として，一定期間内での海外旅行回数を旅券の記録情報と照合する，スーパーマーケットでの買い物で，調査票での回答と実際のレシートとを比べるなどが考えられる．事前に，どのような外部情報源の利用が可能かを想定して調査計画を策定することも必要である．こうした回答報告時に介入する誤差の出現率を報告誤差率という．Bethlehem and Biffignandi (2012), Brewer (2013), Kuusela (2011) を参照のこと．⟶ 外部情報源

報告率（rate of reporting）
　ある質問に対してある特定の回答をした割合のこと．本書では，「発生率」（prevalence rate）と区別するためにこれを用いている．「発生率」は通常，医療や健康状態に関連する用語として用いる．しかし，ある回答を報告した「割合」という点で考え方は同じである．

ボーガス・パイプライン（bogus pipeline）
⟶ 偽のパイプライン

母集団特性値（population figure, population characteristic）
　母集団分布の特徴を表す定数（真値）のこと．統計的推論（推定や統計的検定）では母数（パラメータ）とよばれている．たとえば，母平均，母分散，母標準偏差，母中央値，母最頻値，母割合，母総和（母合計）などのこと．これらを，母集団平均値，母集団分散，母集団標準偏差，母集団中央値，母集団最頻値，母集団割合，母集団総和と表すことがある．⟶ 真値

募集率（RECR: recruitment rate）
　「募集率」あるいは「勧誘率」にはいくつかの種類がある．たとえば，AAPOR (2016) や Callegaro and DiSogra (2008) では，RECR =（初回同意数・承諾数）/[（初回同意数・承諾数）+（直接の拒否数＋非接触数＋その他＋e×（世帯があるか不明）＋（その他の不明）］と定義している．ここでeは，未知・不明に占める適格者の割合を推定したもの．募集率を世帯の単位で扱う場合を「世帯募集率」という．AAPOR (2016),

Bethlehem and Biffignandi (2012, pp. 434-436), Callegaro and DiSogra (2008) を参照のこと. ⟶ 平均世帯募集率, 累積募集率, 脱落率

補助変数 (auxiliary variable)
⟶ 目標変数

補定 (imputation)
⟶ データ・エディティング

ボランティア・パネル (volunteer panel)
⟶ 自己参加型パネル, アクセス・パネル

マウスオーバー (mouse over)
⟶ ロールオーバー

マッチング (均衡化) (matching)
⟶ 標本整合

マトリクス (matrix)
⟶ グリッド

マトリクス形式の質問 (matrix question)
⟶ グリッド

短いビネット (短い小画面) (short vignette)
⟶ ビデオ・ビネット

見出し部 (header)
ウェブ・ページの見出し部分のこと.

無応答状態を検出する閾値 (inactivity threshold)
ウェブ調査において, 回答者からの応答があるかどうかの判定に用いる, 回答時間に対する閾値のこと. たとえば, 閾値を10秒に設定して, 回答者が10秒以内に回答しなかった場合, 回答入力を促す指示を表示する. 年齢によりこの閾値を変えて, 若者 (例: 10秒に設定) よりも, 高齢者では長めの時間 (例: 15秒) を設定するなども行える.

無回答 (nonresponse)
調査対象者の回答拒否や回答ができない状態などにより, 調査者が意図したような有効な回答が得られないことの総称. あるいは, 調査対象者から提供された回答情報が有効でないときに生じる現象もいう. 質問の一部だけ回答が得られないことを「項目無回答」, すべてにおいて回答が得られないことを「完全項目無回答」あるいは「調査不能」という.
⟶ 項目無回答, 調査不能

無回答誤差 (nonresponse error)
無回答によって生じる誤差の総称. 調査実施側では制御ができない誤差の1つ.
⟶ 無回答, 無回答の偏り (無回答による偏り), 回答率, 参加率, 非観測誤差

無回答の偏り (無回答による偏り) (nonresponse bias)
無回答によって生じる偏り (バイアス) のこと. ⟶ 偏り, 無回答誤差

メタ分析 (meta-analysis)
同じ目的で, しかし独立に行われたいくつかの類似研究の結果を集めて, 統計的な観点から共通の基準にもとづき体系的に評価・分析を行うこと. こうしたアプローチをとる理由は, 個々の研究をばらばらに調べるよりもより客観的な評価を得られる可能性が高いと考えることによる. 複数の調査から得られた「効果の大きさ」(効果量) を用いて, 総合的な評価を行う. 本書では, ウェブ調査と他の調査方式との差違をメタ分析で総合的に検証した例が多数紹介されている (たとえば, 回答率の比較, 中断率の分析, 謝礼効果の比較, 質問紙型調査票の比較など).

面接調査 (face-to-face survey)
⟶ 対面面接調査

黙従傾向 (acquiescence)
回答者が, 質問文に対して, その内容に関係なく, 同意する傾向 (agreement tendency) があること. なんでも「"はい"と回答しやすい傾向」(yes tendency, yea-saying) のこと. Bethlehem and Biffignandi (2012, p.151), Grover and Vriens (pp. 99-103) を参照のこと. ⟶ 総調査誤差, 観測誤差, 労働最小化行動, 識別化

目標変数 (target variable)
調査にあたって興味ある調査項目を「目標変数」という. 目標変数に対して補助的に用いる「補助変数」がある. たとえば, 世論調査で投票行動を調査する場面を想定しよう. このとき, 調査対象者から, 投票の有無, 内閣支持の有無やその理由をたずねる, 支持政党を選ぶなどは, 目標変数となる. これに対して, カバレッジ誤差や欠測値による偏りを校正する際に用いる変数を「補助変数」とする. たとえば, 性別や年齢, 学歴, 職業, 所得, 人種, 宗教, 未既婚, 居住地域などの人

口統計学的変数や地理的要因などを補助変数として用いる.これら両者を合わせ,当該調査で調べる項目のすべてを「調査変数」という.Bethlehem and Biffignandi (2012) を参照のこと.——→ 調査変数,人口統計学的特性,校正

目標母集団(target population)

当該調査で対象としたい全要素の集合.調査対象とする基本となる母集団のこと.「対象母集団」ということもある.調査目的や構成概念により選び方が異なる.たとえば,政治意識を調べる調査を考える.このとき,調べたい内容により,有権者のみとする,ある年齢以上の人を対象とする,過去に投票を行った人だけに限定するなどいろいろな対象の選び方がある.——→ 調査母集団,枠母集団,一般母集団

文字列によるフィードバック(textual feedback)

回答の進度を知らせるときに,プログレス・インジケータだけを示すのではなく,進度を表す文字列を表示し回答者に知らせることを行う.たとえば,「あなたの回答はおよそ○○% 進んでおります」などのように言葉で知らせる.回答者は,自分がいま調査票のどのあたりにいるのかを知りたがるので,こうした情報を提供すると,回答者が調査を完了する可能性が高まるとされる.しかし,進度がはっきりわかるので,回答中断につながるおそれもある.プログレス・インジケータを用いることの効用については,賛否いろいろな意見がある.——→ プログレス・フィードバック,無回答,中断

モード(mode)
——→ 調査方式

モード効果(mode effect)
——→ 調査方式効果

モード・スイッチ(mode switch)
——→ 調査方式の切り替え

モバイル・オンライン調査(mobile online survey)
——→ 携帯電話調査

モール・インターセプト型の調査(mall intercept survey)

「待機型調査」や「来街者待機調査」ともいう.いわゆる「よび込み調査」のこと.調査員あるいは調査実施者が,人が集まるショッピング・モールや公共の場などに場所を用意し,事前に決められた選出方法で,通りすぎる人たちに声をかけて調査への参加協力を依頼する非確率的な方式のこと.調査場所の設営などの許可を得たり商業施設への影響がないよう配慮するなどの手間がかかる.日本国内では,実施されることは少ない.た

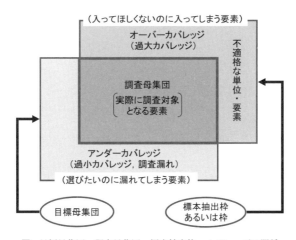

図 目標母集団,調査母集団,標本抽出枠,カバレッジの関係

だし，観光地などで，観光調査（来客者数推定，来訪者の意見聴取など）の目的で，（許可を得たもとで）来訪者を捕捉し調べるなど，いわゆる「入り込み調査」などが行われている（例：（公財）日本交通公社の行う「富士山登山者調査」など）．なお，選挙投票時に行う出口調査は，投票所や対象者の（確率的な）選出方法が決められており，モール・インターセプト型の標本とまったく同じとはいえない．──→ 便宜的標本抽出

モール・インターセプト型の標本（mall intercept sample）
──→ モール・インターセプト型の調査

有意抽出（purposive sampling）
　確率的な無作為抽出ではなく，調査者自らの判断や専門知識・経験則にもとづいて標本抽出を行うこと．無作為抽出に対して用いる用語．類似の語句に，「便宜的標本抽出」（コンビニエンス・サンプリング），「雪だるま式サンプリング」がある．

郵送推奨（mail push）
　逐次混合方式設計において，複数の調査方式のいずれかを回答者が自由に選べるようにするのではなく，はじめは1つの調査方式で接触するが，その後に行う無回答者へのフォローアップ時に，郵送を強く勧めるという設計とすること．──→ 逐次混合方式設計，フォローアップ調査

郵送推奨方式（mail push approach）
──→ 郵送推奨

郵送調査（mail survey）
　質問紙型調査票を，調査対象者に郵便で送付し回答を求めるというデータ収集方式のこと．「郵送調査法」「郵送法」などともいう．回答者は，調査票に回答を記入した後に，調査実施機関宛（調査実施者宛）にその調査票を郵便で返送する．郵送調査は，情報伝達経路が視覚的であり，自記式である調査方式という点でウェブ調査に類似する．このことから，ウェブ調査と郵送調査の比較実験調査が行われることが多い．──→ ウェブ調査，情報伝達経路，自記式調査票，調査方式

雪だるま式サンプリング（snowball sampling）
　調査に回答してくれた人に，次の回答者（あるいは調査対象者）を紹介してもらうことにより，雪だるま式に順々に回答者数を増やしていく方法．このとき，回答者を探す「紹介手順」（referral procedure）を用意することがある．たとえば，日本を訪問した旅行客を捕捉し，その人の口づてに（日本に旅行したことのある）次の回答者を紹介してもらう．別の例として，電話で誰かを勧誘し，回答を得た人に，別の誰かを紹介してもらう．こうした手順を繰り返す．最初の調査対象者を無作為抽出で選ぶとしても，最終的な標本は非確率標本となる．捕捉が難しいレアな標本を調べたいときに用いられている．調査者が望む特性を保有する標本が低コストで得られる可能性が高まるという利点がある．──→ 非確率的パネル，便宜的標本抽出

予測的妥当性（predictive validity）
──→ 併存的妥当性

予備調査（pretest, preliminary test, pretesting）
　ある調査を実施する前に，そこで用いる調査票や調査材料（提示カードなど）を試用して，不具合などの有無を確認するための調査．「プリテスト」ともいう．「パイロット調査」とは，本調査で行う実施内容のそのままを小規模にして行う調査のこと．つまり，両者は調査の目的や内容が異なる．

予備調査で得たデータ（pretest data）
──→ 予備調査

ラジオ・ボタン（radio button）
　GUIの部品の1つ．回答者が，関心のある回答選択肢を選べるような位置を示す，小さな丸型（ボタン状）のボックスのこと．そのボタンの上をクリックすることで選択肢を選んだことになる．選んだ選択肢は丸型（ボタン）の中に点印（ドット印●）が入る．別の選択肢を選ぶと，（いま選んだ）選択肢が非選択となる（点印が消える）．通常，ラジオ・ボタンは，単一回答の回答選択肢を設計するために用いる．質問紙調査では，単一選択の指示があっても回答者は複数を選ぶことがある．ウェブ調査では，1つだけを選ぶ（同時に複数の選択肢が選べない）ように設定できる．質問紙による場合，回答者が質問文や回

答選択肢の意味を正しく理解できず（選択に迷って），やむなく複数の選択肢を選んだかもしれない．ウェブ調査の場合は，判断に迷ったかどうかまでは把握できない．しかし「パラデータ」を記録することでラジオ・ボタンをどのように押したか，回答行動を詳しく分析し質問の改善に反映させることができる．第4章の図4.3を参照のこと．⟶ 単一選択，パラデータ，回答の制御（回答経路の制御）

ラベル（label）

質問文の選択肢に付与する「標識」のこと．また，HTML タグの意味でも用いる．ラベルとしては，文字列，数値，アイコン，記号などを用いる．文字列を用いる場合を「言語ラベル」，数値を用いる場合を「数値ラベル」という．

ランダム回答法（random response model, randomized response technique）

回答者が回答をためらうような，微妙な内容の質問を問うときなどに用いる技法の1つ．なお，回答の選択をランダム化するための用具を用いることがある．たとえば，本書では，スピナー（ルーレットのような円盤にいくつかの数字をつけたコマ）や硬貨投げを用いることが紹介されている．たとえば，「コカインを使ったことがあるか」といった微妙な質問について，調査者のみえないところで回答者にコイン（ただし，表が出る確率と裏が出る確率が異なるコイン）を投げてもらい，コインが表のときは「コカインを使ったことがあるか」という質問に，コインが裏のときには「コカインを使ったことがないか」という質問に「はい」/「いいえ」で答えてもらう（つまり，調査員は各回答者が「コカインを使ったことがある」かどうかはわからない）．このような方法で得られた回答から，個々の回答者がどちらを選んだかはわからないが集団としての割合は推定できる．Höglinger et al.（2016），鈴木ほか（1977），逆瀬川ほか（1974）などを参照のこと．

ランダム・ディジット・ダイアリング（RDD: random digit dialing）

電話調査のための標本抽出法の1つ．なにかしらのアルゴリズムを用いて，電話番号を無作為に生成する抽出方法のこと．Dillman et al.（2014）では，米国における例として，10桁の電話番号の最初の8桁「［エリアコード（市外局番）3桁］+［プリフィックス（市内局番）3桁］+［サフィックス（加入者番号）4桁］のうちの先頭2桁」を第1次抽出単位とし，100個（00～99）を無作為に生成する方法が説明されている．RDD についての説明は，Groves et al.（2009, 4.8節），Lohr（2010, 6.5節）や Lavrakas（2008）の RDD の項を参照のこと．なお，日本国内における電話調査に関する最近の動向については，川本ほか（2015），小野寺ほか（2015），萩原（2017）を参照のこと．⟶ プリフィックス（市内局番），エリア・コード（市外局番），コンピュータ支援の電話聴取方式（コンピュータ支援電話面接法）

ランダムでない欠測（NMAR: not missing at random）

欠測や無回答となるかどうかが，その欠測となった部分の観測値（欠測にならなかったら観測されたであろう値）に直接依存すること．「ランダムでない欠測」（NMAR）である場合，ランダムな欠測（MAR）を前提とした推定には偏りが生じる．もし目標変数における欠測がその欠測部分の観測値に依存していれば，補助変数を用いて MAR を前提とした調整を行った場合（例：傾向スコアを用いた加重調整を行った場合），その推定結果には偏りが生じる．⟶ ランダムな欠測，加重調整法

ランダムな欠測（MAR: missing at random）

欠測になるかどうかが，非欠測部分の観測値だけに依存する状態のこと．本書においては，とくに，目標変数が欠測や無回答になるかどうかが，目標変数そのものには依存せず，補助変数にのみ依存する状態に注目している．そのような状態であれば，「ランダムな欠測」（MAR）である．MAR である場合には，統計的推測において「補助変数」の情報を利用すれば，たとえ目標変数に欠測があっても，目標変数における母集団分布の母数（目標変数の特性値）を偏りなく推定できる．

リスト（list）

「一覧」や「名簿」を意味する一般的な用語であるがさまざまな意味で使われる．①調査において標本抽出枠とする標本台帳（サンプル台帳），標本要素の名簿（調査対象者名簿）のこと．②「（電子化した）質問紙」や「電子調査票」の中の質問項目と回答選択肢の一覧のこと．③ドロップ・ボックスの「選択リスト」などのリストは回答選択肢の一覧のことをいう．また対面面接調査のときに調査員が使う「選択肢・提示カード」を「リスト」という場合もある．　→　調査材料

リバー・サンプリング（river sampling）
　特定の登録者パネルを作らずに，調査のつど，リアルタイムに調査対象者を選ぶオンライン・サンプリングの1つの方法．多数の利用者が訪問するポータルサイト（例：検索エンジンや新聞・ニュース・動画・TVなどのサイト）と協力し，バナー広告，ハイパーリンクなどを用いて，リアルタイムに利用者をサイトに誘導し，スクリーニングを行って調査対象者を選出する．オンライン上のサイトを訪問，閲覧する多数の利用者の様子を川の流れに喩えて，「リバー・サンプリング」という．通常のパネル登録者よりも新鮮でプロの回答者ではない調査対象者を選べる方法として提唱されたが検証が十分とはいえない．標本抽出枠があきらかでなく，非確率的パネル（自己参加型のボランティア・パネルの変形）である．また，同一人が何度も回答者となることがあるがこれを確認する方法はない．DiSogra（2008），Callegaro et al.（2014），Toepoel（2016）を参照のこと．
　→　非確率的パネル，自己参加型パネル

リマインダー（reminder）
　締切りを過ぎても回答が戻っていない調査対象者に対して，回答してくれるように頼むこと．「督促」ともいう．調査対象者に調査票を配布や配信した後，締切日までに回答が得られなかった場合，ある一定時間が経過してから（たとえば，数日経ってから），回答を督促する．調査対象者に回答の督促を試みる回数のことを，「督促回数」という．郵送調査では督促状を送ることが多いが，行き違いのあった場合のお詫びなどを記すほうがよい．また，調査票をあらためて同封するほうがよい．ウェブ調査では，電子メールにより督促する．ウェブ調査では，回答者が回答の意思があるにもかかわらず，接続回線の不具合などで，調査依頼状の確認ができないことがあるので，督促を行うことが重要であり，また督促状の書き方にも注意が必要である．ウェブ調査ではそう経費がかからないことから，つい何度も催促を行いがちだが，回答者の回答意欲の低減や回答拒否などにつながるおそれもあるので，慎重な扱いが求められる．ウェブ調査では，督促回数と回答率，中断率などの関係を調べることが重要である．
　→　督促回数，回答率，中断率

リム加重法（rim weighting）
　→　レイキング法

両極尺度（bipolar scale）
　→　単極性

両極性（bipolar）
　→　単極性

累積回答率（CUMRR: cumulative response rate）
　この指標は，確率的パネルの場合に算出される．パネル勧誘から，回答を終えるまでの各段階における割合の積（勧誘段階での回答率と，それに続く調査または特定の調査で得たいくつかの回答率との積）．AAPOR（2016），Bethlehem and Biffignandi（2012, pp. 440-441）に詳しい説明や具体的な算出式がある．たとえば，以下の2つの式がある．

　$CUMRR1 = RECR \times PROR \times COMR$
　$CUMRR2 = RECR \times PROR \times COMR \times RETR$

ここで，RECRは勧誘率（recruitment rate），PRORはプロファイル率（profile rate），COMRは完了率（completion rate），RETRは保持率（retention rate）である．

累積募集率（cumulative rate of recruitment）
　パネル構成員が，正しくパネルの一部となるためには，調査対象が「適格」（eligible, 適格者や適格世帯）であるかどうかの判断，調査依頼時に参加意思の有無の確認，パネルへの参加の有無，プロファイル調査（profile survey）あるいはウェルカム調査（welcome

survey）への回答の有無など，さまざまな確認過程がある．これら各段階における割合の積が，累積募集率である．3.3節に，これの具体的な算出例がある．

ルック・アンド・フィール（look and feel）
「ルック」は「見た目」のことで，形や色を意味する．一方，「フィール」は「感じること」であり，動作や振る舞いを意味する．コンピュータ操作画面やコンピュータ・ソフトの画面表示の見た目や，実際に利用する際の操作の手順などから感じ取られる操作感のこと．ウィンドウのデザインやアイコンの配置，操作方法とそれに対する画面や音による反応などが全体として与える印象のことをいう．

ルーティング（routing）
ある質問に対する回答者の回答に応じて，それに続く質問や回答選択肢を応答的に変更する機能のこと．とくにウェブ調査は双方向的であるので，調査員方式の調査のように状況に応じて質問や回答選択肢の内容を変更できる．たとえば，回答の未入力に対して回答を促す指示（プロンプト）を出すこと，回答の要領を示す説明を提供すること，フィードバックを用意することなど，回答者の回答行動（判断）に応じた条件つきの処理を行うことができる．──→ 双方向的特性，応答的で動的な機能，質問の省略

レイアウト（layout）
コンピュータ上で画面設計に用いるHTML言語の用語の意味と，一般的な意味で用いる画面説明の意味がある．ウェブ調査の画面設計における，ボックス，デザイン，テーブル，イメージなどの具体的な配置や見た目をさす．また，紙の調査票（質問紙）における「割りつけ，見栄え」の意味でも用いる．

レイキング法（raking）
標本の補助変数（例：人口統計学的変数）の分布が，もとの母集団の分布に適合するように，補助変数の周辺和に合わせて加重を計算する加重調整法の1つ．「周辺和重みづけ」「周辺和加重調整法」「リム加重法」などともいう．計算アルゴリズムとしては，「反復比例当てはめ」が使われることが多い．この反復比例当てはめ法は，提唱者らの名前をとって，Deming-Stephan法とよぶことがある．Everitt (1992), Fienberg (1987), Bethlehem and Biffignandi (2012, p.358) を参照のこと．──→ 補助変数，加重調整法，反復比例当てはめ

レイキング（法による）比率推定（raking ratio estimation）
──→ レイキング法

労働最小化行動（satisficing, satisficing behavior）
定着している訳語はなく，「労働最小化行動」「最小限化行動」「最小限化」「最小限回答行動」「最小限の要求を満たすこと」などと訳されることがある．回答者が調査質問を読むことや回答するための労力を怠ることをいう．回答者は，正しい回答をしようとせずに，最小限の努力で，その場しのぎの回答をしようとすること．回答者は最小努力（労力）で自分の気に入った回答を提供しようと努める傾向にある．そのため，得られた回答は，必ずしも正しいとは限らない．たとえば，提示された個々の回答選択肢をきちんと評価せず，回答者が適当だと思った選択肢がみつかった時点でそれを選んでしまう．つまり，回答負担が減るように，自分に都合のよい近道の回答を選ぶ，などの行動をとる．こうした行動をとる人を「労働最小化行動をとる人」（satisficer）という．──→ 識別化，ストレートライニング，初頭効果

労働最小化行動をとる人（satisficer）
──→ 労働最小化行動

ロールオーバー（rollover）
コンピュータ画面上の確認したい対象にマウスポインターが重なったときに，その状態（文字，文字色，背景色，画像，形状など）を変化させること．画面上のボタンや文字の上に，マウスでポインターを合わせたときに，そのボタンや文字の図柄，文字色などが変わるように見せる動作のこと．「動的で応答的なグリッド形式」などで用いることができる．──→ グリッド

枠（frame）
──→ 枠母集団

枠母集団（frame population）

　標本抽出枠（抽出枠，枠，サンプリング・フレーム）となる台帳やリストのもととなる集団．たとえば，住民基本台帳，選挙人名簿，電話番号簿などに記載の人たちを要素とする集団がこの枠母集団に相当する．枠母集団の具体的なリストが標本抽出枠であり，実際の標本抽出はこの標本抽出枠から行う．目標母集団の一部の要素が枠母集団に含まれていないこと（つまり，入ってほしい要素が枠母集団に含まれないこと）を「アンダーカバレッジ」（過小カバレッジ，調査漏れ）という．一方，目標母集団に含まれない要素が枠母集団に含まれること（つまり，枠母集団に入ってほしくない要素が含まれること）を「オーバーカバレッジ」（過大カバレッジ）という．
──→ カバレッジ，目標母集団，調査母集団

ワーディング（wording）

　質問文やその回答選択肢の文章を作るときの，言葉，言い回し，言葉づかいのこと．
──→ 文脈効果

割当法（quota sampling, quota sample）
──→ クォータ法

国内文献

　ウェブ調査を含め，調査一般に関連する研究成果や関連情報は，学会（学会機関誌，学会大会発表など），研究機関，調査機関・調査会社などのウェブ・ページや，個人の発信するブログなどで閲覧・入手できる機会が増えた．たとえば，日本社会心理学会や日本行動計量学会の機関誌，大会抄録，大会発表（口頭，ポスター）などに，ウェブ調査関連の多数の報告や資料がある．本書の編集を進めている間にも，こうした情報が絶え間なく増えており，それらを漏れなく拾い出すことはむずかしい．また紙幅の都合で取り上げることができなかった情報も多数ある．そこで，ここに記載の文献一覧情報を含め，さらに拾い出した文献・資料を加えた一覧を，朝倉書店のホームページ（http://www.asakura.co.jp）にアップロードしたのでご利用いただきたい．

朝倉真粧美，清水絵里子，久保征哉 (2015)，インターネット調査における回答傾向の違い，日本行動計量学会第 43 回大会発表論文抄録集，pp. 364-365．
朝日新聞社東京本社広告局営業推進部 (2001)，インターネット調査の可能性を探る，「広告月報」，491：40-45．
朝日新聞社東京本社広告局営業推進部 (2004)，インターネット調査の可能性を探るー既存モニターパネルを利用した広告接触率調査比較ー，「広告月報」，526：40-47．
朝日新聞社東京本社広告局営業推進部 (2005)，インターネット調査の可能性を探るーWeb方式の紙面調査導入ー，「広告月報」，538：40-45．
荒川信治 (2008)，北京オリンピックはどう見られたか，「放送研究と調査」，58(11)：16-31．
石田浩，佐藤香，佐藤博樹，豊田義博，萩原牧子，萩原雅之，本多則惠，前田幸男，三輪哲 (2009)，「信頼できるインターネット調査法の確立に向けて」報告書（SSJ Data Archive Research Paper Series No. 42），東京大学社会科学研究所．
伊藤元喜 (2001)，インターネット・リサーチの現状と展望，特集 IT 技術の新展開，「マーケティング・リサーチャー」，88：17-26．
岩崎経 (2017)，これからのリサーチツール，特集 リサーチモニターをつかった調査の将来像，「マーケティング・リサーチャー」，132：20-23．
岩本健良 (1996)，社会学・統計学・社会調査のためのインターネット・イエローページ，フォーラム インターネット (1)，「理論と方法」，11(1)：68-74．
インターネット白書委員会（編），インターネット白書 ARCHIVES（1996 年〜2018 年）．
氏家豊，久野雅樹 (2010)，インターネットによる世論調査の可能性ーインターネット調査（Web Survey）の可能性と課題ー，日本行動計量学会第 38 回大会発表論文抄録集，pp. 114-115．
NHK 放送文化研究所世論調査部（編）(1996)，『世論調査事典』，大空社．
江利川滋，山田一成 (2015)，Web 調査の回答形式の違いが結果に及ぼす影響：複数回答形式と個別強制選択形式の比較，「社会心理学研究」，31(2)：112-119．

遠藤晶久，山﨑新（2015），回答時間データによる調査回答過程の探求―政治的洗練性としてのイデオロギー―，特集：コンピュータ支援調査の可能性，「理論と方法」，**30**(2)：225-240．

遠藤薫（1996），インターネットと社会学，フォーラム インターネット（1），「理論と方法」，**11**(1)：63-67．

大隈慎吾，原田和行（2017），郵送とインターネットの複合調査―毎日新聞社と埼玉大学の試み―，第7回世論・選挙調査研究大会特集号，「政策と調査」，13：5-14．

大崎裕子，坂野達郎（2011），一般的信頼における道徳的価値側面の考察―全国Web調査データの分析から―，日本社会心理学会第52回大会，口頭発表，p.42．

大隅昇（2001），電子調査，その周辺の話題―電子的データ取得法の現状と問題点―，統計数理研究所公開講演会抄録，「統計数理」，**49**(1)：201-213．

大隅昇（2002），インターネット調査，林知己夫（編）『社会調査ハンドブック』，朝倉書店，pp.200-240．

大隅昇（2002），インターネット調査の適用可能性と限界―実験調査から見えること―，輿論科学協会創立56周年記念講演，「市場調査」，250：4-23．

大隅昇（2002），インターネット調査の適用可能性と限界―データ科学の視点からの考察―，「行動計量学」，**29**(1)：20-44．

大隅昇（2002），テキスト型データの多次元データ解析―Web調査自由回答データの解析事例（項目分担），柳井晴夫ほか（編）『多変量解析実例ハンドブック』，朝倉書店，pp.757-783．

大隅昇（2003），ネット調査 科学的手法とは言えない，朝日新聞「私の視点」，2003年4月5日付，朝日新聞朝刊．

大隅昇（2004），インターネット調査の何が問題か―現状の問題と解決すべきこと―，「新情報」，91：1-24．

大隅昇（2005），インターネット調査の何が問題か―現状の問題と解決すべきこと―（つづき），「新情報」，92：1-19．

大隅昇（2005），電子的調査情報取得法の統計調査への適用性（分担執筆），新情報センター（編）「統計調査の申告方法の多様化策に関する基礎検討のための調査研究」報告書，pp.95-113．

大隅昇（2006），インターネット調査の抱える課題と今後の展開，特集：電子的調査情報収集法の動向―インターネット調査／オンライン調査，「エストレーラ」，143：2-11．

大隅昇（2008），これからの社会調査―インターネット調査の可能性と課題―，「日本健康教育学会誌」，**16**(4)：196-205．

大隅昇（2009），M. クーパー著『効果的なウェブ調査の設計』を読んで，Designing Effective Web Surveys, Mick P. Couper（University of Michigan），Cambridge University Press, 2008,「よろん」（日本世論調査協会報），104：50-60．

大隅昇（2010），ウェブ調査とはなにか？―可能性，限界そして課題―（その1，その2），「市場調査」，284：4-19；285：2-27．

大隅昇（2012），ウェブ調査（項目分担），松原望ほか（編）『統計応用の百科事典』，丸善出版，pp.308-311．

大隅昇（2014），ウェブ調査（項目分担），社会調査協会（編）『社会調査事典』，丸善出版，pp.106-113．

大隅昇（監訳），氏家豊，松本渉，村田磨理子，鳰真紀子（訳）（2011），『調査法ハンドブック』，

朝倉書店.
大隅昇, 鳰真紀子（2012），「総調査誤差」をめぐって―ロバート M. グローヴス, ラース・ライバーグ論文「総調査誤差―過去, 現在, 未来―」を中心に―,「よろん」（日本世論調査協会報）, 110：18-31.
大隅昇, 鳰真紀子（2014），トゥランジョー, コンラッド, クーパー著『ウェブ調査の科学』,「よろん」（日本世論調査協会報）, 113：73-85.
大隅昇, 林文, 矢口博之, 簑原勝史（2017），ウェブ調査におけるパラデータの有効利用と今後の課題, 特集 パラデータの活用に向けて,「社会と調査」, 18：50-61.
大隅昇, 前田忠彦（2007），インターネット調査の抱える課題―実験調査から見えてきたこと―（その 1, その 2），「よろん」（日本世論調査協会報）, 100：58-70；101：79-94.
大隅昇, 前田忠彦（2008），インターネット調査の役割と限界, 日本行動計量学会第 36 回大会, 35 周年記念シンポジウム「社会調査の現状と課題」, 第 36 回大会発表論文抄録集, pp. 197-200.
大隅昇, 保田明夫（2004），テキスト型データのマイニング―定性調査におけるテキスト・マイニングをどう考えるか―, 特集：非定型データ分析の可能性,「理論と方法」, **19**(2)：135-159.
Ohsumi, N. and Yoshimura, Y. (1999), The Online Survey in Japan: An Evaluation of Emerging Methodologies, The 52nd Session of the International Statistical Institute, invited session on "Improving the effectiveness of data collection through innovative technology," Book 2 of Three Books, pp. 171-174.
大隅昇, 吉村宰（2004），「調査環境の変化に対応した新たな調査法の研究」報告書, 文部科学省 リーダーシップ支援経費（平成 13 年度, 平成 14 年度, 平成 15 年度）（CD-ROM 付）.
大隅昇, 吉村宰, 丸山直昌, 楠見孝, 川浦康至（1997），「調査環境の変化に対応した新たな調査法の研究」第 4 回全体集会配付資料（1997 年 12 月 19 日～21 日, 岡山大学）, 文部省科学研究費, 特定領域研究「統計情報活用のフロンティアの拡大」（略称：ミクロ統計データ）, 研究計画 A02 班（公募研究）「ミクロデータ利用の社会的制度の問題点」（課題番号：09206117）.
大隅昇, 吉村宰, 丸山直昌, 楠見孝, 川浦康至（2000），「調査環境の変化に対応した新たな調査法の研究」報告書, 文部省科学研究費, 特定領域研究「統計情報活用のフロンティアの拡大」（略称：ミクロ統計データ）, 研究計画 A02 班（公募研究）「ミクロデータ利用の社会的制度の問題点」（課題番号：09206117, 平成 9 年度, 10 年度）（CD-ROM 付）.
小野功雄（2017），Web 調査モニター登録者の特徴を探る,「市場調査」, 301：4-19.
小野滋（2013），「回答スタイル」研究の潮流, What They Say 02,「マーケティング・リサーチャー」, 120：50-53.
小野滋（2015），ネット調査と「リサーチという経験のデザイン」：あえて今鳴らす警鐘, ラウンドテーブル・ディスカッション「ネット調査はどこまで「使える」ようになったのか？～インターネット調査の現在と未来～, 日本行動計量学会第 43 回大会発表論文抄録集, pp. 170-171.
小野滋（2016），「インタラクティブなリサーチ」とはなんだろうか？～調査における「相互作用性」の系譜～, What They Say 12,「マーケティング・リサーチャー」, 130：62-65.
小野寺典子（2017），NHK 世論調査における調査方法論研究の系譜, NHK 放送文化研究所年報 2017 第 61 集, pp. 51-112.
小野寺典子, 塚本恭子（2015），携帯電話調査の実現可能性をさぐる～2015 年 3 月携帯電話

実験調査から〜」,「放送研究と調査」, **65**(9):76-82.
帰山亜紀 (2014), 予備調査としてのモニター型インターネット調査の可能性の検討―確率標本・個別面接調査データとの比較分析―, 金沢大学学位論文 (博士).
帰山亜紀, 小林大祐, 平沢和司 (2015), コンピュータ支援調査におけるモード効果の検証―実験的デザインにもとづく PAPI, CAPI, CASI の比較―,「理論と方法」, **30**(2):273-292.
柿本敏克 (2001), 通常質問紙による回答と電子調査票による回答のバラツキの違い, 日本社会心理学会第 42 回大会, ポスター発表［非公開］.
角田敏 (2006), 政府のオンライン調査システム構想, 特集:電子的調査情報収集法の動向―インターネット調査／オンライン調査,「エストレーラ」, 143:20-27.
川浦康至, 川上善郎, 池田謙一, 古川良治 (1989), メディアとしてのパソコン通信に関する調査 (4)―電子メールによる電子調査法の試みと分析―, 日本社会心理学会第 30 回大会, 口頭発表［非公開］.
川本俊三 (2015),「携帯電話 RDD 調査に関する見解」策定の経緯,「よろん」(日本世論調査協会報), 116:37-38.
川本俊三, 小野寺典子 (2015), 平成 27 年 3 月研究会 携帯電話 RDD 実験調査の結果報告,「よろん」(日本世論調査協会報), 116:26-36.
木村邦博 (2017), 予備調査・プリテストの革新―学際的研究をめざして―,「調査法のいま〜理論と技法, 実践, そして展望〜」, 平成 28 年度公開シンポジウム記事,「応用心理学研究」, **43**(2):160-165.
木村邦博 (2018), 予備調査の新たな形―無作為配分実験と統計的モデリング―, 日本行動計量学会第 46 回大会発表論文抄録集, p.338.
木村邦博, 上原俊介 (2017), 階層帰属意識に対する選択肢レイアウト効果―擬似的無視かヒューリスティックスか？―, 日本行動計量学会第 45 回大会発表論文抄録集, pp.48-51.
木村邦博, 上原俊介 (2018), 質問紙への回答における文脈効果のメカニズム―プライミングの影響の抑制による印象操作検出の試み―, 日本社会心理学会第 59 回大会, ポスター発表, p.264.
木村邦博, 上原俊介 (2018), 選択肢レイアウトはいかに回答に影響するか―階層帰属意識の測定における言語および数値ラベルの効果―, 日本行動計量学会第 46 回大会発表論文抄録集, pp.356-359.
楠木良一, 森本栄一 (2010), 傾向スコアによるインターネット調査の補正とその実用化, 特集:統計モデルの新潮流とその展望,「マーケティング・リサーチャー」, 112:18-23.
Couper, M. P. (2003), 日本マーケティング・リサーチ協会, 第 33 回 JMRA トピックスセミナー「インターネット調査とそれを巡る諸調査法の可能性 (The Internet and Other Survey Opportunities)」, 2003 年 10 月 23 日 (東京).
クーパー, ミック・P (松本捗訳) (2017), パラデータ概念の誕生と普及, 特集 パラデータの活用に向けて,「社会と調査」, 18:14-26.
健康・体力づくり事業財団 (2007),「親と子の生活行動と健康に関する調査 (平成 18 年度)」事業報告書 (平成 19 年 3 月), 福祉医療機構子育て支援基金助成金事業.
河野修己 (2000), ネット利用のマーケティング調査―価格も時間も 5 分の 1, リサーチ手法を変革,「日経ネットビジネス」, 2000 年 3 月号:108-113.
小林和夫 (2003), インターネット調査の現況とインターネット調査研究会の動向,「よろん」

（日本世論調査協会報），91：37-40.

小林和夫（2006），インターネット調査および出口調査で配慮すべき点―ESOMAR／WAPORの新世論調査ガイド，「よろん」（日本世論調査協会報），97：62-67.

Koren, G. (2002), Reasons for unit and partial nonresponse in Web Surveys, 統計数理研究所特別セミナー資料.

齋藤恭之 (2017), Google Surveysと有権者名簿抽出ネット調査―朝日新聞社の新しい試み―, 「政策と調査」, 13：23-30.

逆瀬川浩孝，高橋宏一（1974），ランダム回答法における繰返しの影響と有限母集団修正について，「統計数理研究所彙報」，22(1)：59-67.

逆瀬川浩孝，高橋宏一，鈴木達三（1977），ランダム化器具を使用しないランダム回答法の実験的調査結果について，「統計数理研究所彙報」，24(2)：79-94.

佐藤慶一（2012），全国消費実態調査を用いたインターネット調査の補正推計～全国的な住宅ローンの状況について～，リサーチペーパー第29号，総務省統計研修所.

佐藤博樹（2009），インターネット調査の限界と有効性, 石田浩ほか「信頼できるインターネット調査法の確立に向けて」報告書，pp.133-141.

佐藤寧（2010），市場調査における調査の品質とWebモニター調査での取り組み，日本行動計量学会第38回大会発表論文抄録集，pp.78-79.

佐藤寧（2011），WEB調査を活用するにあたって その特性と課題，特集2010年度研究大会報告，「よろん」（日本世論調査協会報），107：11-14.

塩田雄大（2005），言語変化と規範意識・使用意識―その現状把握手段としての公開型ウェブ調査の試み―，NHK放送文化研究所年報2005 第49集，pp.93-118.

塩田雄大（2006），インターネットを用いた言語調査の一試論，NHK放送文化研究所年報2006 第50集，pp.93-123.

執行文子，谷正名（2010），メディア融合時代における番組ホームページの価値とは―ネットユーザー調査から探る課題と可能性，NHK放送文化研究所年報2010 第54集，pp.177-210.

澁谷泰秀，渡部諭，吉村治正，小久保温，柏谷至，佐々木てる，中村和生，木原博（2015），ウェブ調査と郵送調査の直接比較―同一サンプルを用いた回答者特性及び自己効力得点の比較―，青森大学付属総合研究所紀要，17(1)：1-22.

島崎哲彦（1996），電子調査の現状と課題，「よろん」（日本世論調査協会報），78：3-13.

城川美佳（2017），電話調査におけるパラデータの活用，特集 パラデータの活用に向けて，「社会と調査」，18：43-49.

新情報センター（編）（2005），「統計調査の申告方法の多様化策に関する基礎検討のための調査研究」報告書.

杉野勇（2015），特集：コンピュータ支援調査の可能性，「理論と方法」，30(2)：181-184.

杉野勇，俵希實，轟亮（2015），モード比較研究の解くべき課題，特集：コンピュータ支援調査の可能性，「理論と方法」，30(2)：253-272.

鈴木傑（2016），住民基本台帳閲覧の現況と標本抽出作業についての考察―東京都内自治体の場合―，「市場調査」，297：4-17.

鈴木達三，高橋宏一（1998），『標本調査法』，シリーズ〈調査の科学〉2，朝倉書店.

鈴木達三，高橋宏一，逆瀬川浩孝（1977），ランダム回答法における二，三の注意―クロス集計にもとづく推定の精度，偽答・D.K.の影響，補助質問使用の問題―，「統計数理研究所彙報」，24(1)：1-13.

国 内 文 献

鈴木祐司，米倉 律，中野佐知子，西村規子（2007），「日本人とメディア」総合調査研究報告②「総合情報端末」化する携帯電話〜「携帯電話利用動向」アンケート調査（2006年11月）の結果から〜，「放送研究と調査」，**57**(5)：2-15.

Smith, T. W. and Kim, J. (2015), A Review of Survey Data-Collection Modes: With a Focus on Computerizations, 特集：コンピュータ支援調査の可能性，「理論と方法」，**30**(2)：185-200.

住本隆（2002），インターネット調査に要求されるもの―ハリスインタラクティブのデータ・ウェイティング方法―，「エストレーラ」，95：11-19.

住本隆（2008），調査票の質問項目選択肢の表示方式が回答行動に及ぼす影響―インターネットによる実験調査からみた事例紹介―，「行動計量学」，**35**(2)：161-176.

宣伝会議（2000），インターネット調査の性格と特徴,「宣伝会議」，2000年1月号［業界トピックスリサーチ］.

宣伝会議（2003），インターネットリサーチの現状と課題,「宣伝会議」，2003年3月号［業界トピックスリサーチ］.

宣伝会議（2003），特集：インターネットリサーチで得られる3つの効果,「宣伝会議」，2003年3月号：122-131.

宣伝会議（2004），特集2 ネットリサーチ会社をどう選ぶ？,「宣伝会議」，2004年9月号：71-86.

宣伝会議（2007），特集：ネットリサーチの有効活用,「宣伝会議」，2007年7月号：65-83.

宣伝会議（編）（2003），『実践!!ネットリサーチ』，宣伝会議.

宣伝会議（編）（2008），『ネットリサーチ活用ハンドブック―ケースに学ぶマーケティング担当者必携本』宣伝会議.

総務省（2001〜2018），「情報通信白書」（平成13年版〜平成30年版）.

総務省（2011），「平成22年度新ICT利活用サービス創出支援事業 電子書籍交換フォーマット標準化プロジェクト」調査報告書（2011年3月）.

髙橋伸彰，箕浦有希久，成田健一（2016），心理調査におけるSatisficing回答傾向（2）―調査年が異なる3つのWeb調査から―，日本社会心理学会第57回大会，ポスター発表，p. 294.

田中愛治，日野愛郎（2015），政治学におけるCAI調査の現状と課題・展望，―早稲田大学CASI調査と選挙結果の比較から―，特集：コンピュータ支援調査の可能性,「理論と方法」，**30**(2)：201-224.

塚本恭子（2016），現在のインターネット動画の利用実態を探る〜ウェブ調査とグループ・インタビューの結果から〜,「放送研究と調査」，**66**(6)：18-22.

辻大介（2001），調査データから探るインターネット利用の動向―インターネットはコミュニケーションを「革命」するか―，平成12年度情報通信学会年報（2000），pp. 55-70.

土田尚弘，鈴木督久（2009），顧客満足度にもとづくインターネット調査と郵送調査の比較研究,「マーケティング・リサーチャー」，110：43-50.

土屋隆裕（2009），『概説 標本調査法』，朝倉書店.

土屋隆裕（2014），事例に見る調査票の設計と回答者の回答行動，特集：今，あらためてASKING,「マーケティング・リサーチャー」，125：24-32.

出口慎二（2008），インターネット調査の効用と課題,「行動計量学」，**35**(1)：47-57.

出口慎二（2015），日本のネット調査が抱える問題点：あえて今鳴らす警鐘，ラウンドテーブル・ディスカッション「ネット調査はどこまで「使える」ようになったのか？〜インターネット調査の現在と未来〜，日本行動計量学会第43回大会発表論文抄録集，pp. 164-167.

統計数理研究所，博報堂（2007），「Web 調査方式による共同実験調査―調査概要および関連情報＆調査結果」報告書，2007 年 3 月 6 日［非公開］．

統計数理研究所シンポジウム（2003），ISM シンポジウム：インターネット調査の現状を検証する―調査法としての評価方法と標準化をどう考えるか―（配布資料），平成 15 年 3 月 25 日〜26 日，文部科学省統計数理研究所（主催），日本マーケティング・リサーチ協会・日本行動計量学会・日本分類学会（共催）．

轟亮，歸山亜紀（2014），予備調査としてのインターネット調査の可能性―変数間の関連に注目して―，「社会と調査」，12：46-61．

豊田秀樹，川端一光，中村健太郎，片平秀貴（2007），傾向スコア重み付け法による調査データの調整：ニューラルネットワークによる傾向スコアの推定，「行動計量学」，**34**(1)：101-110．

豊田秀樹，中村健太郎（2004），インターネット調査の偏りを正す最新手法―傾向スコアによる重み付け補正法―，データから金脈を探す心理統計学講座③，「プレジデント」，2004 年 8 月 2 日号：106-108．

内閣府「青少年のインターネット利用環境実態調査」（平成 21 年度〜平成 30 年度）．

永井大樹，衛藤隆（2009），Web 調査における二種類の質問紙調査の回答の比較：発育発達に関わるライフスタイルの要因の文脈効果，順序効果，自由回答，「発育発達研究」，44：1-7．

永家一孝（2009），"特集 調査会社 14 社へのアンケートでわかったネット調査で失敗しない 7 ヵ条"，「日経消費ウオッチャー」，2009 年 3 月号：16-23．

長崎貴裕（2008），インターネット調査の歴史とその活用，特集 利用者調査，「情報の科学と技術」，**58**(6)：295-300．

長崎貴裕，萩原雅之（2017），〈対談〉インターネット調査の将来，特集：リサーチモニターをつかった調査の将来像，「マーケティング・リサーチャー」，132：32-37．

中島義明，安藤清志，子安増生，坂野雄二，繁桝算男，立花政夫，箱田裕司（編）（1999），『心理学辞典』，有斐閣．

中村美子，米倉律，山口誠（2008），公共放送のネットサービスはどう受け止められているか，〜「日・韓・英公共放送のネット展開に関する国際比較ウェブ調査」から〜，「放送研究と調査」，**58**(7)：74-87．

新渡戸曜子（2017），特集の主旨，特集：リサーチモニターをつかった調査の将来像，「マーケティング・リサーチャー」，132：9．

日本マーケティング・リサーチ協会（2001），第 28 回 JMRA トピックスセミナー「インターネット調査の現状とそれが抱える課題―実験調査と事例紹介による展望―」，2001 年 3 月 27 日〜28 日（東京）．

日本マーケティング・リサーチ協会（2003），第 32 回 JMRA 特別研修セミナー「インターネット調査を検証する―質の評価と標準化に向けて―」，コーディネータ：大隅昇（統計数理研究所），吉村宰（大学入試センター），2003 年 6 月 10 日〜12 日（東京）．

日本マーケティング・リサーチ協会（2003），第 33 回 JMRA トピックスセミナー「インターネット調査とそれを巡る諸調査法の可能性」，Mick P. Couper（招待講演者），大隅昇（統計数理研究所），吉村宰（大学入試センター），2003 年 10 月 23 日（東京）．

日本マーケティング・リサーチ協会（2010），第 41 回 JMRA トピックスセミナー：米国におけるオンライン・リサーチ―"きのう"，"きょう"そして"あした"―；"Online Research in the U.S.―Yesterday, Today, and Tomorrow―"／講師：ミック・クーパー

(Mick P. Couper, ミシガン大学), 2010 年 9 月 21 日.

日本マーケティング・リサーチ協会インターネット調査に関する研究委員会（編）(2007),「平成 18 年度インターネット調査の品質向上に関する研究－パネル, データ, テクノロジー 3 つの視点から－」報告書, 2007 年 10 月.

日本マーケティング・リサーチ協会インターネット調査品質委員会（編）(2017), インターネット調査品質ガイドライン：時代とともに変えていくべきこと, 守るべきこと, 2017 年 11 月.

日本マーケティング・リサーチ協会インターネット・リサーチ委員会（編）(1999), 日本におけるインターネット・リサーチの現状と課題－ガイドラインについての考え方－, 1999 年 7 月.

日本マーケティング・リサーチ協会調査技術研究委員会（編）(2014),「平成 26 年度インターネット調査の運用実態に関する調査研究」報告書.

日本マーケティング・リサーチ協会調査技術研究委員会（編）(2015),「平成 26 年度リサーチ手法に関するアンケート」報告書, 2015 年 3 月.

日本マーケティング・リサーチ協会調査技術研究委員会報告 (2013),「調査技術の今」JMRA アニュアル・カンファレンス 2013 資料（スライド資料）.

日本マーケティング・リサーチ協会調査技術研究部会非名簿フレーム無作為抽出法の研究委員会（編）(2007),「平成 18 年度非名簿フレームによる無作為抽出法研究」報告書, 2007 年 1 月.

日本マーケティング・リサーチ協会調査研究委員会（編）(2003),「インターネット・マーケティング・リサーチおよび統計的抽出調査に関する調査」報告書, 2003 年 7 月.

日本マーケティング・リサーチ協会調査研究委員会分科会 (A-a)（編）(2005),「インターネット調査品質保証ガイドラインについて」報告書, 2005 年 8 月.

日本マーケティング・リサーチ協会調査研究委員会分科会 (A-b)（編）(2005),「平成 16 年度マルチモード調査の有効性検証」報告書, 2005 年 8 月.

日本世論調査協会 (2018),「シンポジウム世論調査の現状～携帯・固定ミックス RDD を総括する」報告「各社の調査と集計方法について」（朝日新聞社, 読売新聞社, 日経リサーチ）,「討論」,「よろん」(日本世論調査協会報), 121：40-67.

日本世論調査協会調査研究委員会 (2015), 携帯電話 RDD 調査に関する見解,「よろん」(日本世論調査協会報), 116：38-41.

能見正 (2000), 双方向性ネットワークを利用した調査手法とその影響,「郵政研究月報」, **13**(9)：72-97.

ノーマン, D. A.（著）, 岡本明, 安村通晃, 伊賀聡一郎, 野島久雄（訳）(2015),『誰のためのデザイン？増補・改訂版－認知科学者のデザイン原論』, 新曜社.

萩原潤治 (2017), 電話世論調査　固定電話に加え携帯電話も対象に～「社会と生活に関する意識・価値観」調査の結果から～,「放送研究と調査」, **67**(5)：28-41.

萩原潤治, 村田ひろ子, 吉藤昌代, 広川裕（世論調査部ミックスモード研究プロジェクト）(2018), 住民基本台帳からの無作為抽出による WEB 世論調査の検証 (1), (2),「放送研究と調査」, **68**(6)：24-47; **68**(9)：48-79.

萩原雅之 (1999), インターネットを利用した調査における代表性確保の問題：無作為抽出と母集団推計を可能にする条件（東京研究大会報告）,「よろん」(日本世論調査協会報), 83：16-18.

萩原雅之 (2011), オンラインサーベイによる「世論観測」の試み（特集：2010 年度研究大会報告）,「よろん」(日本世論調査協会報), 107：7-11.

箱田裕司，都築誉史，川畑秀明，萩原滋（2010），『認知心理学』，有斐閣．
橋元良明，鈴木裕久，川上善郎，石井健一，辻大介，李潤馥（2001），2000年日本人のインターネット利用に関する調査研究，東京大学社会情報研究所調査研究紀要，15：59-144．
橋元良明，辻大介，福田充，森泰俊，柳澤花芽（1996），普及初期段階におけるインターネットのユーザー像と利用実態 プロバイダー個人加入者アンケート（1996.7）から，東京大学社会情報研究所調査研究紀要，8：87-198．
橋元良明，辻大介，福田充，森泰俊，柳澤花芽（1997），インターネット個人加入利用者の実態1997：第2回 ASAHI ネット加入者アンケート調査報告，東京大学社会情報研究所調査研究紀要，10：1-71．
橋元良明，辻大介，福田充，柳澤花芽，森泰俊（1998），インターネット利用に関する調査法比較：オンライン調査法と郵送法，東京大学社会情報研究所調査研究紀要，11：45-79．
橋元良明，辻大介，森泰俊，柳澤花芽（1999），インターネット個人加入者の実態1998：第3回 ASAHI ネット加入者アンケート調査報告，東京大学社会情報研究所調査研究紀要，12：1-67．
埴淵知哉，村中亮夫（2016），インターネット調査における住所情報付き個票データの利用可能性，「地理科学」，**71**(2)：60-74．
埴淵知哉，村中亮夫，安藤雅登（2015），インターネット調査によるデータ収集の課題－不良回答，回答時間，および地理的特性に注目した分析－，「E-journal GEO」，**10**(1)：81-98．
林知己夫（2001），調査環境の変化と新しい調査法の抱える問題，統計数理研究所公開講演会抄録，「統計数理」，**49**(1)：199．
林知己夫（編）（2017），『社会調査ハンドブック』（新装版），朝倉書店．
林英夫（1999），郵送調査とインターネット調査，関西大学社会学部紀要，**30**(3)：49-63．
林文，大隅昇（2012），混合方式（混合モード）（項目分担），松原望ほか編『統計応用の百科事典』，丸善出版，pp. 312-313．
林文，大隅昇，吉野諒三（2010），ウェブ調査から何を読み取るか－基底意識に関する実験調査－，日本行動計量学会第38回大会発表論文抄録集，セッション「調査法・選挙の検討」，pp. 30-33．
林文，吉野諒三（編）（2011），「伝統的価値観と身近な生活意識に関する意識調査報告書－郵送調査と各調査期間の WEB 調査の比較－」，統計数理研究所 NOE 形成事業費（2010年度）および文部科学省科学研究費（基盤 C 一般）「基底意識構造の統計科学的研究－素朴な宗教的感情と生活に関する連鎖的比較調査分析－」（課題番号205304905001，2008年度～2010年度）．
樋口耕一，中井美樹（2009），フリーソフトウェアを用いた Web 調査の実施－社会調査実習における活用事例から－，立命館産業社会論集，**45**(3)：69-82．
樋口耕一，中井美樹，湊邦生（2012），Web 調査における公募型モニターと非公募型モニターの回答傾向－変数間の関連に注目して－，立命館産業社会論集，**48**(3)：95-103．
藤桂，吉田富二雄（2009），インターネット上での行動内容が社会性・攻撃性に及ぼす影響：ウェブログ・オンラインゲームの検討より，「社会心理学研究」，**25**(2)：121-132．
藤永保（監修）（2013），『最新 心理学事典』，平凡社．
星暁子，渡辺洋子（2018），幼児視聴率調査における調査方式改善の検討〜住民基本台帳からの無作為抽出によるインターネット調査の試み〜，「放送研究と調査」，**68**(2)：38-52．
星野崇宏（2007），インターネット調査に対する共変量調整法のマーケティングリサーチへの

適用と調整効果の再現性の検討,「行動計量学」, **34**(1)：33-48.
星野崇宏（2009）,『調査観察データの統計科学―因果推論・選択バイアス・データ融合』,「確率と情報の科学」シリーズ, 岩波書店.
星野崇宏（2015）, 傾向スコアを用いた調査研究からの因果効果の推定について,「社会と調査」, 15：122-128.
星野崇宏, 繁桝算男（2004）, 傾向スコア解析法による因果効果の推定と調査データの調整について,「行動計量学」, **31**(1)：43-61.
星野崇宏, 前田忠彦（2006）, 傾向スコアを用いた補正法の有意抽出による標本調査への応用と共変量の選択法の提案,「統計数理」, **54**(1)：191-206.
星野崇宏, 森本栄一（2007）, インターネット調査の偏りを補正する方法について：傾向スコアを用いた共変量調整法, 井上哲浩, 日本マーケティングサイエンス学会（編）『Webマーケティングの科学―リサーチとネットワーク』, 千倉書房, pp. 27-59.
細井勉（2002）, マーケティング・リサーチ領域におけるインターネット調査概論―現状と展望―, 特集：インターネット調査,「エストレーラ」, 95：2-10.
細坪護挙（2015）, 科学技術行政の信頼回復に関する計量分析と web 調査補正, 研究・イノベーション学会一般講演, 年次大会講演要旨集, 30：249-254.
細坪護挙, 加納圭, 岡村麻子（2017）, 科学技術に関する国民意識調査―児童生徒期の影響―（2017年8月）, 文部科学省科学技術・学術政策研究所, 調査資料-265.
本多則惠（2006）, インターネット調査・モニター調査の特質, モニター型インターネット調査を活用するための課題, 特集 あらためて「データ」について考える,「日本労働研究雑誌」, **48**(6)：32-41.
本多則惠, 本川明（2005）,「インターネット調査は社会調査に利用できるか―実験調査による検証結果―」, 労働政策研究報告書 No.17, 労働政策研究・研修機構.
前田忠彦（2017）, 訪問調査における調査員訪問記録の活用について, 特集：パラデータの活用に向けて, ―事例紹介として,「社会と調査」, 18：27-34.
前田忠彦, 大隅昇（2007）, 自記式調査における実査方式間の比較研究―ウェブ調査の特徴を調べるための実験的検討―特集：電子的調査情報収集法の動向―インターネット調査／オンライン調査,「エストレーラ」, 143：12-19.
前田忠彦, 中谷吉孝, 横田有一, 中田清, 中島一郎, 上嶋幸則, 大隅昇（2007）, Web 調査方式による複数パネル間の比較実験, 日本行動計量学会第35回大会発表論文抄録集, pp. 237-240.
前田智彦（2015）, 法社会学におけるコンピュータ支援調査の展望, 特集：コンピュータ支援調査の可能性,「理論と方法」, **30**(2)：241-252.
マーケティング・リサーチャー編集部（2017）, 問題の根底にある生活者マインドを探る～若者は, なぜ調査に協力しないのか～, 特集 リサーチモニターをつかった調査の将来像,「マーケティング・リサーチャー」, 132：24-27.
増田真也, 坂上貴之（2014）, 調査の回答における中間選択―原因, 影響とその対策―,「心理学評論」, **57**(4)：472-494.
増田真也, 坂上貴之, 北岡和代, 佐々木恵（2015）, 回答指示の非遵守と反応バイアス, 同一回答傾向の関連, 日本行動計量学会第43回大会発表論文抄録集, pp. 258-261.
増田真也, 坂上貴之, 北岡和代, 佐々木恵（2016）, 回答指示の非遵守と反応バイアスの関連,「心理学研究」, **87**(4)：354-363.
松田映二（2015）, インターネット調査の新しい可能性―調査史にみる教訓と情報の共有―,

「政策と調査」，9：5-18.

松田浩幸（2003），インターネット調査における加重修正法の適用可能性（修士論文），早稲田大学大学院理工学研究科，機械工学専攻，経営システム工学専門分野．

松田浩幸，大隅昇（2003），インターネット調査における調査票設問設計の評価―設問形式が回答に及ぼす影響を測る―，ISMシンポジウム「インターネット調査の現状を検証する―調査法としての評価方法と標準化をどう考えるか―」，配布資料，pp. 33-54.

松原望，美添泰人，岩崎学，金明哲，竹村和久，林文，山岡和枝（編）（2011），『統計応用の百科事典』，丸善出版．

松本正生（2010），Webモニター調査の課題と特性：事後的パネル形成の効用（インターネット調査（Web Survey）の可能性と課題，日本行動計量学会第38回大会発表論文抄録集，pp. 116-117.

松本渉（2017），データ取得プロセスの分析から調査を改善する，特集 パラデータの活用に向けて，「社会と調査」，18：5-13.

丸山一彦（2007），インターネット調査の有効性と課題に関する研究，「成城大學經濟研究」，174：69-103.

三浦麻子，小林哲郎（2015），オンライン調査における努力の最小限化（Satisfice）傾向の比較：IMC違反率を指標として，「メディア・情報・コミュニケーション研究」，2016年第1巻，pp. 27-42.

三浦麻子，小林哲郎（2015），オンライン調査における努力の最小限化（Satisfice）を検出する技法：大学生サンプルを用いた検討，「社会心理学研究」，32(2)：123-132.

三浦麻子，小林哲郎（2015），オンライン調査モニタのSatisficeに関する実験的研究，「社会心理学研究」，31(1)：1-12.

三浦麻子，小林哲郎（2015），オンライン調査モニタのSatisficeはいかに実証的知見を毀損するか，「社会心理学研究」，31(2)：120-127.

三浦麻子，小林哲郎（2017），オンライン調査における努力の最小限化がデータに及ぼす影響―顕在的/潜在的態度測定による検討―，日本社会心理学会第58回大会，口頭発表，p. 47.

三浦麻子，小林哲郎（2018），オンライン調査における努力の最小限化が回答行動に及ぼす影響，「行動計量学」，45(1)：1-11.

三浦基，小林憲一（2010），"テレビの見方が変わる"〜ツイッターの利用動向に関する調査〜，「放送研究と調査」，60(8)：82-97.

三浦基，小林憲一（2011），オンエアに限らないテレビの視聴〜携帯端末による動画視聴に関する調査〜，「放送研究と調査」，61(1)：48-65.

水野慎也，浮ヶ谷陽子（2017），オンラインモニターに頼らないアプローチ事例 生活者と企業の新たな関係〜カゴメファンとのコミュニケーションを通して〜，特集：リサーチモニターをつかった調査の将来像，「マーケティング・リサーチャー」，132：28-31.

箕浦有希久，髙橋伸彰，成田健一（2016），心理調査におけるSatisficing回答傾向（1）―紙筆版質問紙調査とWeb調査の比較―，日本社会心理学会第57回大会，ポスター発表，p. 293.

宮本聡介，宇井美代子（編）（2014），『質問紙調査と心理測定尺度―計画から実施・解析まで』，サイエンス社．

無藤隆，遠藤由美，玉瀬耕治，森敏昭（2004，新版2008），『心理学』（New Liberal Arts Selection），有斐閣．

村上智章（2017），ネットリサーチの現状と課題，特集：リサーチモニターをつかった調査の将来像，「マーケティング・リサーチャー」，132：10-13.

村瀬洋一（1996），インターネット調査の光と陰―偏りの大きい調査をどう使うか―，フォーラム インターネット（1），「理論と方法」，**11**(1)：57-62.
村瀬洋一（2006），安い，早い，いいかげん！ネット調査はやめましょう！のページ―電子調査など社会調査の新技法に関する最新情報―．（ブログ記事）
村中亮夫，埴淵知哉，竹森雅泰（2014），社会調査における個人情報保護の課題と新たなデータ収集法，「E-journal GEO」，**9**(2)：1-11.
森口誠（2017），デバイスに依存しない調査デザインの共創～インターフェース最適化に向けた試み～，特集：リサーチモニターをつかった調査の将来像―オンライン調査の新しい試み事例①，「マーケティング・リサーチャー」，132：14-18.
諸藤絵美（2007），調査研究ノート ウェブ調査の特性を探る～「食生活調査」での並行実験調査～，調査研究ノート（NHK），「放送研究と調査」，**57**(2)：58-66.
矢口博之，大隅昇（2010），電子書籍と読書行動についての実験調査，日本行動計量学会第38回大会発表論文抄録集，pp. 26-29.
保田時夫（2017），なぜ調査員の訪問記録を分析するのか，特集 パラデータの活用に向けて，「社会と調査」，18：35-42.
山田一成（2011），変わるサーベイの意味と役割：社会踏査から討論型世論調査まで，特集 世論調査とは何か，「よろん」（日本世論調査協会報），108：13-22.
山田一成（2017），Web調査の可能性と課題―調査票設計とパネル管理―，「調査法のいま～理論と技法，実践，そして展望～」，平成28年度公開シンポジウム記事，「応用心理学研究」，**43**(2)：165-170.
山田一成，江利川滋（2014），Web調査におけるVisual Analogue Scaleの有効性評価，東洋大学社会学部紀要，**52**(1)：57-70.
横原東（2001），マーケティングにおけるインターネット調査の実状と課題，統計数理研究所公開講演会抄録，「統計数理」，**49**(1)：215-222.
Yoshimura, O. and Ohsumi, N. (1999), Some Experimental Surveys on the WWW Environments, in *Proceedings of International Symposium on New Techniques of Statistical Data Acquisition*, JSPS Information Technology and the Market Economy Project, pp. 82-97.
Yoshimura, O. and Ohsumi, N. (2000), Some Experimental Surveys on the WWW Environments in Japan (invited paper), In Kiers, H. A. L., Rasson, J.-P., Groenen, P. J. F., and Schader, M. (eds.), *Data Analysis, Classification, and Related Methods*, pp. 353-358, Springer-Verlag.
Yoshimura, O., Ohsumi, N., Kawaura, Y., Maruyama, N., Yanagimoto, S., Anraku, Y., and Murata, M. (1998), Some Experimental Trial of Electronic Surveys on the Internet Environments, In Rizzi, A., Vichi, M., and Bock, H.-H. (eds.), pp. 663-668, *Advances in Data Science and Classification*, Springer-Verlag.
吉村宰（2001），インターネット調査にみられる回答者像，その特性，統計数理研究所公開講演会抄録，「統計数理」，**49**(1)：223-229.
吉村宰，大隅昇（1998），電子調査―インターネット・サーベイとその周辺―，日本行動計量学会第26回大会シンポジウム，日本行動計量学会第26回大会発表論文抄録集，pp. 273-274.
吉村宰，大隅昇（1999），インターネット環境を利用したデータ取得―複数サイトにおける同時比較実験調査―，日本行動計量学会第27回大会特別セッション，日本行動計量学会第

27回大会発表論文抄録集，pp. 117-120.
吉村宰，大隅昇（1999），電子調査法のあり方について―複数サイトにおける同時比較実験調査―，第15回日本分類学会研究報告会予稿集，pp. 59-60.
吉村宰，大隅昇，清水信夫（2002），インターネット調査の諸特性と今後の展開のあり方―第4次実験調査から見えてきたもの―，日本行動計量学会第30回大会発表論文抄録集，pp. 134-137.
米倉律，原由美子（2009），人々の政治・社会意識とメディアコミュニケーション～「日・韓・英 公共放送と人々のコミュニケーションに関する国際比較国際比較ウェブ調査」の2次分析から～，「放送研究と調査」, **59**(9)：14-25.
渡辺誓司，酒井厚（2011），家庭におけるメディア・コミュニケーションと家族関係～小学生の子どもがいる家族の調査研究～，NHK放送文化研究所年報2011 第55集，pp. 155-205.
渡辺庸人（2008），インターネット調査における非デモグラフィック・バイアスの検討，日本社会心理学会第49回大会，ポスター発表，pp. 408-409.
渡辺庸人（2010），インターネット調査への協力動機と生活・社会意識の研究―謝礼目的・アンケート好き・テーマへの興味の比較検討―，日本社会心理学会第51回大会，ポスター発表，pp. 310-311.

海 外 文 献

欧米の学術誌には，ウェブ調査に関連する無数の研究報告が掲載されている．とくに，*Public Opinion Quarterly, Social Science Computer Review, Survey Research Methods, Journal of Survey Statistics and Methodology, Survey Practice, Field Methods* などには，関連ペーパーが掲載されることが多い．また，米国統計学会大会予稿集のうち *Survey Research Methods* のセクション（*Proceedings of the Annual Meeting of the American Statistical Association, Section on Survey Research Methods*）には，興味ある萌芽的研究や初期の研究などが多数報告される．

AAPOR (2014). Mobile Technologies for Conducting, Augmenting and Potentially Replacing Surveys. *Report of the AAPOR Task Force on Emerging Technologies in Public Opinion Research*, April 25, 2014.

AAPOR (2016). AAPOR *Address-based Sampling*, January 2016.

AAPOR (2016). AAPOR *Standard Definitions: Final Dispositions of Case Codes and Outcome Rates for Surveys* (Revised 2016).

Alvarez, R. M. and VanBeselaere, C., Web-Based Surveys. Developed at and hosted by The College of Information Sciences and Technology.

Antoun, C., Zhang, C., Conrad, F. G., and Schober, M. F. (2015). Comparisons of Online Recruitment Strategies for Convenience Samples: Craigslist, Google AdWords, Facebook, and Amazon Mechanical Turk. *Field Methods*, 28(3), 231-246.

Bailenson, J. N., Iyenger, S., Yee, N., and Collins, N. A. (2008). Facial Similarity between Vorters and Candidates Causes Influence. *Public Opinion Quarterly*, 72, 935-961.

Baker, R., Brick, J. M., Bates, N. A., Battaglia, M., Couper, M. P., Dever, J. A., Gile, K. J., and Tourangeau, R. (2013). Summary Report of the AAPOR Task Force on Non-Probability Sampling. *Journal of Survey Statistics and Methodology*, 1(2), 90-143.

Baker, R. P. (1998). The CASIC Future. In Couper, M. P. et al., *Computer Assisted Survey Information Collection* (Chapter 29), Wiley Series in Probability and Statistics John Wiley & Sons.

Bandilla, W., Couper, M. P., and Kaczmirek, L. (2014). The Effectiveness of Mailed Invitations for Web Surveys and the Representativeness of Mixed-Mode versus Internet-only Samples, *Survey Practice*, 7(4).

Bandilla, W., Couper, M. P., and Kaczmirek, L. (2012). The Mode of Invitation for Web Surveys. *Survey Practice*, 5(3).

Bates, N. (2009). Cell Phone-Only Households: A Good Target for Internet Surveys? *Survey Practice*, 2(7).

Batinic, B., Reips, U.-D., and Bošnjak, M. (eds.) (2002). *Online Social Sciences*, Hogrefe.

Behr, D., Bandilla, W., Kaczmirek, L., and Braun, M. (2014). Cognitive Probes in Web Surveys: On the Effect of Different Text Box Size and Probing Exposure on Response Quality. *Social Science Computer Review*, 32(4), 524-533.

Bethlehem, J. (2016). Solving the Nonresponse Problem with Sample Matching? *Social Science Computer Review*, 34(1), 59-77.

Bethlehem, J. and Biffignandi, S. (2011). *Handbook of Web Surveys*, John Wiley & Sons.

Bianchi, A. and Biffignandi, S. (2013). Web Panel Representativeness. In Giudici, P., Ingrassia, S., and Vichi, M. (eds.), *Statistical Models for Data Analysis* (pp. 37-44), Studies in Classification, Data Analysis, and Knowledge Organization, Springer Verlag.

Biemer, P. P., de Leeuw, E. D., Eckman, S., Edwards, B., Kreuter, F., Lyberg, L. E., Tucker, N. C., and West, B. T. (eds.) (2017). *Total Survey Error in Practice*, Wiley Series in Survey Methodology, John Wiley & Sons.

Biemer, P. P. and Lyberg, L. E. (2003). *Introduction to Survey Quality*, Wiley Series in Survey Methodology, John Wiley & Sons.

Blom, A. G., Gathmann, C., and Krieger, U. (2015). Setting Up an Online Panel Representative of the General Population: The German Internet Panel. *Field Methods*, 27(4), 391-408.

Blyth, B. (1998). Current and Future Technology Utilization in European Market Research, In Couper, M. P. et al. (eds.), *Computer Assisted Survey Information Collection* (Chapter 28), Wiley Series in Probability and Statistics, John Wiley & Sons.

Brewer, K. (2013). Three Controversies in the History of Survey Sampling. *Survey Methodology*, 39(2), 249-262.

Callegaro, M. (2010). Do You Know Which Device Your Respondent Has Used to Take Your Online Survey? *Survey Practice*, 3(6).

Callegaro, M. (2014). Recent Books and Journals in Public Opinion, Survey Methods, and Survey Statistics. *Survey Practice*, 7(2).

Callegaro, M. (2015). Using Paradata to Better Interpret Online Experiments and Non-experiments—Examples with Web Surveys. *Workshop on Innovations in Online Experiments*, Nuffield College, Oxford March 13, 2015.

Callegaro, M. and DiSogra, C. (2008). Computing Response Metrics for Online Panels. *Public Opinion Quarterly*, 72, 1008-1032.

Callegaro, M., Baker, R., Bethlehem, J., Göritz, A. S., Krosnick, J. A., and Lavrakas, P. J. (eds.) (2014). *Online Panel Research: A Data Quality Perspective*, Wiley Series in Survey Methodology, John Wiley & Sons.

Callegaro, M., Manfreda, K. L., and Vehovar, V. (2015). *Web Survey Methodology*, SAGE.

Caspar, R. and Couper, M. P. (1997). Using Keystroke Files to Assess Respondent Difficulties with an ACASI Instrument, Survey Research Methods. In *Proceedings of the Annual Meeting of the American Statistical Association*, pp. 239-244.

Clayton, R. L. and Werking, G. S. (1998). Business Surveys of the Future: The World Wide Web as a Data Collection Methodology. In Couper, M. P. et al. (eds.), *Computer Assisted Survey Information Collection* (Chapter 27), Wiley Series in Probability and Statistics, John Wiley & Sons.

Cochran, W. G. (1953). *Sampling Techniques* (first edition), John Wiley & Sons.

Conrad, F. G. and Schober, M. F. (1999). Conversational Interviewing and Data Quality. In

Proceedings of the Federal Committee on Statistical Methodology Research Conference, Office of Survey Methods Research, Bureau of Labor Statistics.

Couper, M. P. (1998). Measuring Survey Quality in a CASIC Environment. In *Proceedings of the Survey Research Methods Section of the American Statistical Association*, pp. 41-49.

Couper, M. P. (2000). Usability Evaluation of Computer-assisted Survey Instruments. *Social Science Computer Review*, 18(4), 384-396.

Couper, M. P. (2001). Web Survey Research: Challenges and Opportunities. In *Proceedings of the Annual Meeting of the American Statistical Association, Section on Survey Research Methods*, August 5-9, 2001.

Couper, M. P. (2005). Technology Trends in Survey Data Collection. *Social Science Computer Review*, 23(4), 486-501.

Couper, M. P. (2011). The Future of Modes of Data Collection. *Public Opinion Quarterly*, 75(5), 889-908.

Couper, M. P. (2013). Is the Sky Falling? New Technology, Changing Media and the Future of Surveys. *Survey Research Methods*, 7(3), 145-156.

Couper, M. P. (2014). Introduction to Web Survey Paradata. *WebDataNet 2nd Training School: Paradata*, Alexandroupolis, Greece, 1-3 October 2014.

Couper, M. P. (2015). The Role of the Web in National Health Surveys. *2015 National Conference on Health Statistics, National Center for Health Statistics*. (スライド資料)

Couper, M. P. (2017). Birth and Diffusion of the Concept of Paradata. *Advances in Social Research*, No. 18, Advances in Social Research, March 2017.

Couper, M. P., Afstedal, M. B., and Lee, S. (2013). Encouraging Record Use for Financial Asset Questions in a Web Survey. *Journal of Survey Statistics and Methodology*, 1(2), 171-182.

Couper, M. P., Antoun, C., and Mavletova, A. (2017). Mobile Web Surveys: A Total Survey Error Perspective. In Biemer, P., de Leeuw, E. D., Eckman, S., Edwards, B., Kreuter, F., Lyberg, L. E., Tucker, N. C., and West, B. T. (eds.), *Total Survey Error in Practice* (pp. 133-154), Wiley Series in Survey Methodology, John Wiley & Sons.

Couper, M. P., Baker, R. P., Bethlehem, J., Clark, C. Z., Martin, J., Nicholls II, W. L., and O'Reilly, J. M. (1998). *Computer Assisted Survey Information Collection*, Wiley Series in Probability and Statistics, John Wiley & Sons.

Couper, M. P. and Kreuter, F. (2013). Using Paradata to Explore Item Level Response Times in Surveys. *J. R. Statist. Soc. A*, 176, Part 1, 271-286.

Couper, M. P. and Lyberg, L. (2005). The Use of Paradata in Survey Research. In *Proceedings of the 55th Session of the ISI*, Sydney, Australia.

Couper, M. P. and Miller, P. V. (2008). Web Survey Methods: Introduction. *Public Opinion Quarterly*, 72, 831-835.

Couper, M. P. and Peterson, G. J. (2016). Why Do Web Surveys Take Longer on Smartphones? *Social Science Computer Review*, 35(3), 357-377.

Couper, M. P. and Rowe, B. (1996). Evaluation of a Computer-assisted Self-interview Component in a Computer-assisted Personal Interview Survey. *Public Opinion Quarterly*, 60, 89-105.

Couper, M. P. and Singer, E. (2013). Informed Consent for Web Paradata Use. *Survey Research Methods*, 7(1), 57-67.
Couper, M. P. and Zhang, C. (2016). Helping Respondents Provide Good Answers in Web Surveys. *Survey Research Methods*, 10(1), 49-64.
Dahlhamer, J. M. and Simile, C. M. (2009). Subunit Nonresponse in the National Health Interview Survey (NHIS): An Exploration Using Paradata. In *Proceedings of the Annual Meeting of the American Statistical Association, Section on Government Statistics, JSM-2009*, pp. 262-276.
Das, M. (2012). Innovation in Online Data Collection for Scientific Research: The Dutch MESS Project. *Methodological Innovations Online*, 7(1), 7-24.
Das, M., Ester, P., and Kaczmirek, L. (eds.) (2011). *Social and Behavioral Research and the Internet—Advances in Applied Methods and Research Strategies*, Routledge (Taylor and Francis Group).
de Leeuw, E. D. (2008). The Effect of Computer-Assisted Interviewing on Data Quality: A Review of the Evidence. In Blasius, J., Hox, J. J., de Leeuw, E. D., and Schmidt, P. (eds.), *Social Science Methodology in the New Millennium*, Leske+Budrich, 2002 (CD-ROM).
de Leeuw, E. D. (2010). Mixed-Mode Surveys and the Internet. *Survey Practice*, 3(6).
de Leeuw, E. D. (2017). Never A Dull Moment: Mixed-Mode Surveys In Past, Present & Future. *Key note at the 2017 ESRA Conference*, Lisbon (slide).
de Leeuw, E. D. and Berzelak, N. (2016). Survey Mode or Survey Modes? In Wolf, C., Joye, D., Smith, T. W., and Fu, Y. (eds.), *The Sage Handbook of Survey Methodology* (Chapter 11), Los Angeles, SAGE.
de Leeuw, E. D. and Hox, J. J. (1999). The Influence of Data Collection Method on Structural Models—A Comparison of a Mail, a Telephone, and a Face-to-Face Survey. *Sociologocal Methods & Research*, 24(4), 443-472.
de Leeuw, E. D., Hox, J. J., and Dillman, D. A. (2008). Mixed-mode Surveys: When and Why. In de Leeuw, E. D., Hox, J. J., and Dillman, D. A. (eds.), *International Handbook of Survey Methodologies* (pp. 299-316), Routledge (Taylor and Francis Group).
de Leeuw, E. D., Hox, J. J., and Dillman, D. A. (eds.) (2008). *International Handbook of Survey Methodology*, Routledge (Taylor and Francis Group).
de Leeuw, E. D., Hox, J. J., and Boevé, A. (2015). Handling Do-Not-Know Answers: Exploring New Approaches in Online and Mixed-Mode Surveys. *Social Science Computer Review*, 34(1), 116-132.
Deming, W. E. (1950). *Some Theory of Sampling*, Dover Books on Mathematics.
Dillman, D. A. and Bowker, D. K. (2001). The Web Questionnaire Challenge to Survey Methodologists. In Reips, U.-D. and Bosnjak, M. (eds.), *Dimensions of Internet Science* (pp. 159-178), Pabst Science.
Dillman, D. A. and Christian, L. M. (2003). Survey Mode as a Source of Instability in Responses across Surveys. *Field Methods*, 17(1), 30-52.
Dillman, D. A., Phelps, G., Tortora, R., Swift, K., Kohrell, J., Berck, J., and Messer, B. L. (2009). Response Rate and Measurement Differences in Mixed-Mode Surveys Using Mail, Telephone, Interactive Voice Response (IVR) and the Internet. *Social Science Research*, 38(1), 1-18.

Dillman, D. A., Smyth, J. D., and Christian, L. M. (2014). *Internet, Phone, Mail, and Mixed-Mode Surveys—The Tailored Design Method* (fourth edition), John Wiley & Sons.

DiSogra, C. and Callegaro, M. (2009). Computing Response Rates for Probability-Based Web Panels, at *the 2009 Joint Statistical Meetings, Section on Survey Research Methods, JSM-2009*.

DiSogra, C. and Callegaro, M. (2016). Metrics and Design Tool for Building and Evaluating Probability-Based Online Panels. *Social Science Computer Review*, 34(1), 26-40.

Dumičić, K., Sajko, M., and Radošević, D. (2002). Designing a Web-survey Questionnaire Usinig Automatic Process and a Script Language. *Journal of Information and Organizational Sciences*, 26(1-2), 25-41.

Durrant, G. B. and D'Arrigo, J. (2013). Analyzing Interviewer Call Record Data by Using a Multilevel Discrete Time Event History Modeling Approach. *J. R. Statist. Soc. A*, 176, Part 1, 251-269.

Eckman, S. and de Leeuw, E. D. (2017). Editorial—Special Issue on Total Survey Error (TSE). *Journal of Official Statistics*, 33(2), 301.

Elliott, M. R. and Valliant, R. (2017). Inference for Nonprobability Samples. *Statistical Science*, 32(2), 249-264.

Emde, M. and Fuchs, M. (2012). Exploring Animated Faces Scales in Web Surveys: Drawbacks and Prospects. *Survey Practice*, 5(1).

ESOMAR (2011). *ESOMAR Guideline for Online Research*.

ESOMAR (2012). *28 Questions to Help Research Buyers of Online Samples*.

ESOMAR (2012). *ESOMAR Guideline for Conducting Mobile Market Research*.

ESOMAR (2015). *ESOMAR/GRBN Guideline for Online Sample Quality 2015*.

ESOMAR (2015). *ESOMAR/GRBN Online-Research Guideline, 2015*.

ESOMAR (2017). *ESOMAR/GRBN Guideline on Mobile Research*.

Everitt, B. S. (1992). *The Analysis of Contingency Tables* (second edition), Monographs on Statistics and Applied Probability 45, Chapman & Hall.

Fielding, N. G., Lee, R. M., and Blank, G. (eds.) (2016). *The SAGE Handbook of Online Research Methods* (second edition), SAGE.

Fienberg, S. E. (1987). *The Analysis of Cross-classified Categorical Data* (second edition), MIT Press.

File, T. and Ryan, C. (2014). Computer and Internet Use in the United States: 2013, *American Community Survey Reports*, ACS-28, U. S. Census Bureau, Washington, DC, 2014.

Fox, S. and Rainie, L. (2014). The Web at 25 in the U. S.—The Overall Verdict: The internet has been a plus for society and an especially good thing for individual users—, February 27, 2014.

Fricker, R. D. (2008). Sampling Methods for Web and E-mail Surveys. In Fielding, N. G., Lee, R. M., and Blank, G. (eds.), *The SAGE Handbook of Online Research Methods* (pp. 195-217), SAGE.

Ganassali, S. (2008). The Influence of the Design of Web Survey Questionnaires on the Quality of Responses. *Survey Research Methods*, 2(1), 21-32.

Gelman, A. and Carlin, J. B. (2002). Poststratification and Weighting Adjustments,

In Groves, R. M. et al. (eds.), *Survey Nonresponse* (Chapter 19), Wiley Series in Probability and Statistics, John Wiley & Sons.
Grover, R. and Vriens, M. (eds.) (2006). *The Handbook of Marketing Research—Uses, Misuses, and Future Advances*, SAGE.
Groves, R. M. and Heeringa, S. G. (2006). Responsive Design for Household Surveys: Tools for Actively Controlling Survey Errors and Costs. *J. R. Statist. Soc. A*, 169, Part 3, 439-457.
Groves, R. M. et al. (2008). Issues Facing the Field: Alternative Practical Measures of Representativeness of Survey Respondent Pools. *Survey Practice*, 1(3).
Groves, R. M., Dillman, D. A., Eltinge, J. L., and Little, R. J. A. (eds.) (2002). *Survey Nonresponse*, Wiley Series in Probability and Statistics, John Wiley & Sons.
Groves, R. M., Presser, G., Tourangeau, G., West, B. T., Couper, M. P., Singer, E., and Toppe, C. (2012). Support for the Survey Sponsor and Nonresponse Bias. *Public Opinion Quarterly*, 76, 512-524.
Groves, R. M., Fowler, F. J., Couper, M. P., Lepkowski, J. M., Singer, E., and Tourangeau, R. (2004, 2009). *Survey Methodology*, Wiley Series in Survey Methodology, John Wiley & Sons.
Hansen, M. H., Hurwitz, W. N., and Madow, W. G. (1953). *Sample Survey Methods and Theory*, John Wiley & Sons.
Haraldsen, G. (2004). Identifying and Reducing Response Burdens in Internet Business Surveys. *Journal of Official Statistics*, 20(2), 393-410.
Harter, R. (2016). Why the Resurgence in Interest in Address-based Sampling? *The Survey Statistician, The Newsletter of the International Association of Survey Statisticians (IASS)*, Newsletter No. 74, RTI International, pp. 13-14.
Haziza, D. and Beaumont, J.-F. (2017). Construction of Weights in Surveys: A Review. *Statistical Science*, 32(2), 206-226.
Heerwegh, D. (2004). Use of Client Side Paradata in Web Surveys. *Paper Presented at the International Symposium in Honour of Paul Lazarsfeld* (Brussels, Belgium June 4-5, 2004).
Heerwegh, D. (2011). Internet Survey Paradata. In Das, M., Ester, P., and Kaczmirek, L. (eds.), *Social and Behavioral Research and the Internet—Advances in Applied Methods and Research Strategies* (pp. 325-348), Routledge (Taylor and Francis Group).
Hesse-Biber, S. N. (eds.) (2011). *The Handbook of Emergent Technologies in Social Research*, Oxford University Press.
Hillygus, D. S., Jackson, N., and Young, M. (2014). Professional Respondents in Non-probability Online Panels. In Callegaro, M., Baker, R., Bethlehem, J., Göritz, A. S., Krosnick, J. A., and Lavrakas, P. J. (eds.), *Online Panel Research: A Data Quality Perspective* (pp. 219-237), Wiley Series in Survey Methodology, John Wiley & Sons.
Höglinger, M., Jann, B., and Diekmann, A. (2016). Sensitive Questions in Online Surveys: An Experimental Evaluation of Different Implementations of the Randomized Response Technique and the Crosswise Model. *Survey Research Methods*, 10(3), 171-187.
Hox, J. J., de Leeuw, E. D., and Klausch, T. (2017). Mixed Mode Research: Issues in Design and Analysis. In Biemer, P. P., de Leeuw, E., Eckman, S., Edwards, B., Kreuter, F.,

Lyberg, L. E., Tucker, N. C., and West, B. T. (eds.), *Total Survey Error in Practice* (pp. 511-530), Wiley Series in Survey Methodology, John Wiley & Sons.

Hox, J. J. and de Leeuw, E. D. (1994). A Comparison of Nonresponse in Mail, Telephone, and Face-to-Face Surveys—Applying Multilevel Modeling to Meta-Analysis. *Quality & Quantity*, 28(4), 329-344.

Hubbard, F., Antoun, C., and Conrad, F. G. (2012). Conversational Interviewing, the Comprehension of Opinion Questions and Nonverbal Sensitivity. Paper Presented at *the Annual Meeting of the American Association for Public Opinion Research*.

Iannacchione, V. G., McMichael, J. P., Shook-Sa, B. E., and Morton, K. B. (2012). A Proposed Hybrid Sampling Frame for the National Survey on Drug Use and Health. Prepared for *the Substance Abuse and Mental Health Services Administration, Office of Applied Studies*, under Contract No. 283-2004-00022, RTI/0209009.

Joe, S., Tourangeau, R., Krosnick, J. A., Ackermann, A., Malka, A., DeBell, M., and Turakhia, C. (2009). Dispositions and Outcome Rates in the 'Face-to-Face/Internet Survey Platform' (the FFISP). Paper presented at *the Annual Meeting of the American Association of Public Opinion Research*, Hollywood, FL, USA.

Kamoen, N., Holleman, B., and van den Bergh, H. (2013). Positive, Negative, and Bipolar Questions: The Effect of Question Polarity on Ratings of Text Readability. *Survey Research Methods*, 7(3), 181-189.

Keeter, S. and Weisel, R. (2015). From Telephone to the Web: The Challenge of Mode of Interview Effects in Public Opinion Polls. *Pew Research Center Report, May 13, 2015*.

Khare, M. (2016). Estimated Prevalence and Characteristics of Web Users: National Health Interview Survey. In *Proceedings of the Annual Meeting of the American Statistical Association, Section on Survey Research Methods, JSM-2016*, pp. 2014-2015.

Kirstin, E., Jennifer, M., and Fienberg, S. E. (2017). Dynamic Question Ordering in Online Surveys. *Journal of Official Statistics*, 33(3), 625-657.

Kreuter, F. (ed.) (2013). *Improving Surveys with Paradata—Analytic Uses of Process Information*, Wiley Series in Survey Methodology, John Wiley & Sons.

Kreuter, F. and Casas-Cordero, C. (2010). Paradata, Working Paper No. 136, RatSWD. *Working Paper Series of the Council for Social and Economic Data*.

Kreuter, F., Couper, M. P., and Lyberg, L. (2010). The Use of Paradata to Monitor and Manage Survey Data Collection. In *Proceedings of the Annual Meeting of the American Statistical Association, Section on Survey Research Methods, JSM-2010*, pp. 282-296.

Kreuter, F. and Orson, K. (2013). Paradata for Nonresponse Error Investigation. In Kreuter, F. (ed.), *Improving Surveys with Paradata-Analytic Uses of Process Information* (pp. 13-42), Wiley Series in Survey Methodology, John Wiley & Sons.

Krueger, B. S. and West, B. T. (2014). Assessing the Potential of Paradata and Other Auxiliary Data for Nonresponse Adjustments. *Public Opinion Quarterly*, 78, 795-831.

Kruskal, W. and Mosteller, F. (1980). Representative Sampling, IV: The History of the Concept in Statistics, 1895-1939. *International Statistical Review*, 48(2), 169-195.

Kuusela, V. (2011). Paradigms in Statistical Inference for Finite Populations—Up to the 1950s—, Research Reports 257, Statistics Finland.

Laflamme, F., Maydan, M., and Miller, A. (2008). Using Paradata to Actively Manage Data

Collection Survey Process. In *Proceedings of the Annual Meeting of the American Statistical Association, Section on Survey Research Methods, JSM-2008*, pp. 630-637.

Lavallée, P. (2014). Indirect Sampling for Hard-to-Reach Populations. In Tourangeau, R., Edwards, B., Johnson, T. P., Wolter, K. M., and Bates, N. (eds.), *Hard-to-Survey Populations*, Cambridge University Press.

Lavrakas, P. J. (ed.) (2008). *Encyclopedia of Survey Research Methods* (2 Volume Set), SAGE.

Lebrasseur, D., Morin, J.-P., Rodrigue, J.-F., and Taylor, J. (2010). Evaluation of the Innovations Implemented in the 2009 Canadian Census Test. In *Proceedings of the American Statistical Association, Section on Survey Research Methods, JSM-2010*, pp. 4089-4097.

Link, M. W. (2010). Address Based Sampling: What Do We Know So Far? *American Statistical Association Webinar*, November 2010.

Link, M. W. et al. (2014). Mobile Technologies for Conducting, Augmenting and Potentially Replacing Surveys: Executive Summary of the AAPOR Task Force on Emerging Technologies in Public Opinion Research. *Public Opinion Quarterly*, 78, 779-787.

Lipps, O. and Pekari, N. (2016). Sample Representation and Substantive Outcomes Using Web With and Without Incentives Compared to Telephone in an Election Survey. *Journal of Official Statistics*, 32(1), 165-186.

Liu, M. (2016). Comparing Data Quality between Online Panel and Intercept Samples. *Methodological Innovations*, 9, 1-11.

Lohr, S. L. (2010). *Sampling: Design and Analysis* (second edition), Brooks/Cole.

Lynn, P. and Nicolaas, G. (2010). Making Good Use of Survey Paradata. *Survey Practice*, 3 (2).

Macer, T. (2003). We Seek Them Here, We Seek Them There—How Technical Innovation in Mixed Mode Survey Software is Responding to the Challenge of Finding Elusive Respondents. In Banks, R. et al. (eds.), *Survey and Statistical Computing IV. The Impact of Technology on the Survey Process* (Association for Survey Computing). Paper presented at the ASC 4th International Conference.

Maitland, A., Casas-Cordero, C., and Kreuter, F. (2009). An Evaluation of Nonresponse Bias Using Paradata from a Health Survey. In *Proceedings of the Annual Meeting of the American Statistical Association, Section on Government Statistics, JSM-2009*, pp. 370-378.

Malhotra, N. (2008). Completion Time and Response Order Effects in Web Surveys. *Public Opinion Quarterly*, 72, 914-934.

Manfreda, K. L. and Vehovar, V. (2008). Internet Survey. In de Leeuw, E. D. et al. (eds.), *International Handbook of Survy Methodology* (pp. 264-284), Routledge (Taylor and Francis Group).

Mavletova, A. and Couper, M. P. (2014). Mobile Web Survey Design: Scrolling versus Paging, SMS versus E-mail Invitations. *Journal of Survey Statistics and Methodology*, 2 (4), 498-518.

Mavletova, A. and Couper, M. P. (2013). Sensitive Topics in PC Web and Mobile Web Surveys: Is There a Difference? *Survey Research Methods*, 7(3), 191-205.

Mehrabian, A. and Russell, J. A. (1974). *An Approach to Environmental Psychology*, MIT Press.
Millar, M. M. and Dillman, D. A. (2012). Encouraging Survey Response via Smartphones. *Survey Practice*, 5(3).
Miller, T. W. (2001). Can We Trust the Data of Online Research? *Marketing Research*, 13(2), 26-33.
Mockovak, W. and Powers, R. (2008). The Use of Paradata for Evaluating Interviewer Training and Performance. In *Proceedings of the Annual Meeting of the American Statistical Association, Section on Survey Research Methods, JSM-2008*, pp. 1386-1393.
Mohorko, A., de Leeuw, E., and Hox, J. (2013). Internet Coverage and Coverage Bias in Europe: Developments Across Countries and Over Time. *Journal of Official Statistics*, 29(4), 609-622.
Morgan, M., Millar, M. M., and Dillman, D. A. (2011). Improving Response to Web and Mixed-Mode Surveys. *Public Opinion Quarterly*, 75, 249-269.
Nicolaas, G. (2011). *Survey Paradata: A Review, ESRC National Centre for Research Methods Review Paper*, NCRM/017. National Centre for Research Methods.
Nicolaas, G., Calderwood, L., Lynn, P., and Roberts, C. (2014). *Web Surveys for the General Population: How, Why and When?* National Centre for Research Methods Report.
Nicolaas, G., Campanelli, P., Hope, S., and Jäckle, A. (2015). Revisiting "yes/no" versus "check all that apply": Results from a Mixed Modes Experiment. *Survey Research Methods*, 9(3), 189-204.
OECD (2013). *Glossary of Statistical Terms.* (オンライン版: https://stats.oecd.org/glossary/)
Olson, K. (2013). Paradata for Nonresponse Adjustment. *The Annals of the American Academy of Political and Social Science*, 645(1), 142-170.
Olson, K. and Parkhurst, B. (2013). Collecting Paradata for Measurement Error Evaluations. In Kreuter, F. (ed.), *Improving Surveys with Paradata—Analytic Uses of Process Information* (pp. 43-72), Wiley Series in Survey Methodology. John Wiley & Sons.
Olson, K. and Wagner, J. (2015). A Feasibility Test of Using Smartphones to Collect GPS Information in Face-to-Face Surveys. *Survey Research Methods*, 9(1), 1-13.
Raento, M., Oulasvirta, A., and Eagle, N. (2009). Smartphones: An Emerging Tool for Social Scientists. *Sociological Methods & Research*, 37(3), 426-454.
Rivers, D. (2007). Sampling for Web Surveys. *White Paper Prepared from Presentation Given at the 2007 Joint Statistical Meetings*, Salt Lake City, Utah, July-August.
Roese, N. J. and Jamieson, D. W. (1993). Twenty Years of Bogus Pipeline Research: A Critical Review and Meta-Analysis. *Psychology Bulletin*, 114(2), 363-375.
Safir, A., Black, T., and Steinbach, R. (2001). Using Paradata to Examine the Effects of Interviewer Chracteristics on Survey Response and Data Quality. In *Proceedings of the Annual Meeting of the American Statistical Association, Section on Survey Research Methods, JSM-2001, August 5-9, 2001*.
SAMHSA (Substance Abuse and Mental Health Services Administration) (2015). *2012 National Survey on Drug Use and Health*, Createspace Independent.
Saris, W. E. (1991). *Computer-Assisted Inteviewing*, Sage University Paper, Quantitative Applications in the Social Sciences No. 80, SAGE.

Schaefer, D. R. and Dillman, D. R. (1998). Development of a Standard E-mail Methodology, Results of an Experiment. *Public Opinion Quarterly*, 62, 378-397.

Schonlau, M. and Couper, M. P. (2017). Options for Conducting Web Surveys. *Statistical Science*, 32(2), 279-292.

Schonlau, M., Fricker, R. D., and Elliott, M. N. (2002). *Conducting Research Surveys via E-Mail and the Web*, RAND.

Schonlau, M. and Toepoel, V. (2015). Straightlining in Web Survey Panels Over Time. *Survey Research Methods*, 9(2), 125-137.

Schonlau, M., van Soest, A., Kapteyn, A., and Couper, M. P. (2006). Selection Bias in Web Surveys and the Use of Propensity Scores. *RAND Working Papers*, WR-279, RAND Labor and Population.

Schonlau, M., Weidmer, B., and Kapteyn, A. (2014). Recruiting an Internet Panel Using Respondent-Driven Sampling. *Journal of Official Statistics*, 30(2), 291-310.

Schwarz, N., Grayson, C. E., and Knäuper, B. (1998). Formal Features of Rating Scales and the Interpretation of Question Meaning. *Research Note, International Journal of Public Opinion Research*, 10(2), 177-183.

Sheatsley, P. B. and Mitofsky, W. J. (eds.) (1992). *A Meeting Space: The History of the American Association for Public Opinion Research*, Published by American Association for Public Opinion Research.

Shook-Sa, B. E. (2014). Improving the Efficiency of Address-Based Sampling Frames with the USPS No-Stat File, *Survey Practice*, 7(4).

Shropshire, K. O., Hawdon, J. E., and Witte, J. C. (2009). Web Survey: Design Balancing Measurement, Response, and Topical Interest. *Sociological Methods & Research*, 37(3), 344-370.

Simmons, K., Mercer, A., Schwarzer, S., and Kennedy, C. (2016). Evaluating a New Proposal for Detecting Data Falsification in Surveys—The underlying causes of "high matches" between survey respondents. *Pew Research Center Report, February 25, 2016*.

Singer, E. and Couper, M. P. (2011). Ethical Considerations in Internet Surveys. In Das, M., Ester, P., and Kaczmirek, L. (eds.), *Social and Behavioral Research and the Internet— Advances in Applied Methods and Research Strategies* (pp. 133-162), Routledge (Taylor and Francis Group).

Sinibaldi, J., Durrant, G. B., and Kreuter, F. (2013). Evaluating the Measurement Error of Interviewer Observed Paradata. *Public Opinion Quarterly*, 77, 173-193.

Smith, T. W. (1995). Little Things Matter: A Sampler of How Differences in Questionnaire Format Can Affect Survey Responses. In *Proceedings of the American Statistical Association, Section on Survey Research Methods*, pp. 1046-1051.

Smith, T. W. (2011). Refining the Total Survey Error Perspective. *International Journal of Public Opinion Research*, 23(4), 464-484.

Stange, M., Barry, A., Smyth, J., and Olson, K. (2018). Effects of Smiley Face Scales on Visual Processing of Satisfaction Questions in Web Surveys. *Social Science Computer Review*, 36(6), 756-766.

Statistics Canada (2009). *Statistics: Power from Data! Nonprobability Sampling*.

Stoop, I. and Wittenberg, M. (2008). *Access Panel and Online Research, Panacea or Pitfall?*

Proceedings of the DANS Symposium, Amsterdam, October 12th, 2006, DANS—Data Archiving and Networked Services.
Sue, V. M. and Ritter, L. A. (2012). *Conducting Online Surveys* (second edition), SAGE.
Terhanian, G. and Bremer, J. (2012). A Smarter Way to Select Respondents for Surveys? *International Journal of Market Research*, 54(6), 751-780.
Terhanian, G. and Bremer, J. (2000). Confronting the Selection-Bias and Learning Effects Problems Associated with Internet Research. *Research Paper: Harris Interactive*.
Thalji, L. Hill, C. A., Mitchell, S., Suresh, R., Speizer, H., and Pratt, D. (2013). The General Survey System Initiative at RTI International: An Integrated System for the Collection and Management of Survey Data. *Journal of Official Statistics*, 29(1), 29-48.
Toepoel, V. (2016). *Doing Surveys Online*, SAGE.
Toepoel, V. and Couper, M. P. (2011). Can Verbal Instructions Counteract Visual Context Effects in Web Surveys? *Public Opinion Quarterly*, 75, 1-18.
Toepoel, V. and Lugtig, P. (2014). What Happens if You Offer a Mobile Option to Your Web Panel? Evidence From a Probability-Based Panel of Internet Users. *Social Science Computer Review*, 32(4), 544-560.
Toepoel, V., Vis, C., Das, M., and van Soest, A. (2009). Design of Web Questionnaires: An Information-Processing Perspective for the Effect of Response Categories. *Sociological Methods & Research*, 37(3), 371-392.
Toninelli, D. and Revilla, M. (2016). Smartphones vs PCs: Does the Device Affect the Web Survey Experience and the Measurement Error for Sensitive Topics?—A Replication of the Mavletova & Couper's 2013 Experiment. *Survey Research Methods*, 10(2), 153-169.
Tourangeau, R. (2017). Mixing Modes: Tradeoffs among Coverage, Nonresponse, and Measurement Error. In Biemer, P., de Leeuw, E. D., Eckman, S., Edwards, B., Kreuter, F., Lyberg, L. E., Tucker, N. C., and West, B. T. (eds.), *Total Survey Error in Practice* (Chapter 6), John Wiley & Sons.
Tourangeau, R., Edwards, B., Johnson, T. P., Wolter, K. M., and Bates, N. (eds.) (2014). *Hard-to-Survey Populations*, Cambridge University Press.
Tourangeau, R., Maitland, A., Rivero, G., Sun, H., Williams, D., and Yan, T. (2017). Web Surveys by Smartphone and Tablets: Effects on Survey Responses. *Public Opinion Quarterly*, 81, 896-929.
United States Postal Service (2016). *CDS User Guide: October 2016*.
Vannieuwenhuyze, J. T. A. (2014). On the Relative Advantage of Mixed-Mode versus Single-Mode Surveys. *Survey Research Methods*, 8(1), 31-42.
Verma, S. K., Courtney, T. K., Lombardi, D. A., Chang, W., Huang, Y., Brennan, M. J., and Perry, M. J. (2014). Internet and Telephonic IVR Mixed-mode Survey for Longitudinal Studies: Choice, Retention, and Data Equivalency. *Annals of Epidemiology*, 24(1), 72-74.
Villar, A., Callegaro, M., and Yang, Y. (2013). Where Am I? A Meta-Analysis of Experiments on the Effects of Progress Indicators for Web Surveys. *Social Science Computer Review*, 31(6), 744-762.
Voogt, R. J. J. and Saris, W. E. (2005). Mixed Mode Designs: Finding the Balance Between

Nonresponse Bias and Mode Effects. *Journal of Official Statistics*, 21(3), 367-387.

Wagner, J., West, B. T., Kirgis, N., Lepkowski, J. M., Axinn, W. G., and Ndiaye, S. K. (2012). Use of Paradata in a Responsive Design Framework to Manage a Field Data Collection. *Journal of Official Statistics*, 28(4), 477-499.

Wang, W., Rothschild, D., Goel, S., and Gelman, A. (2015). Forecasting Elections with Non-Representative Polls. *International Journal of Forecasting*, 31(3), 980-991.

Weisberg, H. F. (2005). *The Total Survey Error Approach: A Guide to the New Science of Survey Research*, University of Chicago Press.

West, B. T. (2011). Paradata in Survey Research. *Survey Practice*, 4(4).

Wolf, C., Joye, D., Smith, T. W., and Fu, Y. (eds.) (2016). *The Sage Handbook of Survey Methodology*, SAGE.

Yates, F. (1949). *Sampling Methods for Censuses and Surveys*, London, C. Griffin.

Zhang, C. and Conrad, F. G. (2014). Speeding in Web Surveys: The Tendency to Answer Very Fast and its Association with Straightlining. *Survey Research Methods*, 8(2), 127-135.

関連する学会および機関の一覧

ウェブ調査をはじめ調査方法論一般に関連のある主な学会や機関などの一覧を以下に示す．［雑］…刊行している主な雑誌（学会誌，機関誌）．

●国内の学会および機関

1. 日本行動計量学会（BSJ）http://www.bsj.gr.jp/［雑］行動計量学，*Behaviormetrika*
2. 日本応用心理学会（JAAP）http://j-aap.jp/［雑］応用心理学研究
3. 日本社会心理学会（JSSP）http://www.socialpsychology.jp/［雑］社会心理学研究（http://www.socialpsychology.jp/journal/contents.html），日本社会心理学会大会論文集（http://iap-jp.org/jssp/conf_archive/）
4. 数理社会学会（JAMS）http://www.jams-sociology.org/［雑］理論と方法
5. NHK放送文化研究所（NHK BUNKEN）https://www.nhk.or.jp/bunken/［雑］放送研究と調査（https://www.nhk.or.jp/bunken/book/monthly/），NHK放送文化研究所年報（https://www.nhk.or.jp/bunken/book/annually/）
6. 東京大学社会科学研究所附属社会調査・データアーカイブ研究センター（CSRDA）http://csrda.iss.u-tokyo.ac.jp/
7. 埼玉大学社会調査研究センター（SSRC）http://ssrc-saitama.jp/［雑］政策と調査
8. 一般社団法人 輿論科学協会（PORC）http://www.yoron-kagaku.or.jp/jhp/jtop.htm［雑］市場調査
9. 公益財団法人 日本世論調査協会（JAPOR）http://www.japor.or.jp/［雑］よろん
10. 一般社団法人 日本マーケティング・リサーチ協会（JMRA）https://www.jmra-net.or.jp/［雑］マーケティング・リサーチャー
11. 一般社団法人 新情報センター（SJC）http://sjc.or.jp/［雑］新情報
12. 一般社団法人 中央調査社（CRS）http://www.crs.or.jp/［雑］中央調査報
13. 一般社団法人 社会調査協会（SR）http://jasr.or.jp/［雑］社会と調査

●海外の学会および機関

1. American Statistical Association（ASA，米国統計学会）http://www.amstat.org/
2. American Association for Public Opinion Research（AAPOR，米国世論調査学会）http://www.aapor.org/
3. ESOMAR　https://www.esomar.org/
4. European Survey Research Association（ESRA）http://www.europeansurveyresearch.org/
5. The Insights Association　https://www.insightsassociation.org/
   ［備考］CASRO（Council of American Survey Research Organizations）とMRA

(Marketing Research Association）が併合し，この機関となった（2017年1月情報）.
6. National Opinion Research Center at the University of Chicago（NORC, シカゴ大学全国世論調査センター）http://www.norc.org/Pages/default.aspx
［備考］NORC AmeriSpeak：NORCが構築した確率的パネル．https://amerispeak.norc.org/Pages/default.aspx
7. Institute for Social Research, University of Michigan（ISR, ミシガン大学社会科学研究所）https://isr.umich.edu/
8. The Survey Research Center, University of Michigan（SRC, ミシガン大学調査研究センター）https://www.src.isr.umich.edu/
9. Pew Research Center（ピュー・リサーチ・センター）http://www.pewresearch.org/
［備考］ATP：American Trends Panel：ピュー・リサーチ・センターが構築したウェブ調査（インターネット利用者）と郵送調査（インターネット非利用者）を混用した確率的パネル．
https://www.pewresearch.org/topics/american-trends-panel/
http://www.pewresearch.org/2018/03/26/the-american-trends-panel-survey-methodology-wave-29/
10. Gallup（ギャラップ）http://www.gallup.com/home.aspx
［備考］Gallap Panel：ギャラップが構築した確率的パネル．http://www.gallup.com/174158/gallup-panel-methodology.aspx
11. Harris Interactive（ハリス・インタラクティブ）https://harris-interactive.com/
12. WebSM（Web Survey Methodology）http://www.websm.org/
［備考］リュブリャナ大学（スロベニア）の調査方法論研究者グループが運用するサイト．1998年に開設された．ウェブ調査を含む調査方法論全般に関連する充実した情報がある．

索　引

欧文

AAPOR 標準定義条項　48
ACASI　13, 171
ACS　42, 198
ALLBUS　50
ANES　170
ATUS　143
BRFSS　29, 175
CAI　74
CAPI　76
CASI　7, 13, 77
CATI　76, 175, 177, 201
　　——とウェブ調査の混合方式　207
CentERpanel　98
CPS　24, 26, 42, 196, 198
DBM　2
Eurostat　26, 27
FFRISP パネル　20, 52, 98
Flash　77
GfK KnowledgePanel　5
GGSS　50
GREG 加重調整法　37-39
GSS　40
HCAHPS　208
HI パネル　174, 196
HINTS　25, 26
HRS　31, 50
HTML　77
HTTP cookie　18, 169
IRS　71
ISO 標準 26362　47
ITU　26
IVR　2, 7, 13, 66, 77, 167, 180
Java アプレット　144
JavaScript　77
KN パネル　5, 19, 20, 25, 52, 53, 191, 196
LISS パネル　5, 19, 20, 25, 52, 53, 191
NCES　19
NHIS　42
NIH　25
NSDUH　171
NSFG　171
NSPOF　19
PayPal　61
PSA　36
RDD　8, 19, 22, 29, 191
RR3　49
SF-36 健康調査　95
SMS　1, 56
TSE　3
URL　58, 59, 63, 66, 211
YRBS　174

あ

挨拶文　57, 58
アイトラッキング　118, 122, 152, 185
アクション・ボタン（動作設定ボタン）　88
アクセス権　5, 16, 18-20, 43, 191, 193
アクティブ・スクリプティング　90
アバター　200
アフォーダンス　13, 90
アメリカン・コミュニティ調査（ACS）
　　40, 64, 198

い

言い回し（ワーディング）　74
5 つの経験則　102, 200
一定和　141-143, 164
一般化回帰（GREG）モデルによる加重調

整 35
一般母集団 6, 15, 19-21, 28, 73, 191-193, 205, 211
意図性 127
違法薬物の使用 170, 176, 181, 183, 201
意味的なまとまり 78
依頼状 56, 62, 176
医療提供者と医療制度に対する病院利用者による評価（HCAHPS） 208
色の違いによる回答分布の違い 106
インジケータ
　一定速度の—— 139
インターセプト型調査 17
インターセプト型の標本 192
インターネット
　——にアクセスできない人 15, 24, 29, 31, 32, 40, 44, 50, 192, 193, 205
　——にアクセスできる人 15, 24, 29, 31, 32, 40, 44, 50, 193
　——にアクセスできる人とできない人 24-31, 193
　——にアクセスできる人とできない人から得た推定値の比較 40
　——にアクセスできる人とできない人の構造的な違い 44, 193
　——にアクセスできる人とできない人の母集団 15
　——にアクセスできる人の特定化 19
　——への接続環境 52
インターネット・アクセス 24-28
　——の動向 27
インターネット・アクセス率 28
インターネットおよび米国生活動向プロジェクト 25, 215
インターネット人口 28, 44, 215
インターネット調査 25, 43, 169, 195
インターネット普及率 24, 26
インターネット母集団 32, 49, 191, 195, 195, 197

う

ウェブ推奨方式 65
ウェブ調査

——と CATI, IVR の比較 177
——と質問紙型調査の比較 174
——と対面面接調査の比較 187
——と電話調査の比較 171, 185
——と郵送調査, 電話調査の比較 177, 187
——と郵送調査の比較 176, 186
——における無回答 35, 45, 46, 56, 57
——の5つの特性 168
——の回答率 8, 51, 55, 56, 60, 71, 181, 194, 195, 211
——のカバレッジ 25, 26
——の自作ツール 72
——の種類 15, 16
——の設計 74, 75, 80, 81, 98, 100
——の設計者 9, 75, 77-80, 84, 90, 127, 128, 148, 163
——の母体となる抽出枠 8
ウェブ調査票
　——と質問紙型調査票との比較／差違 70, 175, 176, 179
　——と社会的存在感 77, 78, 162, 163
　——による説明の提供 156
　——の視覚的特性 99-113, 125
　——の双方向的介入 153-156
　非確率的な—— 45-47
　ビデオ・エンハンス型の—— 163
　郵送による——への依頼 16, 56, 72
ウェルカム画面 66, 67
埋め込み（パイピング） 76, 129

え

エディット・チェック 76, 80, 129, 189
エネルギー利用に関する消費者調査 82
エリア確率標本 8, 20, 26, 31, 42, 52, 107
エリア確率標本抽出 191
エリアコード（市外局番） 22
エンターテインメント型投票 16

お

応答性 129, 137, 158
応答的 141, 153, 158, 204
　——な機能 129-131

オズの魔法使い手法 160
オーディオ・コンピュータ支援の自答式／
　音声利用の CASI (ACASI) 13, 167, 171
オプトイン・パネル 4, 17, 59, 191
重みつき最小二乗法 35
音声自動応答方式 (IVR) 2, 7, 13, 66, 77, 167, 180
オンライン調査票 127, 159, 181, 195

か

外見の類似 102, 105, 200
解釈可能の仮定 126
回線接続方式 77
回答
　——に要したと感じた調査完了時間 82
　——の意欲をそぐ情報 136, 138
　——の意欲をそぐプログレス・インジケータ 68
　——の先延ばし 63
　——の質 71, 83, 91, 98, 130, 151, 153, 208
　——の順序効果 120, 122
　——の正確さ（の改善，向上） 3, 11, 128, 143, 148, 154, 164
　実質的ではない—— 80, 91, 156
　実質的な—— 70, 156, 164
回答完了時間（調査完了時間） 88, 92-95, 97
回答傾向 32, 211
　——の確率 46, 47
　——の平均（平均オッズ比） 60, 68
回答時間 103, 107, 144, 147, 152, 154, 157, 164
　——の短縮 96
回答実行時の失敗 63
回答者
　——が事前に想定する回答所要時間 81, 82, 133
　——とのやりとり（相互行為） 80, 167, 201
　——の労力 136, 150-153, 156, 163
　熟練した—— 98
回答尺度 9, 83, 100, 102, 105-107, 199, 207

垂直に配列された—— 107
回答者主導型 156
回答所要時間 46, 68, 82, 133-135
　実際の—— 68, 82, 134
　調査依頼時に示した—— 68, 133, 134
回答選択肢
　——の一覧 111, 119, 120, 123-125
　——の間隔 13, 86, 101, 102
　——の視認性 120, 124
　——の順序 103, 107, 122, 189
　——の順序効果 120, 122
　——の整列化 85
　——の配置 13, 86, 200
　——の論理的順序 102, 103, 125, 200
　実質的ではない—— 71, 213
　実質的な—— 213
回答選択肢数（グリッドの列数） 97
回答選択ツールの種類 91
回答速度 12, 154
　——と速度違反 153, 154
　——を落とすことを促す指示 128, 130, 164
　回答者に合った—— 185, 203
回答入力形式 88, 92, 110, 119-122, 124
回答入力の要求の有無 71, 130
回答報告 11, 96, 115, 175-177, 180, 182, 184
　——の誤差 169, 201
回答マッピング 67
回答率 8, 45-50
　——の減少／低下 53, 55, 72, 148, 194, 206
　——の向上／増加 63, 194, 204, 206
　——の差 49, 52, 59, 60, 193, 194
　回答者への接触（回数）と—— 59, 60
　確率的パネルの—— 45, 52
　確率標本の—— 51
　謝礼と—— 60-62
　非確率パネルの—— 54
概念的な類似性 105, 200
外部情報源 40, 51, 177
会話的面接法 148
科学技術の利用度 168
科学知識を問う調査 11, 185, 204

索引

限られた母集団 17, 18
覚醒尺度 96
確率抽出 5, 15-20, 33
　——を用いるウェブ調査 17, 19, 21
確率的ウェブ・パネル 5, 6, 8, 52, 94, 97, 98
確率的なウェブ調査 45, 46
確率的パネル 5
確率の中間点 102, 200
確率標本 16, 18, 21, 23, 43, 46, 51, 66, 191, 195, 211
加重調整（法） 17, 24, 28, 32-40, 42, 174, 192, 197, 198, 211
過小の代表性 193, 198
過小報告 170, 208
画像 10, 75, 76, 82, 83, 113-116, 126, 199, 203, 213
　——の効果 113-116
　——の配置 119
　——の文脈刺激 213
　質問に含まれる—— 10, 199
仮想評価法（CV） 188
画像ボタン 88
家族の成長についての全国調査（NSFG） 171
過大の代表性 166, 193, 198
過大報告 170, 208
偏り 23, 38
　——の減少率の平均 40
　——の除去 15, 33-38, 43
　自己参加による—— 17
可読性 81, 86
カード分類法 90
カバレッジ 15-24, 27, 32, 62, 166, 191, 193
　——とデジタル・ディバイド 28
　——の偏り 17-19, 32, 36-40, 43, 195
　——の度合／期待されるカバレッジ 25
カバレッジ誤差 32, 45, 50, 190, 196
カバレッジ率 206
加法的 210
紙と鉛筆による質問紙型調査 168
画面の背景と前景の設計 81
画面左上の隅 84, 212
画面表示の制御の有無 77

画面枠（ペイン） 80
環境財の保護 188
感情温度計 144
観測誤差 4, 6, 8, 73, 190, 198, 204-207
　——の低減 212
完了率（完答率）
　——と回答率 20, 47
　——と参加率 47, 48
　——の増加と低下 131, 132
　バーチャル調査員の——への影響 160
　フィードバックと—— 136, 137
　プログレス・インジケータと—— 140, 164

き

機械的
　——な機能 129-132, 141
危険行動 11, 175, 181, 205
　——の回答報告 181
基準（ベンチマーク） 36, 40, 196, 211
基礎科学に関する調査 204
ギャラップ社のパネル 19, 53
共変量 24, 35-39, 174, 211

く

偶然誤差 74, 205, 207, 209
くじ 3, 60
　現金の—— 61
クッキー（HTTP cookie） 18, 169
グラフィカルな手がかり 111, 125
グラフィカルな要素 82
グラフィック・ラベル（図による指示説明） 111
クリック・アンド・スクロール 124, 150
クリック回数 87, 151
クリックスルー率 54, 58
グリッド／グリッド形式 9, 10, 67, 92-98, 103-105, 203, 212
　応答的なグリッド形式 203
　グリッド形式とストレートライニング 145, 154
　グリッド形式による質問の設計 92-97
　グリッド設計の効果 94

索　引

グリッド内の配置　96
グリッドの行数（グリッド内の質問項目数）　97
グリッドの行数と列数（グリッド内の回答選択肢数）　97
静的なグリッド形式　147
双方向的（な）グリッド　145
クロンバックの α 係数　95, 96, 186

け

傾向加重（法）　34, 36
傾向スコア　36-39
　　――の予測値　37
傾向スコア法による加重調整／傾向スコア調整法（PSA）　34, 36, 39, 198
ゲイズ・プロット　118
携帯電話／携帯電話調査　1, 27, 215
系統的抽出　18
系統的な偏り　205, 207
系統的なずれ（差違）　32, 187
欠測データ　69
　　――とグリッド形式　93, 94, 203
　　――と項目無回答　69
欠測データ率　69, 70, 75, 135
限界費用　2
健康医療情報利用に関する動向調査（HINTS）　25, 26
健康と退職に関する調査（HRS）　30, 31, 50
言語的な手がかり　110
言語による提示　115
言語ラベル　100, 109, 205, 213
現実感のあるバーチャル調査員　160
件名　57, 58
　　「お願い型」の――　58
　　「提案型」の――　58

こ

効果の大きさ　52, 108, 109, 179, 180
　　――の標準誤差　179, 180
　　――の平均　180
交互作用／交互作用項　35, 39, 122, 132, 182
　　共変量間の――　38
　　補助変数の――　35

校正　36, 211
　　――（参照）に用いる調査　36, 40, 41, 43
　　――に用いる標本（参照標本）　37, 42, 43
　　――による重みづけ　37
合成指標　178
構造方程式モデル　95
肯定的な言葉　107
行動危険因子監視システム（BRFSS）　29, 30, 175
項目欠測データ　69-71, 80, 95-97
項目欠測データ率　69-71, 80, 95-97
項目無回答　9, 46, 48, 69, 144-147, 164, 212
交絡／交絡変数　36
顧客満足度評価　187
国際電気通信連合（ITU）　26
国勢調査　66, 69
　　――の試験調査　81, 92
国勢調査単位区　152
国民健康調査（NHIS）　40
国立教育統計センター（NCES）　18
誤差発生源　32, 46, 50, 74, 166, 169, 190
個別設定　58
コムスコア・ネットワークス社　54
混合主導型　156, 157
混合方式　2, 12, 13, 62-66, 206-210
　　――の設計　14
　　――の調査　12, 62, 206
コンピュータ支援（CA）
　　――の個人面接方式（CAPI）　76, 168
　　――の自答式（CASI）　7, 13, 77
　　――の電話聴取方式（CATI）　76, 175, 206
　　――の面接聴取法（CAI）　74
コンピュータ適応型テスト　76

さ

最新人口動態調査（CPS）　24, 26, 40, 196, 197
サフィックス（加入者番号）　22
参加確率　23, 33, 35, 39, 206, 211
参加率　6, 47, 48, 50, 51, 53-55, 194
参照（校正）に用いる調査　36, 40, 41, 43
参照標本（校正に用いる標本）　37, 42, 43

サンプル・マッチング（標本整合） 34, 44, 193, 196

し

視覚的 167
　——な中間点（視覚上の中間点） 102, 200, 213
　——な調査 102, 120, 168
　——な手がかり 101, 110, 125, 213
　——なデータ収集方式 73
　——な文脈効果 10, 199
視覚的アナログ尺度 90, 128, 130, 144, 145, 164
視覚的素材 99, 113, 126
視覚的特性 9, 75, 99, 100, 213
視覚的表現 188, 199, 203, 204
視覚的歪み 13
視覚的要素 75, 82, 99
視覚伝達経路（視覚チャネル） 99, 120, 188, 199
視覚の対比効果 116
色覚異常（カラー・ブラインドネス） 107
自記式手法 73, 78, 169, 171, 184, 203
自記式調査票 1, 95, 99, 100
自己回答率 64
自己参加型
　——のボランティア 23, 45, 191, 195, 196
　——のボランティア・パネル 17, 191
　自由に参加できる——の調査 17
事後層化
　——による調整 33-35
事後層化法（セル加重法） 34-39, 198
自己報告発生率 175-177
施設内倫理委員会（IRS） 71
自然言語処理 159
事前公募型のパネル 20
事前告知 55-57, 211
　ショート・メッセージ・サービス（SMS）による—— 56
　ハガキによる—— 56
実質的な変数 31
質問
　——の順序 74, 76, 80, 114
　——の省略（スキップ） 129, 189
　——の文脈効果 114
　——の理解 88, 128, 159, 160
質問項目
　——（質問）の難易度 67, 131
　——の配置 93-96, 103, 108
質問項目間の相関 93-96, 104, 105
質問紙 167
質問紙型調査 73-77, 86, 88, 99, 171
質問紙型調査票
　自記式の—— 74
質問内容の明確化 148
自動化 13, 160, 189, 204
　——された自記式方法 1
　——されたシステム 67
　——された調査票 2, 129
　——されたデータ収集方式 7
　——した自答方式 2
自動集計（機能） 129, 130, 140
自動前進 87
自動分岐 70, 80, 189
自動ルーティング 76, 80, 189
視認性 81, 99, 119, 120, 122, 124-126
社会科学のための縦断的インターネット調査研究パネル（LISS パネル） 5, 19, 25, 52, 191
社会的少数集団 45
社会的存在感 78, 161-164
社会的に望ましい回答の増減 163, 181, 184
社会的望ましさ
　——の偏り 11, 77, 159, 169, 171, 182, 188, 198, 201
尺度
　——の概念的中間点 101, 103, 200, 213
　——の視覚的中間点 102, 187, 200, 213
　——を解釈するための経験則 102
尺度点 9, 10, 100-102, 125, 187, 200, 204, 205, 213
　——の意味と解釈 102, 125, 144, 200
　——のラベル 106, 109, 110, 144, 145
写真の配置の影響 116, 118
謝礼 3, 4, 60-62, 65-68, 194, 195, 211
　——の費用効率 62

ギフトカード —— 61
くじの —— 3, 60, 61, 211
現金 —— 60-62, 194, 211
事前の保証つき —— 60
条件付き —— 60, 62
ポイント制の —— 60, 61
前払い制 —— 57, 60-62, 194
前払い制の現金 —— 210
自由回答 110-113, 125, 131-133, 164
　—— の入力 110-113
自由回答質問 115, 155
習慣維持率 27, 28
住居用電話番号簿 21
集計機能 141, 143, 214
周辺和加重調整法 34
情報伝達 167
　—— の手段（コミュニケーション・チャネル） 1, 127, 168
情報伝達経路 99, 168, 188, 199
初頭効果 6, 7, 10, 92, 119, 120
ショートフォーム調査票 69
ショート・メッセージ・サービス（SMS） 1, 56
自律型ソフトウェアのエージェント 160
新近性効果 7, 120
人口統計学的特性 31, 44, 70, 174, 185, 196
人口統計学的変数 12, 29, 33, 44, 50, 51, 175, 176, 192
真値 4, 12, 51, 74, 75, 186, 206, 209
進捗率 131, 134, 135, 138, 141
進度 141, 202
　—— の計算 137
進度情報の表示頻度 136
真のスコア 74, 205
信頼性 186
　回答の —— 167, 177, 186
　測定の —— 75, 95, 97

す

推定値
　—— の偏り 23, 32, 38, 39, 42, 211
　—— の誤差 205
　—— の分散膨張現象 39, 43, 211

推定（値）の正確さ 181, 207, 208
数値ラベル 106, 109, 144
スクリーニング 16, 19, 52
スクリーニング質問 185
スクリーニング調査 65
スクリーニング票 49, 52
スクリーニング面接 49
スクローリング形式 9, 69, 70, 78-80, 87, 90, 92, 212
スクロール 86, 124, 150, 203
スクロール・バー 87
スタイル要素 78, 199
ストレートライニング 7, 94, 95, 145, 148, 155, 164
スピナー 170
スプリット-バロット（折半法） 75
スライダー・バー 6, 90, 128, 144
ずれ 4, 5, 12, 44, 198

せ

正確さ 3, 154, 157, 158, 207
正確な回答 142, 148, 153, 189, 199
生活時間に関する調査（ATUS） 143
青少年危険行動調査（YRBS）の実験 174
静的
　—— な設計 202
　—— な調査方式 127
正答率 130, 157, 185, 186, 204
整列化（アラインメント） 84, 85
設計の柔軟性 74
接触 14, 20-23, 55, 167, 193-195
　勧誘による —— 191
　電話による —— 53
　郵送による —— 60, 65, 167
接触回数 8, 59, 60
説明
　—— の視認性 124, 125
　—— の有用度 150, 151
　—— の要求（回答者が説明を求めること） 11, 128, 148-153, 156, 157
　—— の利用状況（利用しない状況） 125
　オンラインによる —— 130, 148-153
　クリックによる —— の表示 124, 150, 151

342　　　　　　　　索　引

　　専門用語の── 124, 128, 149-152
　　明確な── 148, 149, 152, 154, 156-158,
　　　160, 163
　　ロール・オーバーによる──の表示
　　　151-153
説明変数 37, 187
セル加重法（事行層化法）33, 39
選挙調査の比較 171
線形モデル 38
選択-決断-再考のモデル 69, 138
選択肢型質問 135
選択肢の表示順序による影響 92, 103
選択的に強調すること 83
選択バイアス 33, 36, 38, 43, 191, 195, 196
　　──の除去 38
全米選挙調査（ANES）170

そ

総効果 166, 195
相互行為（やりとり）80, 167
送信者の社会的地位 58
相対的偏りの絶対値 42
総調査誤差（TSE）3, 8
想定外の設計 97
双方向性 11, 76, 77, 129, 154, 202
双方向的 9, 13, 169, 199
　　──な機能 70, 127-129, 164, 188, 203,
　　　212, 214
　　──なグリッド 130, 145, 164
　　──な調査方式 73
　　──な入力形式 147
　　──なプロービング 156
双方向的特性 10, 80, 127-129, 151, 212, 213
双方向的フィードバック 143, 148
測定誤差 4, 6, 73-78, 98, 128, 166-169, 186,
　　190, 198-210, 212
　　──と測定過程 75
　　──の増加 4, 92, 95
　　──の低減／減少 4, 7, 14
　　──の評価のための間接的な指標 75
測定の信頼性 75, 95, 97
速度違反 7, 154, 164
速度違反者（スピーダー）128, 214

　　筋金入りの── 154, 214
ソーシャル・ネットワーキング 215

た

大学教員についての全国調査（NSPOF）
　　18
対称性の想定 101, 102
対数オッズ比 179, 180
態度変数 29, 31
対比効果 114, 116, 117
代表性 14, 16, 20, 21, 49, 62, 98, 117, 193,
　　196
　　──のある標本 20, 45
　　──のない標本 20, 45, 191, 193
対面面接 21, 52, 167, 183, 187, 188
対面面接調査 1, 2, 8, 184, 195
　　──とウェブ調査の比較 188
　　──と電話調査の比較 40
　　エリア確率標本の── 21, 26, 191
　　全国標本の── 31
対面面接募集によるインターネット調査パ
　　ネル（FFRISP）20, 52
多重調査方式 204
タッチパネル式機器 86
脱落 17, 20, 53
　　──による偏り 54
　　──による選択バイアス 33
脱落率 53
妥当性 3, 4, 97, 143, 144, 187
単一選択 87, 90, 212
段階尺度（5段階，7段階，100段階）94,
　　143, 145, 209
単極尺度 102
男女の性役割 183
単発調査 193, 194

ち

チェック・ボックス 90, 91, 212
知覚的流暢性 82
逐次混合方式設計 63, 65, 66, 72
知的エージェント 154
注意力喚起の仮説 160
中間点

概念的な── 102
抽出誤差 32
抽出枠 3, 5, 8, 18, 21-49, 51, 52, 193
中断（回答の放棄，停止）／中断率 48, 66-69, 130-133, 141
  初期の中断 67
  中断と教育水準の関係 143
  中断とグリッド形式 10, 93, 212
  中断と視覚的アナログ尺度の有無 144
  中断と進度情報の表示 136, 211
  中断と選択肢型質問 135
  中断と双方向機能 203
  中断と（回答の意欲をそぐ，回答の励みとなる）フィードバック 136, 138, 202
  中断（率）とプログレス・インジケータの有無 132-140, 164, 214
  中断（率）の増加と減少 10, 68, 138, 214
  中断率と謝礼の関係 211
  中断率に影響する調査材料 67
  中断率の中央値 67
  調査方式の変更や切り替えによる中断 67, 195
聴覚的
  ──な調査 120, 168
  ──な伝達 167, 168
調査委託者 59
調査依頼 17, 20, 42, 47, 55-60, 63, 72, 194, 195
調査依頼状 18, 55, 59, 61, 62, 65
調査依頼数 55, 72, 98
調査依頼文の長さ 59
調査員
  ──のいるコンピュータ支援方式 69
  ──の関与の有無 167, 189, 201
  ──の人種や性別の効果 183, 184, 214
  ──の選択可能性 159, 161
調査員効果 11, 159, 168, 188, 199, 201
調査員変動 169
調査員方式
  ──の調査 66, 74, 76, 168
  ──のデータ収集方式 13, 167, 184
  ──の電話調査 7, 179, 187, 189
調査課題 59, 68, 84, 97, 194

索　引　　343

調査経費（経費） 2, 15, 22, 56, 60, 72, 164, 204
調査材料 2, 67, 74
調査設計者 9, 10, 13, 77, 83, 87, 136
調査票
  ──の可読性 81
  ──の設計 75, 78, 97, 98, 204
  ──の長さ 66, 68, 131, 132, 140
  ──のプログラミング 2, 153
  基本項目の── 20
  質問紙型（の）── 73-77, 86, 88, 99, 171
  プロファイル確認のための── 53
  郵送調査票 73
  予想される──の長さ 131
調査不能 46, 48, 66, 67, 80
調査不能率 46
  ──への注意力の喚起 159
調査変数 4, 5, 23, 33-36, 38, 39, 46, 47, 211
  ──の仮想的な分布 38
  ──の真値 206
  ──の推定値（平均と分散） 47
調査方式
  ──による差違 15, 52, 166, 185, 210
  ──の切り替え（モード・スイッチ） 63, 195
  ──の選択権 62-64
  ──の違い 164, 177, 185, 205
  ──の長所 165
  ──の比較可能性 51, 179, 187, 209, 210
  ──の非互換性 63
調査方式間の比較可能性 51, 179, 187, 208, 210
調査方式効果 12, 75, 166, 204, 208, 210
調査母集団 32, 194
調整済みオッズ比 176
調整変数 38
重複率／重複性 21

つ

追跡型のウェブ調査 49, 50
「次へ」ボタン 87, 88, 213
強く無視できること 38

て

提示カード 2, 67, 199
適格性 20
適格世帯 52
テキスト・エリア 90
テキスト・スタイル 84
テキスト・フィールド 90
テキスト・ボックス 91, 111, 212
　　──の長さ 91
デジタル・ディバイド 28, 31, 44, 216
データ収集環境と調査方式の交互作用 182
データ収集の環境の影響 181-184
データ収集方式 3, 14, 20, 21, 55, 62, 66, 71, 73, 166
　　──の特性と差違（5つの特性） 166-169
　　──の比較 188, 201, 204
データの質 7, 105, 145, 156, 164
　　──の改善／向上 14, 88, 165
　　──を測定する間接的指標 45
電子メール 14, 21, 22, 25, 184, 211, 215
　　──による事前告知／調査依頼 3, 5, 18, 56-58, 72
　　──による接触や勧誘 21, 60, 167
　　──による督促 49, 60
電子メール・アドレス 5, 8, 21-23, 54, 56-58, 71, 193
　　──の一覧（名簿，リスト）と抽出枠 8, 18, 21
電子メール調査 2
点推定値 208, 210
電話調査 1, 185-187
　　──の聞き取り速度 49
電話番号簿の住所にもとづく標本抽出 191

と

ドイツ総合的社会調査（GGSS, ALLBUS） 29-31, 40, 50
動画化した顔 153, 158
同化効果 114-116, 119
等間隔
　　──の想定 101
　　──の配置 102, 103, 125, 187, 213

統合化手法（ユニモード手法） 12, 164, 205, 207, 210
同時混合方式設計 63
動的 10, 129, 159
　　──な機能 129, 130, 153
　　（Kaczmirekの）──な手法 138
督促 60, 63, 65, 191
督促回数 60, 191, 194
匿名性のある挨拶文 58
ドラッグ・アンド・ドロップ 90
取り込み率 54
ドロップダウン・ボックス 119, 121, 122
ドロップ・ボックス 90, 92, 111, 121

な

ナビゲーション 10, 80, 82, 84
　　──の作法 81, 87
ナビゲーション・ペイン（ナビゲーション用の画面枠） 84
生身の調査員 20, 67, 128-131, 153, 156, 162, 183, 184, 195
ナラティブ型の自由回答 113
ナレッジ・ネットワーク社（KN）とそのパネル（KNパネル） 5, 19, 20, 25, 52, 53, 98, 171, 191, 196, 197

に

入力形式／入力形式の比較 78, 88-90, 92, 94-96, 105, 110-113, 144
入力指示（プロンプト） 69, 203
入力ツールの設計 92
入力フィールド（インプット・フィールド） 85, 86
　　──のラベル 86
入力ボックス 110, 113, 125
人間的な機能 129, 130, 153
人間に近い双方向的な特性 153
人間らしいインターフェイス 154, 182, 214
人間らしさ 127, 129, 182-184
　　──の感触 201
　　──の手がかり 161, 183, 184, 189
妊娠中絶 170
認知的加齢 157

索　引

認知的負担　11, 63, 167, 169, 184-188, 199, 203, 204, 212, 214
　——に伴う損失　64

ね

念押し（プロービング）　77

は

背景と前景の設計　80, 81, 84
背景と背景色　81-83, 125, 147
配信障害　57
配置　84-86, 88, 93, 96, 104
　質問項目や回答選択肢の——　86, 87, 93-96, 103
　上部／下部に——　59
　水平方向／垂直方向の——　85, 107
　ハシゴ型の——　100
　ピラミッド型の——　100
ハイパーテキスト・マークアップ言語（HTML）　77
パイピング　129
外れ値　42, 43
バーチャル調査員　10, 78, 128, 158-162, 182-184, 189, 214
　——の声や容姿　161
　——の人種や性別の効果　161, 184, 214
　応答的な——　159
　動画化された——　153, 158, 161
バナー・ブラインドネス　84, 117, 119, 125
パネル調査　194
パラデータ　8, 9, 46, 48, 87, 189
ハリス・インタラクティブ社（HI）とそのパネル（HIパネル）　171, 196-198
ハリス世論調査オンライン・パネル　16, 191
判断のよりどころとする概念的な幅／判断のもととなる尺度の幅　101, 102, 187, 200
反復比例当てはめ　34

ひ

非応答的な機能　129
非確率抽出　5, 15, 23

非確率標本　15, 16, 23, 24, 44
　——と選択バイアス　44, 195
　——と中断　66
　——と無回答　47
非観測誤差　3, 8, 73, 190, 191-197, 205
　——の偏り（の低減）　199, 205
　——の低減　206, 211
非言語的な手がかり　168
非識別化　94, 145, 188, 204, 212
否定的な言葉　107
ビデオ・エンハンス型のウェブ調査（票）　163
ビデオ・ビネットの手法　130
ビデオ録画の調査員　130, 158, 159, 162
ビネット　130, 144, 149, 152
微妙な
　——行動　179, 181-184
　——質問　11, 169, 184
　——内容（の情報）　167, 170, 171, 179, 181-184, 214
　——内容の質問　159, 162, 174, 176
非無作為割り当て　36
ピュー・リサーチ・センター　19, 25, 215
　——の調査　26, 27
病院間の平均満足度評価　209
標本誤差　18, 73, 190, 191, 195
標本総計　33
標本抽出　4, 6, 8, 15-28, 33, 44, 166, 191
　——とカバレッジ　15, 19, 33, 191
　——による偏り　31, 192, 195
標本抽出（の）方法　20, 21-23, 32, 44, 50, 191
標本抽出枠（抽出枠）　20, 21, 195
標本の大きさの影響　3, 43, 47, 78
標本割合　23, 33

ふ

フィードバック／プログレス・フィードバック　132-136, 140-143, 147, 148, 164
　一定速度のプログレス・フィードバック　134
　回答の意欲をそぐフィードバック　131, 137

回答の励みとなるフィードバック 131,
 136, 137, 140
視覚的(な)フィードバック 97, 146,
 147
垂直的なフィードバック 148
水平的なフィードバック 148
正確なフィードバック 140
双方向的なフィードバック 148, 183
断続的なフィードバック 136, 137
段落単位のプログレス・フィードバック
 141
フォローアップ 65, 72, 203, 212
フォローアップ調査 59, 96, 118, 143, 175
フォントの大きさや色 80, 81, 83, 147, 212
複数回答形式／複数選択 87, 90, 205
副標本 34, 186
物理的な近接性（目で見た画面上の質問項
 目の配置） 103, 200
プライバシーの程度 167, 169, 175, 182,
 184, 189, 214
ブランディング 84
プリフィックス（局番） 22
プログレス・インジケータ 10, 130-135,
 138-140, 202
 ――と中断率 138, 139
 ――による中断（の増減） 68, 132, 164,
 214
 一定速度の―― 139
 回答の意欲をそぐ―― 68
 回答の励みとなる―― 202
 速-遅型 134-139, 202
 速度が可変の―― 140
 遅-速型 134-139, 202
 動的な―― 137-139
プロービング（念押し） 69, 71, 77, 153, 212
 ――を行うバーチャル調査員 160
 双方向的な―― 155
 追加の回答を求める―― 71, 153, 155
プロファイル調査 52, 54
プロンプト（入力指示） 69, 130, 157, 203
分岐（スキップ）
 ――と分岐処理 86, 129, 137, 138, 140
 ――のある調査票 70, 138, 174

――の定型処理 76
――のない調査票 70, 174
 条件つき―― 129
文脈効果 10, 114, 116, 126

へ

平均回答率 46
平均世帯募集率 53
米国国勢調査局 24
米国国立衛生研究所（NIH） 25
米国世論調査学会（AAPOR） 47, 49
併存的妥当性 204
ペイパル（PayPal） 61
ペイン（画面枠） 81
ページ・レイアウト 84
ページング形式 9, 69, 77-80, 87, 130, 212
ベスト・プラクティス手法 12, 13, 165,
 205, 207, 210
便宜的標本 149, 174
ベンチマーク 36, 39, 40

ほ

ポイント制 60, 61
ポイント制度（カスタマー・ロイヤリティー・
 プログラム） 58
包含確率 23
方向づけ 84
報告誤差率 201
ボーガス・パイプライン（偽のパイプライン）
 170
保健維持機構 61
母集団
 ――の代表性 62, 98
母集団統計 33
母集団特性値 34, 35, 42
母集団平均 23, 24, 46
母集団割合 23, 24, 28, 33
補助変数 34, 35, 37, 38
ホット・スポット 123
ボランティア・パネル 4, 6, 54, 57, 149

ま

「前に戻る」ボタン 87-89, 213

索　引

マトリクス形式（グリッド形式）　92, 145

み

見出し部（ヘッダー）　84
見た目の類似性　200
見た目を変えること　147, 203

む

無応答状態／無応答状態を検出する閾値　156, 157
無回答　17, 18, 46, 62, 174
　　――と混合方式　62
　　――の偏り／無回答誤差　5, 33, 46, 50, 54, 209
　　――の偏りの低減　17, 66, 206, 211
　　――の形式　48
　　調査方式の切り替えによる――　195
無回答誤差　5, 33, 46, 50, 54, 209
　　調査課題に誘発される――　59
無回答者へのフォローアップ　65
無回答率　8, 46, 47, 193, 195
無効（な）回答　91
無作為化　75, 76, 189
無作為化する道具　170
無作為割りつけの実験（無作為化実験）　179, 188, 209

め

名簿（リスト）　16, 18, 21
　　――にもとづく標本　16, 21, 62
名簿形式の抽出枠　18, 21, 22
メタ分析　59-61, 67, 108, 138, 171, 178-181, 184
目の動き方
　　――（視線）の追跡　6, 119, 123, 126
　　共通した――　119
メリーランド大学同窓生の調査　176

も

目標母集団　37, 45, 47, 74, 196, 215
目標母集団カバレッジ　21, 32, 37
モバイル機器（スマートフォンやタブレット型コンピュータ）　3, 26, 77, 215

や

薬物使用と健康に関する全国調査（NSDUH）　171
薬物の生涯使用経験率　176

ゆ

郵送推奨方式　65
郵送調査（法）　1, 48, 51, 63, 176, 180
郵送調査票　7, 73
郵送法
　　ディスク郵送法（DBM）　2
ユーロスタット（Eurostat）　26

よ

予測的妥当性　12, 140, 141, 186, 204

ら

ラジオ・ボタン（形式）　87, 90-92, 119-121, 129, 212
ラベル（標識）　9, 86, 88, 125, 145, 213
ランダム回答法　170, 171
ランダム・ディジット・ダイアリング（RDD）
　　――による電話調査　29, 49, 53, 175
　　――による標本　8, 19, 53, 191, 196
　　――による標本抽出　19, 21, 22, 44
ランダムな欠測　38
　　――の仮定　33

り

離散的回答尺度　142-145
両極尺度　101, 102, 125, 200
両極性　9, 101
倫理審査委員会　71
倫理的な問題　71

る

累積回答率　20
累積募集率　52, 53
ルック・アンド・フィール　77, 80
　　調査環境の――　169

れ

レイアウト（割りつけ，見栄え）　73, 78, 80, 83, 84, 98
レイキング法　34-40, 198

ろ

労働最小化行動　6, 94, 104, 145, 188, 214

ロジスティック回帰モデル　36
ロール・オーバーによる説明の要求と確認　124, 128, 149, 151-153, 156, 163, 203
ロングフォーム調査票　69

わ

ワーディング（言い回し）　25, 30, 74, 75, 97
割合調整　33

ウェブ調査の科学
―調査計画から分析まで―

2019年7月1日　初版第1刷

訳者　大　隅　　　昇
　　　鳰　　真紀子
　　　井　田　潤　治
　　　小　野　裕　亮

発行者　朝　倉　誠　造

発行所　株式会社　朝倉書店
東京都新宿区新小川町6-29
郵便番号　162-8707
電話　03 (3260) 0141
FAX　03 (3260) 0180
http://www.asakura.co.jp

〈検印省略〉

定価はカバーに表示

© 2019〈無断複写・転載を禁ず〉

印刷・製本 東国文化

ISBN 978-4-254-12228-2　C 3041　　Printed in Korea

JCOPY　〈出版者著作権管理機構　委託出版物〉

本書の無断複写は著作権法上での例外を除き禁じられています．複写される場合は，そのつど事前に，出版者著作権管理機構（電話 03-5244-5088, FAX 03-5244-5089, e-mail: info@jcopy.or.jp）の許諾を得てください．

筑波大 尾崎幸謙・明学大 川端一光・
岡山大 山田剛史編著
Rで学ぶ マルチレベルモデル［入門編］
―基本モデルの考え方と分析―
12236-7 C3041　　　A 5 判 212頁 本体3400円

無作為抽出した小学校からさらに無作為抽出した児童を対象とする調査など、複数のレベルをもつデータの解析に有効な統計手法の基礎的な考え方とモデル（ランダム切片モデル／ランダム傾きモデル）を理論・事例の二部構成で実践的に解説。

筑波大 尾崎幸謙・明学大 川端一光・
岡山大 山田剛史編著
Rで学ぶ マルチレベルモデル［実践編］
―Mplusによる発展的分析―
12237-4 C3041　　　A 5 判 264頁 本体4200円

姉妹書［入門編］で扱った基本モデルからさらに展開し、一般化線形モデル、縦断データ分析モデル、構造方程式モデリングへマルチレベルモデルを適用する。学級規模と学力の関係、運動能力と生活習慣の関係など5編の分析事例を収載。

統計科学研 牛澤賢二著
やってみよう テキストマイニング
―自由回答アンケートの分析に挑戦！―
12235-0 C3041　　　A 5 判 180頁 本体2700円

アンケート調査の自由回答文を題材に、フリーソフトとExcelを使ってテキストデータの定量分析に挑戦。テキストマイニングの勘所や流れがわかる入門書。〔内容〕分析の手順／データの事前編集／形態素解析／抽出語の分析／文書の分析／他

前首都大 朝野熙彦編著
ビジネスマンがはじめて学ぶ ベイズ統計学
―ExcelからRへステップアップ―
12221-3 C3041　　　A 5 判 228頁 本体3200円

ビジネス的な題材、初学者視点の解説、ExcelからR(Rstan)への自然な展開を特長とする待望の実践的入門書。〔内容〕確率分布早わかり／ベイズの定理／ナイーブベイズ／事前分布／ノームの更新／MCMC／階層ベイズ／空間統計モデル／他

横市大 岩崎 学著
統計解析スタンダード
統計的因果推論
12857-4 C3341　　　A 5 判 216頁 本体3600円

医学、工学をはじめあらゆる科学研究や意思決定の基盤となる因果推論の基礎を解説。〔内容〕統計的因果推論とは／群間比較の統計数理／統計的因果推論の枠組み／傾向スコア／マッチング／層別／操作変数法／ケースコントロール研究／他

横市大 阿部貴行著
統計解析スタンダード
欠測データの統計解析
12859-8 C3341　　　A 5 判 200頁 本体3400円

あらゆる分野の統計解析で直面する欠測データへの対処法を欠測のメカニズムも含めて基礎から解説。〔内容〕欠測データと解析の枠組み／CC解析とAC解析／尤度に基づく統計解析／多重補完法／反復測定データの統計解析／MNARの統計手法

お茶女大 菅原ますみ監訳
縦断データの分析 I
―変化についてのマルチレベルモデリング―
12191-9 C3041　　　A 5 判 352頁 本体6500円

Applied Longitudinal Data Analysis: Modeling Change and Event Occurrence. (Oxford University Press, 2003)前半部の翻訳。個人の成長などといった変化をとらえるために、同一対象を継続的に調査したデータの分析手法を解説。

お茶女大 菅原ますみ監訳
縦断データの分析 II
―イベント生起のモデリング―
12192-6 C3041　　　A 5 判 352頁 本体6500円

縦断データは、行動科学一般、特に心理学・社会学・教育学・医学・保健学において活用されている。IIでは、イベントの生起とそのタイミングを扱う。〔内容〕離散時間のイベント生起データ、ハザードモデル、コックス回帰モデル、など。

前統数研 大隅 昇監訳
調査法ハンドブック
12184-1 C3041　　　A 5 判 532頁 本体12000円

社会調査から各種統計調査までのさまざまな調査の方法論を、豊富な先行研究に言及しつつ、総調査誤差パラダイムに基づき丁寧に解説する。〔内容〕調査方法論入門／調査における推論と誤差／目標母集団、標本抽出枠、カバレッジ誤差／標本設計と標本誤差／データ収集法／標本調査における無回答／調査における質問と回答／質問文の評価／面接調査法／調査データの収集後の処理／調査にかかわる倫理の原則と実践／調査方法論に関するよくある質問と回答／文献

上記価格（税別）は 2019 年 6 月現在